辽宁省职业教育“十四五”规划教材
高职高专“十三五”规划教材

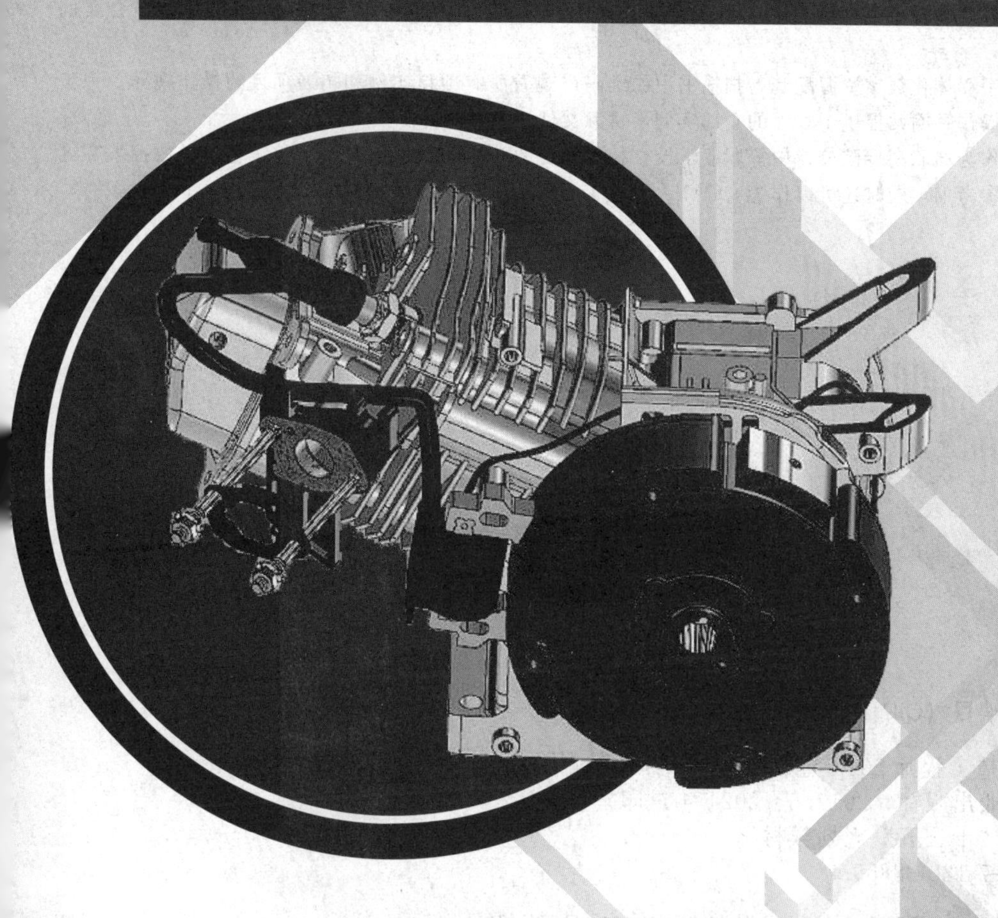

CAXA制造工程师2015与数控车

姬彦巧　主编　　王立军　主审

化学工业出版社
·北京·

本书主要针对北京数码大方科技有限公司开发的“CAXA 制造工程师 2015”和“CAXA 数控车 2015”进行全面介绍，在讲述的过程中从初学者的角度出发，强调实用性、可操作性。全书不仅对“CAXA 制造工程师 2015”和“CAXA 数控车 2015”的基本概念和基本操作方法的讲述浅显易懂，深入浅出，在每个重要的知识点之后还安排了实例项目和拓展实例项目，通过典型实用的项目实例，使学习者能够结合实例学习。

本书进行了立体化数字资源配套，扫描书中二维码可观看所有项目实例和拓展项目的操作视频，一步一步学习如何操作；网站提供了本书的全部实例素材源文件、教学课件。

本书可以作为高职高专院校、中等职业学校、技师学院的 CAD/CAM 课程、数控工艺员、数控大赛等的教材或教学参考书，同时还可以作为“CAXA 制造工程师 2015 和 CAXA 数控车 2015”的自学教程。

图书在版编目（CIP）数据

CAXA 制造工程师 2015 与数控车/姬彦巧主编. —北京：化学工业出版社，2017.5（2024.4 重印）
高职高专“十三五”规划教材
ISBN 978-7-122-28855-4

Ⅰ.①C… Ⅱ.①姬… Ⅲ.①数控机床-车床-计算机辅助设计-应用软件-高等职业教育-教材 Ⅳ.①TG519.1

中国版本图书馆 CIP 数据核字（2017）第 006339 号

责任编辑：韩庆利
责任校对：王 静　　装帧设计：张 辉

出版发行：化学工业出版社（北京市东城区青年湖南街 13 号 邮政编码 100011）
印　刷：三河市航远印刷有限公司
装　订：三河市宇新装订厂
787mm×1092mm 1/16 印张 15¾ 字数 396 千字 2024 年 4 月北京第 1 版第 7 次印刷

购书咨询：010-64518888　　售后服务：010-64518899
网　址：http://www.cip.com.cn
凡购买本书，如有缺损质量问题，本社销售中心负责调换。

定　价：49.00 元

版权所有 违者必究

前言

CAXA制造工程师软件和CAXA数控车软件是北京数码大方科技有限公司优秀的CAD/CAM软件，广泛应用于装备制造、电子电器、汽车及零部件等各个行业，具有技术领先，全中文，易学、实用等特点，非常适合工程设计人员和数控编程人员使用。

本书从数控自动编程的实际出发，注重基本技能训练，结合典型实例，详细介绍了CAXA制造工程师2015中数控铣编程部分和CAXA数控车2015软件的数控车自动编程部分的基本操作和典型应用，全书分两大部分，共8章。第一部分主要介绍CAXA制造工程师2015软件的基础知识、线架造型、曲面造型、实体造型、平面类零件加工、曲面类零件加工和多轴加工。第二部分主要介绍了CAXA数控车2015的二维图的绘制、轮廓粗车、轮廓精车、切槽、车螺纹等内容。

为了方便初学者理解内容，本书在相应的位置安排了大量的实例，在几个知识点后就有小的实例练习，每一章后又有综合实例练习。并将重要的知识点嵌入到具体的实例中，读者可以循序渐进，轻松掌握该软件的操作，本书部分例题和练习题选用了数控中级工、数控高级工、数控工艺员和数控大赛的考题。通过系统的学习和实际操作，可以达到相应的技术水平。

网站（www.cipedu.com.cn）提供了本书全部实例素材源文件，扫描书中二维码可观看项目实例和拓展项目的操作视频，可以帮助读者轻松、高效地学习。为了方便教师教学和读者自学，本书还提供了详细的教学课件。

本书面向具有一定制图和机加工知识的工程技术人员、数控加工人员和在校学生，结合编者多年的CAD/CAM软件使用和教学等经验基础上编写而成的。

本书由姬彦巧任主编并录制相关视频。本书由王立军主审，参编的人员有尤小梅（第1～3章），姬彦巧（第4、第6、第7章），吴伟涛（第5章），伞晶超（第8章，附录），在编写过程中，得到了北京数码大方科技有限公司和CAXA东北大区有关人员的大力支持，在此表示衷心的感谢！

由于水平有限，时间仓促，书中难免会有一些不足之处，欢迎广大读者和业内人士予以批评指正。

编　者

目 录

第1章

基础知识

CAXA 制造工程师 2015 是北京数码大方科技有限公司开发的一个拥有自主知识产权和全中文界面的计算机辅助设计与制造软件。该软件是在 Windows 环境下运行 CAD/CAM 一体化的机械设计与数控加工编程软件，集成了数据接口、几何造型、加工轨迹生成、加工过程仿真检验、数控加工代码生成、加工工艺单生成等一整套面向复杂零件和模具的数控编程功能。目前广泛应用于汽车、电子、兵器、航空航天等行业的精密零部件加工。

1.1 CAXA 制造工程师 2015 概述

1.1.1 CAXA 制造工程师 2015 软件的主要功能

CAXA 制造工程师 2015 软件功能强大，集成了 CAXA 实体设计强大功能，设计人员可通过选择创建一个新的设计文件还是创建一个新的制造文件来满足设计要求，如图 1-1 所示。

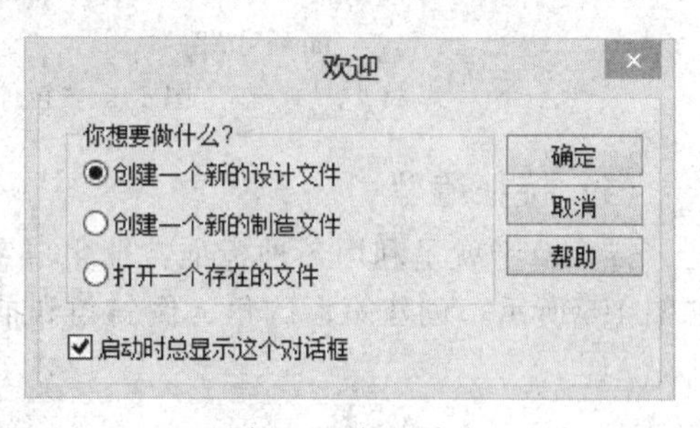

图 1-1 欢迎页面

本书中仅对创建一个制造文件进行说明，以下所有内容仅针对制造文件来讲述。关于创建一个设计文件部分请参考 CAXA 实体设计的相关资料。

1. 造型方法

在 CAXA 制造工程师软件创建制造文件内容中，实体模型的生成可以用增料方式，通过拉伸、旋转、导动、放样或加厚曲面来实现；也可以通过减料方式，从实体中减掉实体或用曲面裁剪来实现。还可以用等半径过渡、变半径过渡、倒角、打孔、增加拔模斜度和抽壳等高级特征功能来实现。

(1) 线框造型

线框造型就是用零件的特征点和特征线来表达二维三维零件形状的造型方法。如图 1-2 所示，给定空间 A、B、C、D、E、F、G、H 点坐标，按一定顺序将它们连接成线，即可生成长方体的线架模型。

(2) 曲面造型

曲面造型就是使用各种数学曲面方程表达零件形状的造型方法。如图 1-3 所示，曲线绕着直线旋转 360°生成花瓶造型。这种造型方法复杂，主要适用于复杂零件的外形设计。

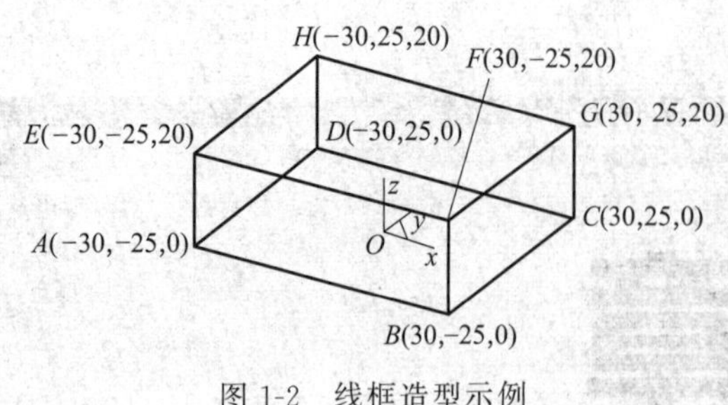

图 1-2　线框造型示例

（3）实体造型

实体造型就是二维平面图形所围成的区域沿着指定的方向运动一定距离，从而生成零件的造型方法。如图 1-4 所示，长方形所围成的区域沿＋Z 方向运动 20mm 生成长方体，这种造型方法学习起来很容易，形成的图形生动形象，使用起来也很方便，是 CAD/CAM 软件发展的趋势。

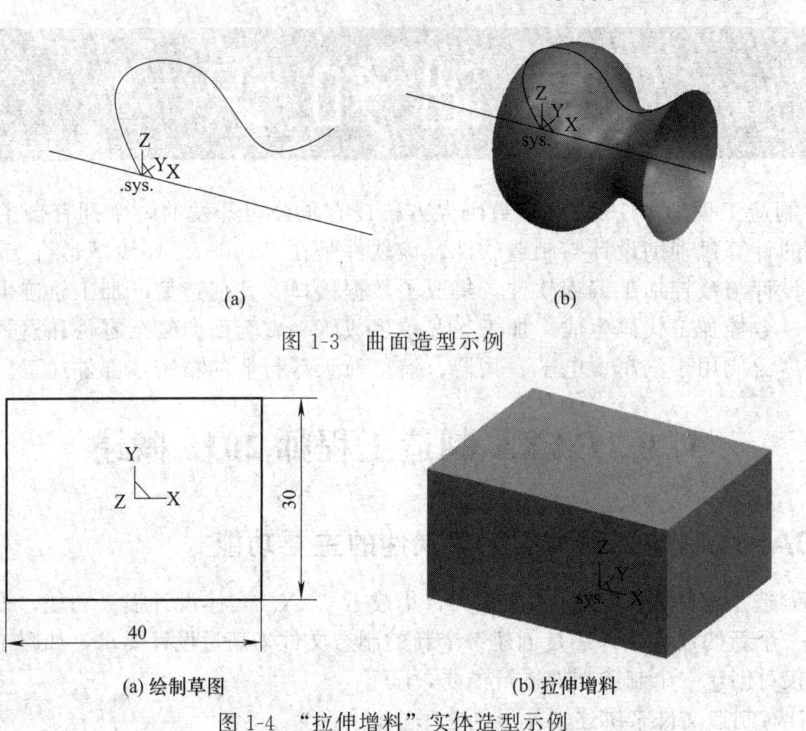

(a)　　(b)

图 1-3　曲面造型示例

(a) 绘制草图　　(b) 拉伸增料

图 1-4　“拉伸增料”实体造型示例

（4）特征造型

特征造型就是利用各种标准特征生成零件的造型方法，如孔、倒角、倒斜角、抽壳等。如图 1-5 所示，创建矩形倒角、倒斜角和抽壳特征。

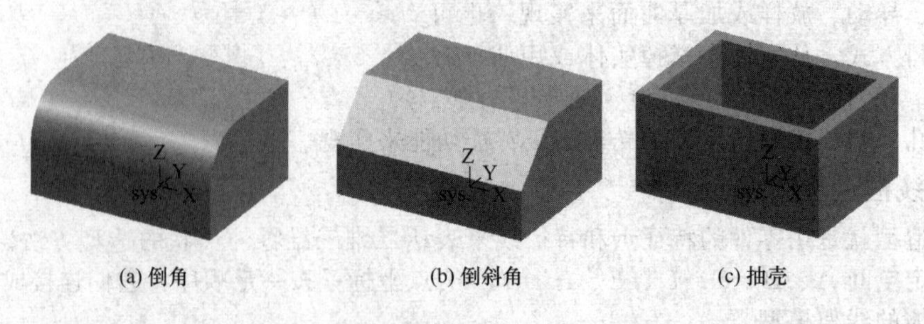

(a) 倒角　　(b) 倒斜角　　(c) 抽壳

图 1-5　特征造型示例

（5）自由曲面造型

CAXA 制造工程师 2015 从线框到曲面，提供了丰富的建模手段。可通过列表数据、数学模型、字体文件及各种测量数据生成样条曲线；通过扫描、放样、拉伸、导动、等距、边界网格等多种形式生成复杂曲面，如图 1-6（a）所示；并可对曲面进行任意裁剪、过渡、拉伸、缝合、拼接、相交、变形等，建立任意复杂的零件模型。通过曲面模型生成的真实感图，可直观显示设计结果。

（6）曲面实体复合造型

基于实体的“精确特征造型”技术，使曲面融合进实体中，形成统一的曲面实体复合造型模式。系统提供曲面裁剪实体功能、曲面加厚成实体功能、闭合曲面填充生成实体功能，如图 1-6 所示。利用这一模式，可以实现曲面裁剪实体、曲面生成实体、曲面约束实体等混合操作，是用户设计产品的有力工具。

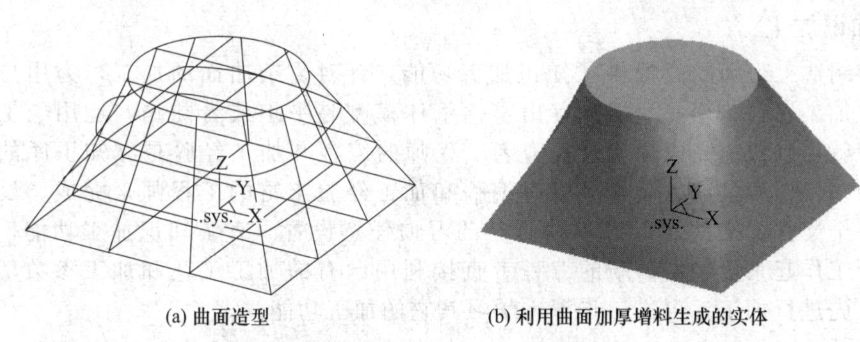

(a) 曲面造型　　(b) 利用曲面加厚增料生成的实体

图 1-6　曲面实体复合造型示例

以上几种造型方法各具特色，既可独立使用，也可混合使用。一般要根据零件形状特点选择其中几种方法混合起来使用进行造型。

2. CAXA 制造工程师 2015 软件的数控加工

（1）二轴到五轴的数控加工

CAXA 制造工程师将 CAD 与 CAM 加工技术无缝集成，可以直接对曲面、实体模型进行一致的加工操作。支持高速切削，可以大幅度地提高加工效率和加工质量。并可以利用通用的后置处理向任何数控系统输出加工代码。

两轴到三轴加工是 CAXA 制造工程师 2015 的基本配置，多样化的加工方式可以安排从粗加工、半精加工到精加工的加工工艺路线，高效生成刀具轨迹。

在 CAXA 制造工程师 2015 中还提供了多轴加工方式，如图 1-7 所示。主要有曲线加工、四轴平切面、五轴等参数线、五轴侧铣、五轴定向、五轴 G01 钻孔、五轴转四轴多种加工方法，针对叶轮、叶片类零件提供叶轮粗加工和叶轮精加工实现整体加工叶轮和叶片。

（2）高速加工

支持高速切削工艺，提高产品精度，降低代码数量，使加工质量和效率大大提高。

（3）参数化轨迹编辑和轨迹批处理

CAXA 制造工程师的“轨迹再生成”功能可实现参数化轨迹编辑。用户只需选中已有的

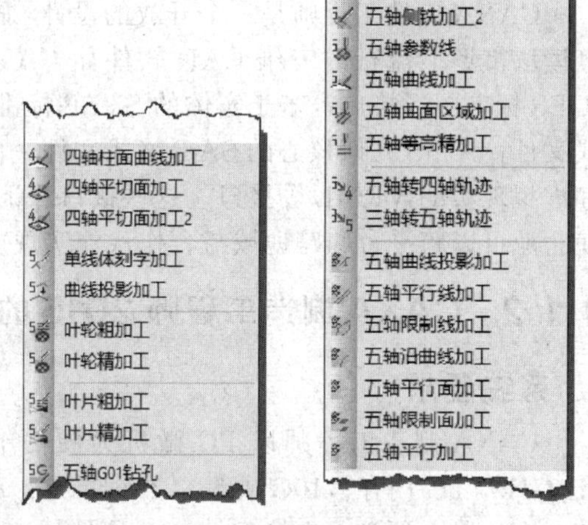

图 1-7　多轴加工下拉菜单

数控加工轨迹，修改原定义的加工参数表，即可重新生成加工轨迹。

CAXA 制造工程师可以先定义加工轨迹参数，而不立即生成轨迹。工艺设计人员可先将大批加工轨迹参数事先定义而在某一集中时间批量生成。这样，合理地优化了工作时间。

(4) 编程助手

编程助手是新增的一个数控铣加工编程模块，它具有方便的代码编辑功能，简单易学，非常适合手工编程使用。同时支持自动导入代码和手工编写的代码，其中包括宏程序代码的轨迹仿真，能够有效验证代码的正确性。支持多种系统代码的相互后置转换，实现加工程序在不同数控系统上的程序共享，还具有通信传输的功能，通过 RS232 口可以实现数控系统与编程软件间的代码互传。

(5) 知识加工

CAXA 制造工程师专门提供了知识加工功能，针对复杂曲面的加工，为用户提供一种零件整体加工思路，用户只需观察出零件整体模型是平坦或者陡峭，运用老工程师的加工经验，就可以快速完成加工过程。老工程师的编程和加工经验是靠知识库的参数设置来实现的。知识库参数的设置应由有编程和加工经验丰富的工程师来完成，设置好后可以存为一个文件，文件名可以根据自己的习惯任意设置。有了知识加工功能，可以使老的编程者工作起来更轻松，新的编程者直接利用已有的加工工艺和加工参数，很快地学会编程，先进行加工，再进一步深入学习其它的加工功能。

(6) 加工工艺控制

CAXA 制造工程师软件提供了丰富的工艺控制参数，可以方便地控制加工过程，使编程人员的经验得到充分体现。

(7) 加工轨迹仿真

CAXA 制造工程师软件提供了轨迹仿真手段用于检验数控代码的正确性，可以通过实体真实感仿真如实的模拟加工过程，展示零件的任意截面，显示加工轨迹。

(8) 通用后置设置

CAXA 制造工程师软件提供了后置处理器，无需生成中间文件就可直接输出 G 代码控制指令，系统不仅可以提供常见的数控系统的后置格式，用户还可以定义专用数控系统的后置处理格式。

3. 丰富的数据接口

CAXA 制造工程师是一个开放的设计/加工工具。提供了丰富的数据接口，它们包括直接读取市场上流行的三维 CAD 软件如 CATIA、Pro/E 的数据接口；基于曲面的 DXF 和 IGES 标准图形接口，基于实体的 STEP 标准数据接口；Parasolid 几何核心的 X-T、X-B 格式文件；ACIS 几何核心的 SAT 格式文件；面向快速成型设备的 STL 以及面向 INTERNET 和虚拟现实的 VRML 等接口。这些接口保证了与世界流行的 CAD 软件进行双向数据交换，使企业可以跨平台和跨地域与合作伙伴实现虚拟产品开发和生产。

1.1.2 CAXA 制造工程师 2015 的安装与启动

1. 系统要求

CAXA 制造工程师以 PC 微机为硬件平台。最低要求：英特尔“酷睿”双核处理器 2.0GHz，2G 内存；10G 硬盘。推荐配置：英特尔“酷睿”I5 处理器 2.8GHz，3G 以上内存；20G 以上硬盘。支持 OpenGL 硬件加速。可运行于 WINXP、WIN2003、WIN7 系统平台之上。

2. 安装过程

启动计算机，将“CAXA 制造工程师”的光盘放入 CD-ROM 驱动器，自动执行安装程序。若未开启自动插入通告，系统将无法自动执行安装程序。这时，请打开“我的电脑”，点中光盘图标，按鼠标右键选择“打开”，在光盘目录中找到 SETUP. EXE 文件，并双击运行，就可安装。

3. 系统运行

常用的有两种方法可以运行 CAXA 制造工程师。

（1）在正常安装完成时在 Windows 桌面会出现“CAXA 制造工程师”图标。双击图标就可以进入软件。

（2）按桌面左下角的“开始”→“程序”→“CAXA 制造工程师”→“CAXA 制造工程师”来进入软件。

在开始的时候，可以选择设计环境还是制造环境，本书所有操作都是在制造环境中进行的。

1.1.3　CAXA 制造工程师 2015 操作界面

CAXA 制造工程师 2015 的用户界面和其它 Windows 风格的软件一样，各种应用功能通过菜单和工具条驱动；状态栏指导用户进行操作并提示当前状态和所处的位置；特征/轨迹/轨迹树记录了历史操作和相互关系；绘图区显示各种功能操作的结果；同时，绘图区和特征/轨迹树为用户提供了数据交互功能。如图 1-8 所示。

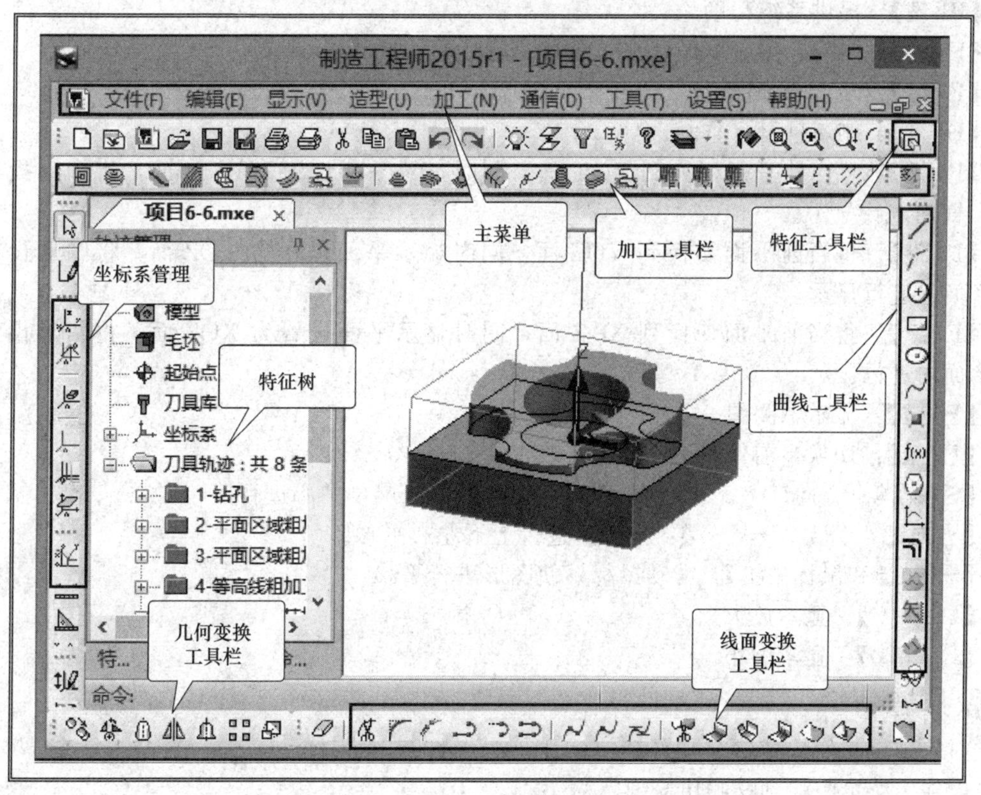

图 1-8　CAXA 制造工程师 2015 界面

1.2 CAXA制造工程师2015基本操作

1.2.1 常用键

1. 鼠标键

单击鼠标左键可以用来激活菜单、确定位置点、拾取元素等；单击鼠标右键用来确认拾取、结束和终止命令。

●注意

① 前后推动鼠标滚轮，对图形进行放大或缩小。

② 按住鼠标滚轮并滑动鼠标，图形产生动态旋转。

2. 回车键和数值键

回车键和数值键在系统要求输入点时，可以激活一个坐标输入条，在输入条中可以输入坐标值。如果坐标值以@开始，表示是相对于前一个输入点的相对坐标；在某些情况下也可以输入字符串。

●注意

输入坐标值时，不能在中文输入法状态下输入。

3. 功能键

系统提供了一些方便操作的功能热键。

【F1键】：提供系统帮助。

【F2键草图器】：用于草图状态与非草图状态的切换。

【F3键】：显示全部图形。

【F4键】：刷新屏幕（重画）。

【F5键】：将当前平面切换到XOY面，同时显示平面设置为XOY面，将图形投影到XOY面内进行显示。

【F6键】：将当前平面切换到YOZ面，同时显示平面设置为YOZ面，将图形投影到YOZ面内进行显示。

【F7键】：将当前平面切换到XOZ面，同时显示平面设置为XOZ面，将图形投影到XOZ面内进行显示。

【F8键】：显示轴测图。

【F9键】：切换当前作图平面，但不改视向。

【Shift键＋方向键↑、↓、←、→】：使图形围绕屏幕中心进行旋转。

【方向键↑、↓、←、→】：使图形进行上下左右平移。

【Shift键和鼠标中键】：滑动鼠标，使图形进行平移。

【Ctr＋↑】：显示放大。

【Ctr＋↓】：显示缩小。

4. 快捷键

（1）预定义的快捷键，如新建（Ctrl＋N）、打开（Ctrl＋O）、退出（Alt＋X）等，用户可以在主菜单中找到这些快捷键。

（2）自定义快捷键，根据用户的需要和使用习惯定义自己快捷键。

1.2.2　坐标系

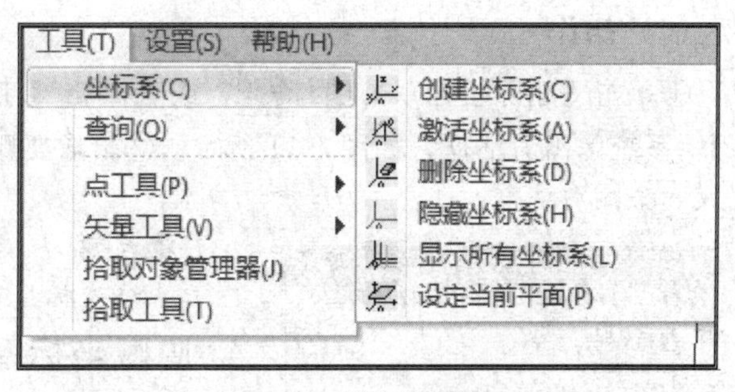

图 1-9　坐标系功能

CAXA 制造工程师软件提供了两种坐标系，绝对坐标系和用户坐标系。系统默认的坐标系为“绝对坐标系”，自定义的坐标系为“用户坐标系”，正在使用的坐标系为“当前坐标系”。为了方便作图，坐标系功能有创建坐标系、激活坐标系、删除坐标系、隐藏坐标系和显示所有坐标系，如图 1-9 所示。

1. 创建坐标系

（1）功能

建立一个新的坐标系。

（2）操作

①单击【创建坐标系】图标，或者单击【工具（T)】→【坐标系（C)】→【创建坐标系C】，激活相关命令。②在立即菜单中选择合适的选项。按照状态栏的提示，创建新的坐标系。

（3）参数

【单点】：创建以指定点为原点、坐标方向不变的新坐标系。

【三点】：通过给定坐标原点、X 轴和 Y 轴正方向上各一点创建新的坐标系。

【两相交直线】：拾取直线作为 X 轴，并给出正方向，再拾取直线作为 Y 轴，并给出正方向，生成新坐标系。

【圆或圆弧】：以指定圆或圆弧的圆心为坐标原点，以圆的端点方向或指定圆弧端点方向为 X 轴正方向，生成新坐标系。

【曲线切法线】：指定曲线上一点为坐标原点，以该点的切线为 X 轴，该点的法线为 Y 轴，生成新坐标系。

2. 激活坐标系

（1）功能

有多个坐标系时，激活某一坐标系就是将这一坐标系设为当前坐标系。

（2）操作

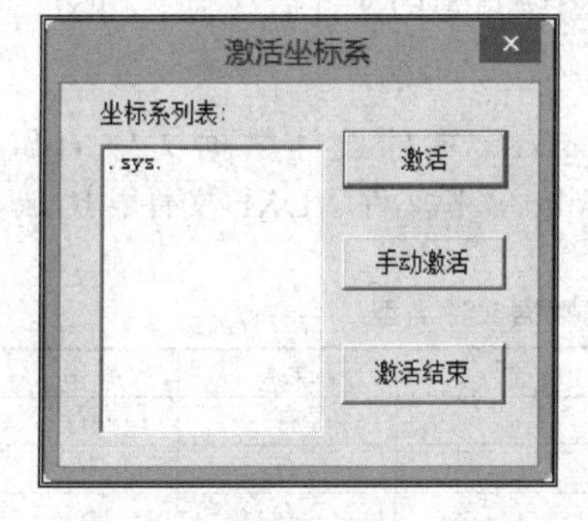

图1-10　“激活坐标系”对话框

①单击【激活坐标系】图标，或者单击【工具（T)】→【坐标系（C)】→【激活坐标系 A】，系统弹出对话框，如图 1-10 所示。②拾取坐标系列表中的某一坐标系，单击激活图标，可见该坐标系已激活，变为红色。单击激活结束，对话框关闭。单击手动激活图标，对话框关闭，拾取要激活的坐标系，该坐标系变为红色，表明已激活。

3. 删除坐标系

（1）功能

删除用户创建的坐标系。

(2) 操作

①单击【删除坐标系】图标，或者单击【工具(T)】→【坐标系(C)】→【删除坐标系】，系统弹出对话框，如图1-11所示。②拾取要删除的坐标系，单击坐标系，删除坐标系完成，关闭对话框。

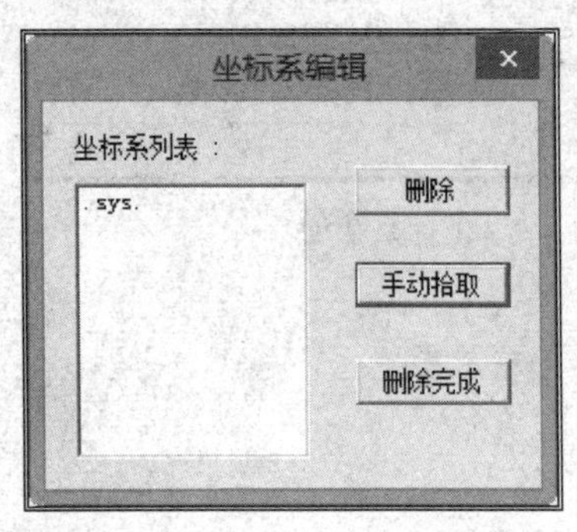

图1-11 “删除坐标系”对话框

●**注意**

系统坐标系不能删除。

4. 隐藏坐标系

(1) 功能

使坐标系不可见。

(2) 操作

①单击【隐藏坐标系】图标，或者单击【工具(T)】→【坐标系(C)】→【隐藏坐标系】，系统弹出对话框。②拾取工作坐标系，单击坐标系，隐藏坐标系完成。

5. 显示所有坐标系

(1) 功能

使所有坐标系都可见。

(2) 操作

单击【显示所有坐标系】图标，或者单击【工具(T)】→【坐标系(C)】→【显示所有坐标系】，所有坐标系都可见。

1.3 功能菜单简介

1.3.1 文件管理

CAXA制造工程师2015提供了功能齐全的文件管理系统，其中包括文件的建立、打开、存储、文件的并入等功能。单击下拉菜单“文件”即可进入文件管理功能选项，其中有些选项也可以通过工具栏的图标进入。

1. 当前文件

当前文件是指系统当前正在使用的图形文件。系统初始没有文件名，只有在“打开”、“保存”等功能进行操作时才命名文件，CAXA制造工程师系统指定的文件后缀为 *.mxe。

2. 文件格式类型

CAXA制造工程师2015中可以读入ME数据文件mxe、零件设计数据文件epb、ME2.0和ME1.0数据文件csn、Parasolid x_t文件、Parasolid x_b文件、DXF文件、IGES文件和DAT数据文件，见表1-1。

表1-1 CAXA制造工程师2015中可以读入的数据文件类型

文件扩展名类型	文件说明	读入	输出
mxe	默认的自身文件	有	有
epb	EB3D三维电子图版数据文件	有	有
x-t和x-b	与其它支持Parasolid软件的实体交换文件	有	有
DXF	标准图形交换文件	有	有

续表

文件扩展名类型	文件说明	读入	输出
IGES	所有大中型软件的线架、曲面交换文件	有	有
VRML	虚拟现实建模数据文件	—	有
STL	CAD实体模型数据文件	有	有
EB97	EB97电子图版的数据文件	有	有

1.3.2　编辑

编辑功能包括取消上次操作、恢复已取消的操作、删除、剪切、拷贝、粘贴、线面隐藏、线面可见、线面层修改、元素颜色修改、编辑草图、修改特征和终止当前命令等。单击菜单“编辑”可以进入编辑功能选项。

1.3.3　显示

制造工程师为用户提供了绘制图形的显示命令，它们只改变图形在屏幕上显示的位置、比例、范围等，不改变原图形的实际尺寸。图形的显示控制对绘制复杂视图和大型图纸具有重要作用，在图形绘制和编辑过程中也要经常使用。

1.3.4　工具

制造工程师的工具菜单栏中包含有坐标系、查询、点工具、矢量工具、选择集拾取工具。通过这些工具可以实现具体的功能设置。

1.3.5　设置

制造工程师的设置工具栏集成了一些颜色和材质等的设置命令，包括：设置当前颜色、层设置、拾取过滤设置、系统设置、光源设置、材质设置等。

1.4　小　　结

本章简要介绍了制造工程师软件的一些基本功能，如：软件的基本特点、软件的界面、安装和基本功能，通过这一章的学习可以对该软件有一个简单的了解，便于以后的深入学习。

1.5　思考与练习

一、思考题

(1) 启动CAXA制造工程师的方法有哪几种？

(2) CAXA制造工程师的界面由哪几部分组成？它们的作用分别是什么？

(3) CAXA制造工程师左键和右键有哪些功用？

(4) CAXA制造工程师提供的查询功能包括哪些？

(5) CAXA制造工程师常用的快捷键、功能键有哪些？

二、填空题

(1) CAXA制造工程师提供了查询功能，可供查询的内容包括________、________、________、________等。

(2) CAXA制造工程师的造型方法分为________、________和________三种。

第2章

线架造型

CAXA 制造工程师软件为“草图”或“线架”的绘制提供了十六项功能：直线、圆弧、圆、椭圆、样条、点、文字、公式曲线、多边形、二次曲线、等距线、曲线投影、相关线、文字等。利用这些功能可以方便地绘制出各种复杂的图形。2015 版的 CAXA 制造工程师的线架造型的相关命令和 2013 版本基本没有变化。

2.1 基本概念

2.1.1 当前平面

当前平面是指当前的作图平面，是当前坐标系下的坐标平面，即 XY 面、YZ 面、XZ 面中的某一个，可以通过 F5、F6、F7 三个功能键进行选择。系统会在确定作图平面的同时，调整视向，使用户面向该坐标平面，也可以通过 F9 键，在三个坐标平面间切换当前平面。系统使用连接两坐标轴正向的斜线标示当前平面，如图 2-1 所示。

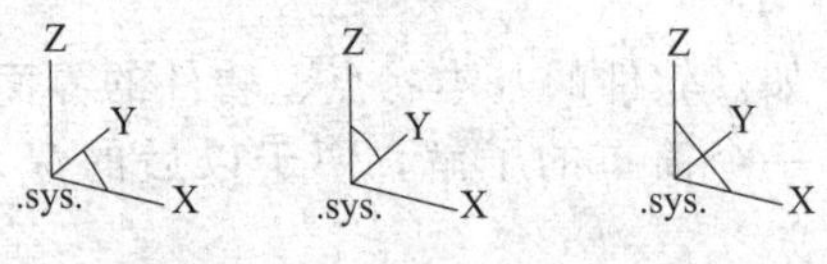

图 2-1　当前坐标平面的表示

2.1.2 点的输入方法

点输入的方式有：键盘输入坐标和鼠标捕捉两种。键盘输入就是利用键盘输入已知的点，鼠标捕捉就是利用鼠标捕捉图形对象的特征点。

1. 键盘输入

键盘输入的是已知坐标的点，其操作方法有如下两种：

(1) 按下回车键，系统在屏幕中心位置弹出数据输入框，通过键盘输入点的坐标值，系统将在输入框内显示输入的内容；再按下回车键，完成一个点的输入。

(2) 利用键盘直接输入点的坐标值，系统在屏幕中心位置弹出数据输入框，并显示输入内容，输入完成后，按下回车键，完成一个点的输入。

●**注意**

利用第二种方法输入时，虽然省去了按下回车键的操作，但是当使用省略方式输入数据的第一位时，该方法无效。

2. 坐标的表达方式

(1) 用“绝对坐标”表达

绝对坐标值，即相对于当前坐标原点的坐标值。如图 2-2 (a) 所示的 A、B 点坐标。

（2）用“相对坐标”表达

相对坐标值，即后面的坐标值相对于当前点的坐标。需要坐标数据前加@。如图 2-2（b）所示的B点的坐标。

（3）用“函数表达式”表达

将表达式的计算结果，作为点的坐标值输入。如输入坐标“196/2，30*3，100*sin（30）”等同于输入了计算后的坐标值“88，90，50”。

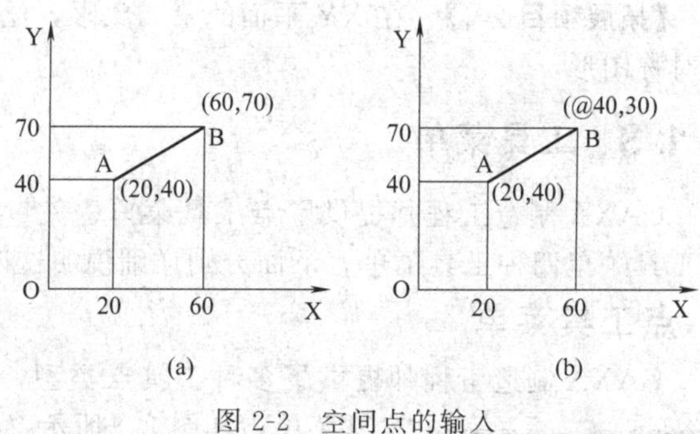

图 2-2 空间点的输入

3. 完全表达和不完全表达

（1）完全表达：即将X、Y、Z三个坐标全部表示出来，数字间用逗号分开，如“20，30，50”代表坐标X=20，Y=30，Z=50的点。

（2）不完全表达：即X、Y、Z三个坐标的省略方式，当其中一个坐标值为零时，该坐标可以省略，其间用逗号分开。例如，坐标“20，0，0”可以表示为“20,,”，若零在末位，还可以省略逗号，表示为“20”；坐标“30，0，50”可以表示为“30,，50”；坐标“0，0，40”可以表示为“,，40”。

●**注意**

绝对坐标和相对坐标都可以选择采用“完全表达”和“不完全表达”两种形式。但是在输入相对坐标数据前要加号@。

【项目实例 2-1】 绘制如图 2-3 所示的封闭折线图形。（扫二维码可观看操作视频）

项目实例 2-1 操作视频

（1）单击曲线工具栏的“直线”图标。

（2）在立即菜单中依次设置选项“两点线”、“连续”和“非正交”。

（3）采用绝对坐标的完全方式输入第一点；按回车键，屏幕上出现数据输入框，使用键盘输入第一点“0，0，0”，再次单击回车键。

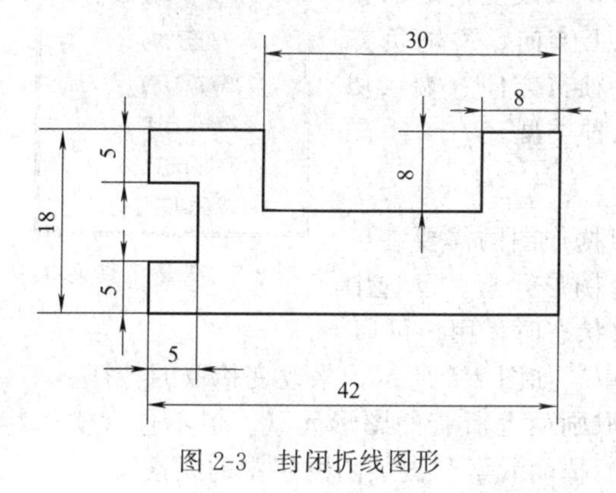

图 2-3 封闭折线图形

（4）采用不完全方式输入第二点；单击回车键，输入“42”。

（5）采用相对坐标不完全表达方式输入其它的点，如下所示输入：

@0，18↙（↙表示回车）

@－8↙

@，－8↙

@－22↙

@，8↙

@－12↙

@，－5↙

@5↙

@，－8↙

@－5↙

（6）采用绝对坐标方式的不完全表达方式输入最后一点“0”，完成绘制。

【拓展项目 2-1】 在 XY 平面的第二象限，绘制如图 2-3 所示的封闭折线图形关于 y 轴的对称图形。

2.1.3 工具菜单

CAXA 制造工程师提供了点工具菜单、矢量工具菜单、选择集拾取工具菜单和串联拾取工具菜单四种工具菜单，下面分别详细说明这四种工具菜单。

1. 点工具菜单

CAXA 制造工程师提供了多种工具点类型，在进行特征点的捕捉时，按空格键，弹出工具菜单，如图 2-4 所示，工具菜单的类型主要包括如下几种：

S 缺省点
E 端点
M 中点
I 交点
C 圆心
P 垂足点
T 切点
N 最近点
K 型值点
O 刀位点
G 存在点

图 2-4　点工具菜单

【缺省点】：系统默认的点捕捉状态。它能自动捕捉直线、圆弧、圆、样条线的端点、直线、圆弧、圆的中点、实体特征的角点。快捷键为“S”。

【中点】：可捕捉直线、圆弧、圆、样条曲线的中点。快捷键为“M”。

【端点】：可捕捉直线、圆弧、圆、样条曲线的端点。快捷键为“E”。

【交点】：可捕捉任意两曲线的交点。快捷键为“I”。

【圆心】：可捕捉圆、圆弧的圆心点。快捷键为“C”。

【垂足点】：曲线的垂足点。快捷键为“P”。

【切点】：可捕捉直线、圆弧、圆、样条曲线的切点。快捷键为“T”。

【最近点】：可捕捉到光标覆盖范围内，最近曲线上距离最短的点。快捷键为“N”。

【型值点】：可捕捉曲线的控制点。包括直线的端点和中点；圆、椭圆的端点、中点、象限点（四分点）；圆弧的端点、中点；样条曲线的型值点。快捷键为“K”。

【刀位点】：刀具轨迹的位置点。快捷键为“O”。

2. 矢量工具菜单

矢量工具主要是用在方向选择上。当交互操作处于方向选择状态时，用户可通过矢量工具菜单，如图 2-5 所示，来改变拾取的直线方向的类型。矢量工具包括直线方向、X 轴正方向、X 轴负方向、Y 轴正方向、Y 轴负方向、Z 轴正方向、Z 轴负方向、端点切矢（矢量沿过曲线端点且与曲线相切的方向）八种类型。

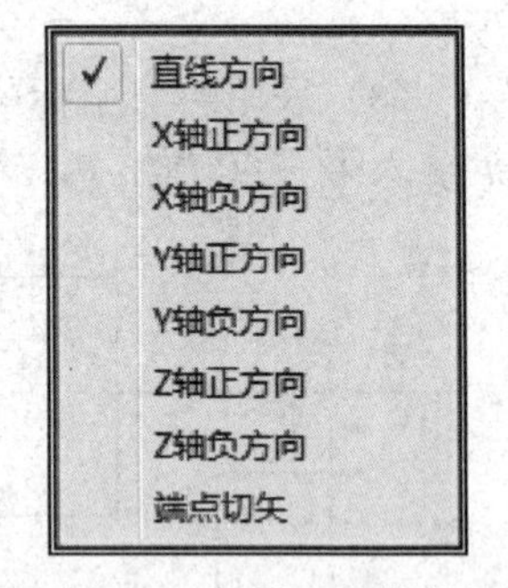

图 2-5　矢量工具菜单

3. 选择集拾取工具菜单

拾取图形元素（点、线、面）的目的就是根据作图的需要在已经完成的图形中，选取作图所需的某个或某几个图形元素。已选中的元素集合，称为选择集。当交互操作处于拾取状态时，用户可通过选择集拾取工具菜单，如图 2-6 所示，来改变拾取的特征。

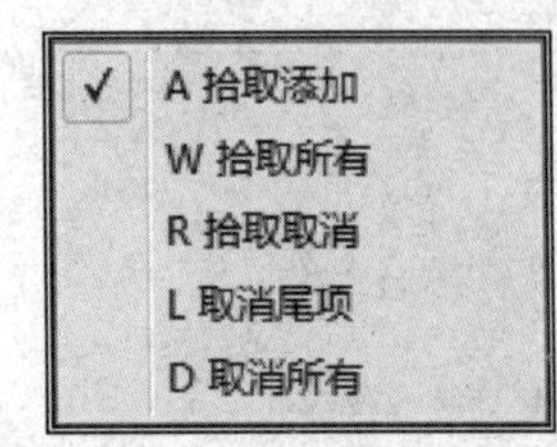

图 2-6　选择集拾取工具菜单

【拾取所有】：拾取画面上所有的图形元素。但不包含实体特征、拾取设置中被过滤掉的元素和被关闭图层中的元素。

【拾取添加】：将拾取到的图形元素添加到选择集中。

【取消所有】：取消所有被拾取到的图形元素，即将选择集设为空集。

【拾取取消】：将拾取到的图形元素从选择集中取消。

【取消尾项】：取消最后一次拾取操作所拾取到的图形元素。

上述几种拾取元素的操作，都是通过鼠标来完成的，使用鼠标拾取元素有如下两种方法。

①单选：将光标对准待选择的某个元素，待出现光标提示后，按下左键，即可完成拾取操作。被拾取的元素以红色加亮显示。

②多选：单击鼠标左键，拖动光标，系统以动态显示的矩形框显示所选择的范围，再次单击鼠标左键，矩形框内的图形元素均被选中。需要注意的是：从左向右框选元素时，只有完全落在矩形框内的元素才能被拾取；从右向左框选元素时，只要图形元素有部分落在矩形框内的元素就能被拾取。

4. 串连拾取工具菜单

串连拾取工具用于选取一组串连在一起的全部或部分图线。用户可通过串连拾取工具菜单，如图 2-7 所示，来改变曲线串连的方式。串连拾取工具包括链拾取、限制链拾取和单个拾取三种方式。

【链拾取】：选取串连在一起的所有图线。使用鼠标拾取图线中的任一曲线即可将所有的串连图线选中。

【限制链拾取】：选取串连在一起的部分图线。使用鼠标拾取串连图线中的第一个和最后一个对象即可选中需要的部分串连图线。

【单个拾取】：选择需要拾取的单个图线。

图 2-7　串连拾取工具菜单

2.2　曲线生成

CAXA 制造工程师提供了直线、圆弧、圆、矩形、椭圆、样条线、点、公式曲线、正多边形、二次曲线、等距线、曲线投影、相关线、样条线转圆弧、文字等曲线生成功能。如图 2-8 曲线生成栏所示。

图 2-8　曲线生成栏

2.2.1　直线

CAXA 制造工程师中共提供了“两点线”、“平行线”、“角度线”、“切线/法线”、“角等分线”和“水平/铅垂线”6 种直线的绘制方式。

单击【直线】图标，或者单击【造型（U）】→【曲线生成（C）】→【直线】命令，可以激活该功能，在立即菜单中选择画线方式，根据状态栏提示，绘制直线。

1. 两点线

(1) 功能

给定两个点的坐标绘制单个或连续的直线，有“正交”（与坐标轴平行的直线）和“非正交”（任意方向的直线）两种形式。

(2) 操作

①单击【直线】图标，在命令行的当前命令（图 2-9）中选择“两点线”。②设置两点线的绘制参数。③按状态栏提示，给出第一点和第二点，生成两点线。

(3) 参数

【连续】：每段直线相互连接，前一段直线的终点为下一段直线的起点。

【单个】：每次绘制的直线都相互独立，互不相关。

【正交】：所画直线与坐标轴平行。

【非正交】：可以画任意方向的直线，包括正交直线。

【点方式】：指定两点，画出正交直线。

【长度方式】：指定长度和点，画出正交直线。

2. 平行线

(1) 功能

按给定的距离或通过给定的已知点绘制与已知直线平行，且长度相等的平行线段。有“过点”、“距离”、“条数”3种形式。

(2) 操作

①单击【直线】图标，在命令行的当前命令（图2-10）中选择“平行线”。②若为距离方式，输入距离值和直线条数，按状态栏提示拾取直线，给出等距方向，生成已知的直线的平行线。

3. 角度线

(1) 功能

是指绘制与坐标轴（X轴、Y轴）或已知直线成夹角的直线，包括与“X轴夹角”、“Y轴夹角”和“直线夹角”3种方式。

(2) 操作

①单击【直线】图标，在命令行的当前命令（图2-11）中选择“角度线”。②设置夹角类型和角度值，按状态栏提示，给出第一点，给出第二点或输入角度线长度，生成角度线。

图2-9 两点线菜单

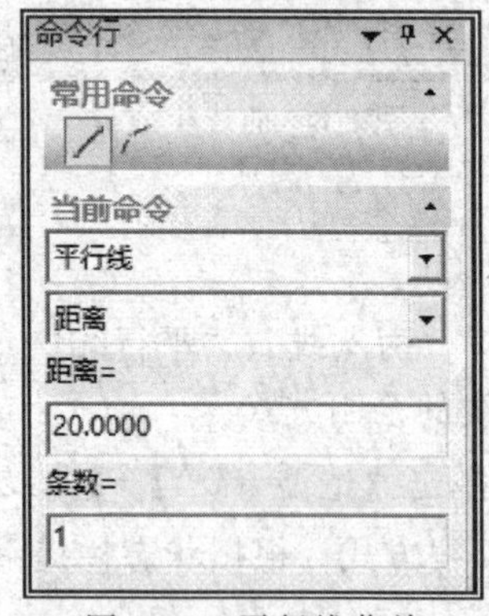

图2-10 平行线菜单

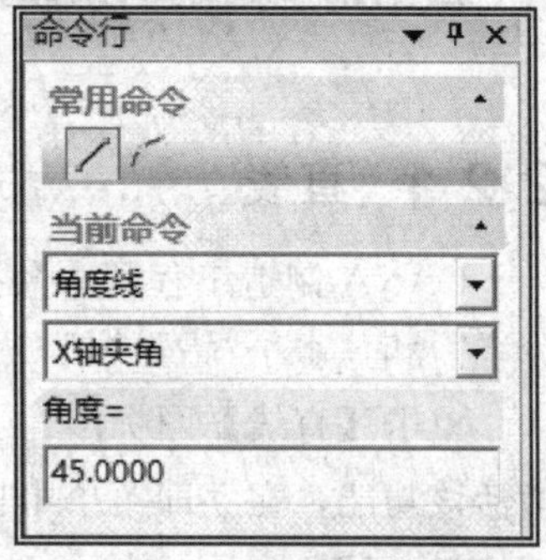

图2-11 角度线菜单

(3) 参数

【夹角类型】：包括与X轴夹角、与Y轴夹角、与直线夹角。

【角度】：与所选方向夹角的大小。X轴正向到Y轴正向的成角方向为正值。

●**注意**

① 当前平面为XY面时，选项中X轴表示坐标系X轴，Y轴表示坐标系Y轴。

② 当前平面为YZ面时，选项中X轴表示坐标系Y轴，Y轴表示坐标系Z轴。

③ 当前平面为XZ面时，选项中X轴表示坐标系X轴，Y轴表示坐标系Z轴。

4. 切线/法线

(1) 功能

指生成与已知直线、圆弧、圆和样条曲线给定位置相切或垂直的直线。

(2) 操作

①单击【直线】图标，在命令行的当前命令（图 2-12）中选择“切线/法线”。②选择切线或法线，给出长度值。③拾取曲线，输入直线中点，生成指定长度的切线或法线。

5. 角等分线

(1) 功能

指生成等分已知两条直线夹角的给定长度的直线。

(2) 操作

①单击【直线】图标，在命令行的当前命令（图 2-13）中选择“角等分线”。②拾取第一条直线和第二条直线，生成等分线。

6. 水平/铅垂线

(1) 功能

指生成指定长度且“平行/垂直”于当前面中“X 轴/Y 轴”的直线。

(2) 操作

①单击【直线】图标，在命令行的当前命令（图 2-14）中选择“水平/铅垂线”，设置正交线类型（包括“水平”、“铅垂”、“水平＋铅垂”三种类型），给出长度值。②输入直线中点，生成指定长度的水平/铅垂线。

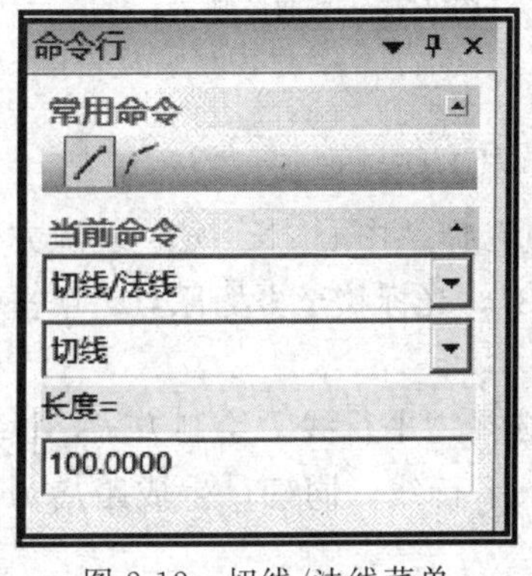

图 2-12 切线/法线菜单

图 2-13 角等分线菜单

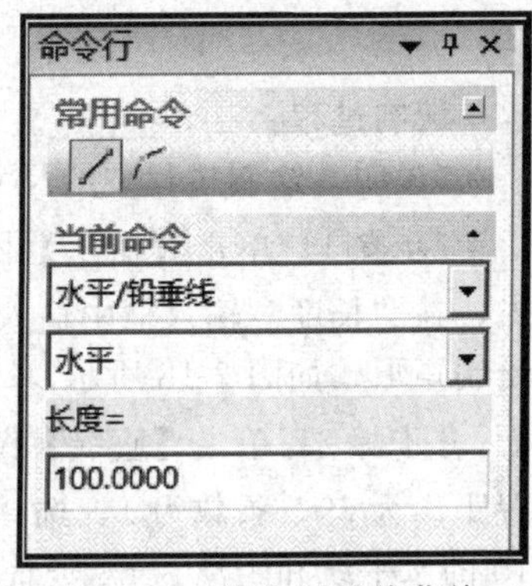

图 2-14 水平/铅垂线菜单

2.2.2 矩形

矩形功能提供了“两点”、“中心_长_宽”两种生成方式。

单击【矩形】图标，或者单击【造型（U)】→【曲线生成（C)】→【矩形】命令，可以激活该功能，在命令行的当前命令中选择绘制矩形的方式，根据状态栏的提示，绘制矩形。

1. “两点”矩形

(1) 功能

指定矩形的对角线的两个点绘制矩形。

（2）操作

①单击【矩形】图标，在命令行的当前命令（图 2-15）中选择“两点矩形”。②给出起点和终点，移动光标至绘图区，选择矩形中心的放置位置，生成矩形。

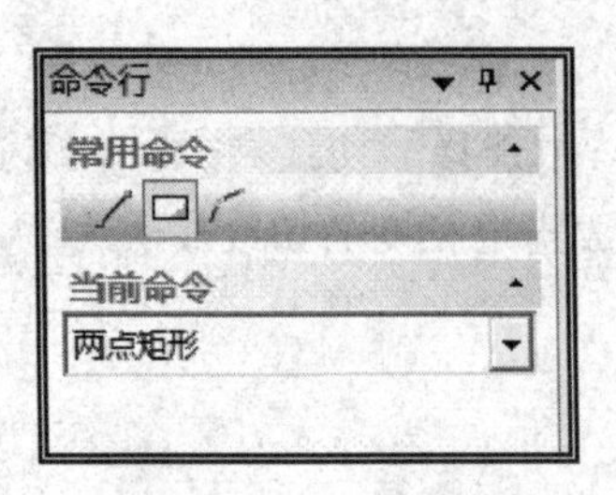

图 2-15 “两点”矩形菜单

2. “中心_长_宽”矩形

（1）功能

指定矩形的几何中心坐标和两条边的长度绘制矩形。

（2）操作

①单击【矩形】图标，在命令行的当前命令（图 2-16）中选择“中心_长_宽”。②给出矩形中心的坐标和两条边的长度，生成矩形。

【项目实例 2-2】 绘制图 2-17 所示的平面图形（扫二维码可观看操作视频）。

项目实例 2-2 操作视频

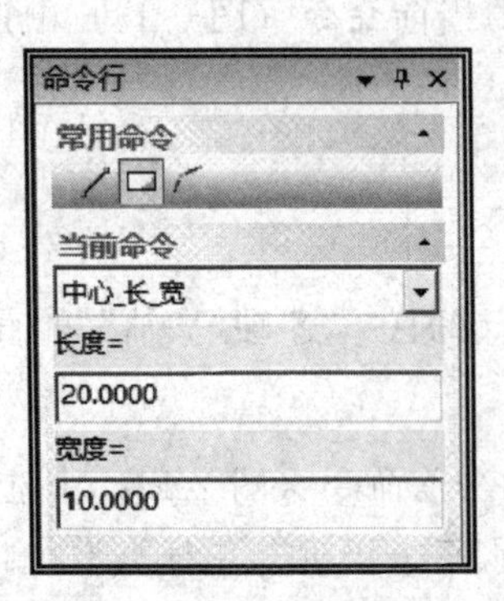

图 2-16 “中心_长_宽”矩形菜单

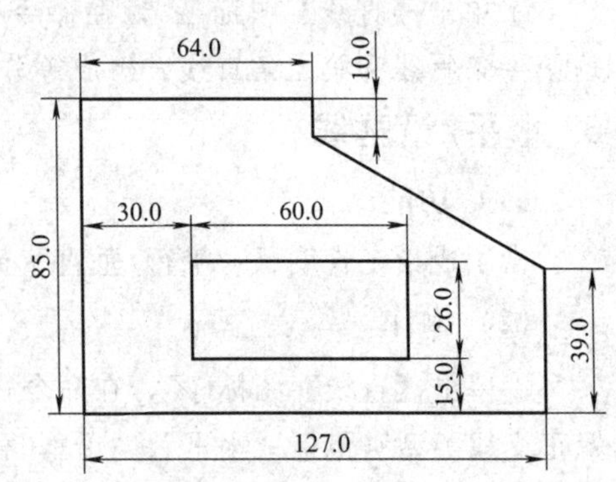

图 2-17 平面图形

绘制过程：

（说明：绘制过程中的尺寸只为说明绘制过程，绘制过程中不必标注）

『步骤 1』单击【矩形】图标，在命令行的当前命令中选择“中心_长_宽”绘制方式，在“长度”输入框中输入 127，在“宽度”输入框中输入 85，光标移至坐标原点，单击绘制矩形。如图 2-18 所示。

『步骤 2』单击【直线】图标，在命令行的当前命令中选择“平行线”绘制方式，设置距离为 39。条数为 1，选择水平线上的箭头方向，生成一条平行线。同理，生成距离为 10 的水平线和距离为 64 竖直平行线，如图 2-19 所示。

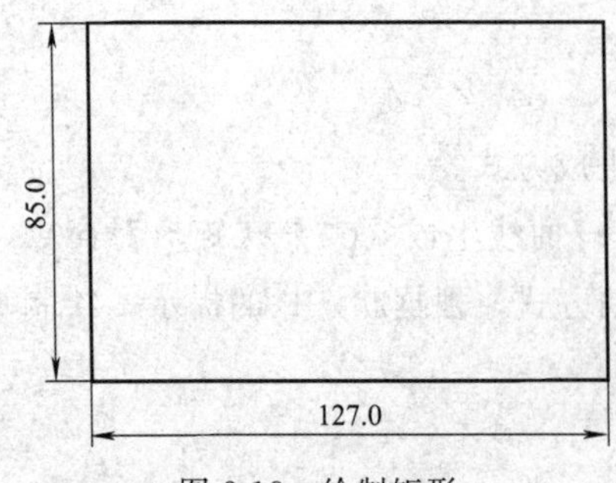

图 2-18 绘制矩形

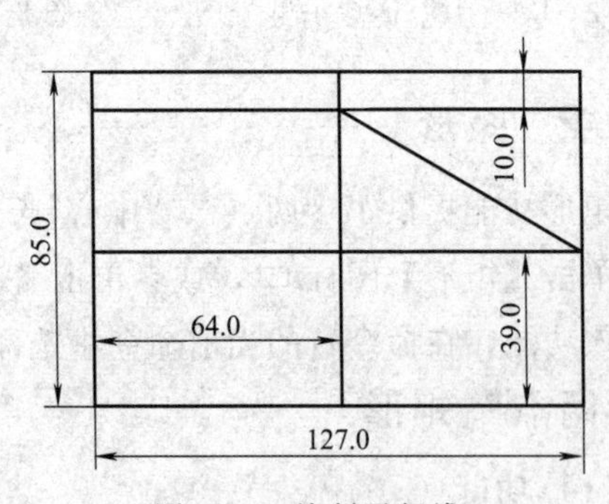

图 2-19 绘制平行线

『步骤 3』单击【直线】图标，在命令行的当前命令中选择“两点线”绘制方式，拾取交点，绘制斜线，如图 2-19 所示。

『步骤 4』单击【矩形】图标，在命令行的当前命令中选择“中心_长_宽”绘制方式，在“长度”输入框中输入 60，在“宽度”输入框中输入 26，回车输入矩形的中心点坐标（3.5，－14.5），单击绘制矩形。如图 2-20 所示。

『步骤 5』单击【曲线裁剪】图标，在命令行的当前命令中选择“快速裁剪”，选择需要裁剪的部分，进行裁剪。

『步骤 6』单击【删除】图标，拾取所有需要删除的直线。点击鼠标右键确认，得到图形。

【拓展项目 2-2】 利用学过的相关命令，绘制图 2-21 的图。(扫二维码可观看操作视频)。

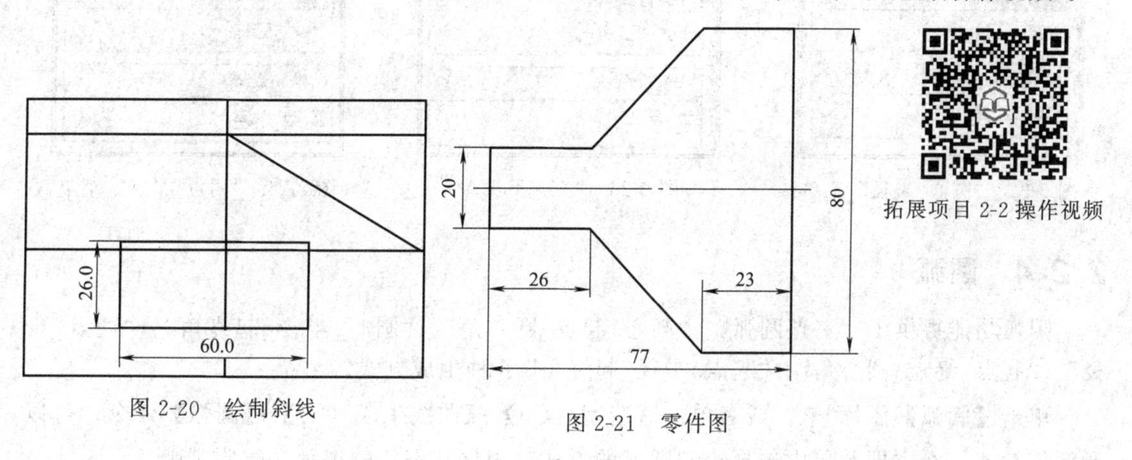

图 2-20　绘制斜线

图 2-21　零件图

拓展项目 2-2 操作视频

2.2.3　圆

圆功能提供了“圆心_半径”、“三点”、“两点_半径”3 种生成方式。

单击【圆】图标，或者单击【造型（U)】→【曲线生成（C)】→【圆】命令，可以激活该功能，在立即菜单中选择绘制圆的方式，根据状态栏的提示，绘制整圆。

1. “圆心_半径”画圆

(1) 功能

给定圆心坐标和半径绘制圆。

(2) 操作

①单击【圆】图标，在命令行的当前命令（图 2-22）中选择“圆心_半径”。②给出圆心的坐标值，输入圆上一点或圆的半径，生成整圆。

2. “三点”画圆

(1) 功能

给定三个不重合、不共线的点绘制圆。

(2) 操作

①单击【圆】图标，在命令行的当前命令（图 2-23）中选择“三点”。②给出第一点、第二点、第三点，生成整圆。

3. “两点_半径”画圆

(1) 功能

给定两个不重合点和半径绘制圆。

(2) 操作

①单击【圆】图标，在命令行的当前命令（图 2-24）中选择“两点_半径”。②给出第一点、第二点和半径，生成整圆。

图 2-22 “圆心_半径”菜单

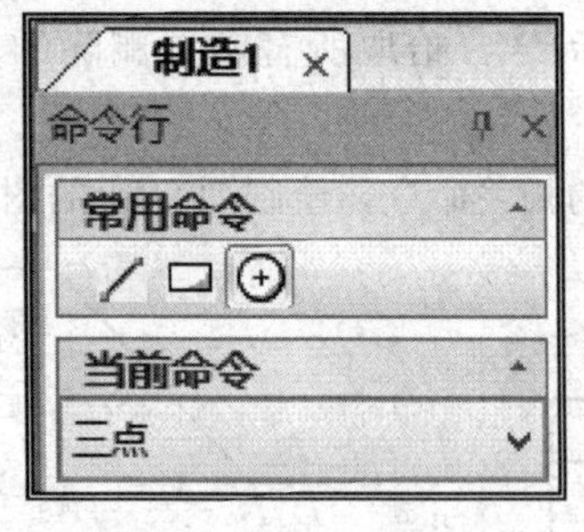

图 2-23 “三点”菜单

图 2-24 “两点_半径”菜单

2.2.4 圆弧

圆弧功能提供了“三点圆弧”、“圆心_起点_圆心角”、“圆心_半径_起终角”、“两点_半径”、“起点_终点_圆心角”、“起点_半径_起终角”6 种生成方式。

单击【圆弧】图标，或者单击【造型（U)】→【曲线生成（C)】→【圆弧】命令，可以激活该功能，在立即菜单中选择绘制圆弧的方式，根据状态栏的提示，绘制圆弧。

1. “三点圆弧”画圆弧

(1) 功能

过已知三点画圆弧，其中第一个点为起点、第三个点为终点，第二个点决定圆弧的位置和方向。

(2) 操作

①单击【圆弧】图标，在命令行的当前命令（图 2-25）中选择“三点圆弧”。②给定第一个点、第二个点和第三个点，生成圆弧。

2. “圆心_起点_圆心角”画圆弧

(1) 功能

绘制已知圆心、起点及圆心角绘制圆弧。

(2) 操作

①单击【圆弧】图标，在命令行的当前命令（图 2-26）中选择“圆心_起点_圆心角”。②给定圆心、起点、圆心角和弧终点所确定射线上的点，生成圆弧。

3. “圆心_半径_起终角”画圆弧

(1) 功能

由圆心、半径和起终角画圆弧。

(2) 操作

①单击【圆弧】图标，在命令行的当前命令（图 2-27）中选择“圆心_半径_起终角”。②给定起始角和终止角的数值。③给定圆心，输入圆上一点或半径，生成圆弧。

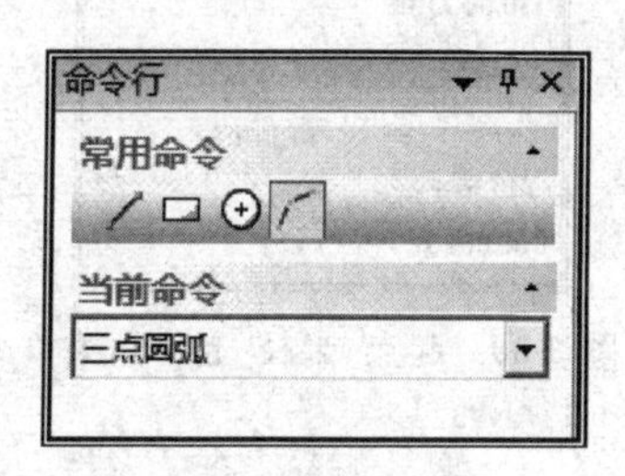

图 2-25 “三点圆弧”菜单

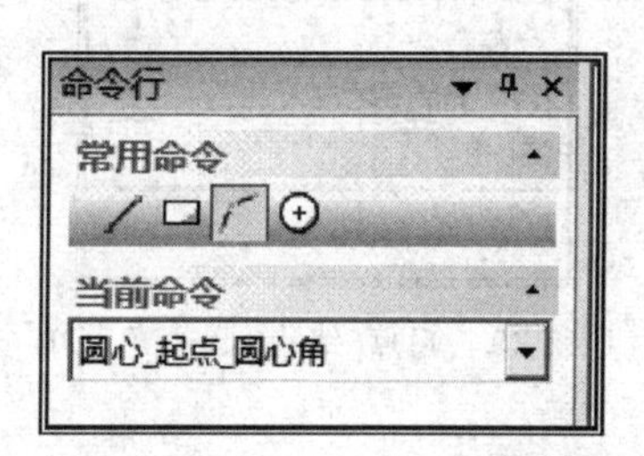

图 2-26 “圆心_起点_圆心角”菜单

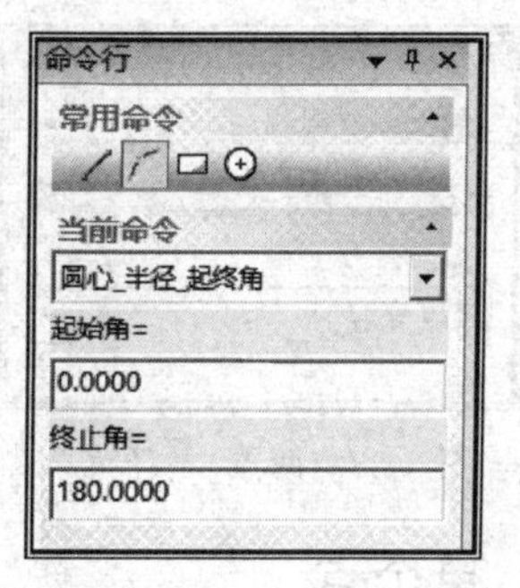

图 2-27 “圆心_半径_起终角”菜单

4. “两点_半径”画圆弧

(1) 功能

过已知两点，按给定半径画圆弧。

(2) 操作

①单击【圆弧】图标，在命令行的当前命令（图 2-28）中选择“两点_半径”。②给定第一点、第二点和第三点或半径，生成圆弧。

5. “起点_终点_圆心角”画圆弧

(1) 功能

过已知起点、终点、圆心角画圆弧。

(2) 操作

①单击【圆弧】图标，在命令行的当前命令（图 2-29）中选择“起点_终点_圆心角”。②给定起点、终点，生成圆弧。

6. “起点_半径_起终角”画圆弧

(1) 功能

过已知起点、半径和起终角画圆弧。

(2) 操作

①单击【圆弧】图标，在命令行的当前命令（图 2-30）中选择“起点_半径_起终角”。②给定起点、半径和起终角生成圆弧。

2.2.5 点

在绘制图形过程中，经常需要绘制辅助点，以帮助曲线、特征、加工轨迹等定位。CAXA 制造工程师提供了多种点的绘制方式。

单击【点】图标，或者单击【造型（U）】→【曲线生成（C）】→【点】命令，可以激活该功能，在立即菜单中选择“点”方式，根据状态栏的提示，绘制点。

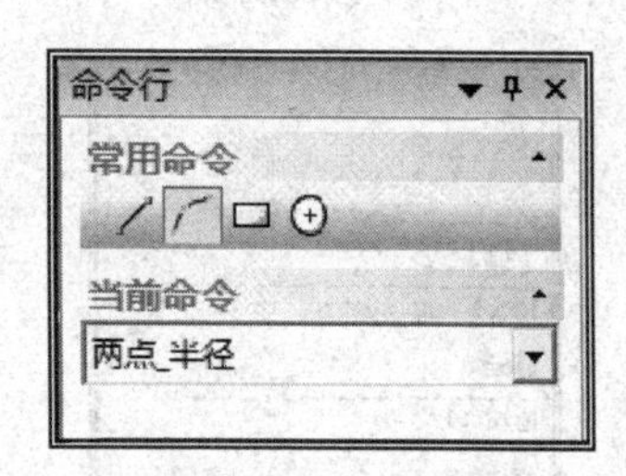

图 2-28　两点_半径菜单

图 2-29　起点_终点_圆心角菜单

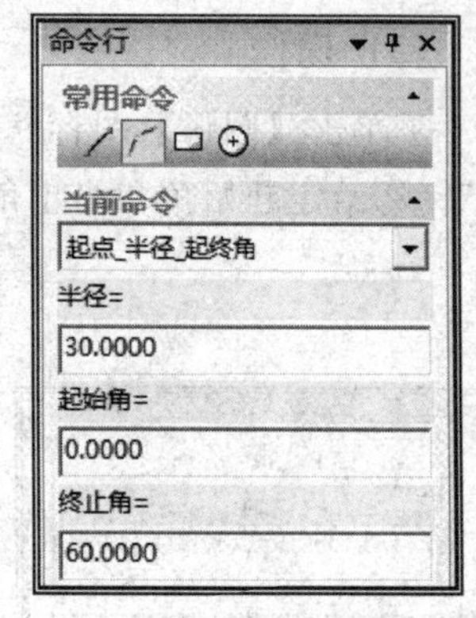

图 2-30　起点_半径_起终角菜单

1. 单个点

（1）功能

生成孤立的点，即所绘制的点不是已有曲线上的特征值点，而是独立存在的点。

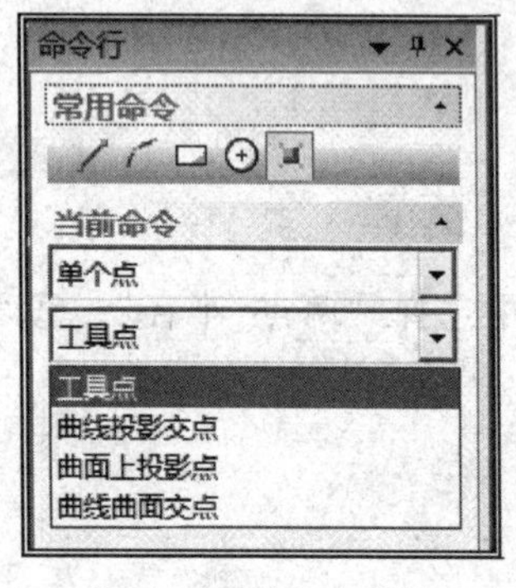

图 2-31　单个点菜单

（2）操作

①单击【点】图标，在命令行的当前命令（图 2-31）中选择“单个点”及其方式。②按状态栏提示操作，绘制孤立点。

（3）参数

【工具点】：利用点工具菜单生成单个点。

【曲线投影交点】：对于两条不相交的空间曲线生成该投影交点。它们在当前平面的投影必须有交点。

【曲面上投影点】：对于一个给定位置的点，通过矢量工具菜单给定一个投影方向在一张曲面上得到一个投影点。

【曲线曲面交点】：可以求一条曲线和一个曲面的交点。

2. 批量点

（1）功能

生成多个等分点、等距点或等角度点。

（2）操作

①单击【点】图标，在命令行的当前命令（图 2-32）中选择“批量点”及其方式，输入值。②按状态栏提示操作，生成点。

图 2-32　批量点菜单

2.2.6　正多边形

在给定点处绘制一个给定半径，给定边数的正多边形。

单击【正多边形】图标，或单击【造型（U）】→【曲线生成（C）】→【多边形】命令，根据状态栏提示，绘制正多边形。

1. 边

（1）功能

根据输入边数绘制正多边形。

（2）操作

①单击【正多边形】图标，在命令行的当前命令（图 2-33）中选择多边形类型为“边”，输入边数。②输入边的起点和终点，生成正多边形。

2. 中心

（1）功能

以输入点为中心，绘制内切或外接多边形。

（2）操作

①单击【正多边形】图标，在命令行的当前命令（图 2-34）中选择多边形类型为“中心”，内接或外接，输入边数。②输入中心和边终点，生成正多边形。

图 2-33 “边”绘制正多边形菜单

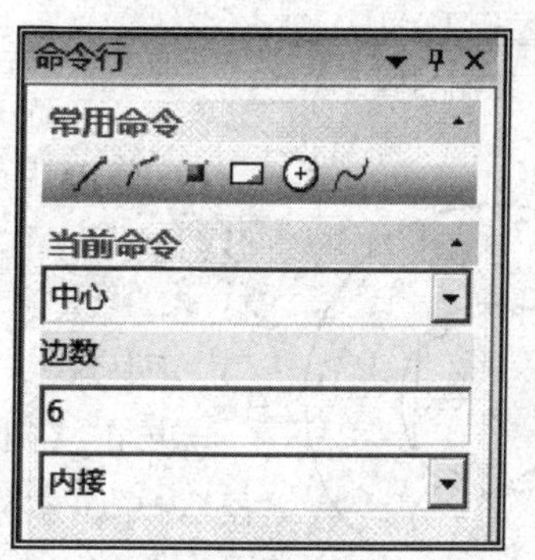

图 2-34 “中心”绘制多边形菜单

2.2.7 椭圆

（1）功能

按给定的参数绘制椭圆或椭圆弧。

（2）操作

①单击【椭圆】图标，在命令行的当前命令（图 2-35）中设置参数。②使用鼠标捕捉或使用键盘输入椭圆中心，生成椭圆或椭圆弧。

（3）参数

【长半轴】：椭圆的长半轴尺寸值。

【短半轴】：椭圆的短半轴尺寸值。

【旋转角】：椭圆的长轴与默认起始基准间夹角。

【起始角】：画椭圆弧时起始位置与默认起始基准所夹的角度。

【终止角】：画椭圆弧时终止位置与默认起始基准所夹的角度。

【项目实例 2-3】 绘制图 2-36 所示的零件图，不绘制点画线，不标注尺寸。

项目实例 2-3 操作视频

绘制过程（扫二维码可观看操作视频）：

『步骤 1』绘制直径 $\phi 44$ 和 $\phi 88$ 的两个同心圆

单击【圆】图标，在命令行的当前命令中选择“圆心_半径”方式，移动光标至坐标原点，捕捉到坐标原点，单击鼠标左键，根据提示，输入半径 22 和 44。

『步骤 2』绘制六边形

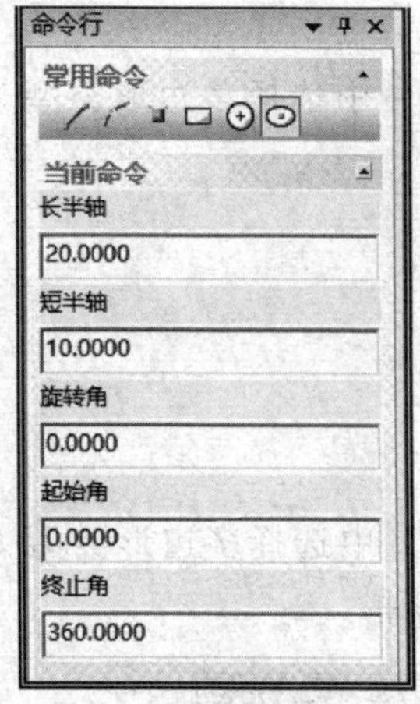

图 2-35　绘制椭圆菜单

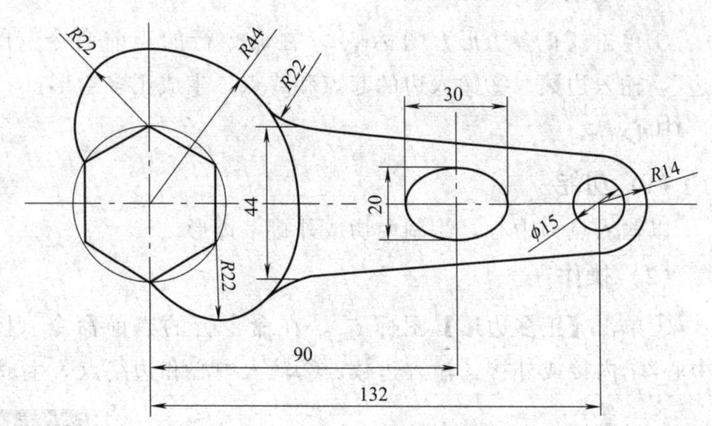

图 2-36　零件图

单击【正多边形】图标，在命令行的当前命令中选择多边形类型为“中心”，“内接”方式，输入边数“6”。②选择原点作为中心点，输入终点坐标（0，22），生成正六边形。结果如图 2-37 所示。

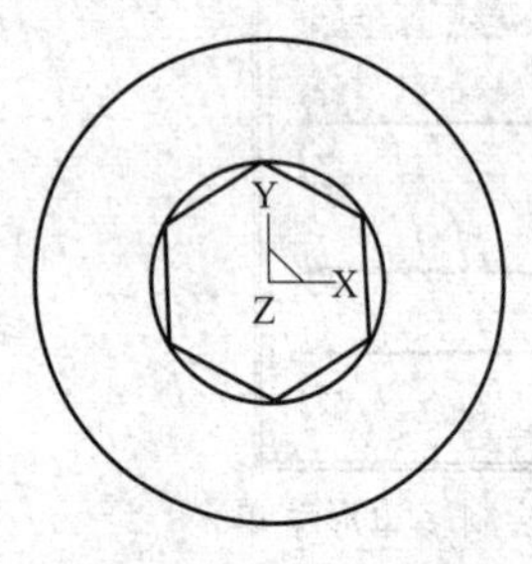

图 2-37　绘制圆和正六边形

『步骤 3』绘制 $R22$ 的两个圆弧

单击【圆弧】图标，在命令行的当前命令中选择“两点_半径”，单击空格键，选择“T 切点”或直接按“T”键，移动光标至大圆的 P1 点处，捕捉到圆后，单击鼠标左键，拾取第一个切点，输入第二个点时，首先单击空格键，选择“缺省点”，拾取 P2 点，回车，输入半径“22”，绘制完成第一个圆弧，同样方法绘制第二个圆弧。绘制结果如图 2-38 所示。

『步骤 4』绘制直径 $\phi15$ 和 $\phi28$ 的两个同心圆

单击【圆】图标，在命令行的当前命令中选择“圆心_半径”方式，回车，输入圆心点的坐标（132，0），根据提示，输入半径 7.5 和 14（图 2-39）。

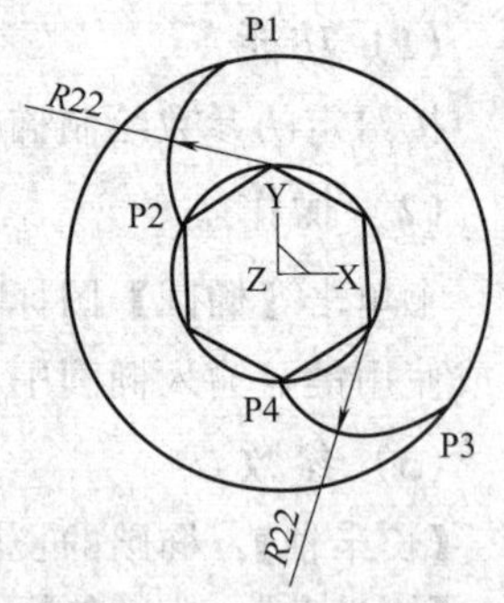

图 2-38　绘制两个圆弧

『步骤 5』绘制直线

单击【直线】图标，首先绘制和 X 轴“22”的两条平行线，接着在命令行的当前命令中选择“两点线”，单击鼠标左键，拾取第一个切点，拾取第二个点时，首先单击空格键，选择“交点”，绘制一条直线。按照同样的方式，绘制第二条直线（图2-40）。

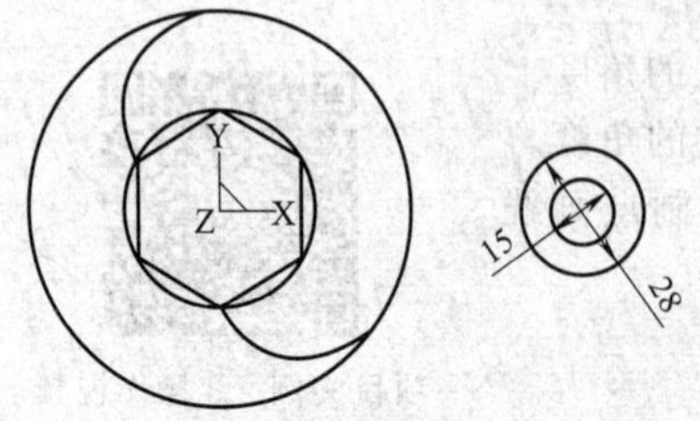

图 2-39　绘制两个圆

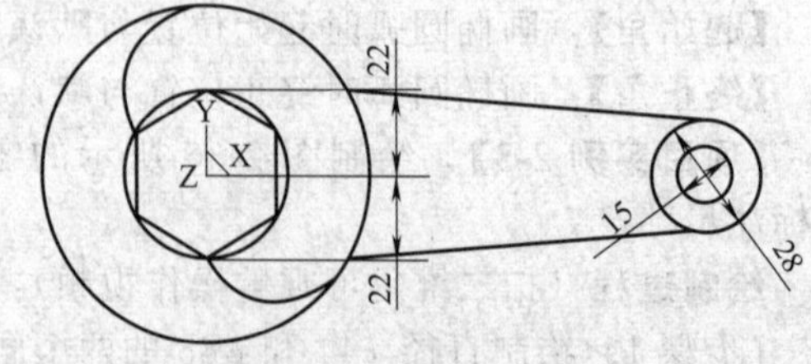

图 2-40　绘制两条直线

『步骤 6』绘制圆弧

单击【圆弧】图标，在命令行的当前命令中选择“两点_半径”，单击空格键，选择

“T 切点”，拾取连个切点，输入半径 22，绘制一个圆弧，按照同样方式绘制第二个圆弧（图 2-41）。

『步骤 7』修剪

单击【曲线裁剪】图标，在命令行的当前命令中选择“快速裁剪”，选择需要裁剪的部分，进行裁剪。

『步骤 8』绘制椭圆

单击【椭圆】图标，在命令行的当前命令中设置椭圆的长半轴 15，短半轴 10，输入椭圆中心坐标（90，0），绘制椭圆，如图 2-36 所示。

【拓展项目 2-3】 利用学过的相关命令绘制图 2-42 的零件图。（扫二维码可观看操作视频“拓展 2-3”）。

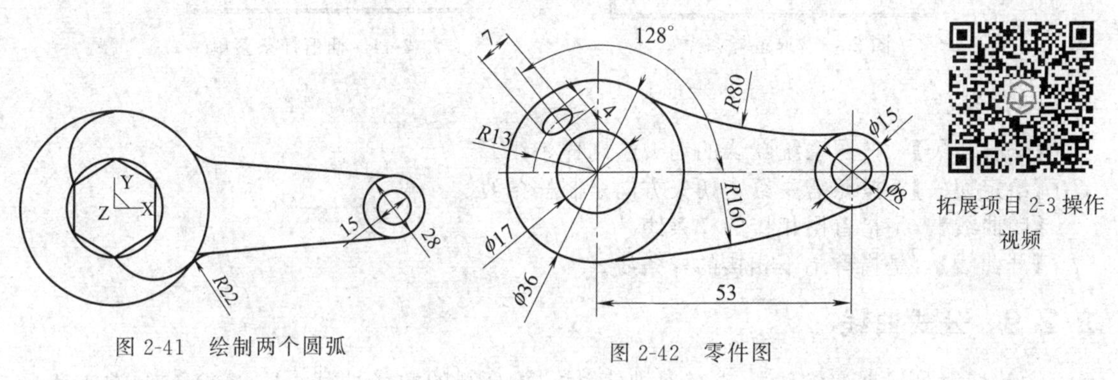

图 2-41 绘制两个圆弧

图 2-42 零件图

拓展项目 2-3 操作视频

2.2.8 样条曲线

生成过给定顶点（样条插值点）的样条曲线。CAXA 制造工程师提供了“逼近”和“插值”两种方式生成样条曲线。

采用“逼近”方式生成的样条曲线有比较少的控制顶点，并且曲线品质比较好，适用于数据点比较多的情况；采用插值方式生成的样条曲线，可以控制生成样条的端点切矢，使其满足一定的相切条件，也可以生成一条封闭的样条曲线。

单击【样条线】图标，或单击【造型（U)】→【曲线生成（C)】→【样条】命令，在命令行的当前命令中选择样条线生成方式，根据状态栏提示进行操作，生成样条线。

1. 逼近

（1）功能

顺序输入一系列点，系统根据给定的精度生成拟合这些点的光滑样条曲线。

（2）操作

①单击【样条线】图标，在命令行的当前命令（图 2-43）中选择“逼近”方式，设置逼近精度。②拾取多个点，点击鼠标右键确认，生成样条曲线。

2. 插值

（1）功能

顺序通过数据点，生成一条光滑的样条曲线。

（2）操作

①单击【样条线】图标，在命令行的当前命令（图 2-44）中选择“插值”方式，缺

省切矢或给定切矢、开曲线或闭曲线，按顺序输入一系列点。②若选择缺省切矢，拾取多个点，点击鼠标右键确认，生成样条曲线。③若选择缺省切矢，拾取多个点，点击鼠标右键确认，根据状态栏提示，给定终点切矢和起点切矢，生成样条曲线。

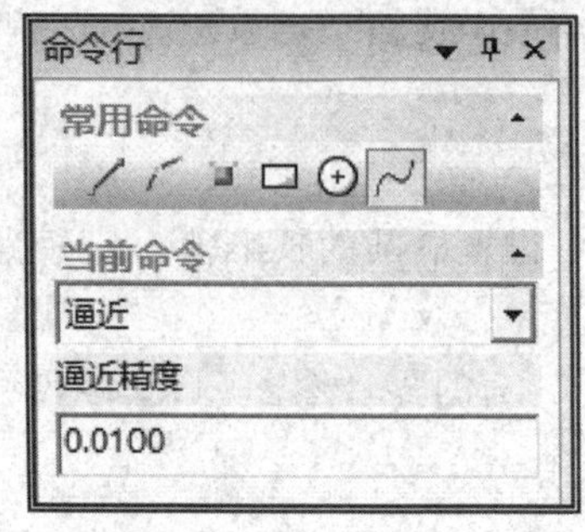

图 2-43　逼近样条菜单

图 2-44　插值样条菜单

(3) 参数

【缺省切矢】：按照系统默认的切矢绘制样条线。

【给定切矢】：按照需要给定切矢方向绘制样条线。

【闭曲线】：是指首尾相接的样条线。

【开曲线】：是指首尾不相接的样条线。

2.2.9　公式曲线

公式曲线是根据数学表达式或参数表达式所绘制的数学曲线，在 CAXA 制造工程师 2015 版本中，公式曲线的数量增加了很多，公式曲线提供的曲线绘制方式可以方便精确地绘制相当复杂的曲线。

(1) 功能

根据数学表达式或参数表达式绘制样条曲线。

(2) 操作

①单击【公式曲线】图标 f(x)，或单击【造型（U)】→【曲线生成（C)】→【公式曲线】命令，系统弹出“公式曲线”对话框（图 2-45）。②选择坐标系和参变量单位类型，给出参数和参数方程，单击“确定”图标。③在绘图区中给出公式曲线定位点，生成公式曲线。

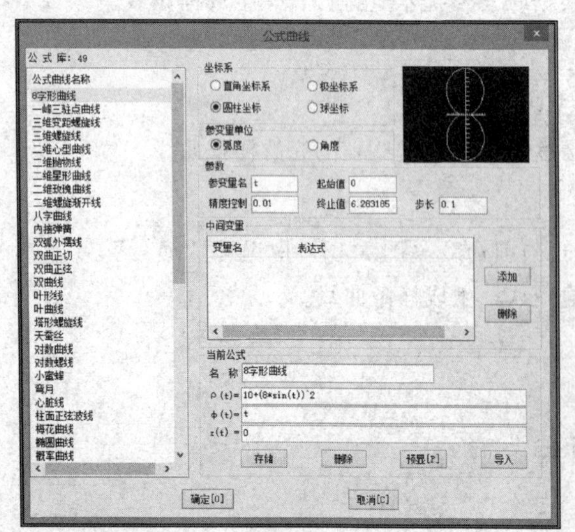

图 2-45　“公式曲线”对话框

2.2.10　二次曲线

根据给定的方式绘制二次曲线。

单击【二次曲线】图标，或者单击【造型（U)】→【曲线生成（C)】→【二次曲线】命令，根据状态栏的提示，绘制二次曲线。

1. 定点

(1) 功能

给定起点、终点和方向点，再给定肩点，生成二次曲线。

（2）操作

①单击【二次曲线】图标，在命令行的当前命令（图 2-46）中选择“定点”方式。②给定二次曲线的起点 A、终点 B 和方向点 C，出现可用光标拖动的二次曲线，给定肩点，生成与直线 AC、BC 相切，并通过肩点的二次曲线（图 2-47）。

2. 比例

（1）功能

给定比例因子、起点、终点和方向点生成二次曲线。

（2）操作

①单击【二次曲线】图标，在命令行的当前命令（图 2-48）中选择“比例”方式，输入比例因子的值。②给定二次曲线的起点 A、终点 B 和方向点 C，生成与直线 AC、BC 相切，比例因子＝MI/MC（M 为直线的中点）的二次曲线（图 2-47）。

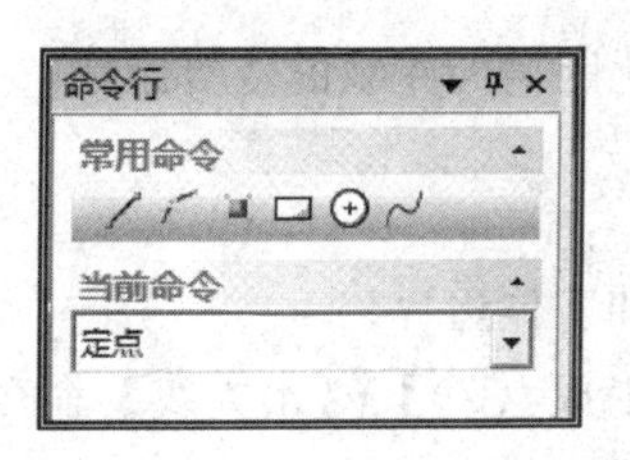

图 2-46 定点绘制二次曲线菜单

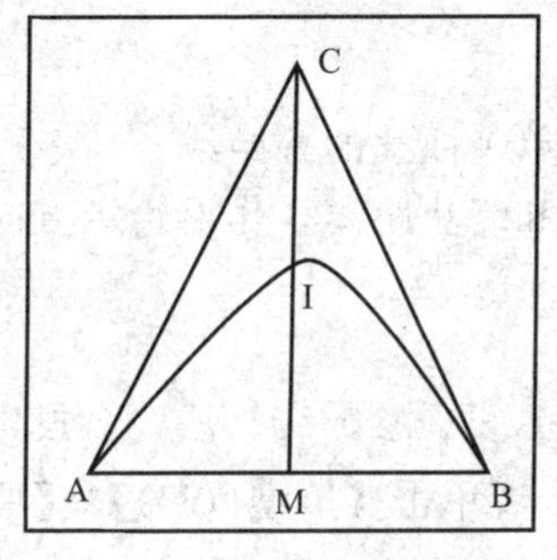

图 2-47 二次曲线示例

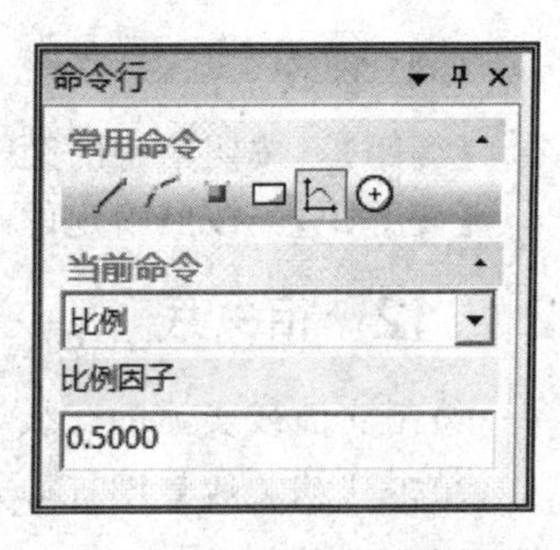

图 2-48 比例绘制二次曲线菜单

2.2.11 等距线

绘制给定曲线的等距线。

单击【等距线】图标，或者单击【造型（U)】→【曲线生成（C)】→【等距线】命令，可以激活该功能，在立即菜单中选择“等距线”方式，根据状态栏的提示，绘制等距线。

1. 组合曲线

（1）功能

按照给定的距离作组合曲线的等距线。

（2）操作

①单击【等距线】图标，在命令行的当前命令（图 2-49）中选择“组合曲线”项，输入距离。②单击空格键，选择串连方式，拾取曲线，给出搜索方向和等距方向，生成等距线。

2. 单根曲线

（1）功能

按照不同给定的距离的方式（等距或变等距）作单个曲线的等距线。

（2）操作

①单击【等距线】图标，在命令行的当前命令（图 2-50）中选择“等距”，输入距离。②拾取曲线，给出等距方向，生成等距线。

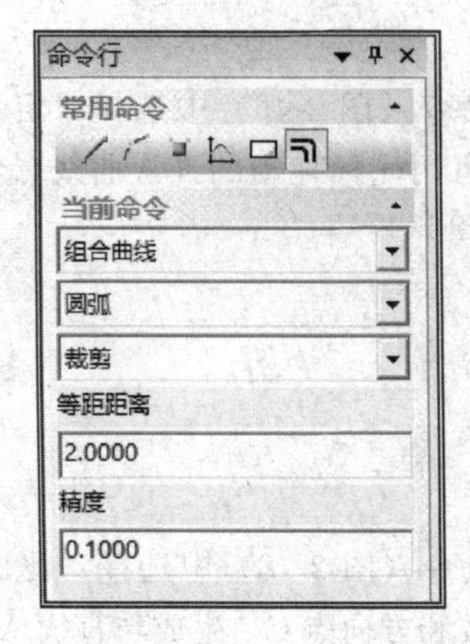

图 2-49　绘制组合曲线菜单

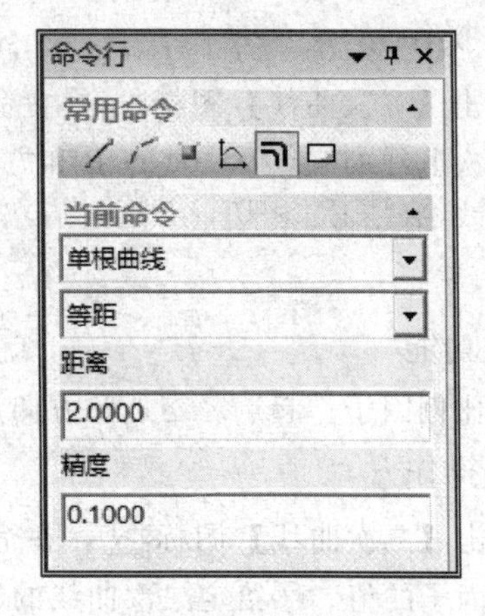

图 2-50　绘制单根曲线菜单

(3) 参数

【等距】：按照给定的距离作单个曲线的等距线。

【变等距】：按照给定的起始和终止距离，作沿给定方向变化距离的曲线的变等距线。

2.2.12　相关线

绘制曲面或实体的交线、边界线、参数线、法线、投影线和实体边界。

单击【相关线】图标，或者单击【造型（U）】→【曲线生成（C）】→【相关线】命令，可以激活该功能，在命令行的当前命令中选择“相关线”的方式进行绘制。

1. 曲面交线

(1) 功能

生成两曲面的交线。

(2) 操作

①单击【相关线】图标，在命令行的当前命令（图 2-51）中选择“曲面交线”项。②拾取第一张曲面和第二张曲面，生成曲面交线。

2. 曲面边界线

(1) 功能

生成曲面的外边界线和内边界线。

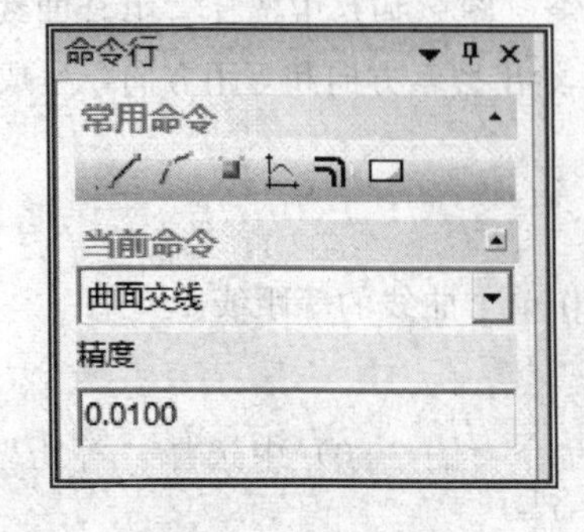

图 2-51　曲面交线菜单

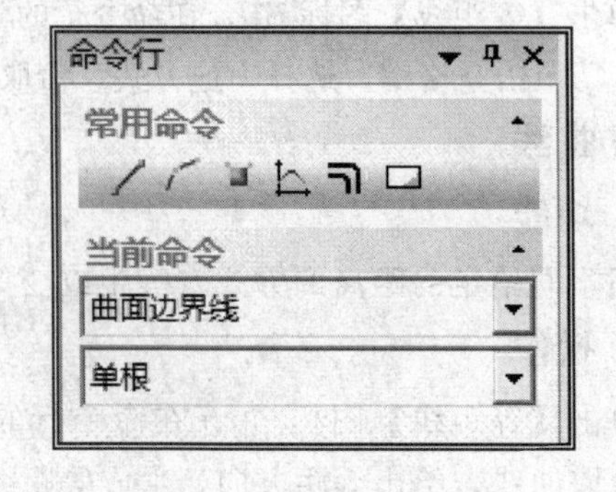

图 2-52　曲面边界线菜单

(2) 操作

①单击【相关线】图标，在命令行的当前命令（图 2-52）中选择“曲面边界线”。②拾取曲面，生成曲面边界线。

3. 曲面参数线

(1) 功能

生成曲面的 U 向或 W 向的参数线。

(2) 操作

①单击【相关线】图标，在命令行的当前命令（图 2-53）中选择“曲面参数线”，指定参数线、(过点或多条曲线)、等 W 参数线（等 U 参数线）。②按状态栏提示操作，生成曲面参数线。

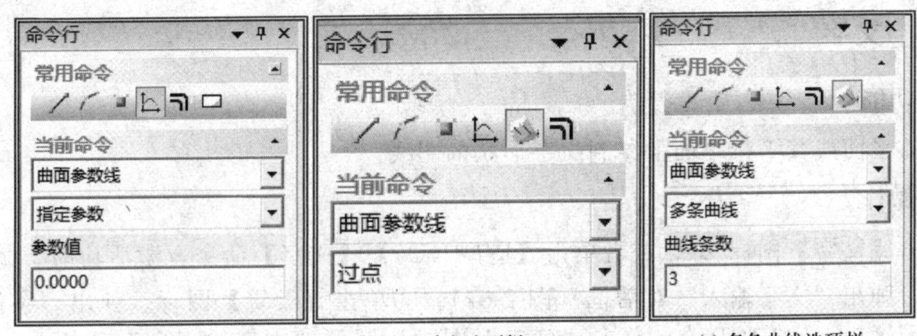

(a) 指定参数选项栏　(b) 过点选项栏　(c) 多条曲线选项栏

图 2-53　曲面参数线菜单

4. 曲面法线

(1) 功能

生成曲面指定点处的法线。

(2) 操作

①单击【相关线】图标，在命令行的当前命令（图 2-54）中选择“曲面法线”，输入长度值。②拾取曲面和点，生成曲面法线。

5. 曲面投影线

(1) 功能

一条曲线在曲面上的投影线。

(2) 操作

①单击【相关线】图标，在命令行的当前命令（图 2-55）中选择“曲面投影线”。②拾取曲面，给出投影方向，拾取曲线，生成曲面投影线。

6. 实体边界

(1) 功能

生成已有的实体的边界线。

(2) 操作

①单击【相关线】图标，在命令行的当前命令（图 2-56）中选择“实体边界”。

②拾取实体边界，生成实体边界线。

图 2-54　曲面法线菜单

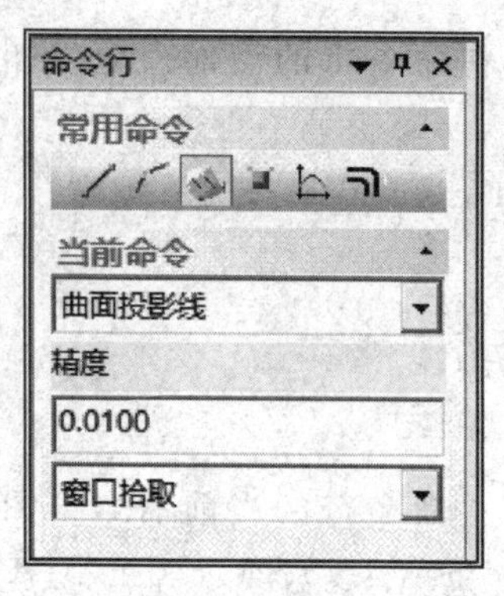

图 2-55　曲面投影线菜单

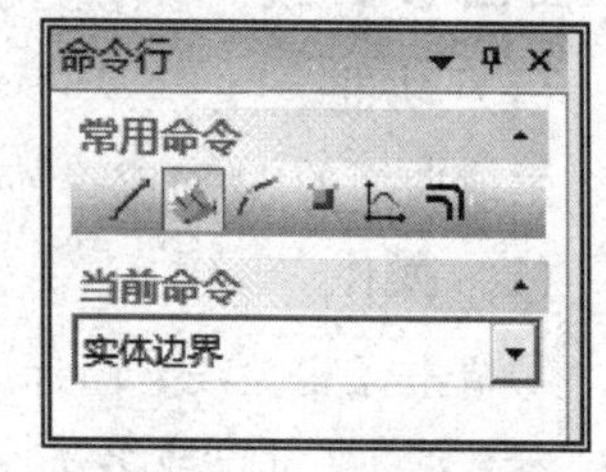

图 2-56　实体边界菜单

2.2.13　文字

(1) 功能

在当前平面或其平行平面上绘制文字形状的图线。

(2) 操作

①单击【文字】图标 **A**，或者单击【造型（U)】→【文字】命令，激活功能。②指定文字输入点，弹出“文字输入”对话框（图 2-57）。③单击【设置】图标，弹出“字体设置”对话框（图 2-58），修改设置，单击“确定”图标，回到“文字输入”对话框中，输入文字，单击“确定”图标，生成文字。

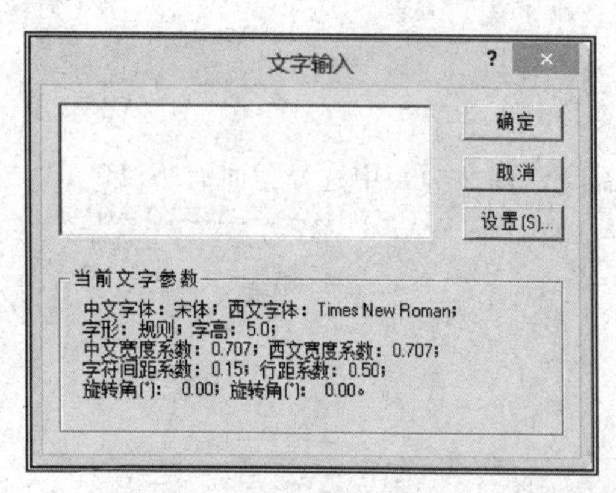

图 2-57　文字输入对话框

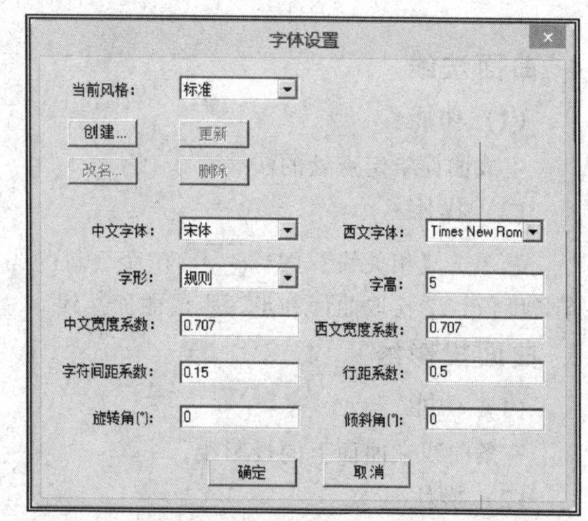

图 2-58　字体设置对话框

2.3　曲线编辑

CAXA 制造工程师制 2015 中提供了多种曲线编辑功能，主要包括：曲线裁剪、曲线过渡、曲线打断、曲线组合、曲线拉伸、曲线优化、样条编辑。这些曲线编辑功能可以高效地提高作图的速度。本节主要介绍这七种曲线编辑的命令和操作方法。

2.3.1 曲线裁剪

使用曲线做剪刀，裁掉曲线上不需要的部分。即利用一个或多个几何元素（曲线或点，称为剪刀）对给定曲线（称为被裁剪线）进行修整，删除不需要的部分，得到新的曲线。曲线裁剪共有四种方式："快速裁剪"、"线裁剪"、"点裁剪"、"修剪"，如图 2-59 所示。

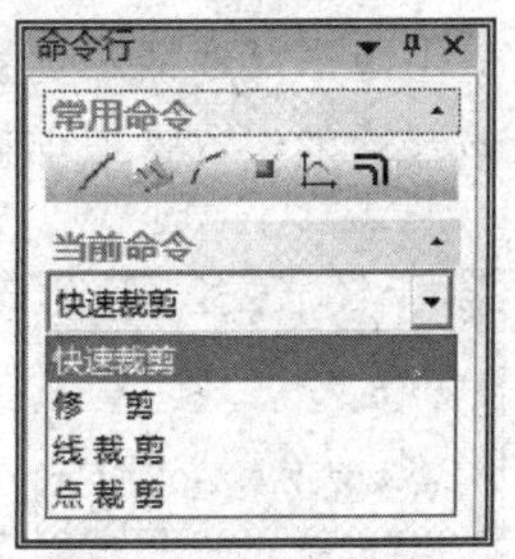

图 2-59　曲线裁剪菜单

线裁剪和点裁剪具有延伸特性，如果剪刀线和被裁剪曲线之间没有实际交点，系统在分别依次自动延长被裁剪线和剪刀线后进行求交，在得到的交点处进行裁剪。延伸的规则是：直线和样条线按端点切线方向延伸，圆弧按整圆处理。

快速裁剪、修剪和线裁剪中的投影裁剪适用于空间曲线之间的裁剪。曲线在当前坐标平面上施行投影后，进行求交裁剪，从而实现不共面曲线的裁剪。

单击【曲线裁剪】图标，或者单击【造型（U)】→【曲线编辑(E)】→【曲线裁剪】命令，可以激活该功能，按状态栏的提示，即可对曲线进行裁剪操作。

1. 快速裁剪

（1）功能

将拾取到的曲线段沿最近的边界处进行裁剪。

（2）操作

①单击【曲线裁剪】图标，在命令行的当前命令（图 2-60）中选择"快速裁剪"。②拾取被裁剪线（选取被裁剪掉的部分)，快速裁剪完成。

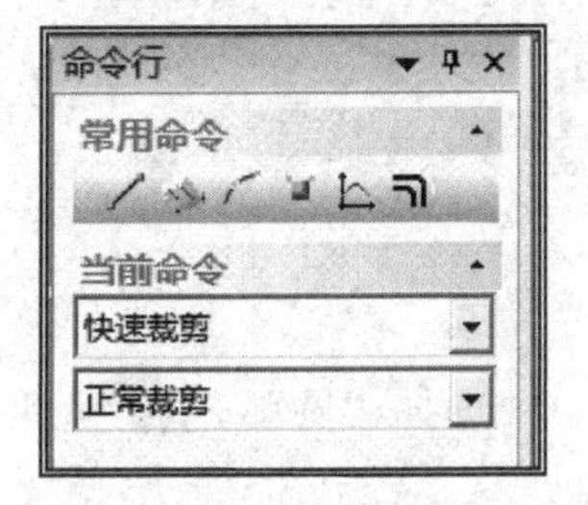

图 2-60　快速裁剪菜单

●**注意**

需要裁剪曲线交点较多时，使用快速裁剪会使系统计算量过大，降低工作效率。

对于没有交点的曲线裁剪删除时，不能使用裁剪命令，只能用删除命令。

2. 修剪

（1）功能

用拾取得一条曲线或多条曲线作为剪刀线，对一系列被裁剪曲线进行裁剪。

（2）操作

①单击【线裁剪曲】图标，在命令行的当前命令（图 2-61）中选择"修剪"。②拾取一条或多条剪刀曲线，按鼠标右键确认，拾取被裁剪的曲线（选取被裁剪掉的部分)，修剪完成。

3. 线裁剪

（1）功能

以一条曲线作为剪刀线，对其它曲线进行裁剪。

（2）操作

①单击【曲线裁剪】图标，在命令行的当前命令（图 2-62）中选择"线裁剪"。②拾取一条直线作为剪刀线，拾取被裁剪的线（选取保留的部分)，完成裁剪操作。

4. 点裁剪

(1) 功能

以点作为剪刀，在曲线离剪刀点最近处进行裁剪。

(2) 操作

①单击【曲线裁剪】图标，在命令行的当前命令（图 2-63）中选择“点裁剪”。②拾取被裁剪的线（选取保留的部分），拾取剪刀点，完成裁剪操作。

图 2-61　修剪菜单

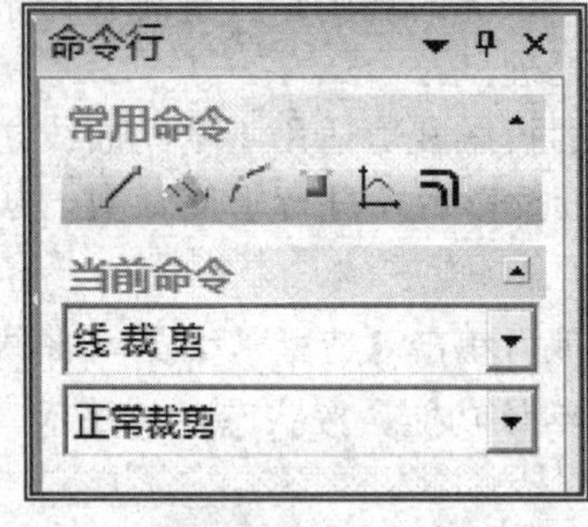

图 2-62　线裁剪菜单

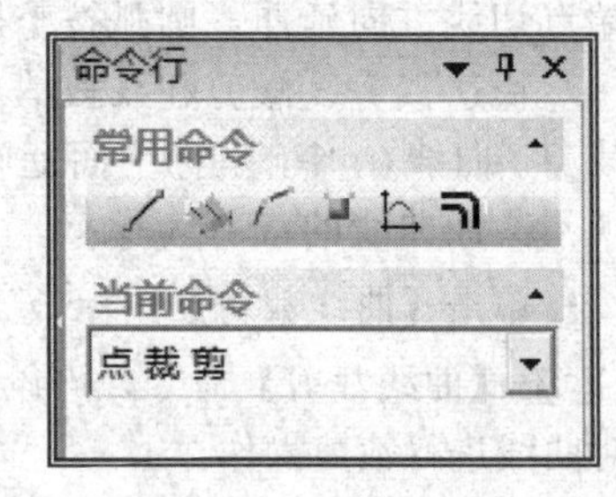

图 2-63　点裁剪菜单

2.3.2　曲线过渡

指对指定的两条曲线进行圆弧过渡、尖角过渡或倒角过渡。

单击【曲线过渡】图标，或单击【造型（U)】→【曲线编辑（E)】→【曲线过渡】，按命令态栏提示操作，即可完成曲线过渡操作。

1. 圆弧过渡

(1) 功能

用于在两根曲线之间进行给定半径的圆弧光滑过渡。

(2) 操作

①单击【曲线过渡】图标，在命令行的当前命令（图 2-64）中选择“圆弧过渡”，并设置参数。②拾取第一条曲线、第二条曲线，形成圆弧过渡。

2. 倒角过渡

(1) 功能

用在给定的两直线之间形成倒角过渡，过渡后两直线之间生成给定角度和长度的直线。

(2) 操作

①单击【曲线过渡】图标，在命令行的当前命令（图 2-65）中选择“倒角”，并设置角度和距离值。选择是否裁剪曲线 1 和曲线 2。②拾取第一条曲线、第二条曲线，形成倒角过渡。

3. 尖角过渡

(1) 功能

用于在给定的两曲线之间形成尖角过渡，过渡后两曲线相互裁剪或延伸，在交点处形成尖角。

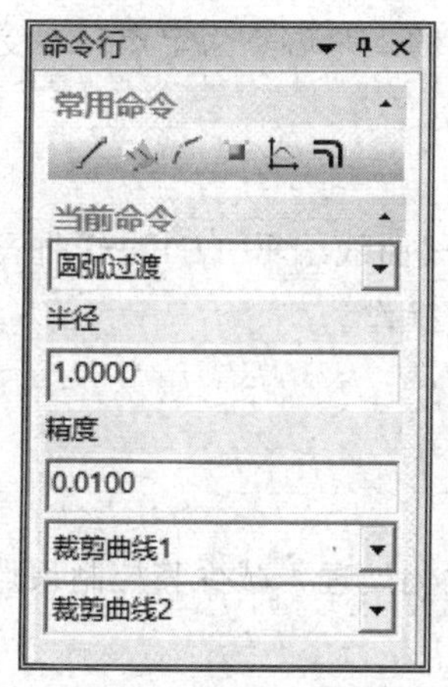

图 2-64　圆弧过渡菜单

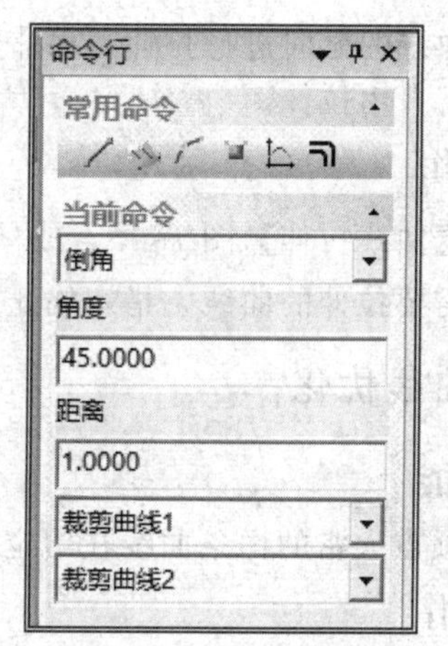

图 2-65　倒角过渡菜单

(2) 操作

①单击【曲线过渡】图标，在命令行的当前命令（图 2-66）中选择“尖角”。②拾取第一条曲线、第二条曲线，形成尖角过渡。

2.3.3　曲线打断

(1) 功能

曲线打断用于把拾取到的一条曲线在指定点处打断，形成两条曲线。

(2) 操作

①单击【曲线打断】图标，或单击【造型（U)】→【曲线编辑（E)】→【曲线打断】命令。②拾取被打断的曲线，拾取打断点，将曲线打断成两段。

图 2-66　尖角过渡菜单

2.3.4　曲线组合

(1) 功能

曲线组合用于把拾取到的多条相连曲线组合成一条样条曲线。

曲线组合有两种方式：保留原曲线和删除原曲线。

把多条曲线组成一条曲线可以得到两种结果：一种是把多条曲线用一个样条曲线表示。这种表示要求首尾相连的曲线是光滑的；另一种，如果首尾相连的曲线有尖点，系统会自动生成一条光顺的样条曲线。

(2) 操作

①单击【曲线组合】图标，或单击【造型（U)】→【曲线编辑（E)】→【曲线组合】命令。②按空格键，弹出拾取快捷菜单，选择拾取方式。③按状态栏中提示拾取曲线，点击鼠标右键确认，曲线组合完成。

2.3.5　曲线拉伸

(1) 功能

曲线拉伸用于将指定曲线拉伸到指定点。拉伸有“伸缩”和“非伸缩”两种方式。伸缩方式就是沿曲线的方向进行拉伸，而非伸缩方式是以曲线的一个端点为定点，不受曲线原方向的限制进行自由拉伸。

（2）操作

①单击【曲线拉伸】图标，或单击【造型（U）】→【曲线编辑（E）】→【曲线拉伸】命令。②拾取需要拉伸的曲线，指定终止点，完成拉伸曲线操作。

2.3.6 曲线优化

（1）功能

对控制顶点太密的样条曲线在给定精度范围内进行优化处理，减少其控制顶点。

（2）操作

①单击【曲线优化】图标，或单击【造型（U）】→【曲线编辑（E）】→【曲线优化】命令。②系统根据给定的境地要求，减少样条曲线的控制顶点。

2.3.7 样条编辑

1. 编辑型值点

（1）功能

对已经生成的样条进行修改，编辑样条的型值点。

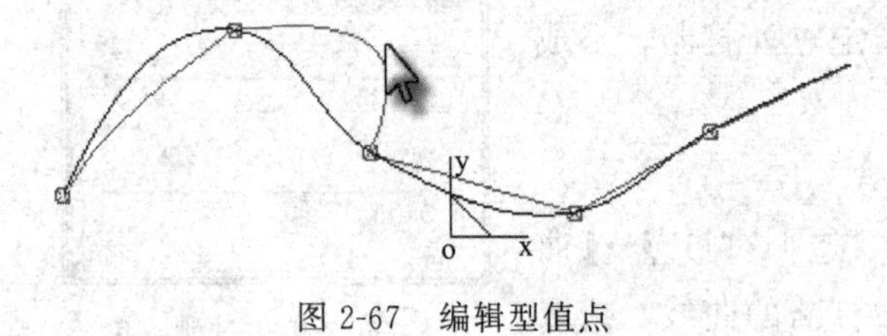

图 2-67 编辑型值点

（2）操作

①单击【编辑型值点】图标，或单击【造型（U）】→【曲线编辑（E）】→【编辑型值点】命令。②拾取需要编辑的样条曲线，拾取样条线上某一插值点，点击新位置或直接输入坐标点（图 2-67）。

2. 编辑控制顶点

（1）功能

对已经生成的样条进行修改，编辑样条的控制顶点。

（2）操作

①单击【编辑控制顶点】图标，或单击【造型（U）】→【曲线编辑（E）】→【编辑控制顶点】命令。②拾取需要编辑的样条曲线，拾取样条曲线上某一控制点，点击新位置或直接输入坐标点（图 2-68）。

3. 编辑端点切矢

（1）功能

对已经生成的样条进行修改，编辑样条的端点切矢。

（2）操作

①单击【编辑端点切矢】图标，或单击【造型（U）】→【曲线编辑（E）】→【编辑端点切矢】命令。②拾取需要编辑的样条曲线，拾取样条线上某一端点，点击新位置或直接输入坐标点（图 2-69）。

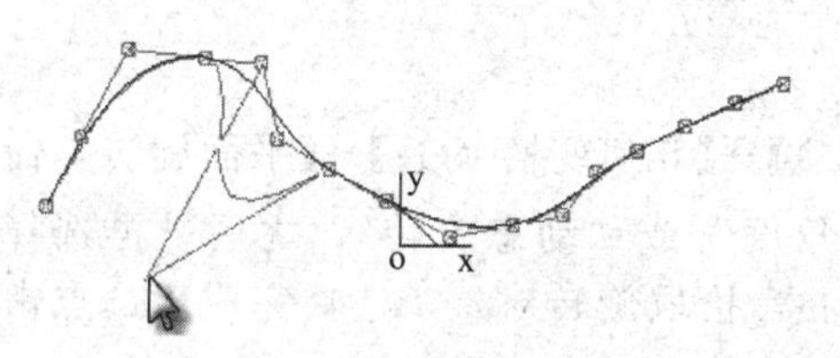

图 2-68 编辑端点控制顶点

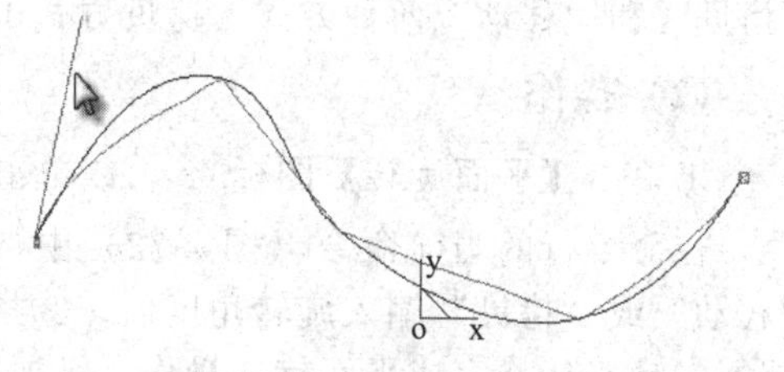

图 2-69 编辑端点切矢

2.4 几何变换

几何变换是指对线、面进行变换，对造型实体无效，而且几何变换前后线、面的颜色、图层等属性不发生变换。几何变换共有七种功能：平移、平面旋转、旋转、平面镜像、镜像、阵列和缩放。

2.4.1 平移

对拾取到的曲线或曲面进行平移或拷贝。平移有两种方式：两点或偏移量。

单击【平移】图标，或单击【造型（U)】→【几何变换（G)】→【平移】命令，在立即菜单中设置参数，根据状态栏提示操作，即可完成平移操作。

1. 两点

(1) 功能

给定平移元素的基点和目标点，来实现曲线或曲面的平移或拷贝。

(2) 操作

①单击【平移】图标，在命令行的当前命令（图 2-70）中选取“两点”方式，设置参数（拷贝或平移，正交或非正交)。②拾取曲线或曲面，按鼠标右键确认，输入基点，光标拖动图形，输入目标点，完成平移操作。

图 2-70 两点平移菜单

2. 偏移量

(1) 功能

根据给定的偏移量，来实现曲线或曲面的平移或拷贝。

(2) 操作

①单击【平移】图标，在命令行的当前命令（图 2-71）中选取“偏移量”方式，输入 X、Y、Z 三轴上的偏移量值。②拾取曲线或曲面，按鼠标右键确认，完成平移操作。

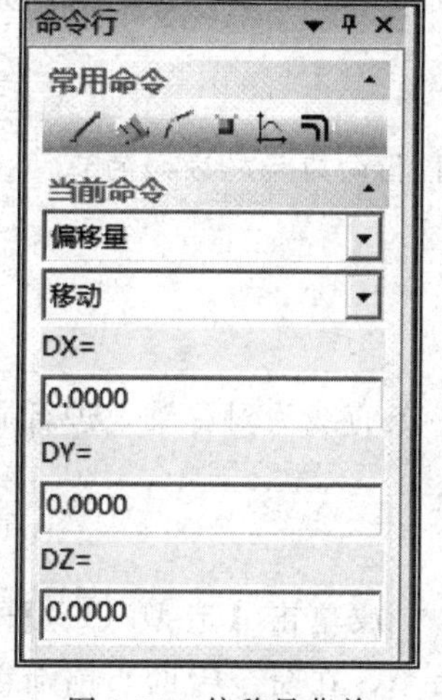

图 2-71 偏移量菜单

2.4.2 平面旋转

(1) 功能

对拾取到的曲线或曲面进行同一平面上的旋转或旋转拷贝分为“固定角度”和“动态旋转”两种方式。旋转过程中有

“拷贝”和“移动”两种方式。拷贝方式可以指定拷贝份数。

（2）操作

①单击【平面旋转】图标，或单击【造型（U）】→【几何变换（G）】→【平面旋转】命令，在命令行的当前命令（图2-72）中选择“固定角度”或“动态旋转”，之后，再选择“移动”或“拷贝”输入旋转角度值。②指定旋转中心，拾取旋转对象，选择完成后，点击鼠标右键确认，完成平面旋转操作。

●**注意**

旋转角度以逆时针旋为正，顺时针旋为负（相当于面向当前平面的视向而言）。

2.4.3 旋转

（1）功能

对拾取到的曲线或曲面进行空间旋转或旋转拷贝。

（2）操作

① 单击【旋转】图标，或单击【造型（U）】→【几何变换（G）】→【旋转】命令，在命令行的当前命令（图2-73）中选择旋转方式（移动或拷贝）输入旋转角度值。

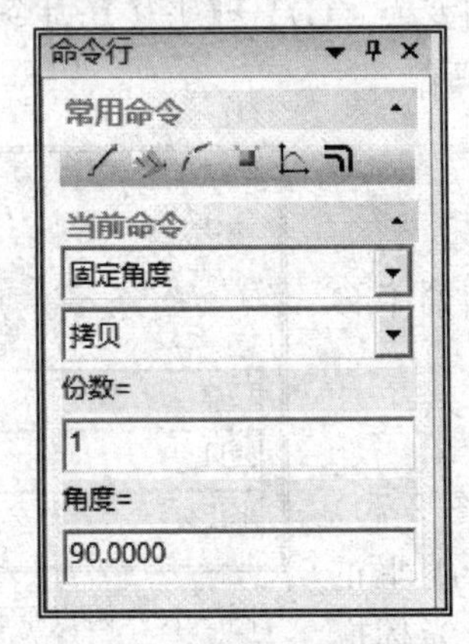

图2-72 平面旋转菜单

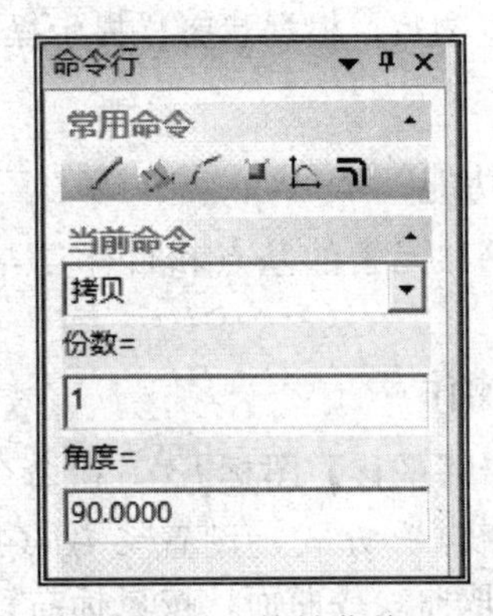

图2-73 旋转菜单

② 指定旋转轴起点、选转轴终点，拾取旋转对象，选择完成后点击鼠标右键确认，完成旋转操作。

●**注意**

旋转角度遵循右手螺旋法则，即以拇指指向旋转轴正向，四指指向为旋转方向的正向。

2.4.4 平面镜像

（1）功能

对拾取到的直线或曲面以某一条直线为对称轴，进行同一平面的对称镜像或对称复制。

（2）操作

①单击【平面镜像】图标，或单击【造型（U）】→【几何变换（G）】→【平面镜像】命令，在命令行的当前命令（图2-74）中选择“移动”或“拷贝”。②指定镜像的首点、

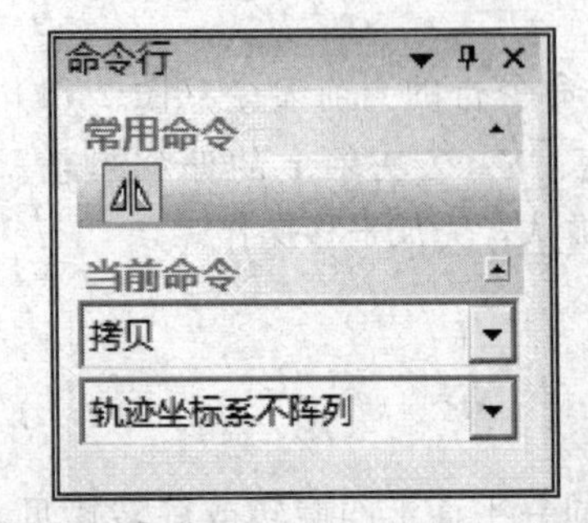

图2-74 平面镜像菜单

镜像轴末点，拾取镜像元素，拾取完成后点击鼠标右键确认，完成平面镜像操作。

2.4.5　镜像

（1）功能

对拾取到的直线或曲面以某一平面为对称面，进行空间的对称镜像或对称复制。

（2）操作

①单击【镜像】图标，或单击【造型（U）】→【几何变换（G）】→【镜像】命令，在命令行的当前命令（图 2-75）中选择镜像方式“移动”或“拷贝”。②拾取镜像平面上的第一点，第二点，第三点，确定一个平面。③拾取镜像元素，点击右键确认，完成元素对三点确定的平面的镜像。

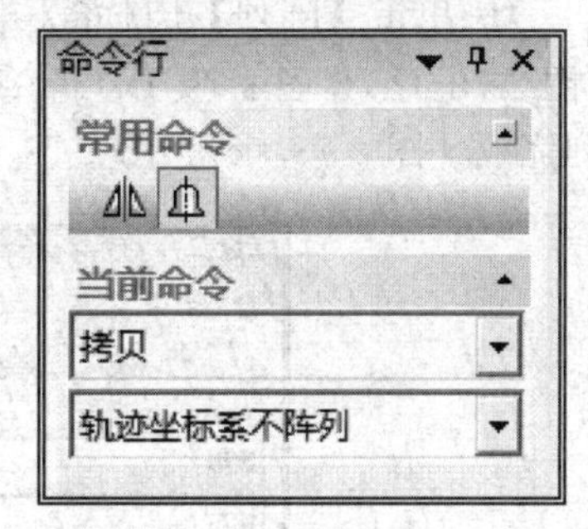

图 2-75　镜像菜单

2.4.6　阵列

对拾取到的曲线或曲面，按圆形或矩形方式进行阵列拷贝。

单击【阵列】图标，或单击【造型（U）】→【几何变换（G）】→【阵列】命令，在命令行的当前命令中设置参数，根据状态栏提示操作，即可完成阵列操作。

1. 矩形阵列

（1）功能

对拾取到的曲线或曲面，按矩形方式进行阵列拷贝。

（2）操作

①单击【阵列】图标，在命令行的当前命令（图 2-76）中选取“矩形”方式，输入阵列参数。②拾取需要阵列的元素，点击鼠标右键确认，阵列完成（图 2-77）。

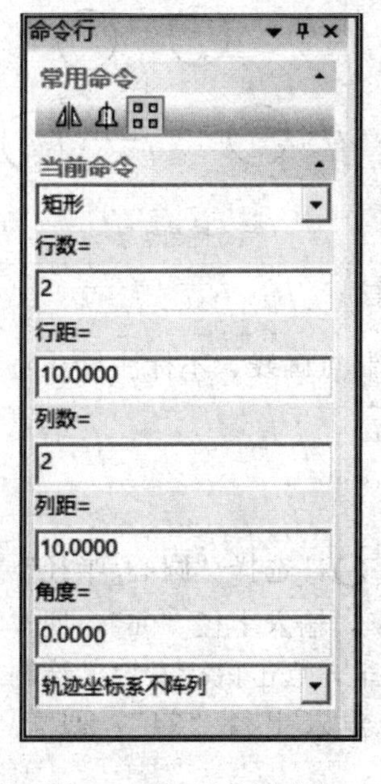

图 2-76　矩形阵列菜单

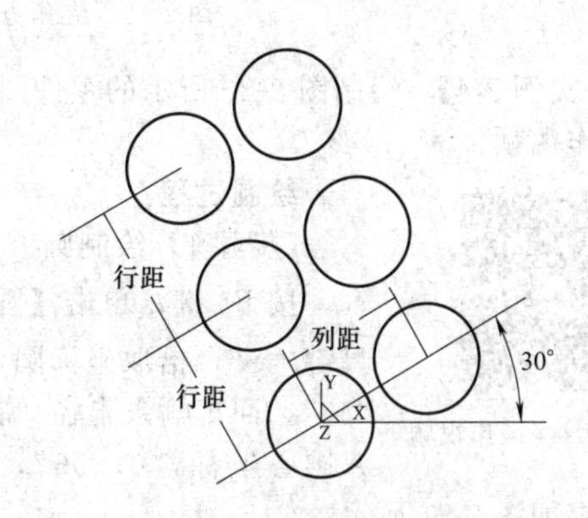

图 2-77　阵列结果

2. 圆形阵列

(1) 功能

对拾取到的曲线或曲面，按圆形方式进行阵列拷贝。

(2) 操作

① 单击【阵列】图标，在命令行的当前命令中选取“圆形”方式，输入阵列参数[图 2-78 (a)、图 2-79 (a)]。②拾取需要阵列的元素，点击鼠标右键确认，输入中心点，阵列完成[图 2-78 (c)、图 2-79 (c)]。

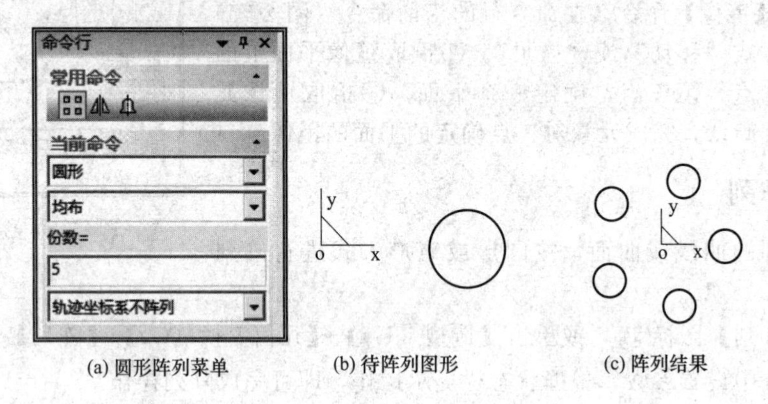

(a) 圆形阵列菜单　(b) 待阵列图形　(c) 阵列结果

图 2-78　均布方式圆形阵列

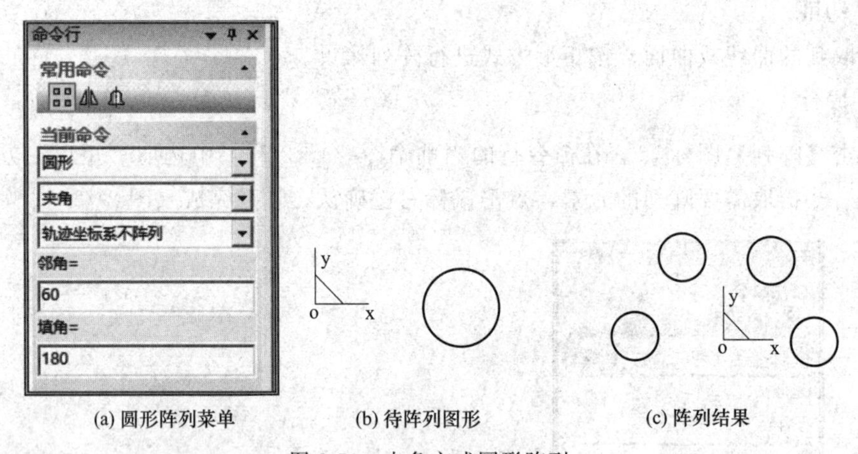

(a) 圆形阵列菜单　(b) 待阵列图形　(c) 阵列结果

图 2-79　夹角方式圆形阵列

【项目实例 2-4】 绘制图 2-80 所示的零件图（不绘制点画线、不标注尺寸）。（扫二维码可观看操作视频）

项目实例 2-4 操作视频

绘制过程：

『步骤 1』绘制圆

按 F5 键，单击【圆】图标，选择“圆心_半径”方式。按字母键“S”，拾取坐标圆点，回车，输入半径“96”，回车，输入半径“48”，回车输入半径“38”，回车，点击鼠标右键，绘制三个圆。输入圆心坐标“0，96”，回车，输入半径“24”，回车，输入半径“15”。结果如图 2-81 所示。

『步骤 2』平面旋转拷贝

单击【平面旋转】图标，选择“固定角度”，“拷贝”，输入“份数＝5”，“角度＝72”；拾取坐标原点为旋转中心点，拾取半径为“24”和“15”的两个圆，点击鼠标右键，结果如图 2-82 所示。

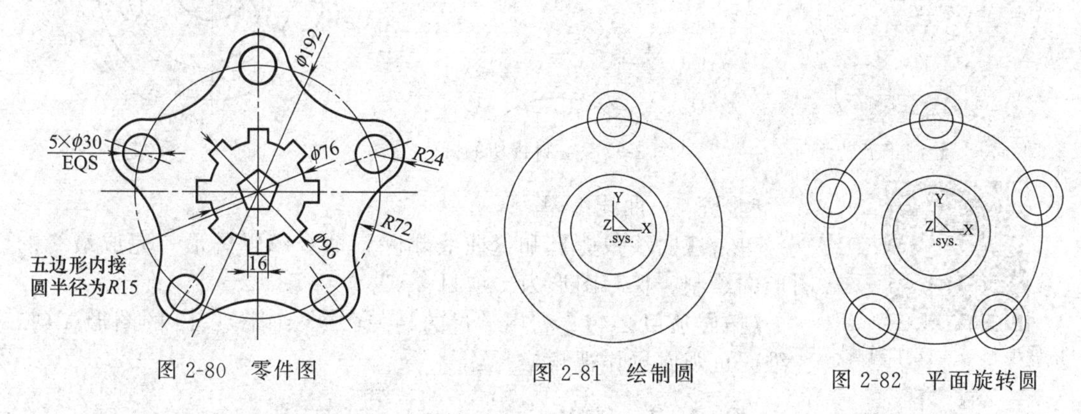

图 2-80　零件图　　图 2-81　绘制圆　　图 2-82　平面旋转圆

『步骤 3』绘制直线

单击【直线】图标，选择“两点线”、“单个”、“正交”、“点方式”，输入第一个点的坐标“8，0”，屏幕拾取第二个点。绘制第一条直线。同理，绘制第二条直线，输入一个点的坐标“－8，0”，第二个点拾取屏幕上的点。结果如图 2-83 所示。

『步骤 4』阵列直线

单击【阵列】图标，选择“圆形”、“均布”，输入“份数＝8”，拾取绘制的两条直线，点击鼠标右键，拾取坐标原点，结果如图 2-84 所示。单击【曲线裁剪】图标，选择“快速裁剪”、“正常裁剪”和【曲线删除】命令，拾取图 2-84 需要剪掉和删除的部分，得到图 2-85 所示的图形。

图 2-83　绘制直线

图 2-84　阵列直线

图 2-85　编辑图形

『步骤 5』绘制正五边形

单击【正多边形】图标，选择“中心”、“边数＝5”、“内接”的方式，拾取坐标圆点，作为正多边形的中心点，回车输入“边的起点”的坐标为“0，15”，结果如图 2-86 所示。

『步骤 6』绘制圆弧

单击【圆弧】图标，选择“两点_半径”方式，单击“空格键”选择“切点”方式，拾取相邻两个半径为“24”的圆，回车输入半径“72”，绘制一个圆弧。采用【阵列】的方式，阵列该圆弧，绘制结果如图 2-87 所示。

图 2-86　绘制正五边形

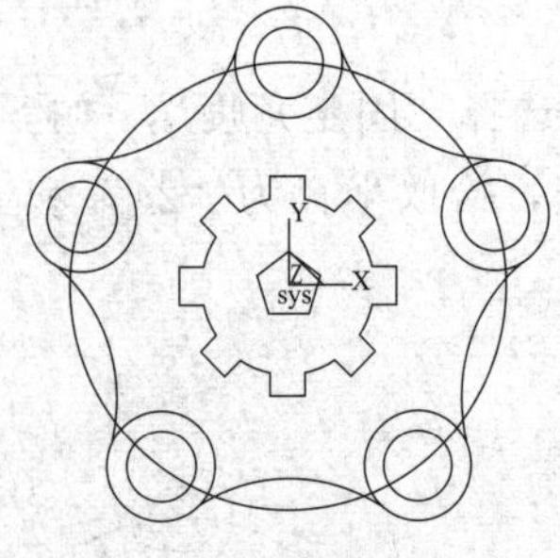

图 2-87　绘制相切的圆

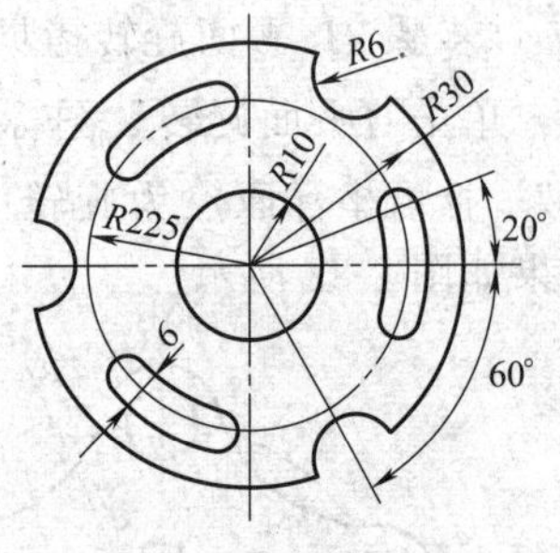

图 2-88　零件图

拓展项目 2-4 操作视频

『步骤 7』曲线编辑

单击【曲线裁剪】和【曲线删除】命令编辑图形，完成最终的图形的绘制。保存图形为“项目 2-4”。

【拓展项目 2-4】 利用学过的相关命令绘制图 2-42 的图形。（扫二维码可观看操作视频）

2.4.7　缩放

（1）功能

对拾取到的曲线或曲面进行按比例放大或缩小。缩放有“拷贝”、“移动”两种方式。

（2）操作

①单击【缩放】图标，或单击【造型（U）】→【几何变换（G）】→【缩放】命令，在命令行的当前命令（图 2-89）中选择镜像方式“移动”或“拷贝”，输入 X、Y、Z 三轴的比例。②输入比例缩放基点，拾取需缩放的元素，按右键确认，缩放完成。

图 2-89　缩放菜单

2.5　曲线绘制综合应用实例

2.5.1　绘制三维线架零件图

项目实例 2-5 操作视频

【项目实例 2-5】 绘制图 2-90 所示零件的三维图形（不绘制点画线、不标注尺寸）。（扫二维码可观看操作视频）

绘制步骤：

（说明：不需标注尺寸，在 CAXA 制造工程师软件中，绘制空间曲线也不能标注尺寸，只有在草图曲线中才有尺寸标注的命令。）

『步骤 1』绘制平面图形

①单击 F5 键，单击矩形图标，依次选择“中心_长_宽”，键入长度值和宽度值均为 50，拾取坐标原点为矩形中心点，绘制矩形图形，绘制结果如图 2-91 所示。②单击“等距线”图标，依次等距距离为 35 和距离为 17.5 的两条直线，绘制结果如图 2-92 所示。

『步骤 2』绘制空间圆弧

①单击 F6 键、F8 键，将当前平面切换到 YZ 面，单击【圆】图标，选择“圆心_半

径”方式，选择“点 1”为圆心，键入半径“10”，回车，绘制圆。②单击 F9，将当前平面切换到 XZ 面，选择“点 2”为圆心，键入半径“12.5”，绘制圆。③单击“修剪”图标，将圆的上半部分剪切掉。单击【删除】图标，拾取等距绘制的两条直线，单击鼠标右键，删除。结果如图 2-93 所示。

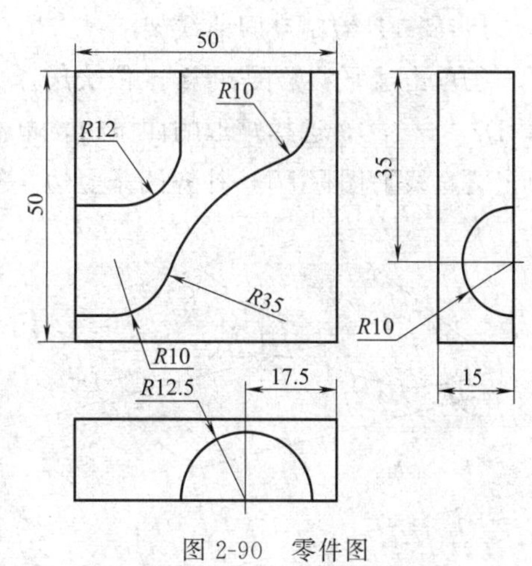

图 2-90　零件图

『步骤 3』绘制空间曲线

①单击 F5 键、F8 键，切换当前平面为 XY 平面，单击【直线】图标，依次选择“两点线”、“单个”、“正交”，绘制四条正交直线，结果如图 2-94所示。②单击【圆】图标，依次选择“圆心_半径”，圆心为矩形端点 P1，输入半径“35”单击回车键，绘制圆 C1，结果如图 2-95 所示，并裁剪矩形框外的圆部分曲线。③单击【圆角过渡】图标，分别选择“*R*12”、“*R*10”的两端的曲线，生成过渡曲线，结果如图 2-96 所示。

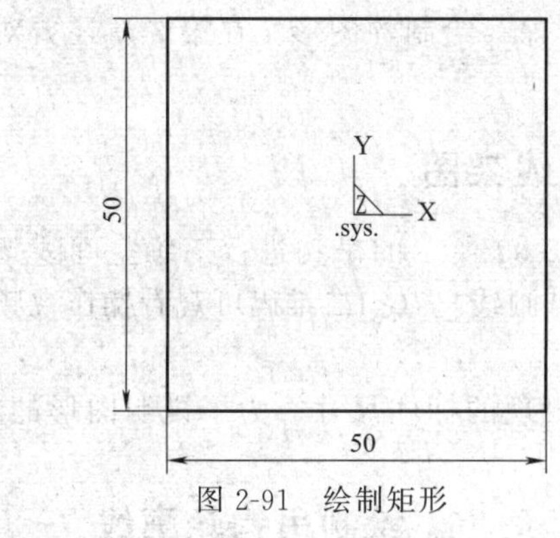

图 2-91　绘制矩形

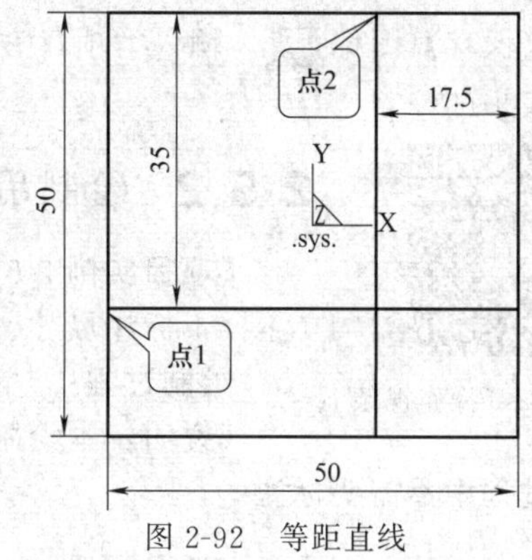

图 2-92　等距直线

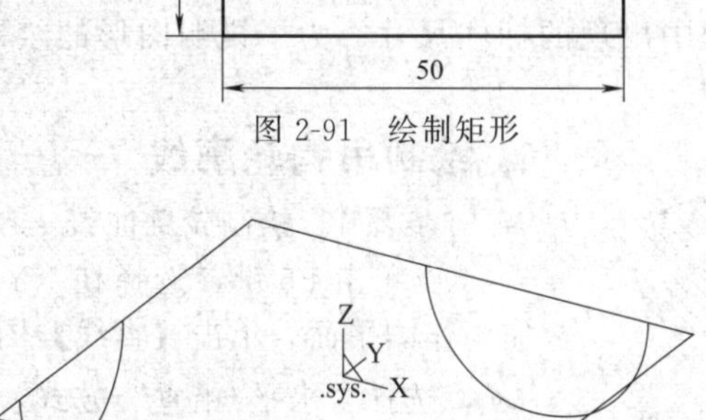

图 2-93　绘制空间圆弧

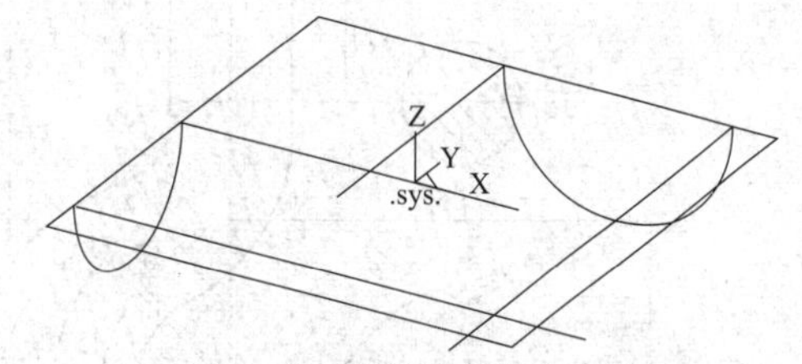

图 2-94　绘制四条正交直线

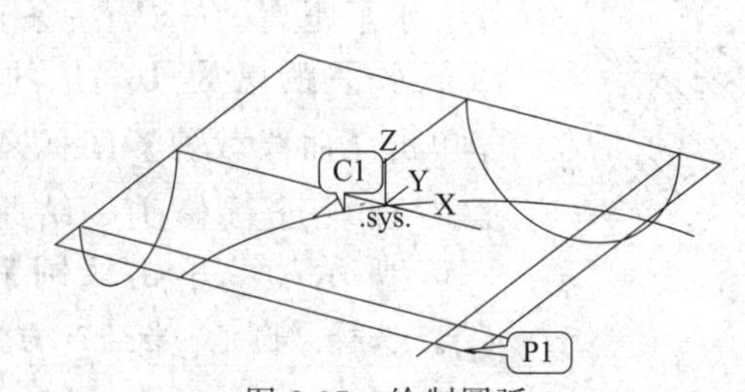

图 2-95　绘制圆弧

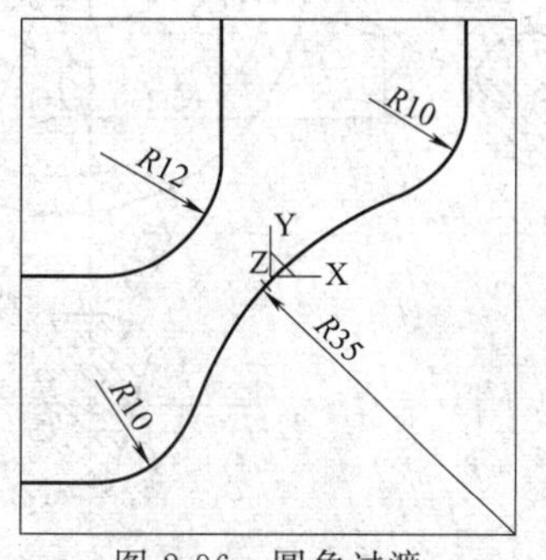

图 2-96　圆角过渡

『步骤 4』绘制空间曲线架

①单击【平移】图标，依次选择“偏移量”、“拷贝”，输入偏移量“DX=0，DY=0，DZ=-15”，选择矩形的四条边，单击鼠标右键，如图 2-97 所示。②单击 F7 键、F8 键，单击【直线】图标，补齐四条竖边，绘制完成。如图 2-98 所示。

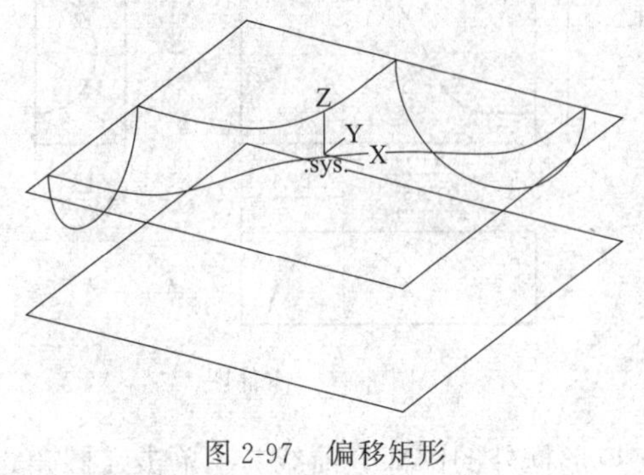

图 2-97　偏移矩形

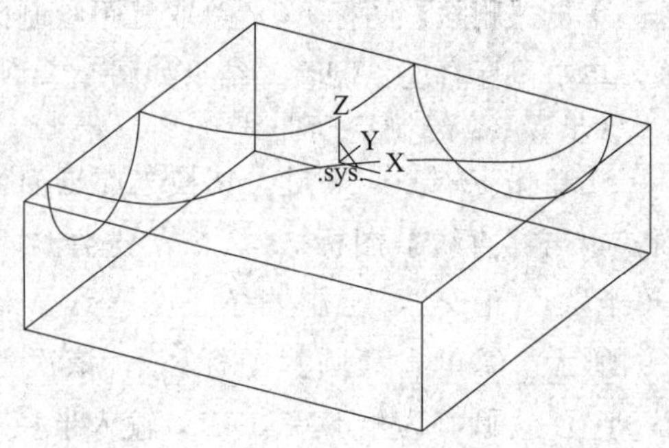

图 2-98　绘制空间曲线架

『步骤 5』保存绘制图形

单击【保存】图标，输入“项目 2-5. mxe”保存绘制的图形。在第 3 章还要对该图形进行进一步的绘制。

项目实例 2-6 操作视频

2.5.2　绘制吊钩三维线架图

【项目实例 2-6】 对图 2-99 所示的吊钩进行三维空间线架造型（注：不标注尺寸、不绘制点画线）。（扫二维码可观看操作视频）

绘制过程：

（说明：本绘制过程中出现的标注尺寸，为了说明图形的绘制，实际绘制过程中不需要标注。）

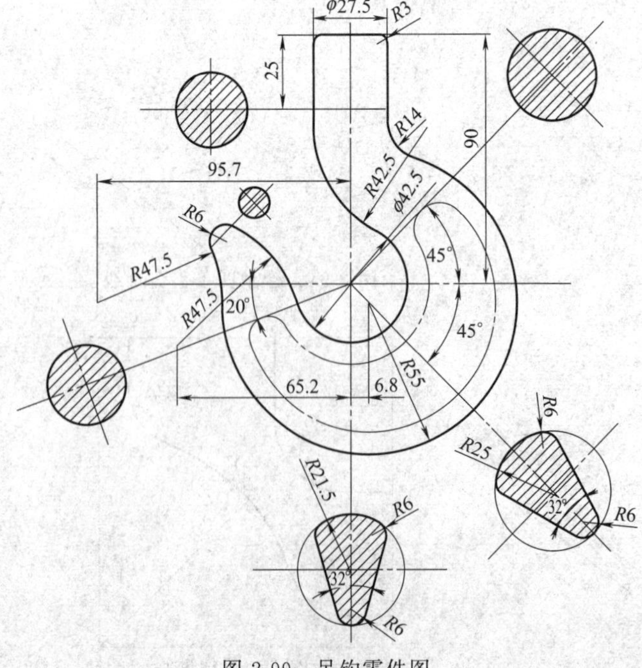

图 2-99　吊钩零件图

1. 绘制吊钩轮廓线

『步骤 1』绘制轮廓曲线

① 单击 F5 键，选择在 XY 面作为作图平面，单击【直线】图标，选择“水平/铅垂”方式，拾取原点，绘制长度为“200”的水平铅垂线；选择“角度线”方式，“Y 轴夹角 45”，绘制一条角度直线。② 单击“等距线”图标，依次等距垂直距离“90”的一条直线、水平距离“6.8”一条直线和两条水平距离为 13.75 的直线。③单击【曲线裁剪】图标，对上述直线进行修剪，结果如图 2-100 所示。④ 单击【圆】图标，选择“圆心_半径”方式，拾取坐标原点为圆心，键入半径

“21.25”绘制圆。拾取“点 1”为圆心，键入半径“55”绘制圆，再利用“曲线裁剪”命令进行编辑，绘制结果如图 2-101 所示。⑤单击【圆角过渡】图标，分别选择“R14”、“R42.5”的两端的曲线，生成过渡曲线，绘制结果如图 2-102 所示。

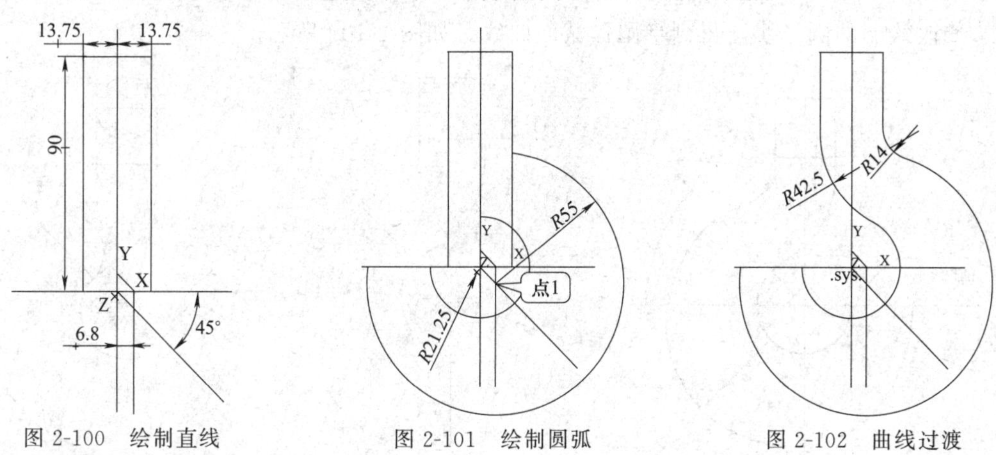

图 2-100 绘制直线　　图 2-101 绘制圆弧　　图 2-102 曲线过渡

『步骤 2』绘制钩角曲线

①使用【圆】图标绘制辅助圆弧。以坐标系原点为圆心，绘制半径为“68.75”的圆；再以 R55 圆弧的圆心“O1”为圆心，绘制半径为“102.5”的圆。②使用【等距】图标，分别偏移距离“95.7”和“65.2”的两条直线，如图 2-103 所示。③使用【圆弧】图标绘制钩角轮廓曲线，以交点 P1、P2 绘制半径为“47.5”的圆弧，并分别与直径 42.5 和半径 55 的圆弧相切，再利用“曲线裁剪”命令进行编辑，绘制结果如图 2-104 所示。④使用【曲线过渡】图标对钩角曲线倒圆角，半径为“6”。⑤使用【曲线裁剪】图标和【删除】图标删除多余曲线，得到吊钩轮廓线。如图 2-105 所示。

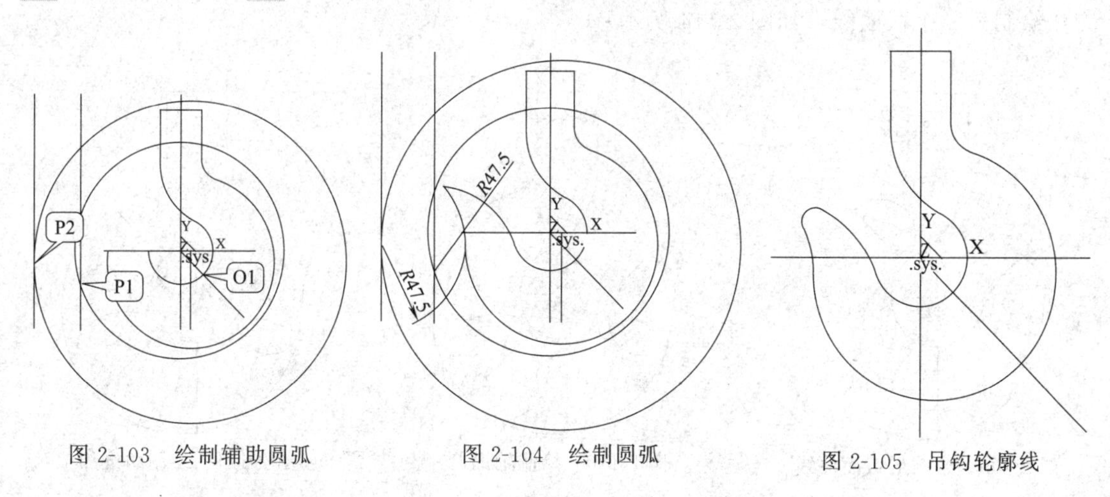

图 2-103 绘制辅助圆弧　　图 2-104 绘制圆弧　　图 2-105 吊钩轮廓线

2. 绘制吊钩截面线

『步骤 1』绘制截面中心线

①单击【等距线】图标，绘制和顶部直线距离“25”的直线。②单击【直线】命令，选择“角度线”方式，依次绘制与“X 轴夹角 45°”、与“Y 轴夹角 45°”、与“X 轴夹角 20°”的三条角度线，如图 2-106 所示。③利用【曲线修剪】命令，得到如图2-107所示的截面中心线。

『步骤 2』绘制半圆形截面曲线

①单击【圆】图标，选择“圆心_半径”方式，拾取截面中心线的中点作为圆心，拾取其端点作为半径位置所在点，绘制五个圆，如图 2-108 所示。②单击【曲线修剪】图标，修改绘制的圆形线，得到半圆形截面曲线。如图 2-109 所示。

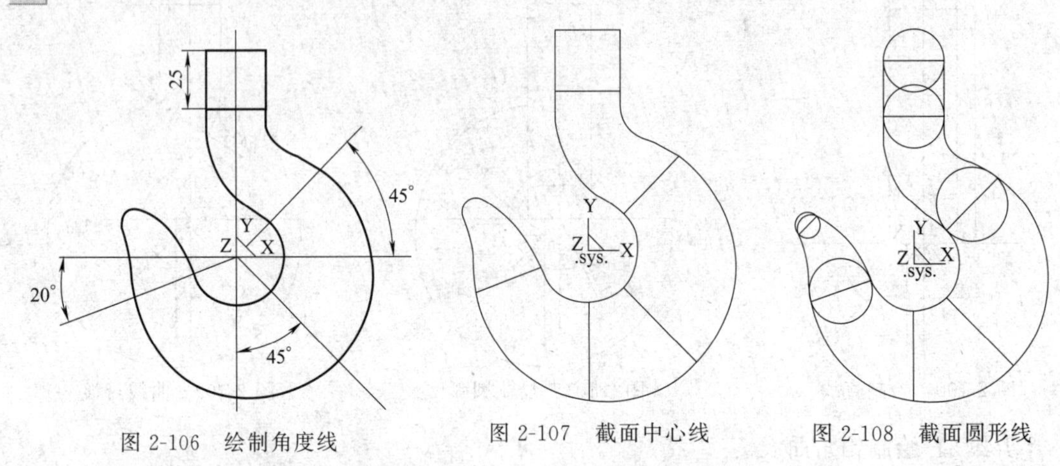

图 2-106　绘制角度线　　图 2-107　截面中心线　　图 2-108　截面圆形线

『步骤 3』绘制非圆形截面曲线

① 绘制辅助圆。单击【圆】图标，选择“两点_半径”方式绘制圆，“两点”分别拾取截面中心线的“端点”和直径为 42.5 圆弧的“切点”，半径分别为“25”和“6”，如图 2-110 所示。②绘制角度线。单击【直线】图标命令，选择“角度线”、“与直线夹角＝－16°”绘制与半径为 6 的圆弧相切的角度线，如图 2-111 所示。③倒圆角。单击【曲线过渡】图标，对半径为“25”的圆弧和角度线倒圆角，半径为“6”，如图 2-112 所示。④编辑截面曲线。单击【曲线裁剪】图标，编辑截面曲线，如图 2-113 所示。⑤按同样的方法绘制另一个截面线，如图 2-114 所示。

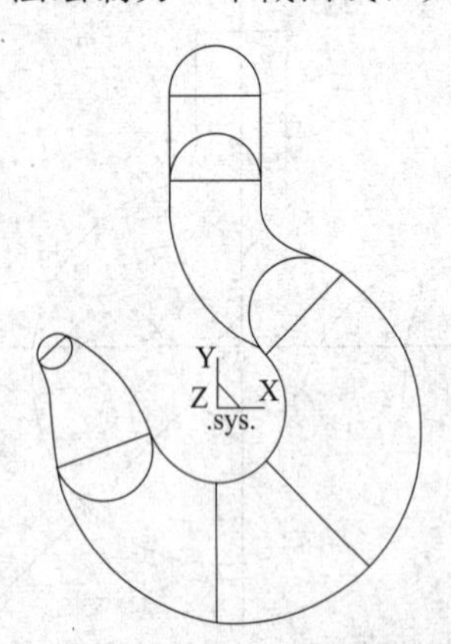

图 2-109　半圆形截面曲线

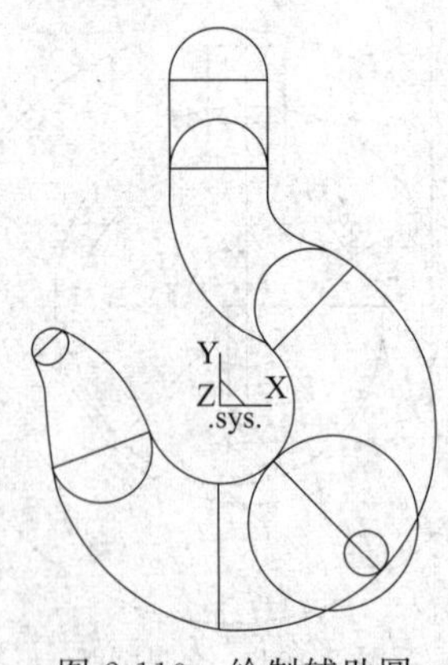

图 2-110　绘制辅助圆

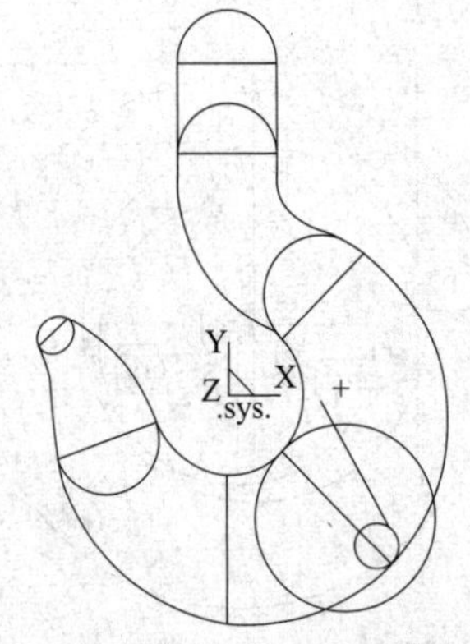

图 2-111　绘制角度线

『步骤 4』旋转截面曲线

单击【旋转】图标，选择以截面中心线为“旋转轴”，旋转方式为“移动”，旋转角度为“90°”旋转绘制的 7 个截面曲线，得到图 2-115 所示的截面曲线。

『步骤 5』旋转截面曲线

单击【旋转】图标，选择以截面中心线为“旋转轴”，旋转方式为“拷贝”，旋转角度为“180°”再次旋转拷贝的 7 个截面曲线，得到图 2-116 所示的吊钩的线架图形。

『步骤 6』保存文件

单击【保存】图标，输入“项目 2-6. mxe”保存绘制的图形。在第 3 章还要对该图形进行进一步的绘制。

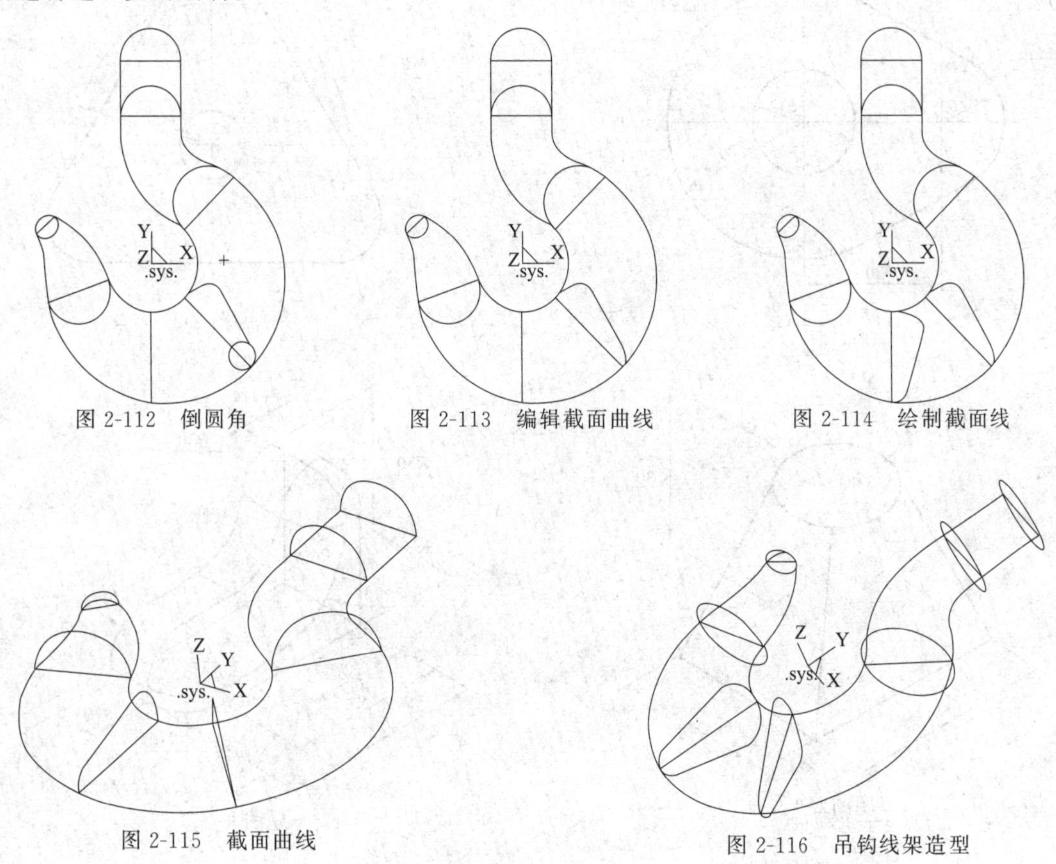

图 2-112　倒圆角　　图 2-113　编辑截面曲线　　图 2-114　绘制截面线

图 2-115　截面曲线　　图 2-116　吊钩线架造型

2.6　小　　结

所谓线架造型，就是直接使用空间的点、直线、圆、圆弧、样条等曲线的造型方法。本章主要讲述利用空间曲线进行线架造型的方法和空间曲线的绘制和编辑方法。

本章主要掌握以下内容：

(1) 直线、圆弧、圆、椭圆、样条、点、公式曲线、多边形、二次曲线、等距线、曲线投影、相关线和文字等功能的应用。

(2) 曲线裁剪、曲线过渡、曲线打断、曲线组合、曲线拉伸等曲线编辑功能。

2.7　思考与练习

一、思考题

(1) CAXA 制造工程师提供了几种绘制直线的方法？分别是什么？

(2) CAXA 制造工程师提供了几种绘制圆和圆弧的方法？分别是什么？

(3) 等距线、平行线和平移变换三者有何异同？

二、上机操作题

练习绘制题图 2-1～题图 2-6 的空间线架图形。

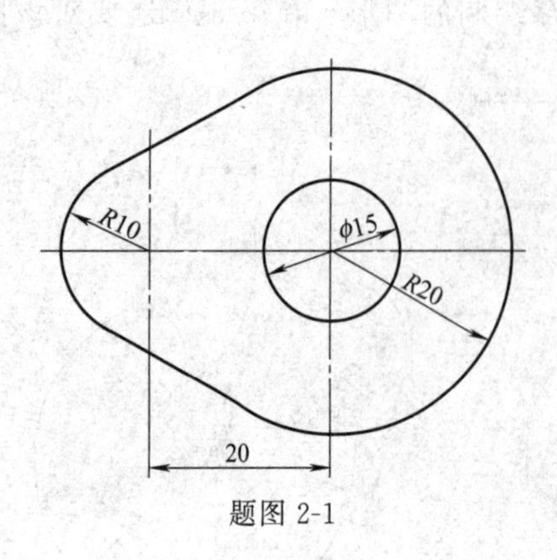

题图 2-1

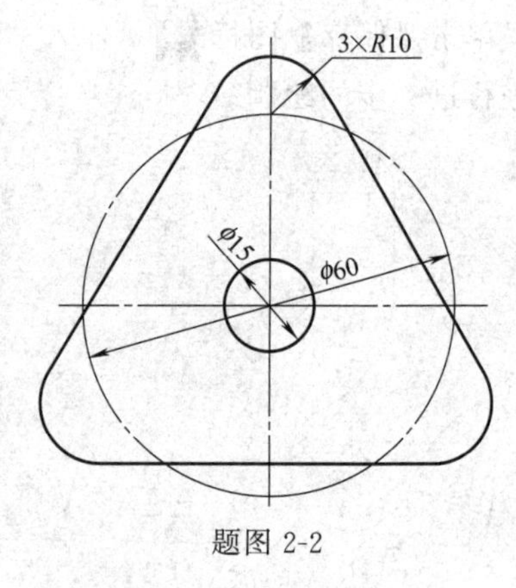

题图 2-2

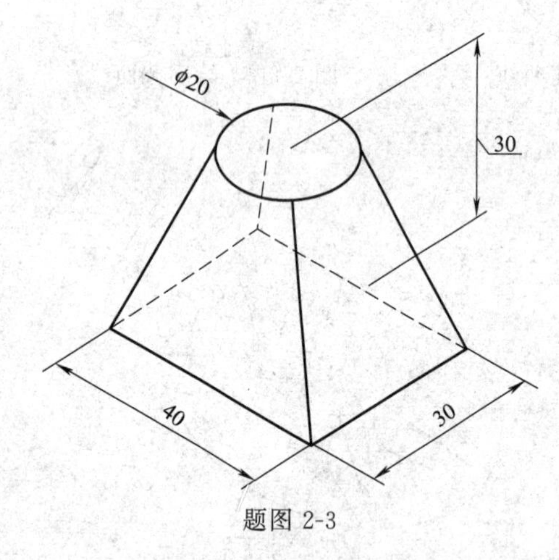

题图 2-3

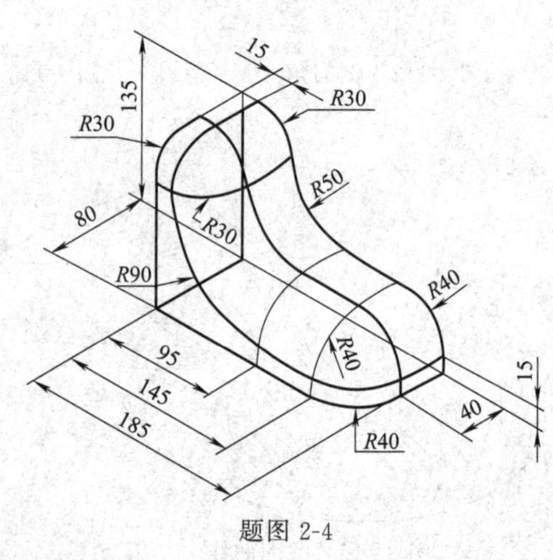

题图 2-4

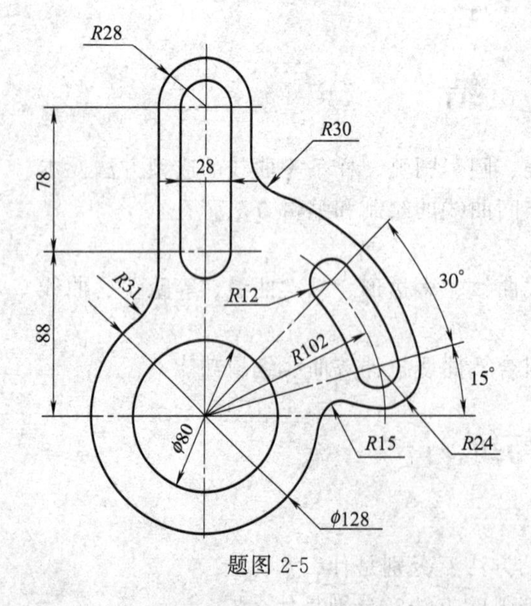

题图 2-5

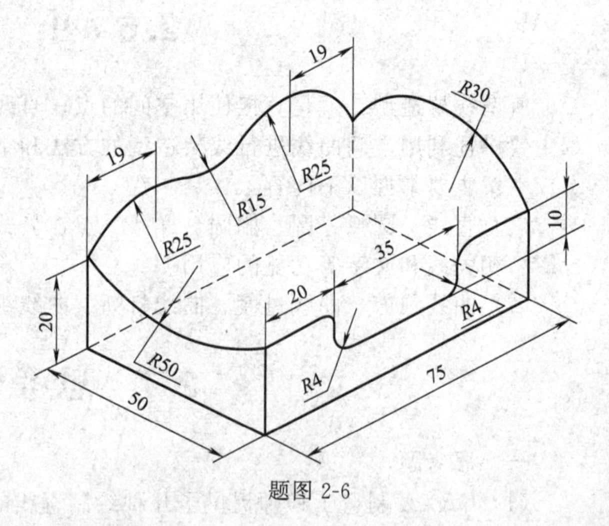

题图 2-6

第3章

曲面造型

CAXA 制造工程师 2015 制造模块，提供了丰富的曲面造型手段，构造完决定曲面形状的关键线框后，可以在线框基础上，选用各种曲面的生成和编辑方法，构造所需定义的曲面来描述零件的外表面。

根据曲面特征线的不同组合方式，可以组织不同的曲面生成方式。曲面生成方式有十种：直纹面、旋转面、扫描面、边界面、放样面、网格面、导动面、等距面、平面和实体表面。

3.1 曲面生成

3.1.1 直纹面

直纹面是由一根直线两端点分别在两曲线上匀速运动而形成的轨迹曲面。直纹面生成有三种方式：“曲线＋曲线”、“点＋曲线”、“曲线＋曲面”。

单击【直纹面】图标，或单击【造型 U】→【曲面生成 S】→【直纹面】，在立即菜单中选择直纹面生成方式，按状态栏的提示操作，生成直纹面。

1. 曲线＋曲线

(1) 功能

指在两条自由曲线之间生成直纹面，如图 3-1 所示。

(2) 操作

①选择“曲线＋曲线”方式。②拾取第一条空间曲线。③拾取第二条空间曲线，拾取完毕立即生成直纹面。

2. 点＋曲线

(1) 功能

指在一个点和一条曲线之间生成直纹面，如图 3-2 所示。

图 3-1 “曲线＋曲线”生成直纹面

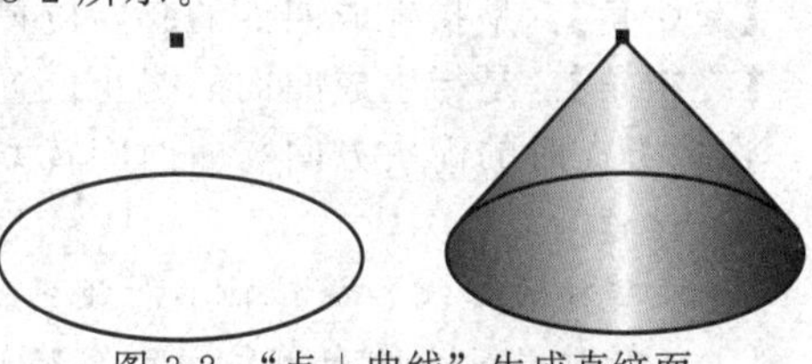

图 3-2 “点＋曲线”生成直纹面

（2）操作

① 选择“点＋曲线”方式。②拾取空间点。③拾取空间曲线，拾取完毕立即生成直纹面。

3. 曲线＋曲面

（1）功能

指在一条曲线和一个曲面之间生成直纹面，如图 3-3 所示。

（2）操作

①选择“曲线＋曲面”方式。②填写角度和精度。③拾取曲面。④拾取空间曲线。⑤输入投影方向。单击空格键弹出矢量工具，选择投影方向。⑥选择锥度方向。单击箭头方向即可。⑦生成直纹面。

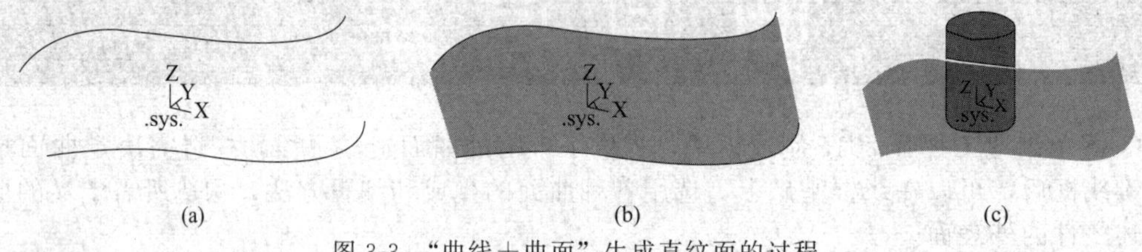

图 3-3 “曲线＋曲面”生成直纹面的过程

● **注意**

① 生成方式为“曲线＋曲线”时，在拾取曲线时应注意拾取点的位置，应拾取曲线的同侧对应位置；否则将使两曲线的方向相反，生成的直纹面发生扭曲。

② 生成方式为“曲线＋曲线”时，如系统提示“拾取失败”，可能是由于拾取设置中没有这种类型的曲线。解决方法是点取“设置”菜单中的“拾取过滤设置”，在“拾取过滤设置对话框”的“图形元素的类型”中选择“选中所有类型”。

③ 生成方式为“曲线＋曲面”时，输入方向时可利用矢量工具菜单。在需要这些工具菜单时，按空格键或鼠标中键可以弹出工具菜单。

④ 生成方式为“曲线＋曲面”时，当曲线沿指定方向，以一定的锥度向曲面投影作直纹面时，如曲线的投影不能全部落在曲面内时，直纹面将无法作出。

3.1.2 旋转面

（1）功能

按给定的起始角度、终止角度将曲线绕一旋转轴旋转而生成的轨迹曲面。

（2）操作

① 单击【旋转面】图标，或单击【造型 U】→【曲面生成 S】→【旋转面】。②输入起始角和终止角的角度值。③拾取空间直线为旋转轴，并选择方向。④拾取空间曲线为母线，拾取完毕即可生成旋转面，如图 3-4 所示。

（3）参数

【起始角】：是指生成曲面的起始位置与母线和旋转轴构成平面的夹角。

【终止角】：是指生成曲面的终止位置与母线和旋转轴构成平面的夹角。

选择方向时的箭头方向与曲面旋转方向两者遵循右手螺旋法则。

● **注意**

① 旋转轴的母线和旋转轴不能相交。

② 旋转时以母线的当前位置为零起始。

③ 如果旋转生成的是球面，而其上部分还是被加工制造的，要做成四分之一的圆旋转，否则法线方向不对，无法加工。

④ 图 3-4（c）为起始角为 0°，终止角为 360°的旋转面生成过程，图 3-4（d）为起始角为 0°，终止角为 270°的旋转面。

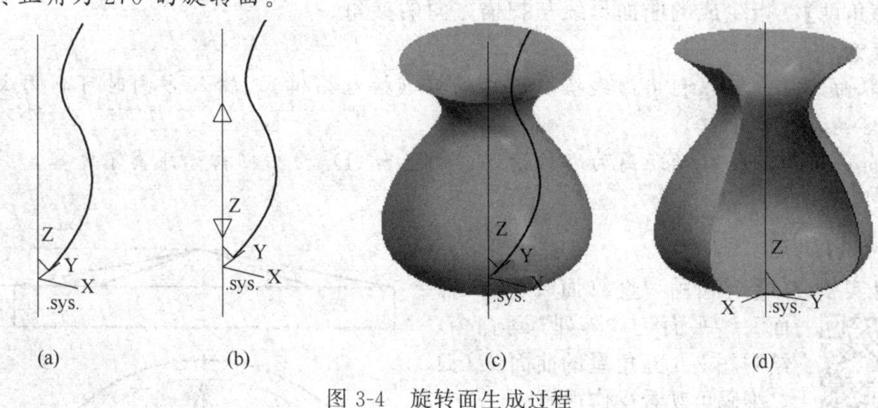

图 3-4 旋转面生成过程

3.1.3 扫描面

（1）功能

按照给定的起始位置和扫描距离将曲线沿指定方向以一定锥度扫描生成曲面。

（2）操作

① 单击【扫描面】图标，或单击【造型 U】→【曲面生成 S】→【扫描面】，如图 3-5（a)所示。②填入起始距离、扫描距离、扫描角度和精度等参数。③按空格键弹出矢量工具，选择扫描方向，如图 3-5（d）所示。④拾取空间曲线。⑤若扫描角度不为零，选择扫描夹角方向，如图 3-5（e）所示，生成扫描面。

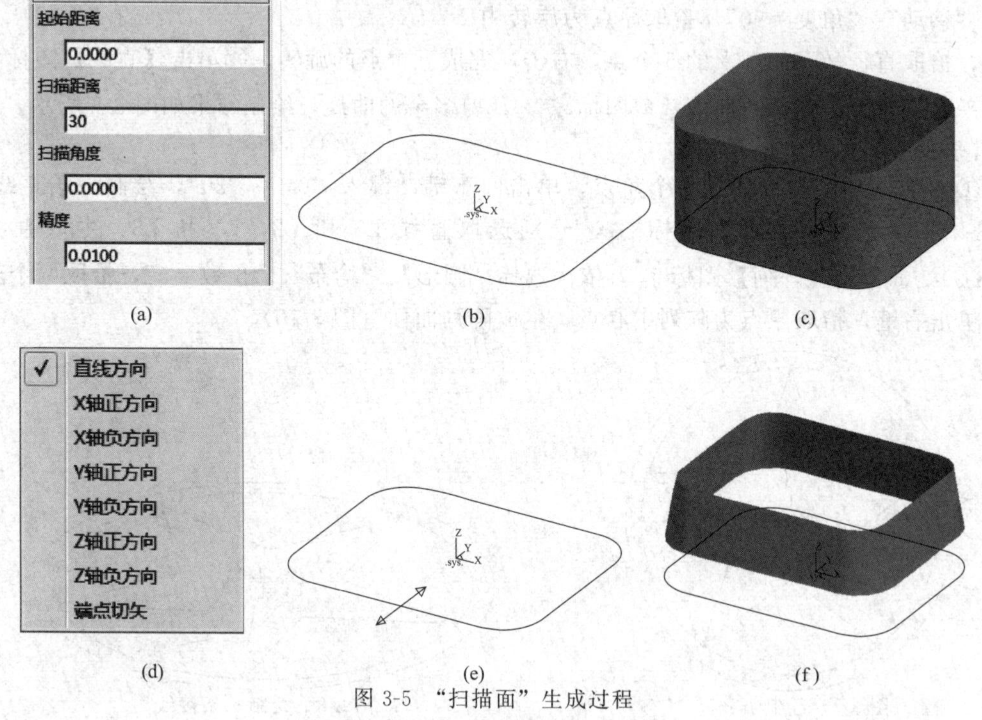

图 3-5 “扫描面”生成过程

(3) 参数

【起始距离】：指生成曲面的起始位置与曲线平面沿扫描方向上的间距。

【扫描距离】：指生成曲面的起始位置与终止位置沿扫描方向上的间距。

【扫描角度】：指生成的曲面母线与扫描方向的夹角。

● **注意**

在拾取曲线时，可以利用曲线拾取工具菜单（按空格键），输入方向时可利用矢量工具菜单（空格键或鼠标中键）。

图 3-5（c）为扫描初始距离为零的情况，图 3-5（f）为扫描初始距离不为零，且具有扫描角度的情况。

(4) 项目训练

【项目实例 3-1】 利用“直纹面”、“扫描面”、“平面”、“阵列”等命令，绘制图 3-6 五角星的曲面。（扫二维码可观看操作视频）

项目实例 3-1
操作视频

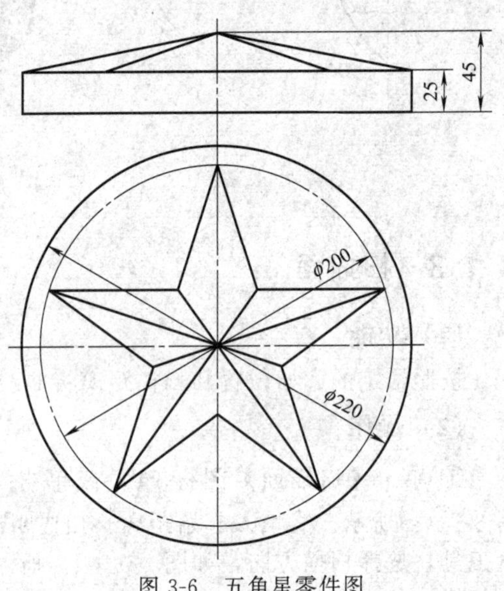

图 3-6 五角星零件图

绘制过程：

『步骤 1』绘制平面五角星

①按 F5 键，设置 XOY 平面为当前绘图平面，单击【圆】图标，选择“圆心_半径”方式，拾取原点为圆心，回车键，键入“半径=110”和“半径=100”，绘制两个圆。②单击【点】图标，依次选择“批量点”、“等分点”、“段数=5”，拾取直径 200 的圆，生成五个等分点。③单击【平面旋转】图标，依次选择“移动”、“角度=90”，拾取原点为旋转中心点，拾取直径 200 的圆上的 5 个点，右击，完成五个点的旋转。④单击【直线】图标，绘制平面五角星。⑤单击曲面裁剪图标，裁剪多余的曲线，绘制结果如图 3-7 所示。

『步骤 2』绘制五角星曲面

① 绘制直线。拾取任意一个角点，单击回车键，键入“0，0，20”，绘制一条直线 L1（图 3-8）；单击【直纹面】图标，分别选取直线 L1 和 L2，L1 和 L3，生成直纹面（图 3-9）。②单击【阵列】图标，依次选择“圆形”、“均布”、“份数=5”，拾取两个直纹面，单击右键，拾取原点为阵列中心点，生成阵列曲面（图 3-10）。

图 3-7 绘制五角星

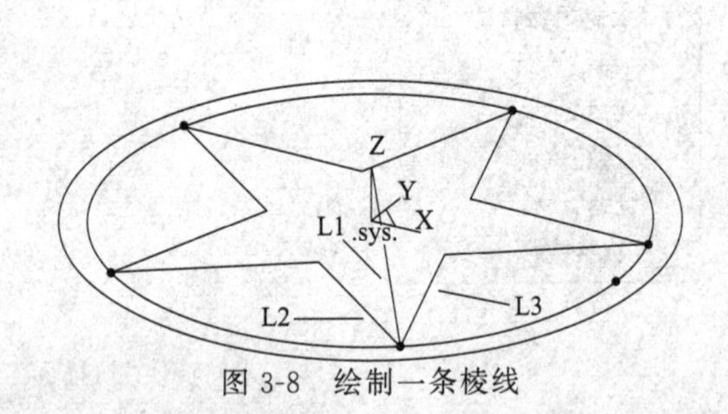

图 3-8 绘制一条棱线

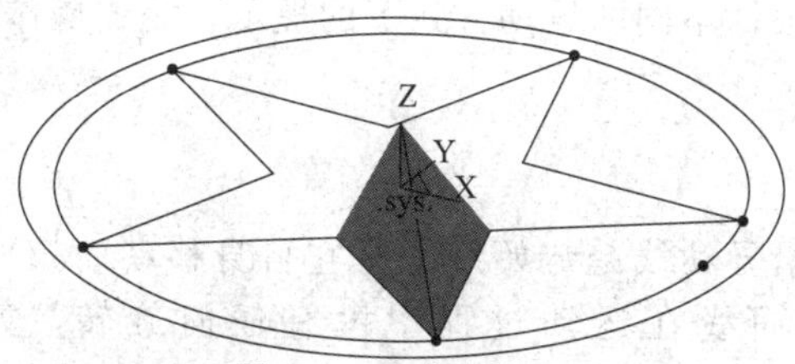

图 3-9 生成直纹面

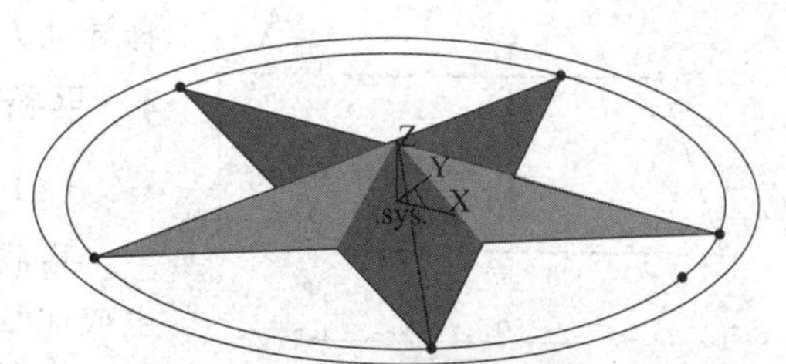

图 3-10 生成阵列曲面

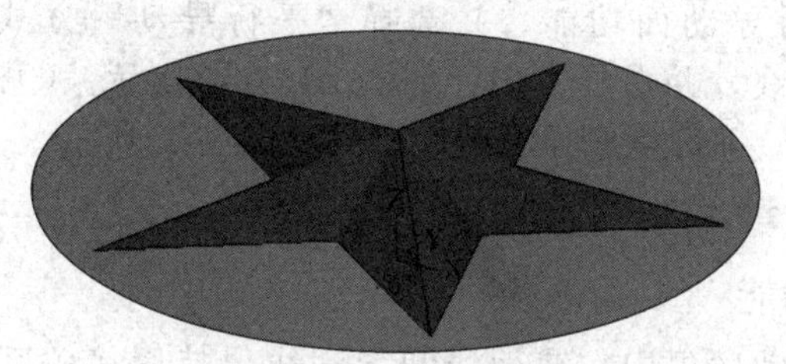
图 3-11 生成裁剪平面

图 3-12 生成扫描面

『步骤 3』绘制其他曲面

①单击【平移】图标，将所有图素沿 Z 轴正上移 25 并批量生成的点和直径 200 的圆隐藏。②单击【平面】图标，依次选择“裁剪平面”，拾取“直径 220 的圆”为平面的外轮廓线，选取“五角星”为内轮廓线，单击右键，生成裁剪平面，如图 3-11 所示。③单击【扫描面】图标，利用直径 220 的圆生成高为 25 的圆柱扫描面，结果如图 3-12 所示。④单击【相关线】图标，选择“曲面边界线”、“单根”选项，选择扫描面（单击接近边界下方位置），得到扫描面的另一条边界线，如图 3-13 所示。⑤单击【平面】图标，利用“裁剪面”生成直径 220 的底面（图 3-14）。并最终得到五角星的曲面。

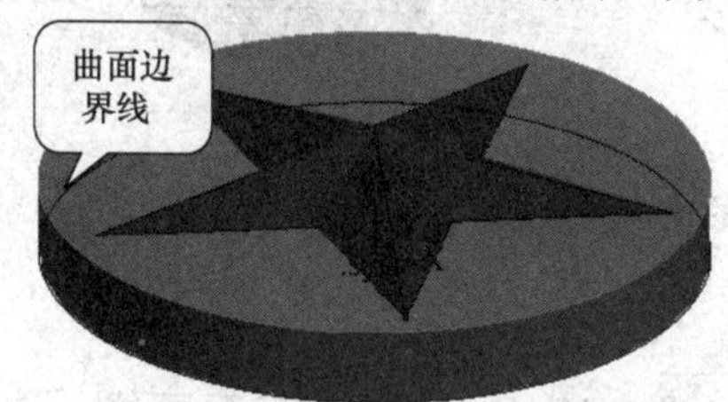

图 3-13 绘制曲面边界线

图 3-14 绘制底面平面

『步骤 4』保存文件

单击【保存】图标，输入“项目 3-1. mxe”保存绘制的图形。

【拓展项目 3-1】 利用学过的相关命令对图 3-15 天圆地方的图形进行曲面造型。（扫二维码可观看操作视频）

拓展项目 3-1
操作视频

3.1.4 导动面

导动面就是让特征截面线沿着特征轨迹线的某一方向扫动生成曲面。即选取截面曲线或轮廓线沿着另外一条轨迹线扫动生成曲面。导动面生成有六种方式：平行导动、固接导动、导动线 & 平面、导动线 & 边界线、双导动线和管道曲面。

单击【导动面】图标，或单击【造型 U】→【曲面生成 S】→【导动面】命令，选

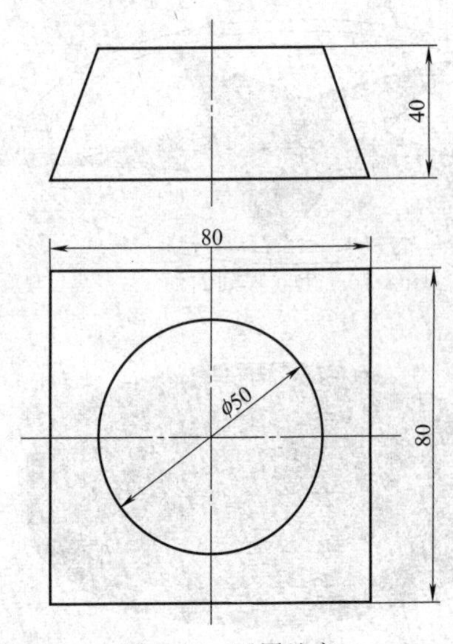

图 3-15　天圆地方

择导动方式，根据不同的导动方式下的提示，完成操作。

1. 平行导动

(1) 功能

指截面线沿导动线趋势始终平行它自身移动而扫成生成曲面，截面线在运动过程中没有任何旋转，如图 3-16所示。

(2) 操作

① 激活导动面功能，并选择“平行导动”方式。②拾取导动线，并选择方向，如图3-16 (b)所示。③拾取截面曲线，即可生成导动面，如图 3-16 (c) 所示。

2. 固接导动

(1) 功能

指在导动过程中，截面线和导动线保持固接关系，即让截面线平面与导动线的切矢方向保持相对角度不变，而且截面线在自身相对坐标系中的位置关系保持不变，截面线沿导动线变化的趋势导动生成曲面。固接导动有单截面线（图 3-17）和双截面线（图 3-18）两种，也就是说截面线可以是一条或两条。

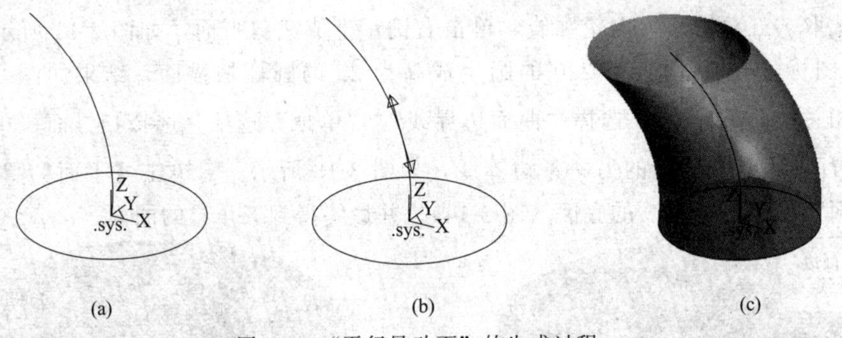

图 3-16 “平行导动面”的生成过程

(2) 操作

① 选择“固接导动”方式。②选择单截面线［图 3-17 (a)］或者双截面线［图 3-18 (a)］。③拾取导动线，并选择导动方向［图 3-17 (b)、图 3-18 (b)］。④拾取截面线。如果是双截面线导动，应拾取两条截面线。⑤生成导动面［图 3-17 (c)、图 3-18 (c)］。

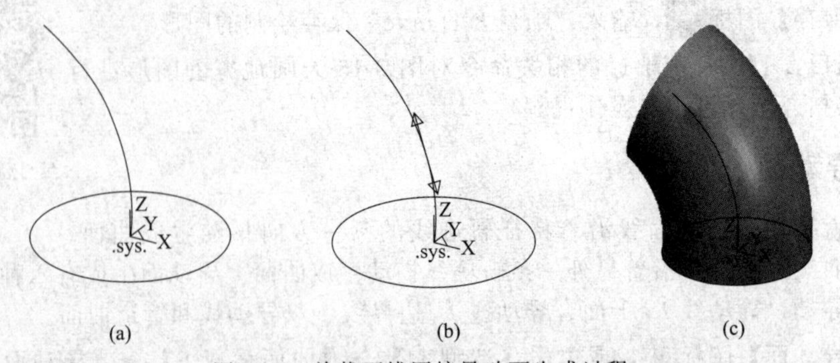

图 3-17　单截面线固接导动面生成过程

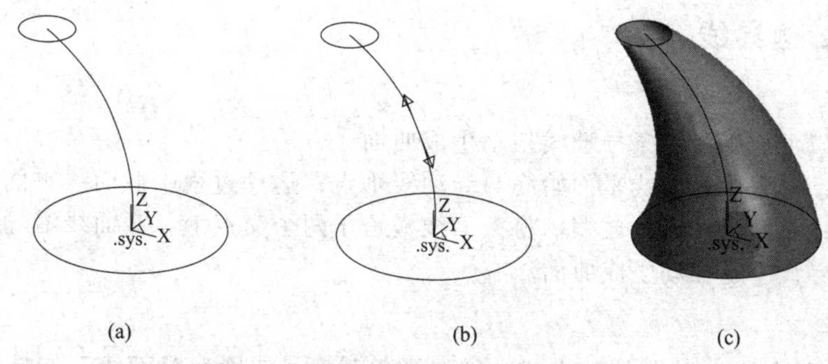

图 3-18　双截面线固接导动面生成过程

● **注意**

① 导动曲线、截面线应当是光滑曲线。

② 固接导动时保持初始角不变。

3. 导动线 & 平面

（1）功能

指截面线按一定规则沿一个平面或空间导动线（脊线）扫动生成曲面。

（2）操作

① 选择“导动线 & 平面”方式。②选择单截面线或者双截面线。③输入平面法矢方向。按空格键，弹出矢量工具，选择方向［图 3-19（a）］。④拾取导动线，并选择导动方向［图 3-19（c）或图 3-20（b）］。⑤拾取截面线［图 3-19（b）］。如果是双截面线导动，应拾取两条截面线［图 3-20（a）］。⑥生成导动面。单截面线导动面如图 3-19（d）所示，双截面线导动面如图 3-20（c）所示。

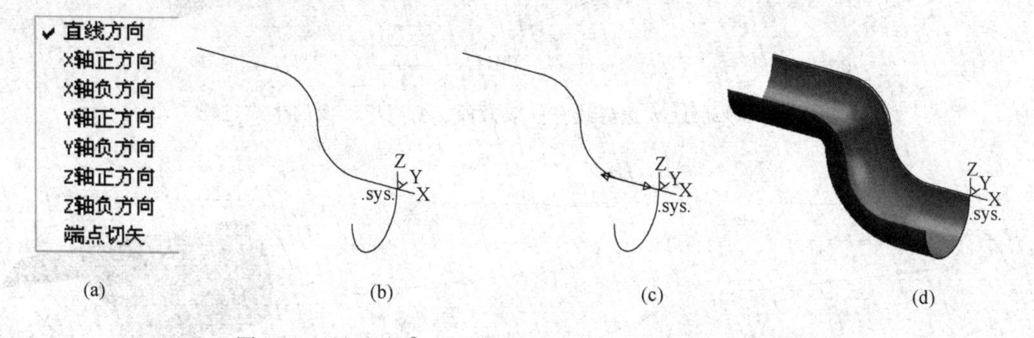

图 3-19　导动线 & 平面——单截面线导动面的生成过程

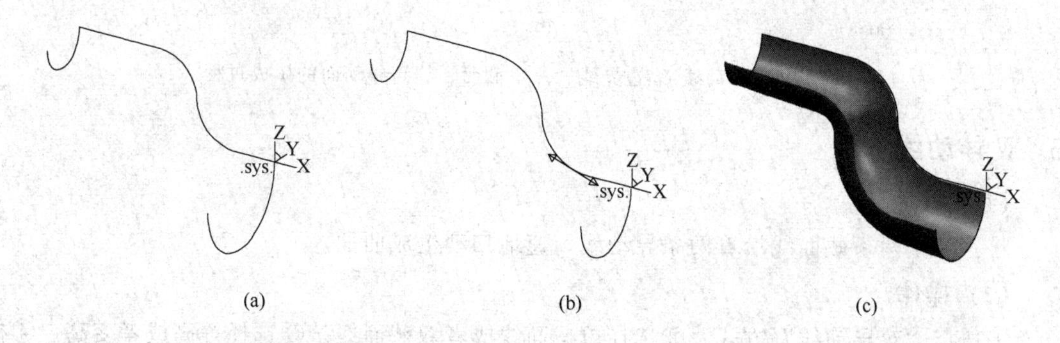

图 3-20　导动线 & 平面——双截面线导动面的生成过程

4. 导动线 & 边界线

（1）功能

截面线按以下规则沿一条导动线扫动生成曲面。

规则：运动过程中截面线平面始终与导动线垂直；运动过程中截面线平面与两边界线需要有两个交点；对截面线进行放缩，将截面线横跨于两个交点上。截面线沿导动线如此运动时，与两条边界线一起扫动生成曲面。

（2）操作

① 选择“导动线 & 边界线”方式。②选择单截面线或者双截面线。③选择等高或者变高。④拾取导动线，并选择导动方向，如图 3-21（b）和图 3-22（b）所示。⑤拾取第一条边界曲线。⑥拾取第二条边界曲线。⑦拾取截面曲线。如是双截面线导动，拾取两条截面线（在第一条边界线附近）。⑧生成导动面，如图 3-21（c）和图 3-22（c）所示。

● 注意

① 在导动过程中，截面线始终在垂直于导动线的平面内摆放，并求得截面线平面与边界线的两个交点。在两截面线之间进行混合变形，并对混合截面进行放缩变换，使截面线正好横跨在两个边界线的交点上。

② 若对截面线进行放缩变换，仅变化截面线长度，保持截面线高度不变，称为等高导动。

③ 若对截面线不仅变化截面线长度，同时等比例地变化截面线的高度，称为变高导动。

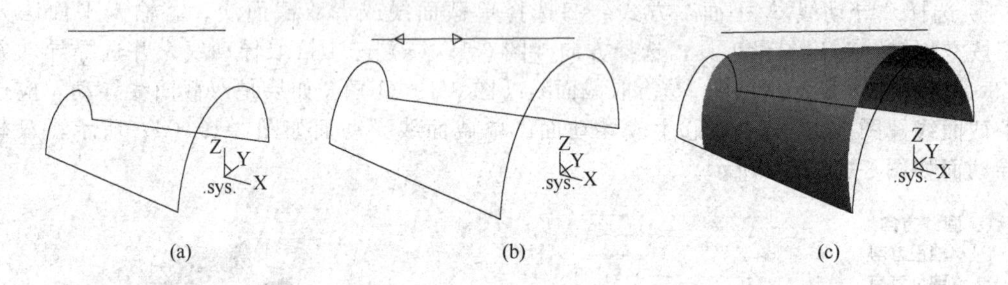

图 3-21　导动线 & 边界线——双截面、变高导动面的生成过程

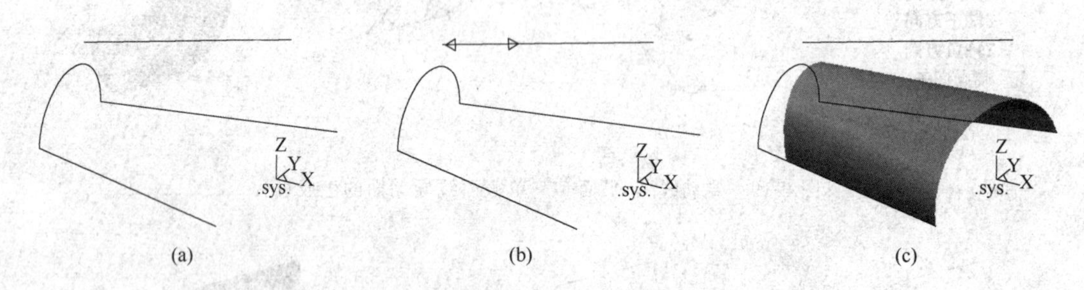

图 3-22　导动线 & 边界线——单截面、等高导动面的生成过程

5. 双导动线

（1）功能

将一条或两条截面线沿着两条导动线匀速地扫动生成曲面。

（2）操作

①选择“双导动线”方式。②选择单截面线或者双截面线。③选择等高或者变高。④拾取第一条导动线，并选择方向。⑤拾取第二条导动线，并选择方向，如图 3-23（b）和图

3-24（b）所示。⑥拾取截面曲线（在第一条导动线附近）。如果是双截面线导动，拾取两条截面线（在第一条导动线附近）。生成导动面，如图 3-23（c）和图 3-24（c）所示。

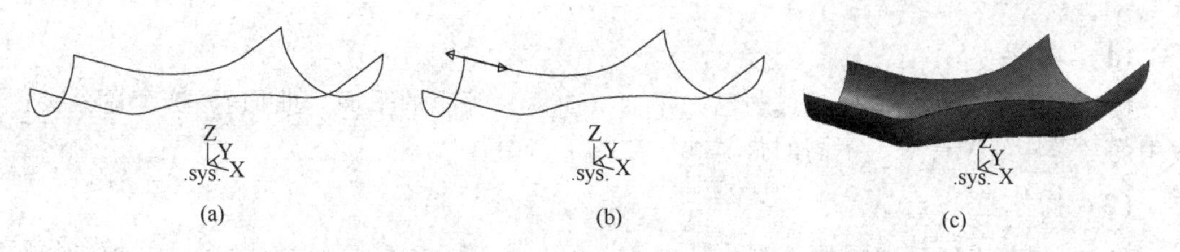

图 3-23　双导动线——双截面、等高导动线生成过程

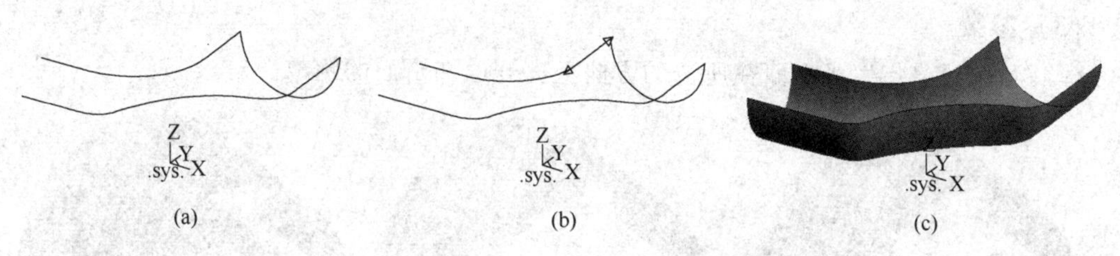

图 3-24　双导动线——单截面、等高导动线生成过程

● **注意**

① 拾取截面线时，拾取点应在第一条导动线附近。

②“变高”导动出来的参数线仍然保持原状，以保持曲率半径的一致性；而“等高”导动出来的参数线不是原状，不能保证曲率的一致性。

6. 管道曲面

（1）功能

是指给定起始半径和终止半径的圆形截面沿指定的中心线扫动生成曲面。

（2）操作

① 选择“管道曲面”方式。②填入起始半径、终止半径和精度。③拾取导动线，并选择方向，如图 3-25（b）所示。④生成导动面，如图 3-25（c）、（d）所示。

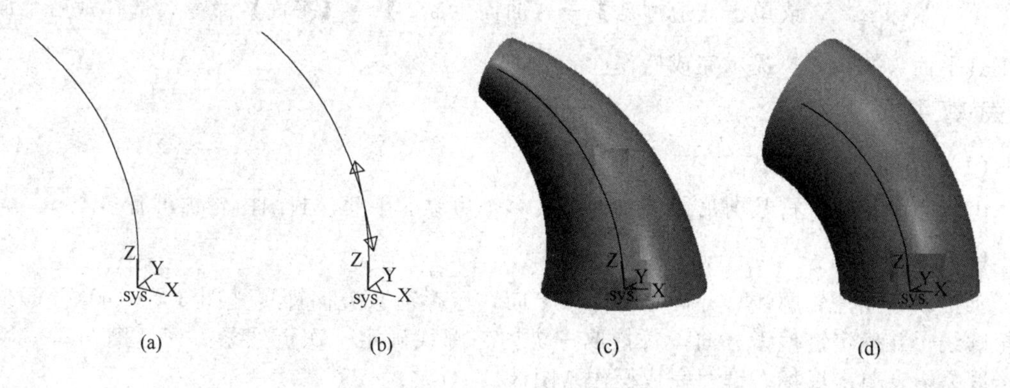

图 3-25　管道曲面的生成过程

● **注意**

① 导动曲线、截面曲线应当是光滑曲线。

② 在两根截面线之间进行导动时，拾取两根截面线时应使得它们方向一致，否则曲面

将发生扭曲，形状不可预料。

3.1.5 等距面

(1) 功能

按给定距离与等距方向生成与已知平面（曲面）等距的平面（曲面）。这个命令类似曲线中的“等距线”命令，不同的是“线”改成了“面”。

(2) 操作

① 单击图标，或单击【造型】→【曲面生成 S】→【等距面】命令。②填入等距距离。③拾取平面，选择等距方向［图 3-26（b）］。④生成等距面［图 3-26（c）］。

(3) 参数

【等距距离】：指生成平面在所选的方向上离开已知平面的距离。

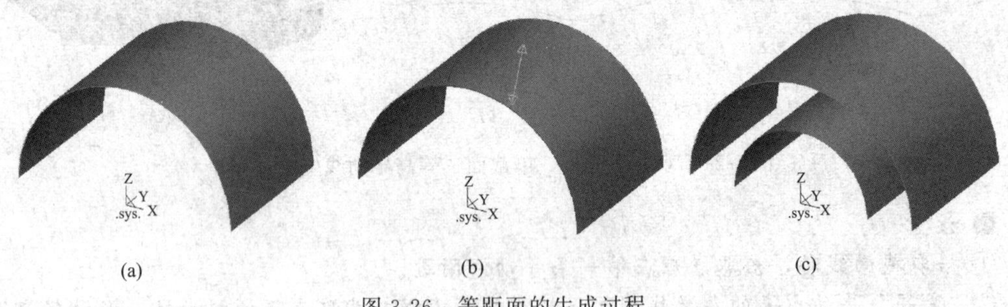

图 3-26 等距面的生成过程

● **注意**

① 如果曲面的曲率变化太大，等距的距离应当小于最小曲率半径。

② 等距面生成后，会扩大或缩小。

3.1.6 平面

利用多种方式生成所需平面。平面与基准面的比较：基准面是在绘制草图时的参考面，而平面则是一个实际存在的面。

单击图标，或单击【造型 U】→【曲面生成 S】→【平面】命令，选择裁剪平面或者工具平面。按状态栏提示完成操作。

1. 裁剪平面

(1) 功能

由封闭内轮廓进行裁剪形成的有一个或多个边界的平面。封闭内轮廓可有多个。

(2) 操作

①拾取平面外轮廓线，并确定链搜索方向，选择箭头方向即可［图 3-27（a）］。②拾取内轮廓线，并确定链搜索方向，每拾取一个内轮廓线确定一次链搜索方向［图 3-27（b）］。③拾取完毕，单击鼠标右键，完成操作［图 3-27（c）］。

● **注意**

① 轮廓线必须是密封的。内轮廓线允许交叉。当拾取内轮廓线时，如果有内轮廓线，继续选取，否则单击右键结束。拾取轮廓线时，可以按空格键选取“链拾取”、“限制链拾取”、“单个拾取”。

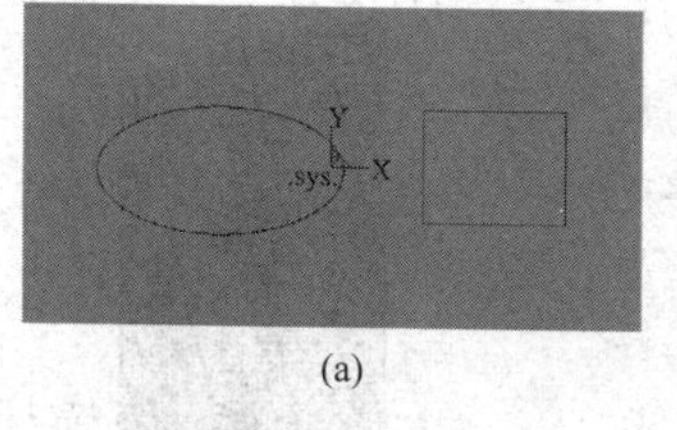

(a)

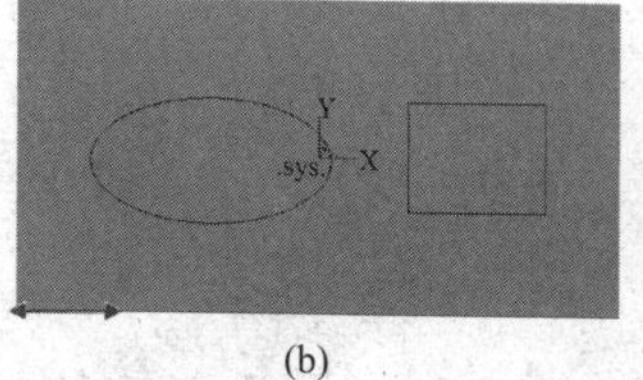

(b)

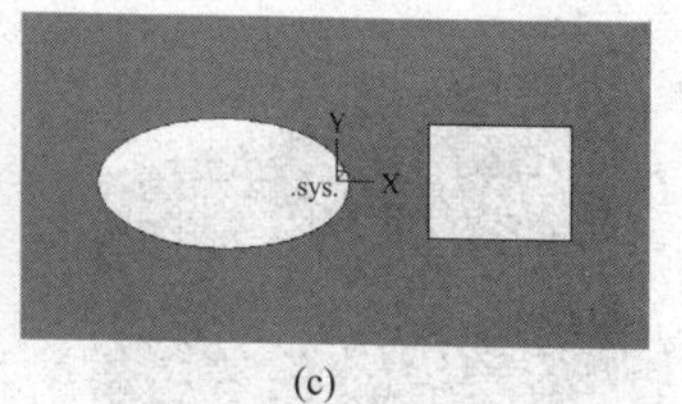

(c)

图 3-27　裁剪平面的生成过程

② 对于无内轮廓线的外轮廓，可以直接选取外轮廓线，单击右键结束，生成平面。

2. 工具平面

(1) 功能

生成与 XOY 平面、YOZ 平面、ZOX 平面平行或成一定角度的平面。包括 XOY 平面、YOZ 平面、ZOX 平面、三点平面、矢量平面、曲线平面和平行平面 7 种方式。

(2) 操作

①单击【平面】图标，或单击【造型 U】→【曲面生成 S】→【平面】命令。②选择“工具平面”方式，出现工具平面立即菜单。③根据需要选择工具平面的不同方式。④选择旋转轴，输入角度、长度、宽度。⑤按状态栏提示完成操作。

(3) 说明

【角度】：指生成平面绕旋转轴旋转，与参考平面所夹的锐角。

【长度】：指要生成平面的长度尺寸值。

【宽度】：指要生成平面的宽度尺寸值。

【XOY 平面】：绕 X 或 Y 轴旋转一定角度生成一个指定长度和宽度的平面［图 3-28（a）］。

【YOZ 平面】：绕 Y 或 Z 轴旋转一定角度生成一个指定长度和宽度的平面［图 3-28（b）］。

【ZOX 平面】：绕 Z 或 X 轴旋转一定角度生成一个指定长度和宽度的平面［图 3-28（c）］。

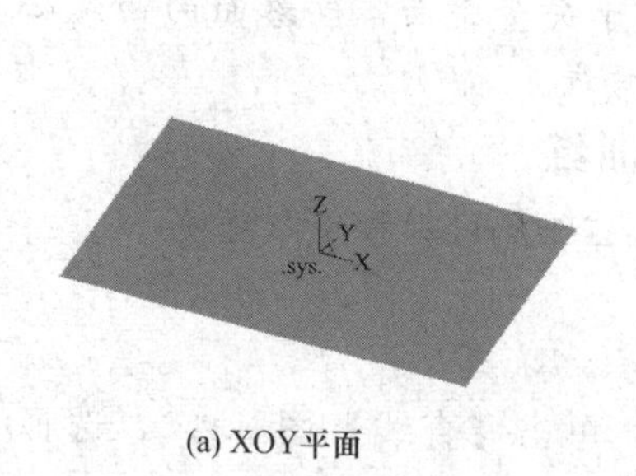

(a) XOY平面

(b) YOZ平面

(c) ZOX平面

图 3-28　工具平面（1）

【三点平面】：按给定三点生成一指定长度和宽度的平面，其中第一点为平面中点［图 3-29（a）］。

【曲线平面】：在给定曲线的指定点上，生成一个指定长度和宽度的法平面或切平面。有法平面［图 3-29（b）］和包络面［图 3-29（c）］两种方式。

【矢量平面】：生成一个指定长度和宽度的平面，其法线的端点为给定的起点和终点［图 3-30（a）］。

(a) 三点平面

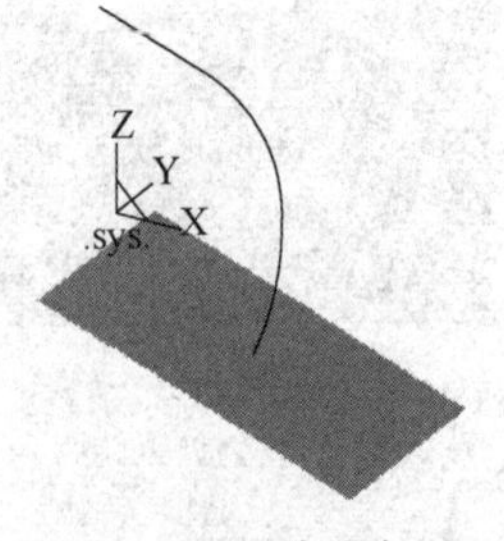

(b) 法平面

(c) 包络面

图 3-29　工具平面（2）

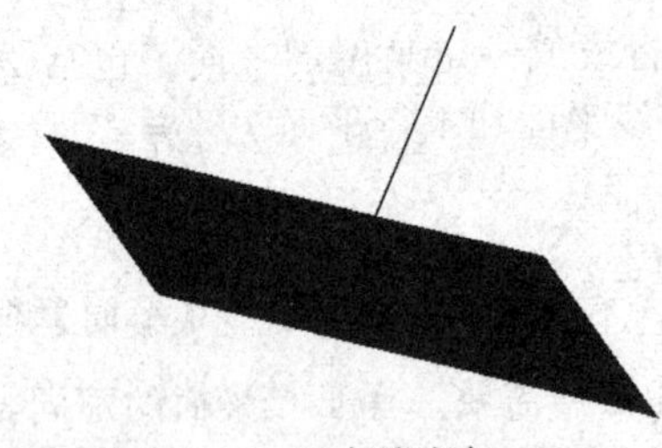

(a) 矢量平面

(b) 平行平面

图 3-30　工具平面（3）

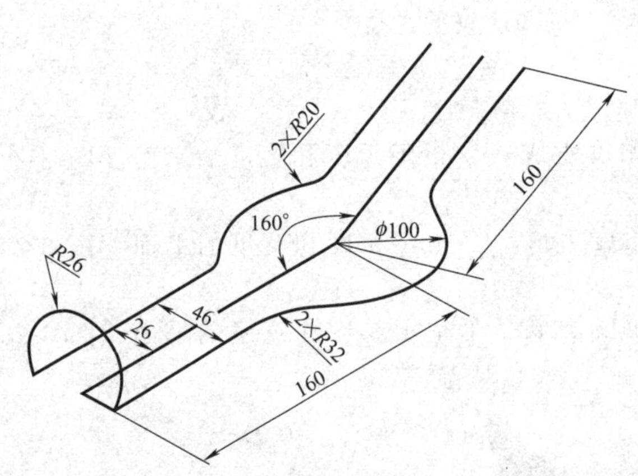

图 3-31　零件图

【平行平面】：按指定距离，移动给定平面或生成一个拷贝平面（也可以是曲面）[图 3-30（b）]。

● **注意**

① 生成的面为实际存在的面，其大小由给定的长度和宽度所决定。

② 三点决定一个平面，三点可以是任意面上的点。

③ 对于矢量平面，包络面的曲线必须为平面曲线。

3. 项目训练

【项目实例 3-2】 生成图 3-31 所示零件的曲面造型。（扫二维码可观看操作视频）

项目实例 3-2
操作视频

绘制步骤：

『步骤 1』绘制三维线架

①按 F5，选择 XY 面作为作图平面。单击【直线】图标，选择“两点线”方式，绘制长度为 160 的直线，再次利用【直线】命令，绘制和刚绘制的直线成 160°的直线。并按照图纸的要求偏置两条直线。②单击【圆】图标，选择绘制的

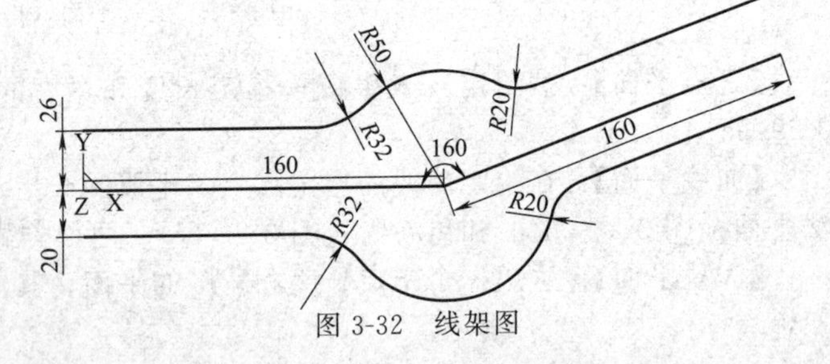

图 3-32　线架图

两直线的交点作为圆心，绘制 $\phi100$ 的圆。③单击【曲线过渡】图标，分别绘制 $R20$、$R32$ 各两个圆弧过渡。绘制结果如图 3-32 所示。

『步骤 2』绘制截面线

按 F6，选择 YZ 平面作为作图平面，单击【圆弧】图标，选择“两点_半径”方式，拾取两个点，输入半径 26，绘制一个圆弧，绘制结果如图 3-33 所示。

『步骤 3』编辑导动线

导动线要求是一条直线，多段曲线组合而成的导动线，要先进行组合。单击【曲线组合】图标，选择“删除原曲线”，选取第一条导动线，拾取结束后，单击鼠标右键，获得第一条导动线。同理，获得第二条导动线。绘制结果如图 3-33 所示。

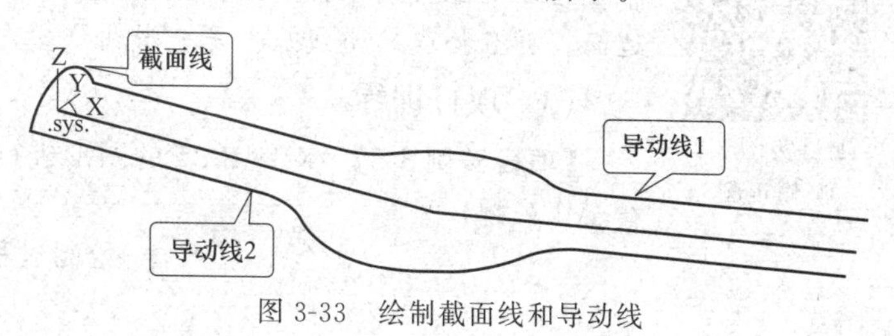

图 3-33 绘制截面线和导动线

『步骤 4』绘制导动面

单击【导动面】图标，依次选择“双导动线”、“单截面线”、“等高”，选取两条导动线，选取截面线（半圆弧），生成导动面。隐藏绘制的直线和圆弧，绘制结果如图 3-34 所示。

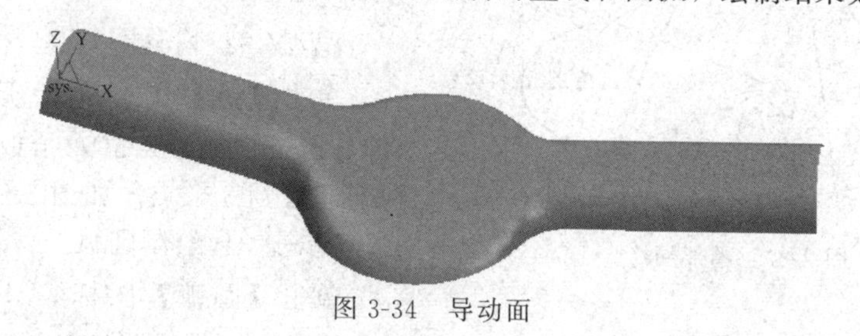
图 3-34 导动面

『步骤 5』保存文件

单击【保存】图标，输入“项目 3-2. mxe”保存绘制的图形。

【拓展项目 3-2】 利用学过的相关命令绘制项目实例 2-5 零件的曲面图（图 3-35）。（扫二维码可观看操作视频）

拓展项目 3-2 操作视频

3.1.7 边界面

(1) 功能

在由已知曲线围成的边界区域上生成曲面。边界面有两种类型：“四边面”和“三边面”。所谓四边面是指通过四条空间曲线生成平面；三边面是指通过三条空间曲线生成平面。

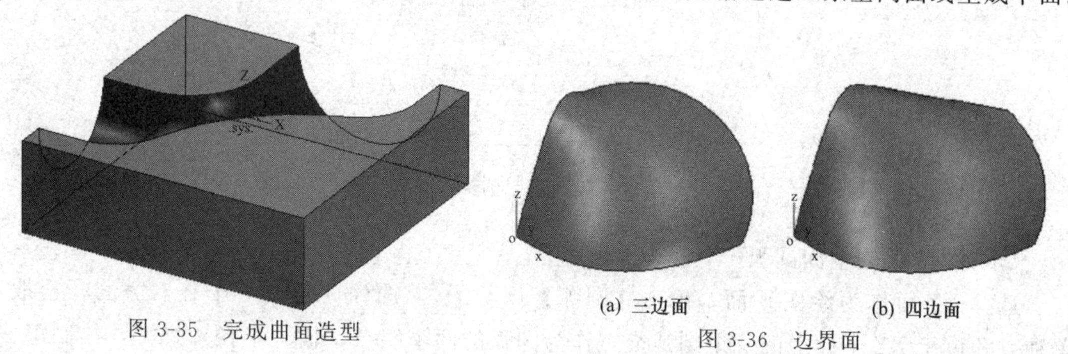
图 3-35 完成曲面造型

(a) 三边面　(b) 四边面

图 3-36 边界面

（2）操作

① 单击图标，或单击【造型】→【曲面生成 S】→【边界面】命令。②选择四边面或三边面。③拾取空间曲线，完成操作，如图 3-36 所示。

● **注意**

拾取的三条或四条曲线必须首尾相连成封闭环，才能作出三边面或四边面；并且拾取的曲线应当是光滑曲线。

（3）项目训练

项目实例 3-3
操作视频

【项目实例 3-3】 对图 3-37 的图形进行曲面造型设计。（扫二维码可观看操作视频）

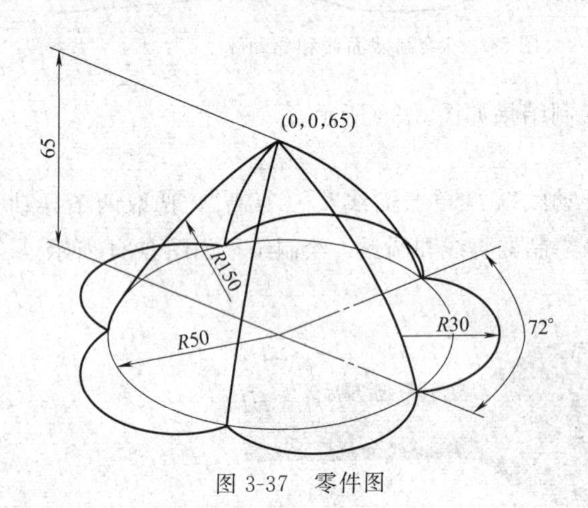

图 3-37 零件图

绘制过程：

『步骤 1』绘制曲线

按 F5，选择 XY 面为作图平面，单击【圆】图标，在立即菜单中选择“圆心 _ 半径”方式，单击回车键，拾取坐标原点为圆心回车键入“50”，绘制 $\phi100$ 圆，如图 3-38 所示。

『步骤 2』均分圆

单击【点】图标，选择“批量点”、“等分点”、“段数＝5”，拾取 $\phi100$ 的圆，在圆上获取到 5 个点。如图 3-38 所示。

『步骤 3』绘制圆弧

单击【圆弧】图标，选择“两点 _ 半径”方式拾取 $\phi100$ 的圆上相邻的两个点，键入半径“30”绘制第一个圆弧。利用【阵列】的命令，获得 5 个圆弧。同时，删除 $\phi100$ 的圆和批量生成的五个点。绘制结果如图 3-39 所示。

『步骤 4』绘制单个点

单击 F8，单击【点】图标，在立即菜单中选择“单个点”方式，回车，输入点的坐标“0，0，65”，如图 3-40 所示。

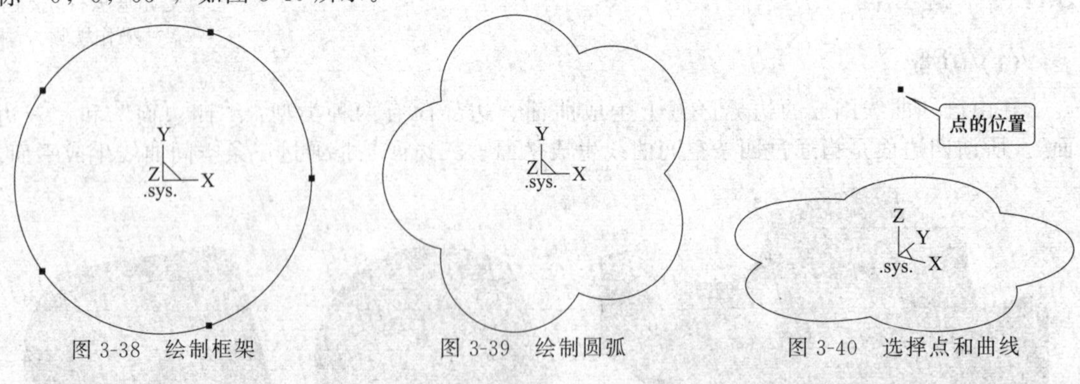

图 3-38 绘制框架　　图 3-39 绘制圆弧　　图 3-40 选择点和曲线

『步骤 5』绘制空间圆弧

选择 XZ 面作为绘图平面，单击【圆弧】图标，选择“两点 _ 半径”方式，拾取，单独点和位于 XZ 平面上的一个圆弧交点作为圆弧的两个端点，输入半径“150”，绘制第一个圆弧。采用阵列的方式，阵列其余 5 个圆弧。结果如图 3-41 所示。

『步骤 6』绘制边界面

单击【边界面】图标，在立即菜单中选择“三边面”方式，拾取相邻的三条曲线。生成一个三边面。绘制结果如图 3-42 所示。

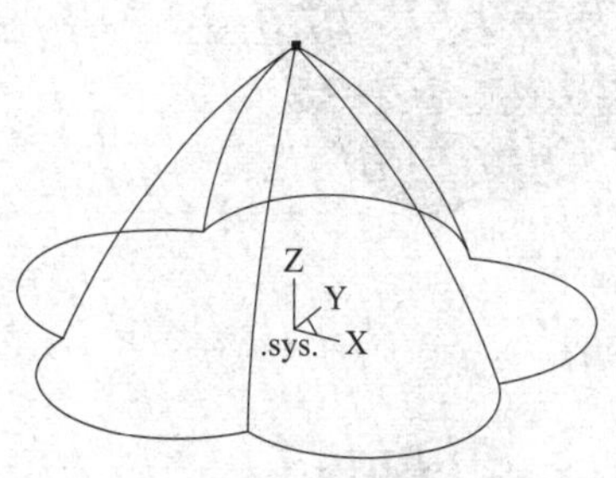

图 3-41　生成直纹面

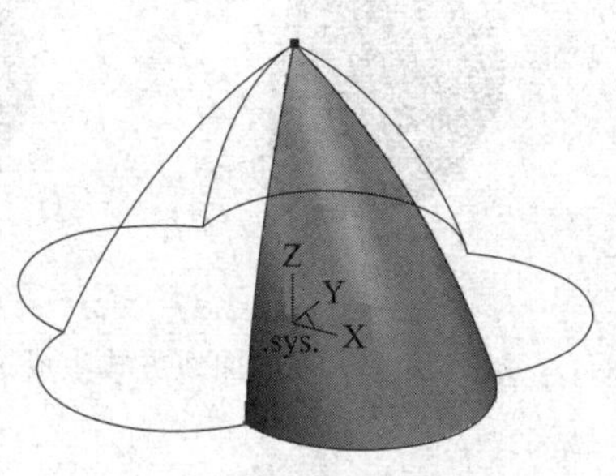

图 3-42　设置平面旋转参数

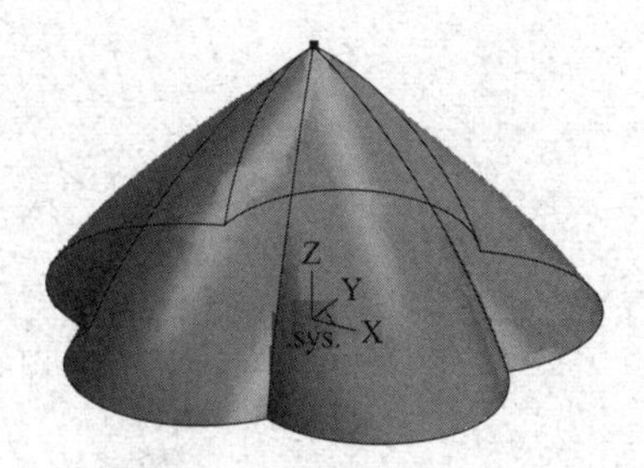

图 3-43　造型结果

『步骤 7』平面旋转

单击【平面旋转】图标，设置“固定角度”、“拷贝”、“份数＝5”、“角度＝72”，在绘图区中拾取原点为旋转中心，拾取“三边面”为旋转对象，点击鼠标右键确认，生成曲面造型，如图 3-43 所示。

『步骤 8』保存文件

单击【保存】图标，输入“项目 3-3. mxe”保存绘制的图形。

【拓展项目 3-3】 利用学过的相关命令绘制图 3-44 的零件图。（扫二维码可观看操作视频）

拓展项目 3-3
操作视频

3.1.8　放样面

以一组互不相交、方向相同、形状相似的特征线（或截面线）为骨架进行形状控制，过这些曲线蒙面生成的曲面称为放样曲面。有截面曲线和曲面边界两种类型。

单击【放样面】图标，或单击【造型 U】→【曲面生成 S】→【放样面】命令，选择截面曲线或者曲面边界，按状态栏提示，完成操作。

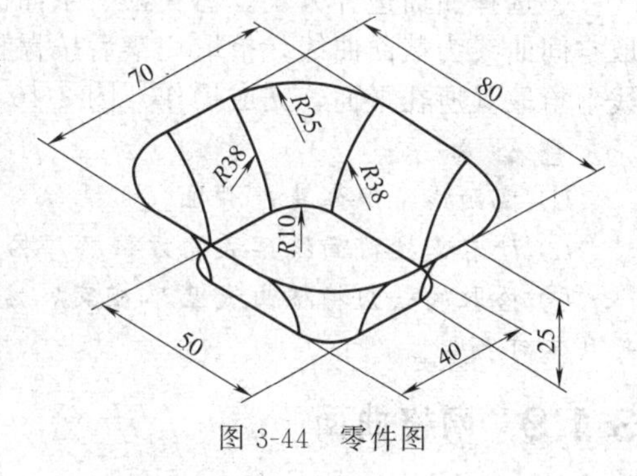

图 3-44　零件图

1. 截面曲线

（1）功能

通过一组空间曲线作为截面来生成封闭或者不封闭的曲面。

（2）操作

①选择截面曲线方式。②选择封闭或者不封闭曲面。③拾取空间曲线为截面曲线，拾取完毕后按鼠标右键确定，完成操作，如图 3-45 所示。

2. 曲面边界

（1）功能

以曲面的边界线和截面曲线并与曲面相切来生成曲面。

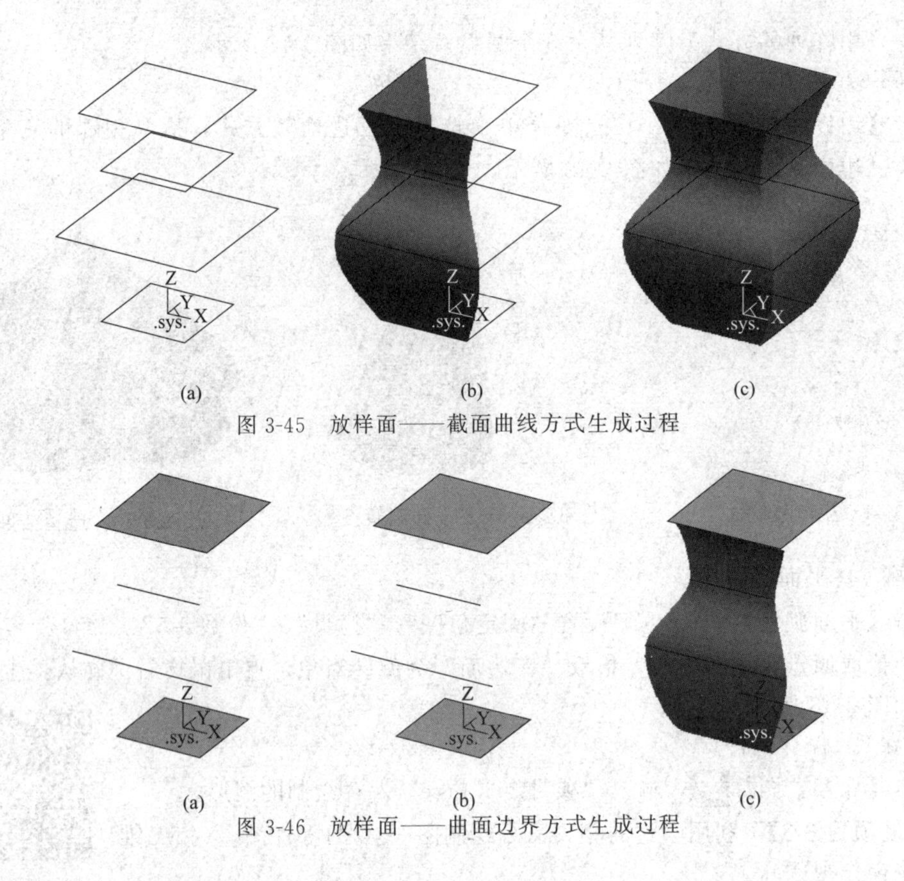

图 3-45　放样面——截面曲线方式生成过程

图 3-46　放样面——曲面边界方式生成过程

(2) 操作

①选择曲面边界方式。②在第一条曲面边界线上拾取其所在平面［图 3-46（a)］。③拾取空间曲线为截面曲线，拾取完毕后按鼠标右键确定［图 3-46（b)］。④在第二条曲面边界线上拾取其所在平面，完成操作［图 3-46（c)］。

● **注意**

① 截面线需保证其光滑性。

② 读者需按截面线摆放的方位顺序拾取曲线；同时拾取曲线需保证截面线方向一致性。

③ 拾取的一组特征曲线互不相交，方向一致，形状相似，否则生成结果将发生扭曲，形状不可预料。

3.1.9 网格曲面

(1) 功能

以网格曲线为骨架，蒙上自由曲面生成的曲面称为网格曲面。网格曲线是由特征线组成横竖相交的线。

(2) 操作

①单击图标，或单击【造型 U】→【曲面生成 S】→【网格面】命令。②拾取空间曲线为 U 向截面线［图 3-47（a)］，单击鼠标右键结束。③拾取空间曲线为 V 向截面线［图 3-47（a)］，单击鼠标右键结束，完成操作，如图 3-47（b）所示。

(3) 说明

① 网格曲面的生成思路：首先构造曲面的特征网格曲线确定曲面的初始骨架形状。然

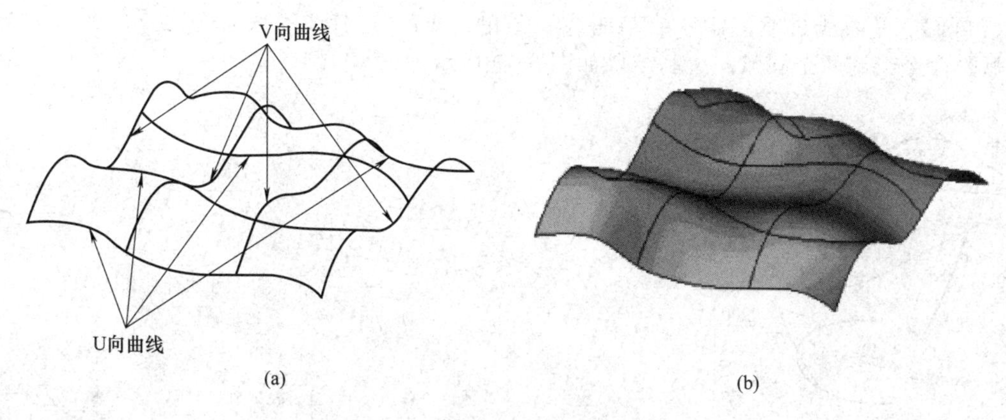

图 3-47 网格曲面生成过程

后用自由曲面插值特征网格曲线生成曲面。

② 特征网格曲线可以是曲面边界线或曲面截面线等。由于一组截面线只能反映一个方向的变化趋势，还可以引入另一组截面线来限定另一个方向的变化，这形成一个网格骨架，控制住两方向（U 和 V 两个方向）的变化趋势。

可以生成封闭的网格曲面。注意，此时拾取 U 向、V 向的曲线必须从靠近曲线端点的位置拾取，否则封闭网格曲面失败。

● **注意**

① 每一组曲线都必须按其方位顺序拾取，而且曲线的方向必须保持一致。曲线的方向与放样面功能中一样，由拾取点的位置来确定曲线的起点。

② 拾取的每条 U 向曲线与所有 V 向曲线都必须有交点。

③ 拾取的曲线应当是光滑曲线。

④ 对特征网格曲线有以下要求：网格曲线组成网状四边形网格，规则四边网格与不规则四边网格均可。插值区域是四条边界曲线围成的［图 3-48（a）、（b）］，不允许有三边域、五边域和多边域［图 3-48（c）］。

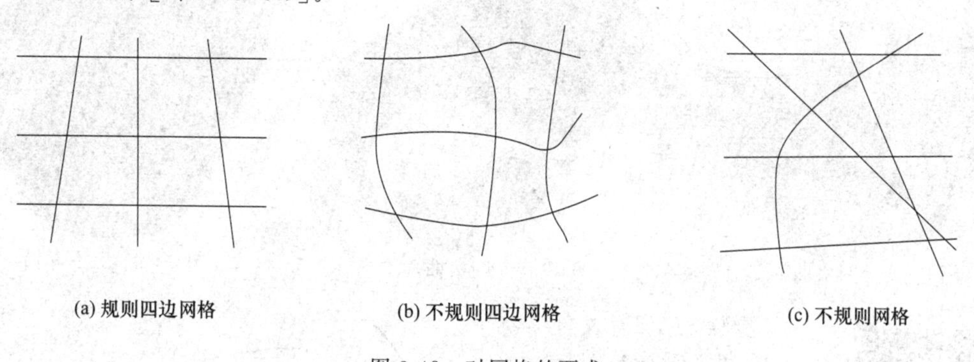

图 3-48 对网格的要求

（4）项目实例

项目实例 3-4
操作视频

【项目实例 3-4】 对图 3-49 的图形进行曲面造型设计。（扫二维码可观看操作视频）

绘制过程：

『步骤 1』绘制三维线架

① 单击 F5，选择 XY 面作为作图平面。参照图 3-49 依次选用【矩

形】、【圆】、【曲线过渡】命令绘制曲线。②单击 F7，选择 XZ 平面作为作图平面，选用【圆弧】命令绘制两个圆弧。绘制结果如图 3-50 所示。

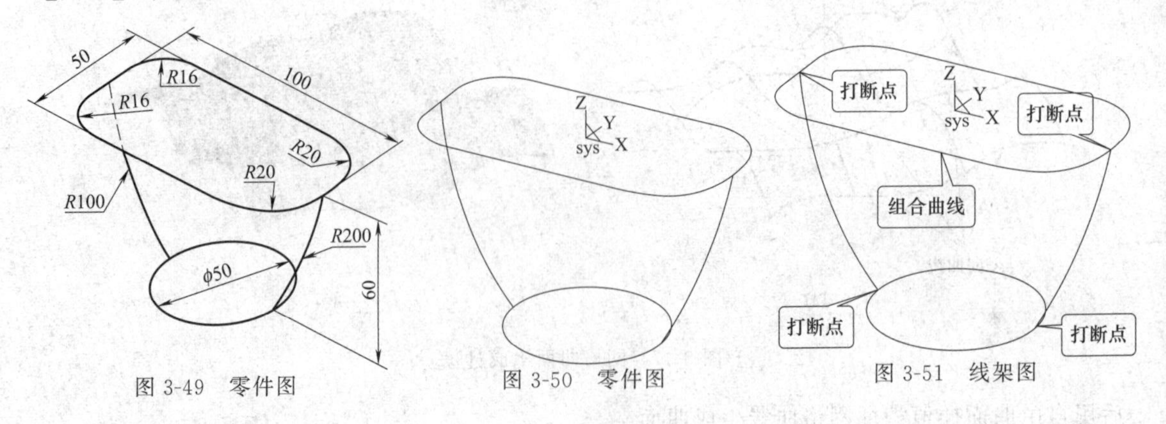

图 3-49　零件图　　图 3-50　零件图　　图 3-51　线架图

『步骤 2』编辑曲线

网格曲面绘制过程中，需要对 U 向截面线和 V 向截面线进行打断和组合等编辑。如图 3-51 所示。

『步骤 3』绘制网格曲面

单击【网格曲面】图标，拾取空间曲线为 U 向截面线，单击鼠标右键结束。拾取空间曲线为 V 向截面线，单击鼠标右键结束，绘制结果如图 3-52 所示。同理，采用【网格曲面】命令绘制另外一半曲面，绘制结果如图 3-53 所示。

『步骤 4』绘制上下底面

单击【平面】图标，分别拾取上表面的轮廓线和下表面的轮廓线，绘制两个平面。隐藏空间曲线，绘制结果如图 3-54 所示。

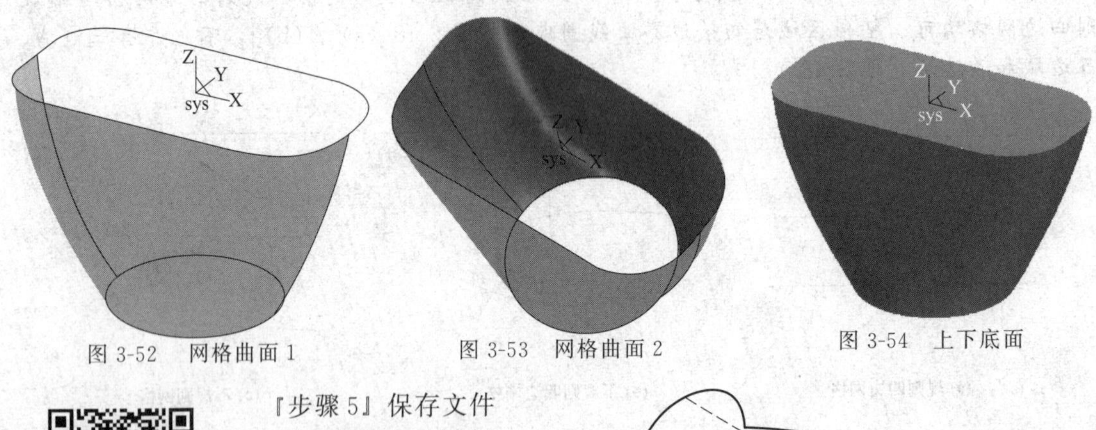

图 3-52　网格曲面 1　　图 3-53　网格曲面 2　　图 3-54　上下底面

拓展项目 3-4
操作视频

『步骤 5』保存文件

单击【保存】图标，输入“项目 3-4.mxe”保存绘制的图形。

【拓展项目 3-4】

利用学过的相关命令绘制图 3-55 的零件图。（扫二维码可观看操作视频）

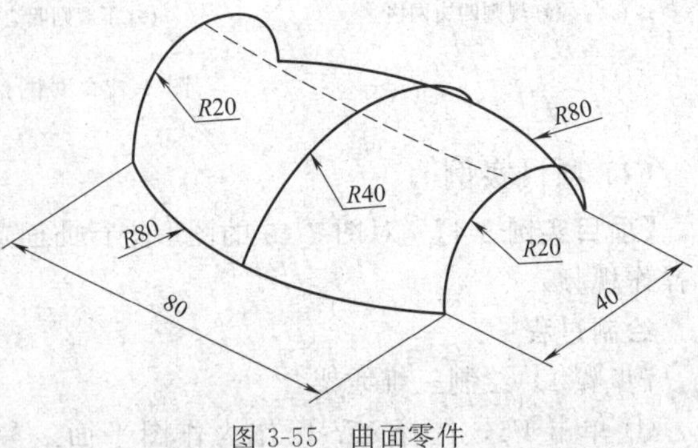

图 3-55　曲面零件

3.1.10 实体表面

(1) 功能

把通过特征生成的实体表面剥离出来而形成一个独立的面。

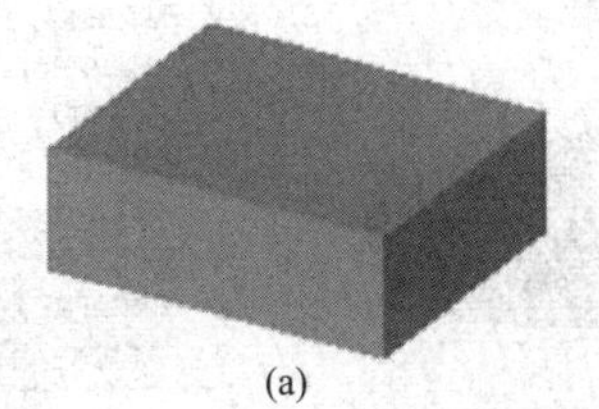
(a)

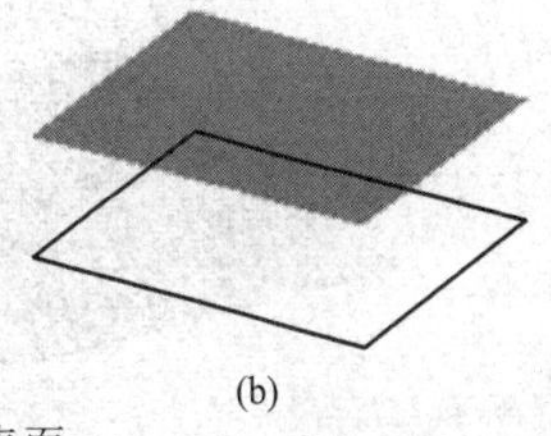
(b)

图 3-56 实体表面

(2) 操作

① 单击图标，单击【造型 U】→【曲面生成 S】→【实体表面】命令。②按提示拾取实体表面（图 3-56）。

3.2 曲面编辑

曲面编辑主要讲述有关曲面的常用编辑命令及操作方法，它是制造工程师的重要功能。曲面编辑包括曲面裁剪、曲面过渡、曲面缝合、曲面拼接和曲面延伸五种功能，另外还有曲面优化和曲面重拟合功能。

3.2.1 曲面裁剪

曲面裁剪对生成的曲面进行修剪，去掉不需要的部分。

在曲面裁剪功能中，可以选用各种元素，包括用各种曲线和曲面来修理和剪裁曲面，获得所需要的曲面形态。也可以将被裁剪了的曲面恢复到原来的样子。曲面裁剪有五种："投影线裁剪"、"等参数线裁剪"、"线裁剪"、"面裁剪"和"裁剪恢复"。

在各种曲面裁剪方式中，都可以通过切换立即菜单来采用"裁剪"或"分裂"的方式。在分裂的方式中，系统用剪刀线将曲面分成多个部分，并保留裁剪生成的所有曲面部分。在裁剪方式中，系统只保留所需要的曲面部分，其它部分将都被裁剪掉。系统根据拾取曲面时鼠标的位置来确定所需要的部分，即剪刀线将曲面分成多个部分，在拾取曲面时鼠标单击在哪一个曲面部分上，就保留哪一部分。

1. 投影线裁剪

(1) 功能

将空间曲线沿给定的固定方向投影到曲面上，形成剪刀线来裁剪曲面。

(2) 操作

①单击【曲面修剪】图标，在立即菜单选择"投影线裁剪"和"裁剪"方式。②拾取被裁剪的曲面（选取需保留的部分）。③输入投影方向。按空格键，弹出矢量工具菜单，选择投影方向［图 3-57（b）］。④拾取剪刀线。拾取曲线［图 3-57（c）］，裁剪结果如图 3-57（d）所示。

● **注意**

与曲面边界线重合或部分重合以及相切的曲线对曲面进行裁剪时，可能得不到正确的结果，建议尽量避免这种情况。输入投影方向时，可利用"矢量工具"菜单。

2. 线裁剪

(1) 功能

指曲面上的曲线沿曲面法矢方向投影到曲面上，形成剪刀线来裁剪曲面。

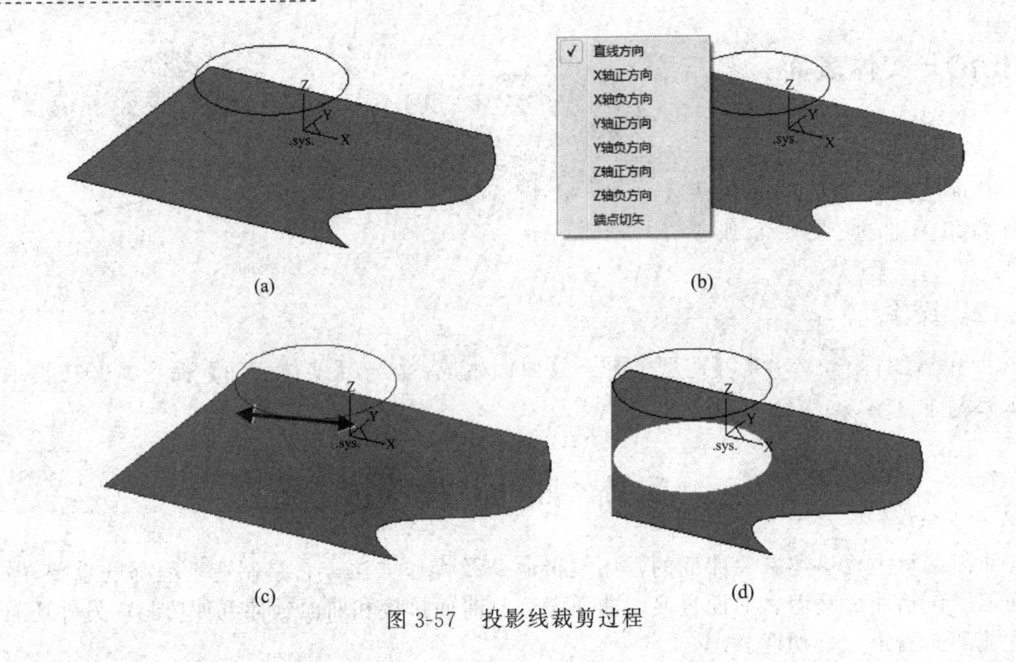

图 3-57 投影线裁剪过程

(2) 操作

①单击【曲面修剪】图标，在立即菜单上选择“线裁剪”和“裁剪”方式。②拾取被裁剪的曲面（选取需保留的部分）。③拾取剪刀线。拾取曲线［图 3-58（b）］，曲线变红，裁剪结果如图 3-58（c）所示。

● **注意**

① 裁剪时保留拾取点所在的那部分曲面。

② 若裁剪曲线不在曲面上，则系统将曲线按距离最近的方式投影到曲面上获得投影曲线，然后利用投影曲线对曲面进行裁剪，此投影曲线不存在时，裁剪失败。一般应尽量避免此种情形。

③ 若裁剪曲线与曲面边界无交点，且不在曲面内部封闭，则系统将其延长到曲面边界后实行裁剪。

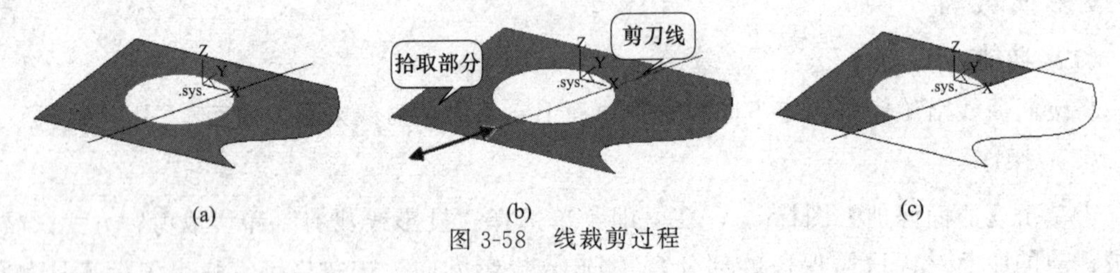

图 3-58 线裁剪过程

3. 面裁剪

(1) 功能

指剪刀曲面和被裁剪曲面求交，用求得的交线作为剪刀线来裁剪曲面。

(2) 操作

①单击【曲面修剪】图标，在立即菜单上选择“面裁剪”、“裁剪”或“分裂”、“相互裁剪”或“裁剪曲面 1”。②拾取被裁剪的曲面（选取需保留的部分）［图 3-59（a）］。③拾取剪刀曲面［图 3-59（b）］，裁剪结果如图 3-59（c）所示。

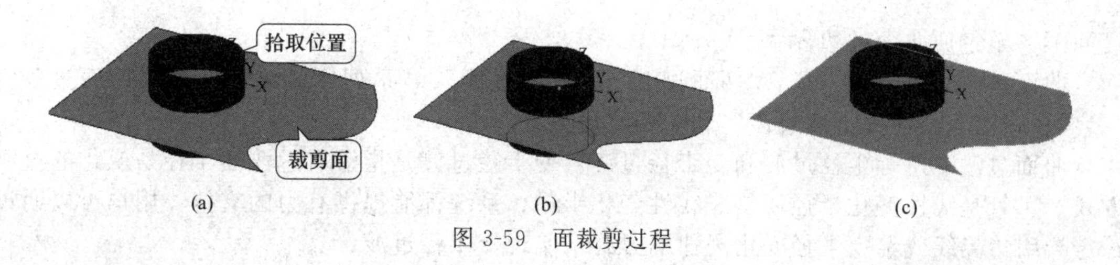

(a) (b) (c)

图 3-59 面裁剪过程

(3) 说明

① 裁剪时保留拾取点所在的那部分曲面。

② 两曲面必须有交线，否则无法裁剪曲面。

● **注意**

① 两曲面在边界线处相交或部分相交及相切时，可能得不到正确结果，建议尽量避免。

② 若曲面交线与被裁剪曲面边界无交点，且不在其内部封闭，则系统将交线延长到被裁剪曲面边界后实行裁剪。一般应尽量避免这种情况。

4. 等参线裁剪

(1) 功能

等参线裁剪是指以曲面上给定的等参线为剪刀线来裁剪曲面，有“裁剪”和“分裂”两种方式。参数线的给定可以通过立即菜单选择过点或者指定参数来确定。

(2) 操作

① 单击【曲面修剪】图标，在立即菜单上选择“等参线裁剪”方式。②选择“裁剪”或“分裂”、“过点”或“指定参数”。③拾取曲面［图 3-60（a）］，选择方向［图 3-60（b）］，裁剪结果如图 3-60（c）所示。

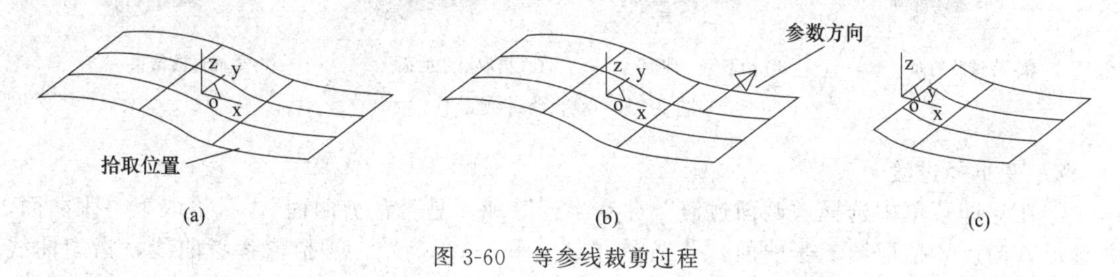

(a) (b) (c)

图 3-60 等参线裁剪过程

5. 裁剪恢复

(1) 功能

指将拾取到的曲面裁剪部分恢复到没有裁剪的状态。如拾取的裁剪边界是内边界，系统将取消对该边界施加的裁剪。如拾取的是外边界，系统将把外边界恢复到原始边界状态。

(2) 操作

①单击【曲面修剪】图标，在立即菜单上选择“裁剪恢复”、选择“保留原裁剪面”或“删除原裁剪面”。②拾取需要恢复的裁剪曲面，完成操作。

3.2.2 曲面过渡

曲面过渡是指在给定的曲面之间以一定的方式作给定半径或半径规律的圆弧过渡面，以实现曲面之间的光滑过渡。曲面过渡就是用截面是圆弧的曲面将两张曲面光滑连接起来，过渡面不一定过原曲面的边界。

曲面过渡共有七种方式："两面过渡"、"三面过渡"、"系列面过渡"、"曲线曲面过渡"、"参考线过渡"、"曲面上线过渡" 和 "两线过渡"。

曲面过渡支持等半径过渡和变半径过渡。变半径过渡是指沿着过渡面半径是变化的过渡方式。不管是线性变化半径还是非线性变化半径，系统都能提供有力的支持。用户可以通过给定导引边界线或给定半径变化规律的方式来实现变半径过渡。

单击【曲面过渡】图标，或单击【造型 U】→【曲面编辑 D】→【曲面过渡】命令，在立即菜单中选择曲面过渡的方式，根据状态栏提示操作，生成过渡曲面。

1. 两面过渡

(1) 功能

在两个曲面之间进行给定半径或给定半径变化规律的过渡，生成的过渡面的截面将沿两曲面的法矢方向摆放。两面过渡有两种："等半径过渡" 和 "变半径过渡"。

(2) 操作

1) 等半径过渡

①单击【曲面过渡】图标，在立即菜单中选择 "两面过渡"、"等半径" 和 "是否裁剪曲面"，输入半径值。②拾取第一张曲面，并选择方向［图 3-61（b）］。③拾取第二张曲面，选择并指定方向［图 3-61（c）］，曲面过渡结果如图 3-61（d）所示。

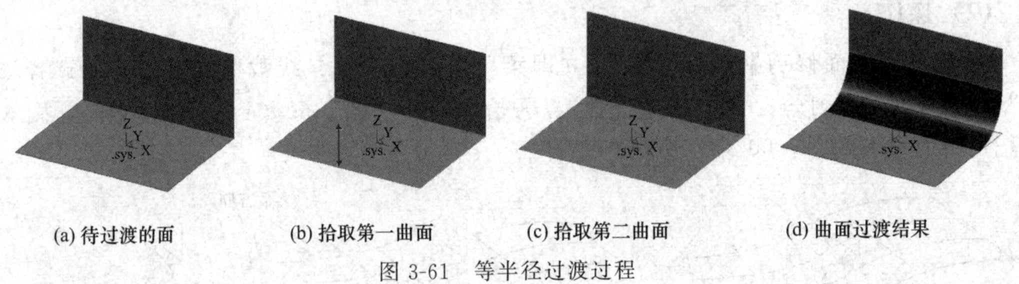

(a) 待过渡的面　(b) 拾取第一曲面　(c) 拾取第二曲面　(d) 曲面过渡结果

图 3-61　等半径过渡过程

2) 变半径过渡

①在立即菜单中选择 "两面过渡"、"变半径" 和 "是否裁剪曲面"。②拾取第一张曲面，并选择方向。③拾取第二张曲面，并选择方向［图 3-62（a）］。④拾取参考曲线，指定曲线［图 3-62（b）］。⑤指定参考曲线上点并定义半径，指定点后，弹出立即菜单，在立即菜单中输入半径。可以指定多点及其半径，所有点都指定完后，按右键确认，曲面过渡结果如图 3-62（c）、图 3-62（d）所示。

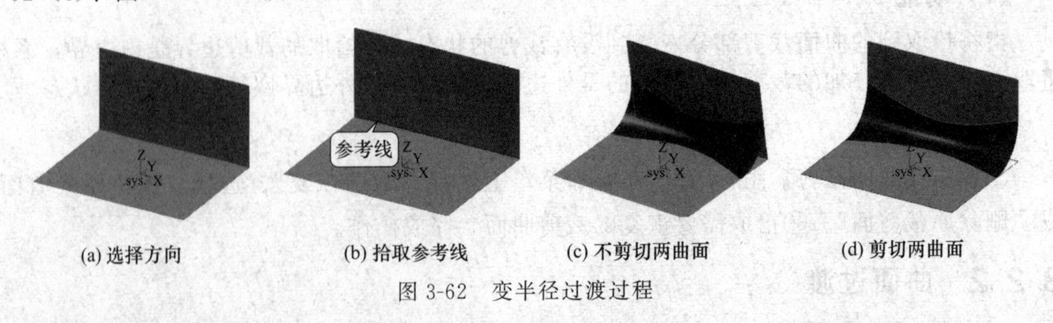

(a) 选择方向　(b) 拾取参考线　(c) 不剪切两曲面　(d) 剪切两曲面

图 3-62　变半径过渡过程

● **注意**

① 用户需正确地指定曲面的方向，方向不同会导致完全不同的结果。

② 进行过渡的两曲面在指定方向上与距离等于半径的等距面必须相交，否则曲面过渡失败。

③ 若曲面形状复杂，变化过于剧烈，使得曲面的局部曲率小于过渡半径时，过渡面将发生自交，形状难以预料，应尽量避免这种情形。

2. 三面过渡

(1) 功能

指在三张曲面之间对两两曲面进行过渡处理，并用一张角面将所得的三张过渡面连接起来。若两两曲面之间的三个过渡半径相等，称为三面等半径过渡；若两两曲面之间的三个过渡半径不相等，称为三面变半径过渡。

(2) 操作

①单击【曲面过渡】图标，在立即菜单中选择“三面过渡”、“内过渡”或“外过渡”，“等半径”或“变半径”和“是否裁剪曲面”，输入半径值。②按状态栏中提示拾取曲面［图 3-63（a）］，选择方向［图 3-63（b）］，曲面过渡结果如图 3-63（c）、图 3-63（d）所示。

● **注意**

① 用户需正确地指定曲面的方向，方向不同会导致完全不同的结果。

② 若曲面形状复杂，变化过于剧烈，使得曲面的局部曲率小于过渡半径时，过渡面将发生自交，形状难以预料，应尽量避免这种情形。

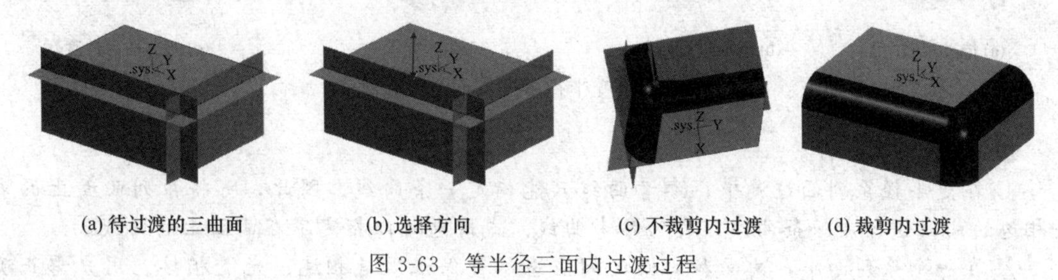

(a) 待过渡的三曲面　(b) 选择方向　(c) 不裁剪内过渡　(d) 裁剪内过渡

图 3-63　等半径三面内过渡过程

3. 系列面过渡

(1) 功能

指首尾相接、边界重合，并在重合边界处保持光滑连接的多张曲面的集合。系列面过渡就是在两个系列面之间进行过渡处理。

(2) 操作

1）等半径

①单击【曲面过渡】图标，在立即菜单中选择“系列面过渡”、“等半径”和“是否裁剪曲面”，输入半径值。②拾取第一系列曲面。依次拾取每一系列所有曲面，拾取完后按右键确认。③改变曲线方向（在选定曲面上点取）。当显示的曲面方向与所需的不同时，点取该曲面，曲面方向改变，改变完所有需改变曲面方向后，按右键确认。④拾取第二系列曲面。依次拾取第二系列所有曲面，拾取完后按右键确认。⑤改变曲线方向，在选定曲面上点取，如图 3-64（b）所示。改变曲面方向后［图 3-64（c）］，按右键确认，系列面过渡结果如图 3-64（d）所示。

2）变半径操作

①单击【曲面过渡】图标，在立即菜单选择“系列面过渡”、“变半径”和是否裁剪

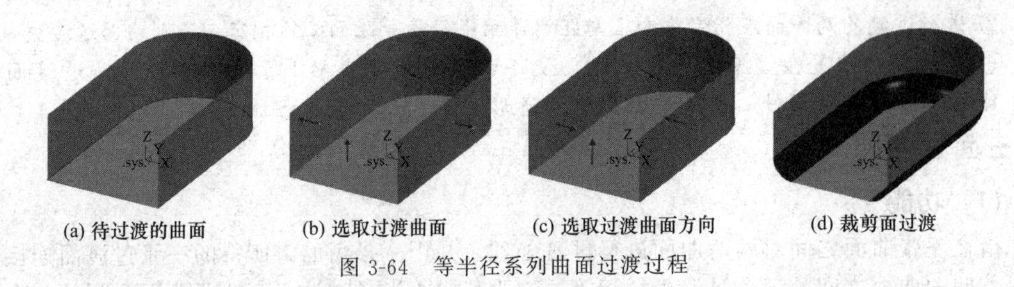

图 3-64 等半径系列曲面过渡过程

曲面。②拾取第一系列所有曲面，按右键确认。③改变曲线方向（在选定曲面上点取），改变曲面方向后，按右键确认。④依次拾取第二系列所有曲面，拾取完后按右键确认。⑤改变曲线方向（在选定曲面上点取），改变曲面方向后，右键确认［图 3-65（b）］。⑥拾取参考曲线［图 3-65（c）］。⑦指定参考曲线上点并定义半径：指定点，弹出输入半径对话框，输入半径值，单击图标确定。指定完要定义的所有点，按右键确定，系列面过渡结果如图 3-65（d）所示。

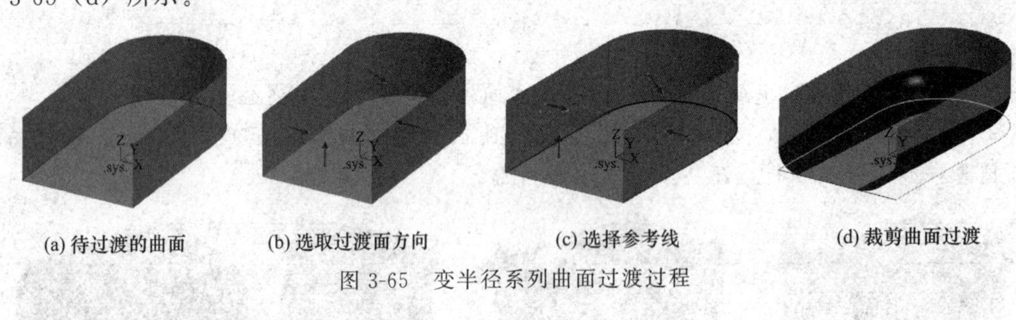

图 3-65 变半径系列曲面过渡过程

● **注意**

① 在变半径系列面过渡中，参考曲线只能指定一条曲线。因此，可将系列曲面上的多条相边的曲线组合成一条曲线，作为参考曲线。或者也可以指定不在曲面上的曲线。

② 在一个系列面中，曲面和曲面之间应当尽量保证首尾相连、光滑相接。用户需正确地指定曲面的方向，方向不同会导致完全不同的结果。

③ 若曲面形状复杂，变化过于剧烈，使得曲面的局部曲率小于过渡半径时，过渡面将发生自交，形状难以预料，应尽量避免这种情形。

4. 曲线曲面过渡

(1) 功能

指过曲面外一条曲线，做曲线和曲面之间的等半径或变半径过渡面。

(2) 操作

1）等半径曲线曲面过渡

①单击【曲面过渡】图标，在立即菜单中选择“曲线曲面过渡”、“等半径”和“是否裁剪曲面”，输入半径值。②拾取曲面。③单击所选方向，如图 3-66（b）所示。④拾取曲线，曲线曲面过渡完成，如图 3-66（c）所示。

2）变半径曲线曲面过渡

①单击【曲面过渡】图标，在立即菜单中选择“曲线曲面过渡”、“变半径”和“是否裁剪曲面”。②拾取曲面。③单击所选方向［图 3-67（a）］。④拾取曲线［图 3-67（b）］。⑤指定参考曲线上点，输入半径值，单击图标确定。指定完要定义的所有点后，按右键确定，过渡结果如图 3-67（c）所示。

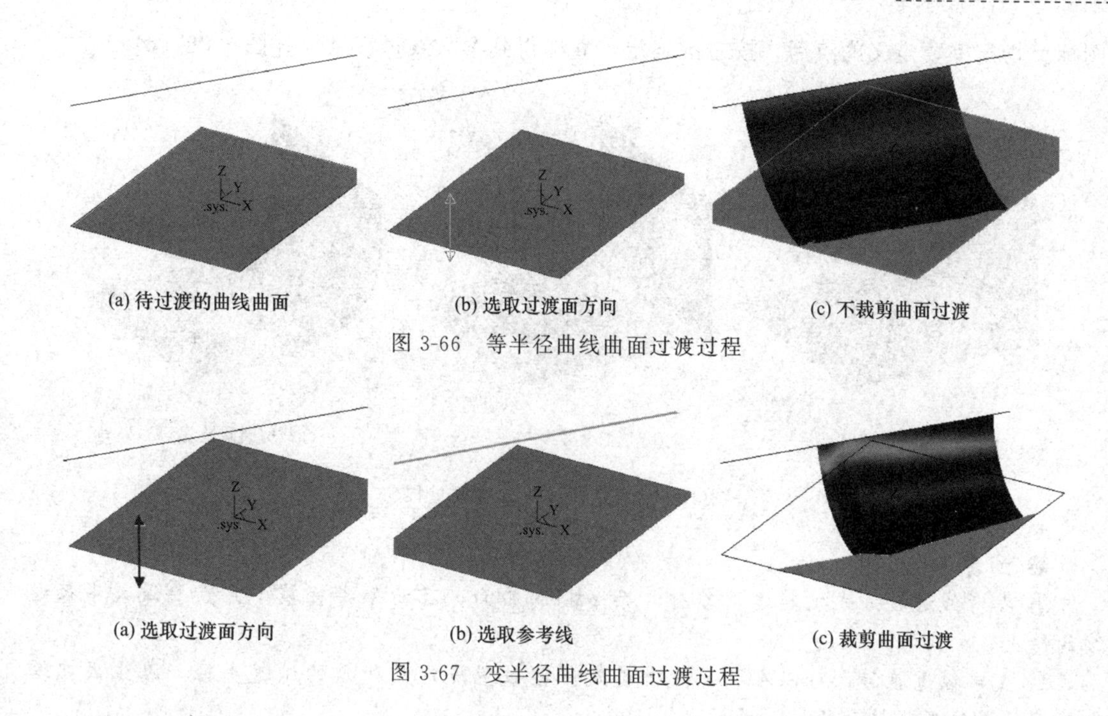

(a) 待过渡的曲线曲面　(b) 选取过渡面方向　(c) 不裁剪曲面过渡

图 3-66　等半径曲线曲面过渡过程

(a) 选取过渡面方向　(b) 选取参考线　(c) 裁剪曲面过渡

图 3-67　变半径曲线曲面过渡过程

5. 参考线过渡

(1) 操作

给定一条参考线，在两曲面之间做等半径或变半径过渡，生成的相切过渡面的截面将位于垂直于参考线的平面内。

(2) 操作

1）等半径参考线过渡

①单击【曲面过渡】图标，在立即菜单中选择“参考线过渡”、“等半径”和“是否裁剪曲面”，输入半径值；②拾取第一张曲面，单击所选方向［图 3-68（b）］；③拾取第二张曲线，单击所选方向；④拾取参考曲线，立即得到参数线过渡结果，如图 3-68（c）所示。

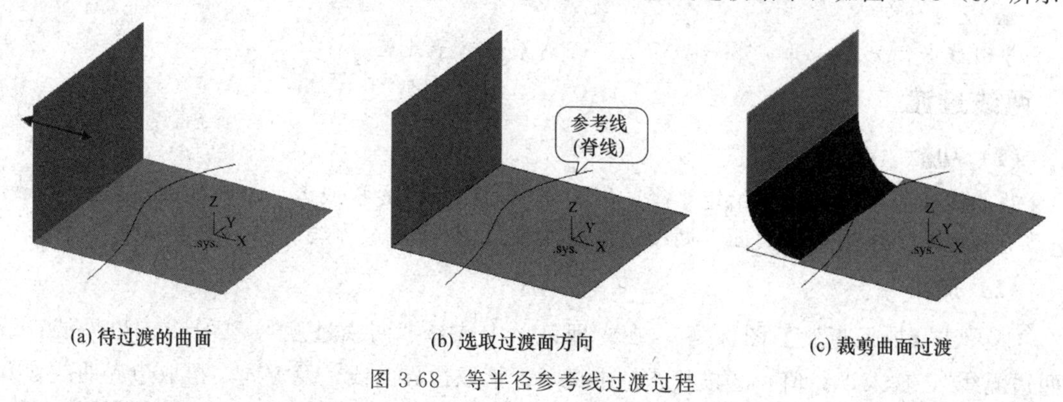

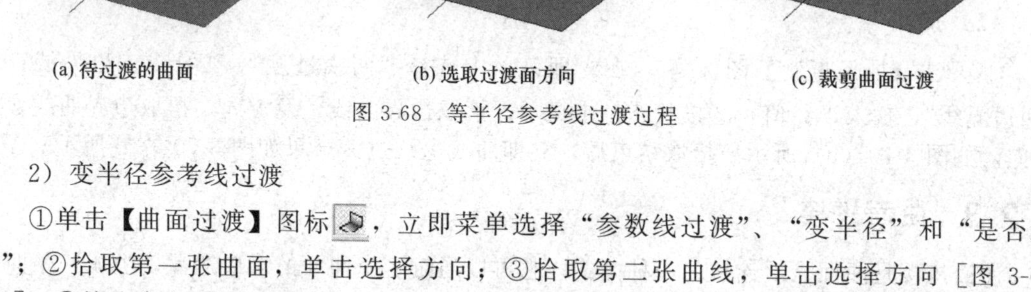

(a) 待过渡的曲面　(b) 选取过渡面方向　(c) 裁剪曲面过渡

图 3-68　等半径参考线过渡过程

2）变半径参考线过渡

①单击【曲面过渡】图标，立即菜单选择“参数线过渡”、“变半径”和“是否裁剪”；②拾取第一张曲面，单击选择方向；③拾取第二张曲线，单击选择方向［图 3-69（a）］；④拾取参考曲线［图 3-69（b）］；⑤指定参考曲线上点，输入半径值，单击“确定”

图标。指定完要定义的点后，按右键确定，立即得到参数线过渡结果［图 3-69（c）］。

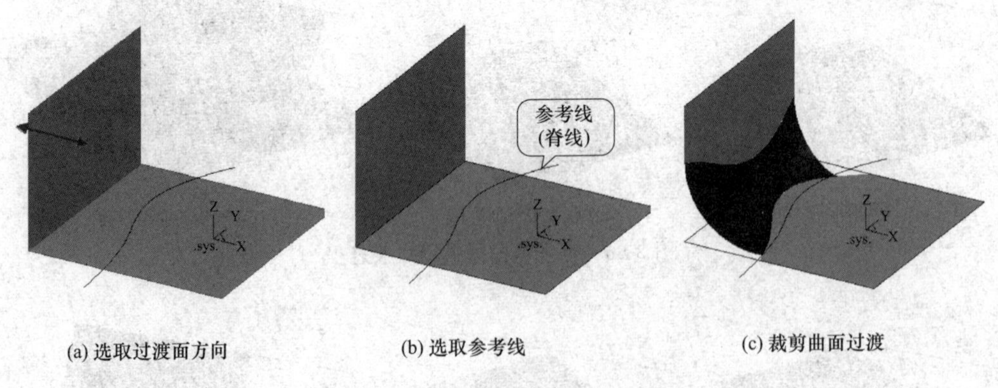

图 3-69　变半径参考线过渡过程

● **注意**

① 参考线过渡方式尤其适用各种复杂多拐的曲面，及曲率半径较小且需要做大半径过渡的情况。

② 变半径过渡时，可以在参考线上选定一些位置点定义所需的过渡半径，以生成在给定截面位置处半径精确的过渡曲面。

6. 曲面上线过渡

(1) 功能

指两曲面做过渡，指定第一曲面上的一条线为过渡面的导引边界线的过渡方式。系统生成的过渡面将和两张曲面相切，并以导引线为过渡面的一个边界，即过渡面过此导引线和第一曲面相切。

(2) 操作

① 单击【曲面过渡】图标，在立即菜单中选择“曲面上线过渡”；②拾取第一张曲面，单击所选方向，拾取曲面上曲线；③拾取第二张曲面，单击所选方向，生成过渡曲面。

● **注意**

导引线必须光滑，并在第一曲面上，否则系统不予处理。

7. 两线过渡

(1) 功能

两曲线间作过渡，生成给定半径的以两曲面的两条边界线或者一个曲面的一条边界线和一条空间脊线为边生成过渡面。两线过渡有两种：“脊线＋边界线”和“两边界线”。

(2) 操作

① 单击【曲面过渡】图标，在立即菜单中选择“两线过渡”、“脊线＋边界线”或“两边界线”，输入半径值。②按状态栏中提示，拾取边界曲线 1 及方向，拾取边界曲线 2 及方向。如图 3-70（b）所示。拾取结束后，立即曲线上线过渡结果如图 3-70（c）所示。

3.2.3 曲面拼接

曲面拼接是曲面光滑连接的一种方式，它可以通过多个曲面的对应边界，生成一张曲面与这些曲面光滑相接。曲面拼接共有三种：“两面拼接”、“三面拼接”和“四面拼接”。

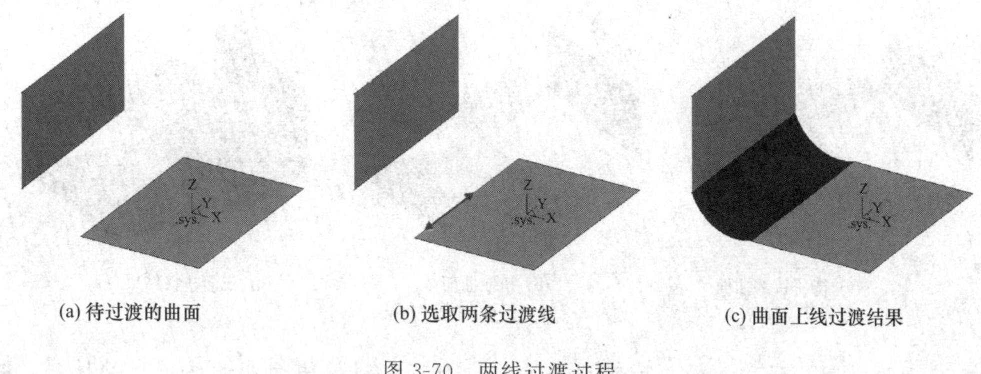

(a) 待过渡的曲面　(b) 选取两条过渡线　(c) 曲面上线过渡结果

图 3-70　两线过渡过程

1. 两面拼接

(1) 功能

指做一曲面，使其连接两给定曲面的指定对应边界，并在连接处保证光滑。

(2) 操作

① 单击【曲面拼接】图标，在立即菜单中选择“两面拼接”。②拾取第一张曲面，再拾取第二张曲面，生成拼接曲面，如图 3-71 所示。

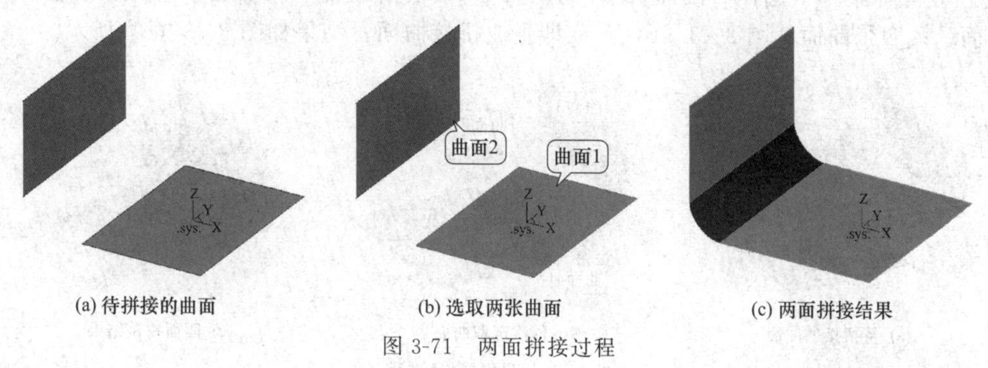

(a) 待拼接的曲面　(b) 选取两张曲面　(c) 两面拼接结果

图 3-71　两面拼接过程

● **注意**

① 拾取时在需要拼接的边界附近单击曲面。

② 拾取时，需要保证两曲面的拼接边界方向一致，这是由拾取点在边界线上的位置决定，如果两个曲面边界线方向相反，拼接的曲面将发生扭曲，形状不可预料。

2. 三面拼接

(1) 功能

指做一曲面，使其连接三个给定曲面的指定对应边界，并在连接处保证光滑。

(2) 操作

① 单击【曲面拼接】图标，在立即菜单中选择“三面拼接”；②拾取第一张曲面，再拾取第二张曲面［图 3-72（b)］，最后拾取第三张曲面，立即生成拼接曲面，如图 3-72（c）所示。

● **注意**

① 要拼接的三个曲面必须在角点相交，要拼接的三个边界应该首尾相连，形成一串曲线，它可以封闭，也可以不封闭，在不封闭处，系统将根据拼接条件自动确定拼接曲面的边界形状。

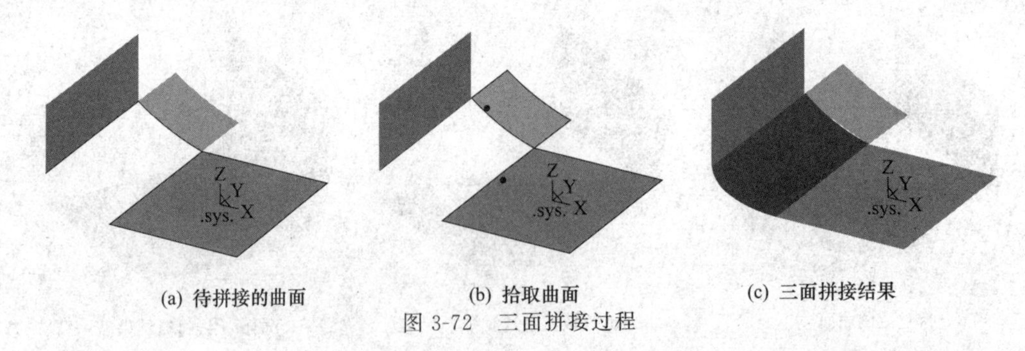

图 3-72　三面拼接过程

② 三面拼接不局限于曲面，还可以是曲线，即可以拼接曲面和曲线围成的区域，拼接面和曲面保持光滑相接，并以曲线为界。需要注意的是：拾取曲线时，需先点击鼠标右键，再单击曲线才能选择曲线。

3. 四面拼接

（1）功能

指做一曲面，使其连接四个给定曲面的指定对应边界，并在连接处保证光滑。

（2）操作

① 在立即菜单中选择“四面拼接”方式；②依次拾取第一张曲面、第二张曲面、第三张曲面、第四张曲面［图 3-73（b）］，立即生成拼接曲面，结果如图 3-73（c）所示。

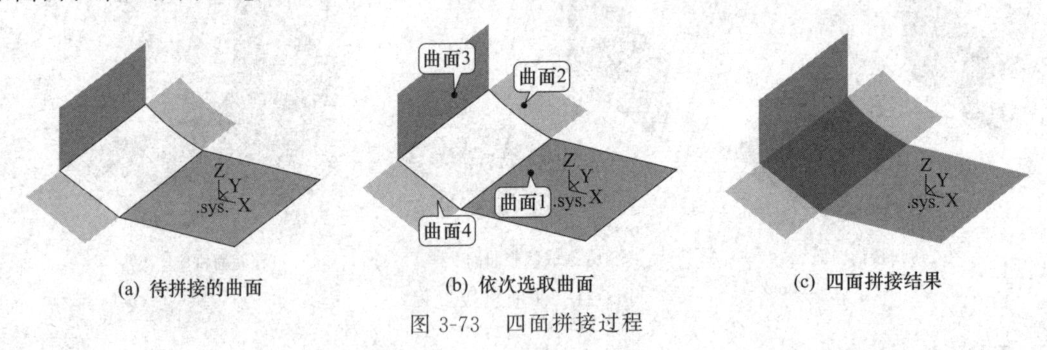

图 3-73　四面拼接过程

● **注意**

① 要拼接的四个曲面必须在角点两两相交，要拼接的四个边界应该首尾相连，形成一串封闭曲线，围成一个封闭区域。

② 操作中，拾取曲线时需先按右键，再单击曲线才能选择曲线。

4. 项目训练

【项目实例 3-5】 绘制图 3-74 所示的图形曲面。（扫二维码可观看操作视频）

项目实例 3-5
操作视频

绘制过程：

『步骤 1』绘制三维线架

①单击【矩形】图标 ，选择“中心_长_宽”方式，在 XY 平面上绘制“长度＝100”，“宽

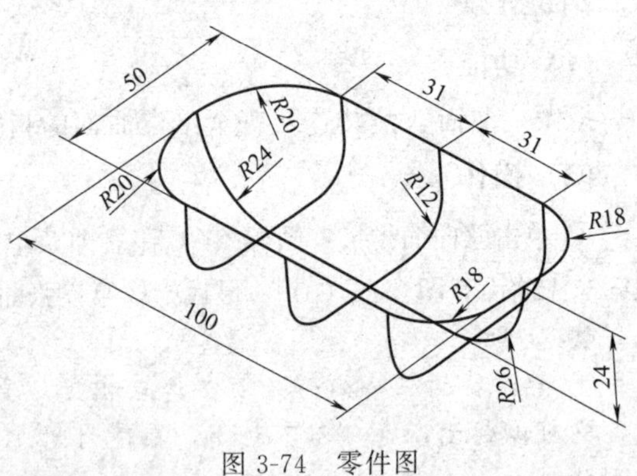

图 3-74　零件图

度＝50”的矩形。同理，在YZ平面上绘制“长度＝50”，“宽度＝48”，中心在坐标原点的矩形。② 按照图示利用【曲线过渡】命令绘制 $R20$、$R18$、$R12$ 的圆弧，并修剪和删除曲线。绘制结果如图3-75所示。③单击【平移】图标，选择“偏移量”、“拷贝”、“DX＝31”，拾取YZ平面上的图形，进行偏移。同理，修改“DX＝－31”，再次获得偏移的曲线。④利用【直线】命令，连接偏移曲线直线的中点，利用【圆弧】命令绘制两端圆弧。绘制结果如图3-76所示。

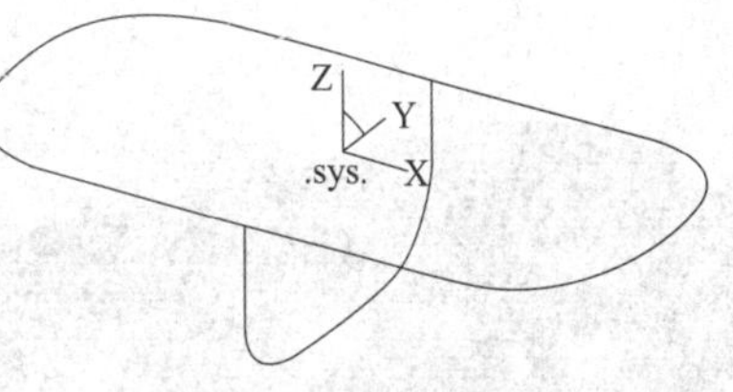

图3-75 绘制图形

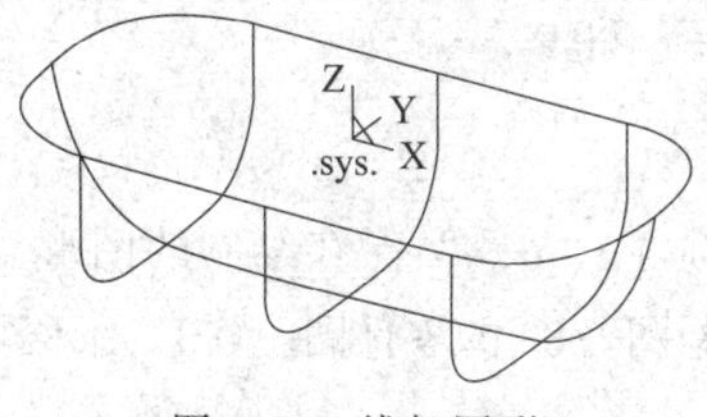

图3-76 线架图形

『步骤2』绘制扫描面

单击【扫描面】命令，选择曲线，绘制扫描面，绘制结果如图3-77所示。

『步骤3』曲线打断与组合

① 单击【曲线打断】命令，在图3-78所示的6个位置再加上底面交点的两个位置打断。②单击【曲线组合】命令，把左右部分，分别组合成三条线段，如图3-79所示。

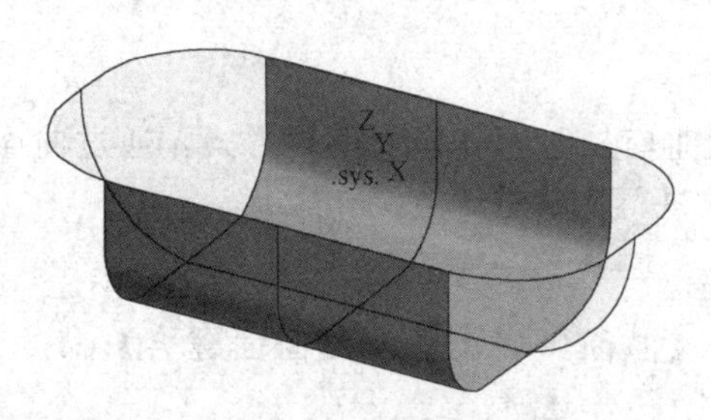

图3-77 扫描面

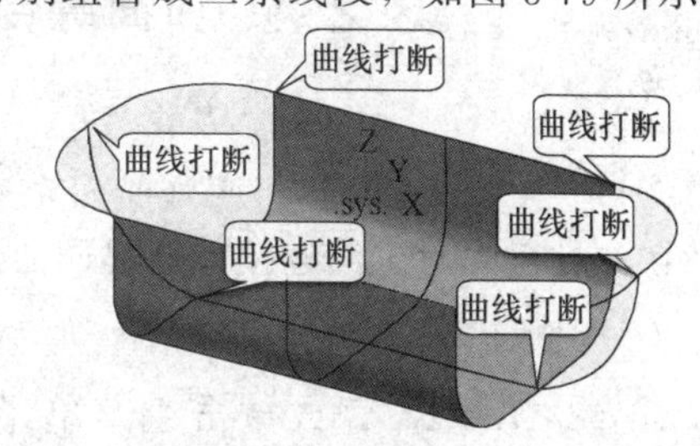

图3-78 曲线打断位置

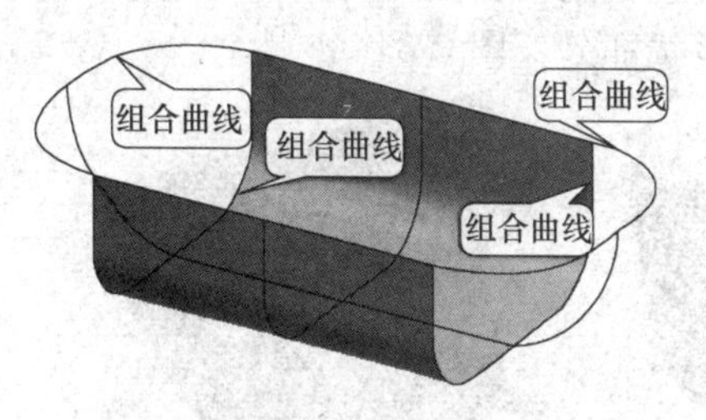

图3-79 曲线组合

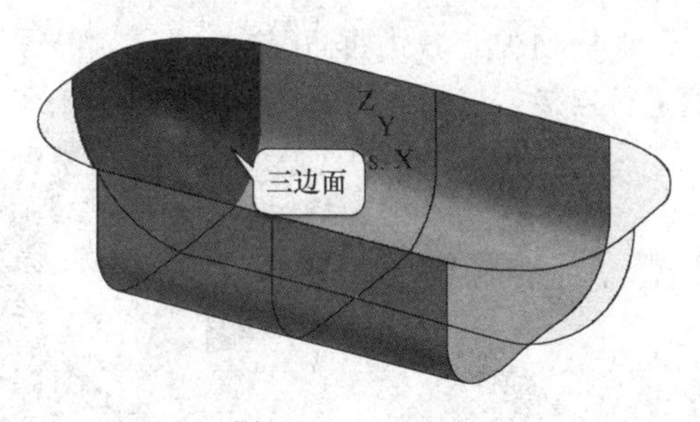

图3-80 三边面1

『步骤4』边界面

① 单击【边界面】图标，选择“三边面”，对于右半部分，依次拾取三条边，生成一个边界曲面，如图3-80所示。②同理对于右半部生成曲面，如图3-82所示。

『步骤5』镜像曲面

单击【镜像】图标，选择“拷贝”方式，分别镜像两个三边面。绘制结果如图3-81所示。

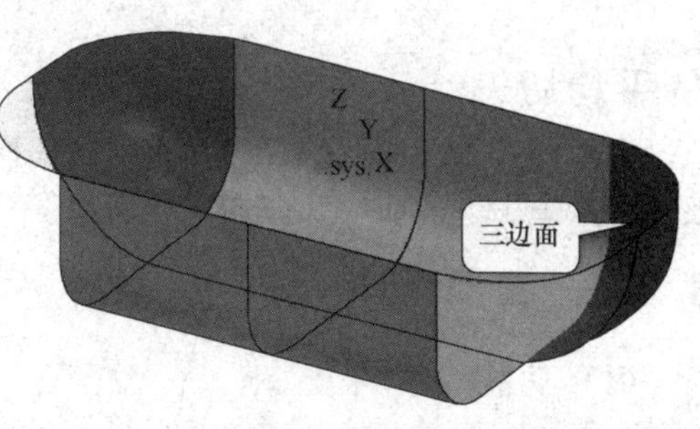

图3-81 三边面2

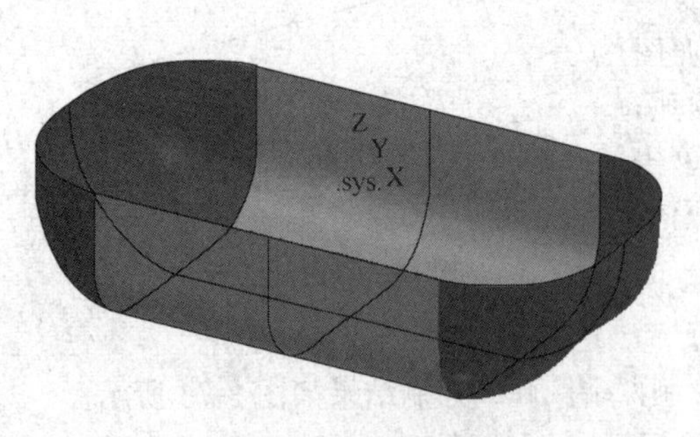

图 3-82 镜像曲面图

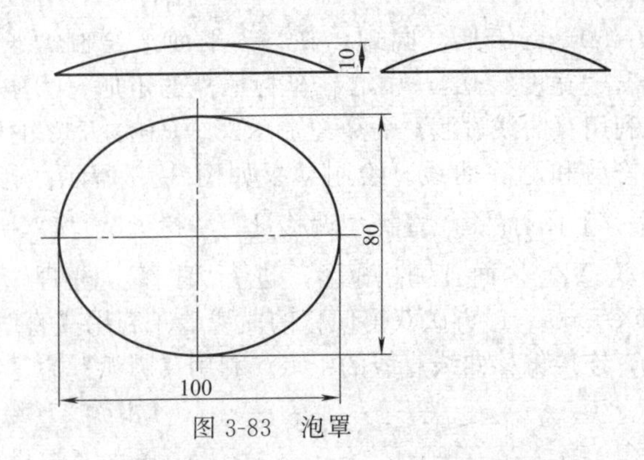

图 3-83 泡罩

拓展项目 3-5
操作视频

『步骤 6』保存

单击【保存】图标，输入“项目实例 3-5. mxe”保存绘制的图形。

【拓展项目 3-5】 利用学过的相关命令绘制图 3-83 的零件图。（扫二维码可观看操作视频）

3.2.4 曲面缝合

（1）功能

指将两张曲面光滑连接为一张曲面。曲面缝合有两种方式：通过曲面 1 的切矢进行光滑过渡连接；通过两曲面的平均切矢进行光滑过渡连接。

（2）操作

①单击图标，或单击主菜单【造型 U】→【曲面编辑 D】→【曲面缝合】命令。②选择曲面缝合的方式。③根据状态栏提示完成操作。

1. 曲面切矢 1

曲面切矢 1 方式曲面缝合，即在第一张曲面的连接边界处按曲面 1 切矢方向和第二张曲面进行连接，这样，最后生成的曲面仍保持有曲面 1 形状部分［图 3-84（b）］。

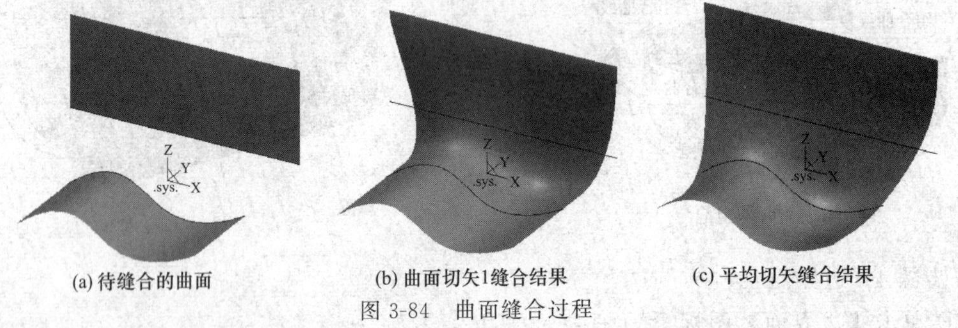

图 3-84 曲面缝合过程

2. 平均切矢

平均切矢方式曲面缝合，在第一张曲面的连接边界处按两曲面的平均切矢方向进行光滑连接。最后生成的曲面在曲面 1 和曲面 2 处都改变了形状［图 3-84（c）］。

3.2.5 曲面延伸

（1）功能

将原曲面按所给定长度或比例，沿相切的方向延伸。

(2) 操作

①单击【曲面延伸】图标，或单击【造型 U】→【曲面编辑 D】→【曲面延伸】命令。②在立即菜单中选择“长度延伸”或“比例延伸”方式，输入长度或比例值。③状态栏中提示“拾取曲面”，单击曲面，延伸完成，如图 3-85 所示。

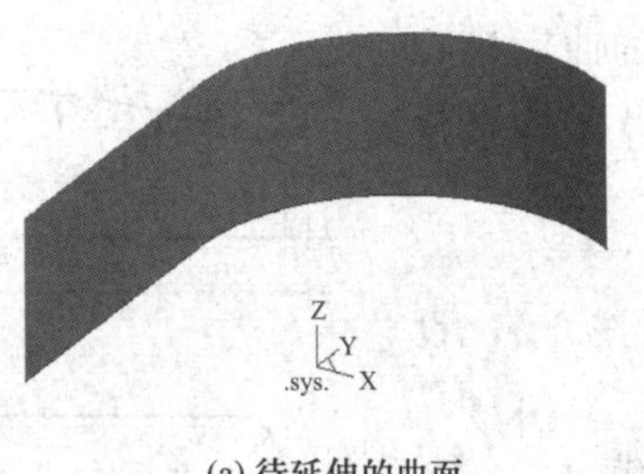

(a) 待延伸的曲面

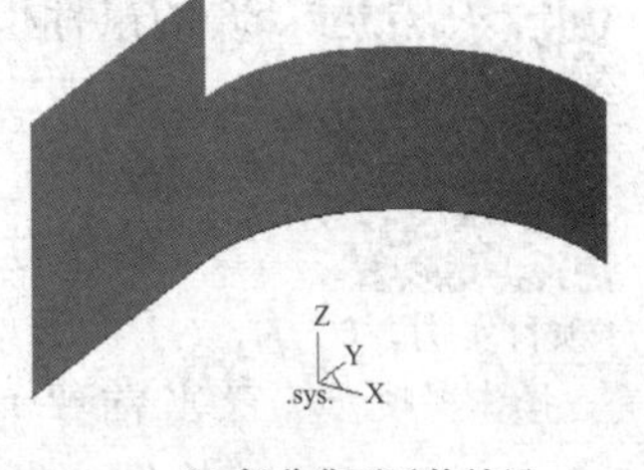

(b) 部分曲面延伸结果

图 3-85 曲面延伸过程

● **注意**

曲面延伸功能不支持裁剪曲面的延伸。

3.2.6 曲面优化

(1) 功能

在实际应用中，有时生成的曲面的控制顶点很密很多，会导致对这样的曲面处理起来很慢，甚至会出现问题。曲面优化功能就是在给定的精度范围之内，尽量去掉多余的控制顶点，使曲面的运算效率大大提高。

(2) 操作

①单击【曲面优化】图标，或单击【造型 U】→【曲面编辑 D】→【曲面优化】命令。②在立即菜单中选择“保留原曲面”或“删除原曲面”方式，输入精度值。③状态栏中提示“拾取曲面”，单击曲面，优化完成。

● **注意**

曲面优化功能不支持裁剪曲面。

3.2.7 曲面重拟合

(1) 功能

在很多情况下，生成的曲面是 NURBS 表达的（即控制顶点的权因子不全为 1），或者有重节点，这样的曲面在某些情况下不能完成运算。这时，需要把曲面修改为 B 样条表达形式（没有重节点，控制顶点权因子全部是 1）。曲面重拟合功能就是把 NURBS 曲面在给定的精度条件下拟合为 B 样条曲面。

(2) 操作

①单击【曲面重拟合】图标，或单击【造型 U】→【曲面编辑 D】→【曲面重拟合】。②在立即菜单中选择“保留原曲面”或“删除原曲面”方式，输入精度值。③状态栏中提示“拾取曲面”，单击曲面，拟合完成。

● **注意**

曲面重拟合功能不支持裁剪曲面。

3.3 曲面综合实例

3.3.1 鼠标模型的曲面图

【项目实例 3-6】 利用“扫描面”、“导动面”、“平面”、“系列面过渡”等命令绘制图 3-

项目实例 3-6
操作视频

86 的鼠标模型的曲面模型图。（扫二维码可观看操作视频）

绘制过程：

『步骤 1』按 F5，设置当前平面为 XOY 面，绘制图 3-87 图线。

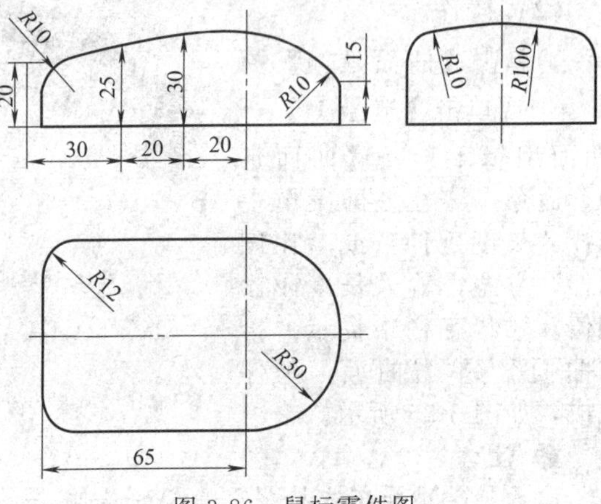

图 3-86　鼠标零件图

『步骤 2』单击【扫描】图标，依次选择起始距离“0”、扫描距离“40”、扫描角度“0”、单击空格键，弹出工具菜单，选择“Z 轴正方向”为扫描方向，拾取所有曲线，生成扫描面，如图 3-88 所示。

『步骤 3』单击【平面】图标，依次选择“裁剪平面”，拾取任意条曲线，选择任意搜索方向，单击鼠标右键，生成鼠标底面的平面。

『步骤 4』绘制样条曲线。单击【样条线】图标，依次选择“插值”、“缺省切矢”、“开曲线”，键入“－70，0，20”，回车；“－40，0，25”，回车；“－20，0，30”，回车；“30，0，15”，回车；单击鼠标右键结束，生成样条曲线。结果如图 3-89 所示。

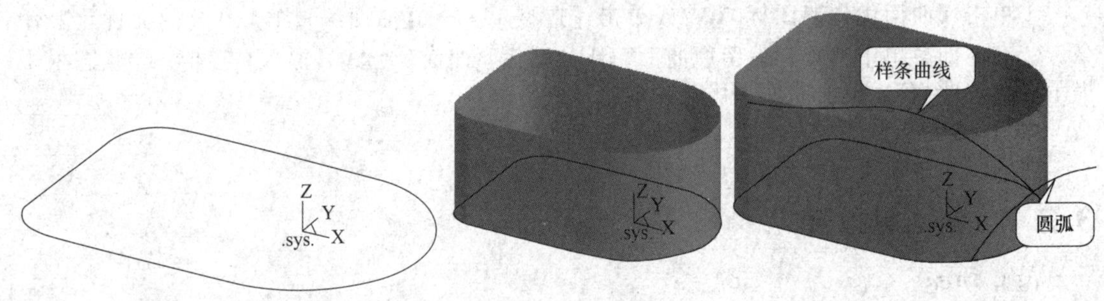

图 3-87　绘制线架　　图 3-88　绘制扫描面　　图 3-89　绘制圆弧曲线

『步骤 5』绘制圆弧。单击 F9 键，切换当前平面为 YZ 面。单击【圆弧】图标，依次选择“两点＿半径”，任意选取两点，移动光标到合适位置，键入半径“100”；单击【平移】图标，依次选择“两点”、“移动”、“非正交”，拾取圆弧，单击鼠标右键，拾取圆弧中点为基点，拾取样条曲线终点为目标点，将圆弧移到正确位置，如图 3-89 所示。

『步骤 6』绘制鼠标顶部曲面。单击【导动面】图标，依次选择“平行导动”，选取样条曲线为导动线，选取圆弧为截面线，生成导动面，结果如图 3-90 所示。

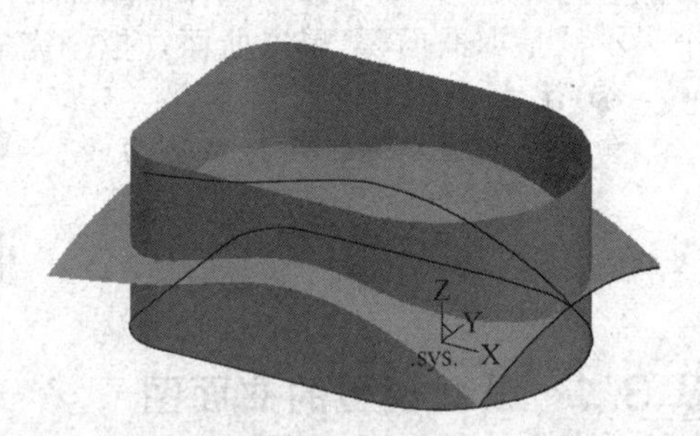

图 3-90　生成导动面

『步骤 7』曲面过渡。单击【曲面过渡】图标，依次选择“系列面”、“等半径”、“半径＝10”、“裁剪两系列面”、“单个拾取”，拾取顶面，单击鼠标右键，查看曲率中心的方向，如果默认方向错误，在曲面上单击左键以切换方向，单击鼠标右键确认，系列面 1 选择完成。选择系列面

2。依次拾取系列面 2（第 2 步生成的扫描面），更改曲率中心方向，如图 3-91所示。单击鼠标右键确认选择结果，生成圆角过渡，完成曲面造型，隐藏空间曲线，得到图 3-92 的最终结果。保存绘制的鼠标曲面图形为“项目 3-6. mxe”。

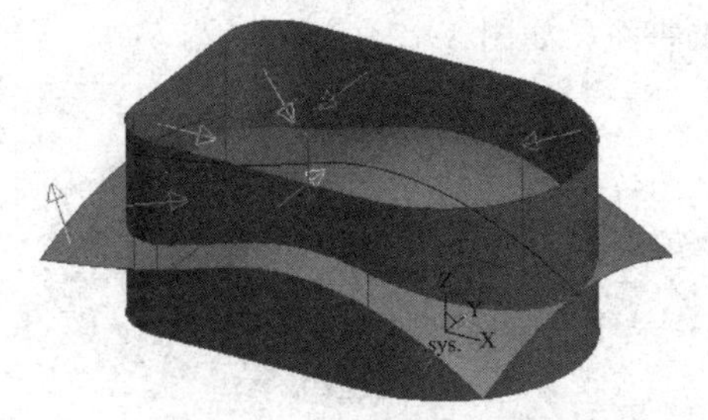

图 3-91　选择过渡系列曲面

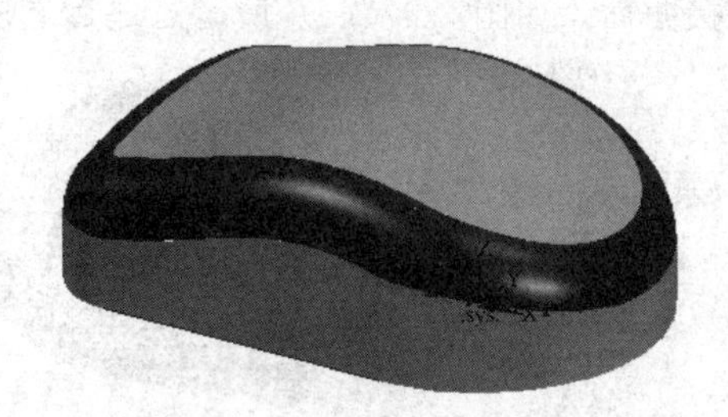
图 3-92　曲面过渡结果

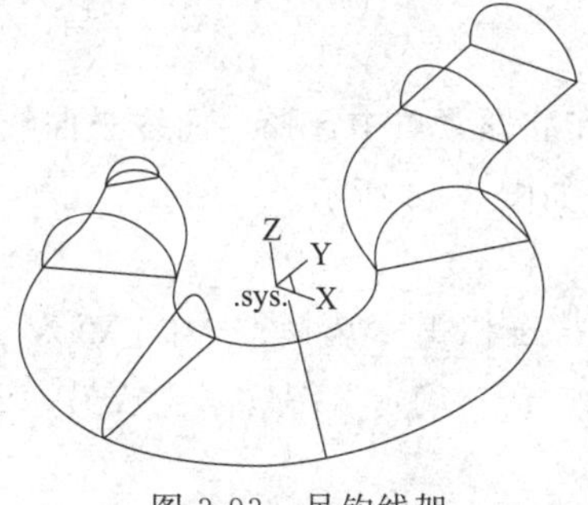

图 3-93　吊钩线架

3.3.2　吊钩模型的曲面图

【项目实例 3-7】 利用曲面造型的合适命令绘制图 2-99吊钩的曲面。（扫二维码可观看操作视频）

项目实例 3-7
操作视频

绘制过程：

『步骤 1』打开图形。

打开“项目 2-6. mxe”吊钩的三维线架图，如图 3-93 所示。

『步骤 2』绘制吊钩钩体曲面。

①组合非圆形截面线和轮廓曲线。在“线面编辑”工具栏上，单击【曲线组合】图标，按空格键，选择“单个拾取”方式，在绘图区拾取要组合的两条非圆形截面线和两条轮廓线，依次将其组合为一条样条曲线，如图 3-94 所示。②生成吊钩钩体曲面。在“曲面生成”工具栏上，单击【网格曲面】图标，先依次拾取“吊钩截面线”作为“U 向截面线”，拾取结束后单击鼠标右键，再依次拾取“吊钩轮廓线”作为“V 向截面线”，拾取结束后，单击右键，生成网格曲面，如图 3-95 所示。

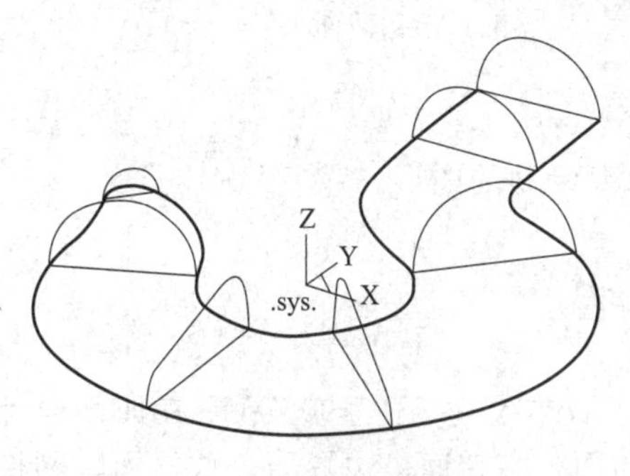

图 3-94　曲线组合

『步骤 3』建立辅助扫描曲面

在“曲面生成”工具栏上，单击【扫描面】图标；在立即菜单中输入“扫描距离＝10”、“扫描角度＝0”；按空格键，在弹出的快捷菜单中选择“Z 轴负方向”作为扫描方向；在绘图区拾取吊钩轮廓线，生成扫描曲面，如图 3-96 所示。

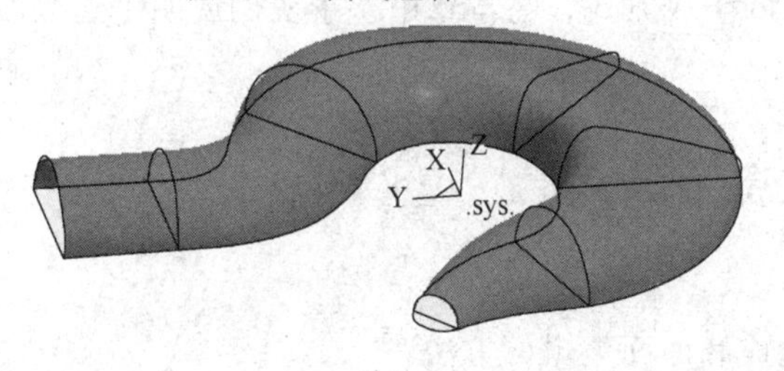

图 3-95　吊钩钩体曲面

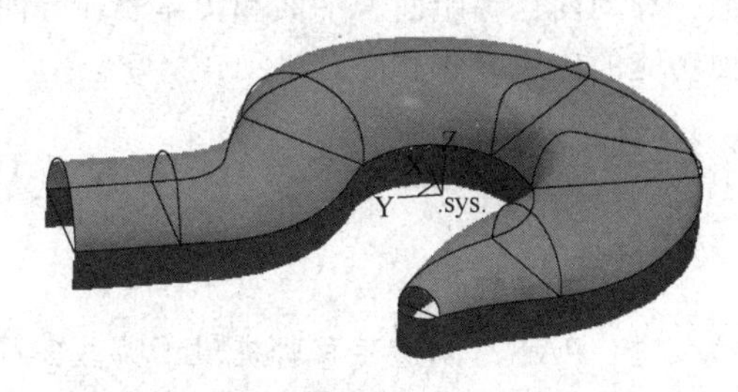

图 3-96　扫描曲面

『步骤 4』生成吊钩鼻部曲面

在“曲面生成”工具栏上，单击【曲面拼接】图标，在立即菜单中选择“两面拼接”，在绘图区依次拾取钩体曲面和靠近钩鼻的扫描面（拾取曲面时要靠近边界曲线），生成拼接曲面，如图 3-97（a）所示。之后删除辅助扫描曲面，如图 3-97（b）所示。

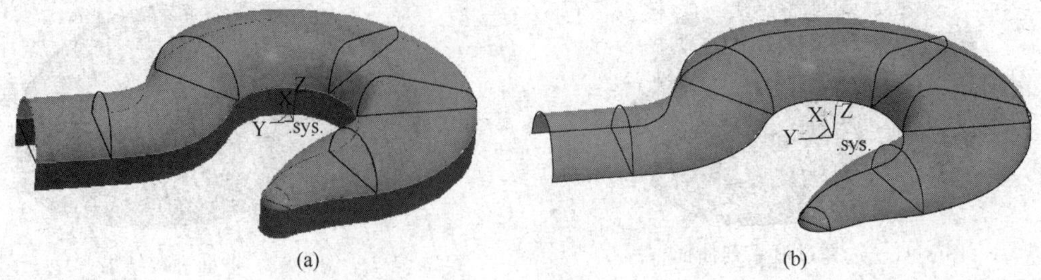

图 3-97　吊钩鼻部曲面

『步骤 5』生成吊钩端部平面

在“曲面生成”工具栏上，单击【直纹面】图标，在立即菜单中选择“曲线＋曲线”方式，在绘图区依次拾取直线和半圆曲线，生成端部平面，如图 3-98 所示。

『步骤 6』建立另一侧吊钩曲面

在“几何变换”工具栏上，单击【镜像】图标，按状态栏提示选择“平面 XY”上的三个点确定镜像对称平面，再拾取吊钩一侧的三个曲面，单击“确定”图标，生成另一侧吊钩曲面，得到结果如图 3-99 所示。

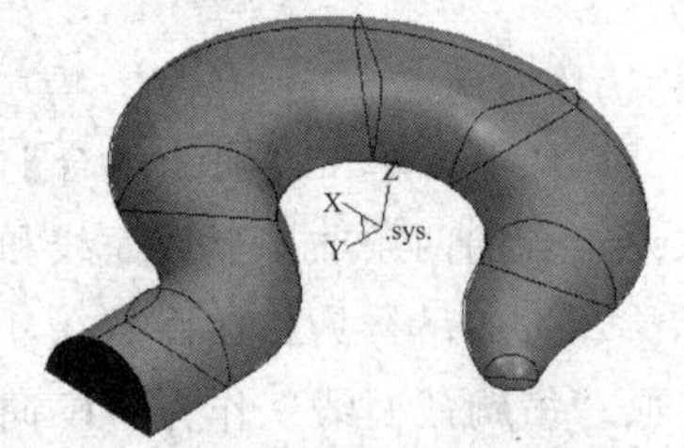

图 3-98　吊钩端部平面

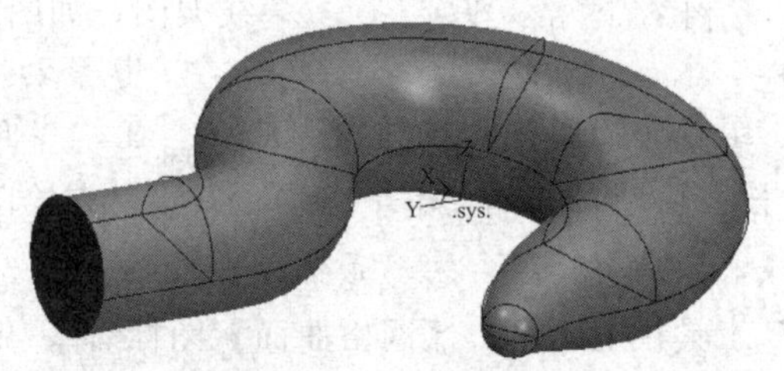

图 3-99　吊钩曲面

『步骤 7』保存文件

单击【保存】图标，输入“项目 3-7. mxe”保存绘制的图形。

3.4 小　　结

CAXA 制造工程师 2015 软件和前期的 2013、2011 版本及 2008、2006 版本在曲面设计方面没有太大的变化，其命令仍然包括：直纹面、扫描面、旋转面、边界面、放样面、网格面、导动面、等距面、平面和实体表面等曲面的生成方式，在本章中基于实例说明了这些曲面功能的应用方法和注意事项。

3.5 思考与练习

一、思考题

（1）CAXA 制造工程师提供了哪些曲面生成和曲面编辑的方法？

（2）平行导动、固接导动、导动线和平面导动有哪些区别？

（3）系列面过渡的步骤是什么？

二、练习题

（1）根据零件的二维视图，生成零件的曲面造型，如题图 3-1。

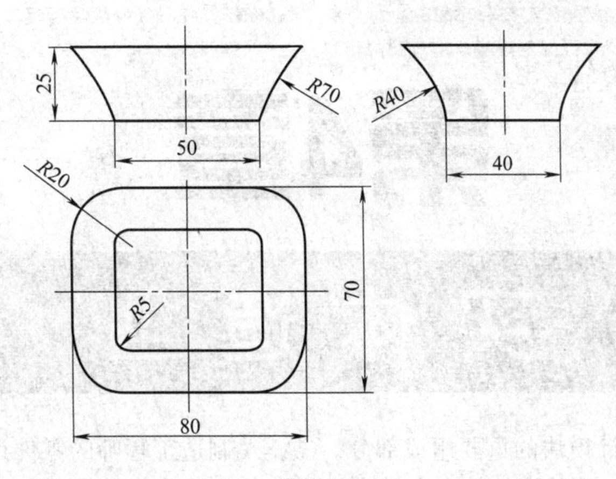

题图 3-1

（2）根据零件的二维视图，生成零件的曲面造型，如题图 3-2。

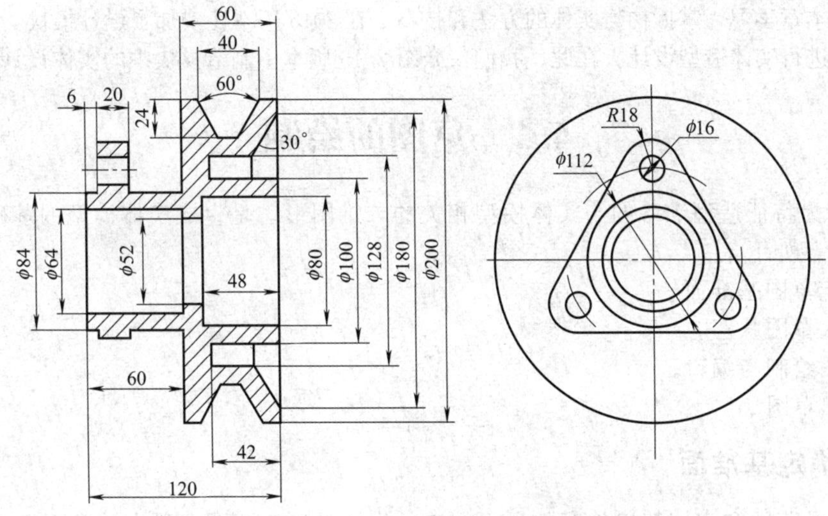

题图 3-2

（3）根据零件的二维视图，生成零件的曲面造型，如题图 3-3。

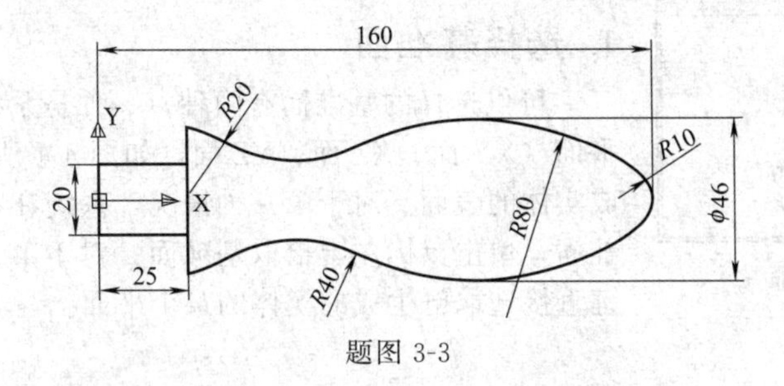

题图 3-3

第4章

实体造型

特征设计是零件设计模块的重要组成部分。CAXA 制造工程师的零件设计采用精确的特征实体造型技术，它完全抛弃了传统的体素合并和、交、并、差的繁琐方式，将设计信息用特征术语来描述，使整个设计过程直观、简单、准确。通常的特征包括孔、槽、型腔、点、凸台、圆柱体、块、锥体、球体、管子等，CAXA 制造工程师的零件设计可以方便地建立和管理这些特征信息。通过对本章学习，掌握构建实体的方法和技巧。在 2015 版本还增加了设计模块。也可以采用该设计模块进行实体造型设计。在此，我们仅介绍 2015 版本中制造模块中的实体设计内容。

4.1 草图的绘制

草图是为特征造型准备的与实体模型相关的二维图形，是生成实体模型的基础，绘制草图的基本步骤如下：

① 确定草图基准面。

② 进入草图状态。

③ 草图绘制与编辑。

④ 退出草图。

4.1.1 确定基准面

基准面是草图和实体赖以生存的平面，它的作用是确定草图在哪个基准面上绘制，这就好像我们想用稿纸写文章，首先选择一页稿纸一样。确定草图的方法有“选择基准面”和“构造基准面”两种。

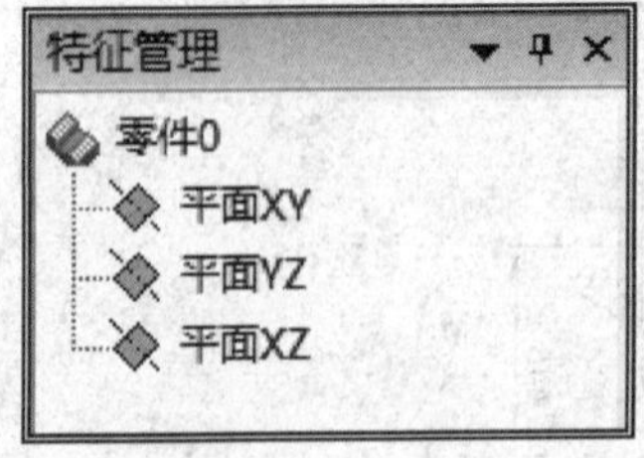

图 4-1 基准面

1. 选择基准面

可供选择的基准面有两种，一种是系统预设置的基本坐标平面（XY 面、XZ 面、YZ 面，如图 4-1 所示）；另一种是已生成实体的表面。对于第一种情况，系统在特征树中显示三个基准面，单击鼠标左键拾取基准面；对于第二种情况，用鼠标左键直接选取已生成的实体的某个平面。

2. 构造基准面

(1) 功能

对于不能通过选择方法确定的基准面，CAXA 制造工程师提供了构造基准面的方法。系统提供了“等距平面确定基准平面”、“过直线与平面成夹角确定基准平面”、“生成曲面上某点的切平面”、“过点且垂直于直线确定基准平面”、“过点且平行平面确定基准平面”、“过点和直线确定基准平面”、“三点确定基准平面”、“根据当前坐标系构造基准面”八种构造方法，如图 4-2 所示。

（2）操作

①单击图标，或单击【造型 U】→【特征生成F】→【基准面】命令，弹出基准面对话框。②根据构造条件，需要时填入距离或角度，单击“确定”完成操作。

（3）参数

【距离】：指生成平面距参照平面尺寸值，可以直接输入所需数值，也可单击图标调节。

【向相反方向】：指与默认的方向相反的方向。

【角度】：指生成平面与参照平面的所夹锐角的尺寸值，可以直接输入所需数值，也可以单击图标来调节。

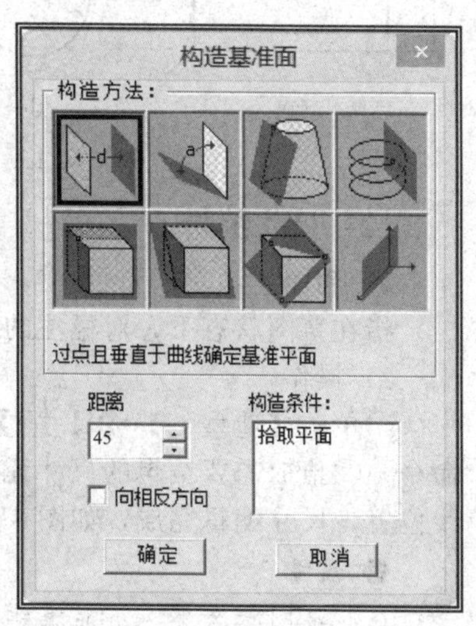

图 4-2　构造基准面

【项目实例 4-1】 构造一个在 Z 轴负向与 XY 平面相距 45mm 的基准面。(扫二维码可观看操作视频)

绘制过程：

① 单击 F8 键，显示轴测图状态。

② 单击【构造基准面】图标，出现如图 4-2 所示对话框。先单击“构造条件”中的“拾取平面”，然后选择特征树中的 XY 平面。这时，构造条件中的“拾取平面”显示“平面准备好”。同时，在绘图区显示的红色虚线框代表 XY 平面，绿色线框表示将要构造的基准平面。

项目实例 4-1
操作视频

③ 在“距离”中输入“45”。

④ 选中“向相反方向”复选框，在单击“确认”图标。系统就生成了一个在 Z 轴负向与 XY 平面相距 45mm 的基准面。

【拓展项目 4-1】 构造一个在 X 轴负向与 YZ 平面相距 90mm 的基准平面。

4.1.2　草图状态

只有在草图状态下，才可以对草图进行绘制和编辑。进入草图状态的方式有两种。第一种方法是在特征树上选择一个基准平面后，单击【绘制草图】图标，或单击 F2 键，在特征树中添加了一个草图分支，表示进入草图状态；第二种方法是选择特征树中已经存在的草图，单击【绘制草图】图标，或单击 F2 键，即打开了草图，进入草图编辑状态。

4.1.3　草图的绘制与编辑

进入草图状态后，才可以使用曲线功能对草图进行绘制和编辑操作，有关曲线绘制和编辑等功能在前面的章节已经介绍了。下面主要介绍 CAXA 制造工程师提供的专门用于草图的功能。

1. 尺寸模块

尺寸模块中共有三个功能：“尺寸标注”、“尺寸编辑”和“尺寸驱动”。

(1) 尺寸标注

1）功能

指在草图状态下，对所绘制的图形标注尺寸。

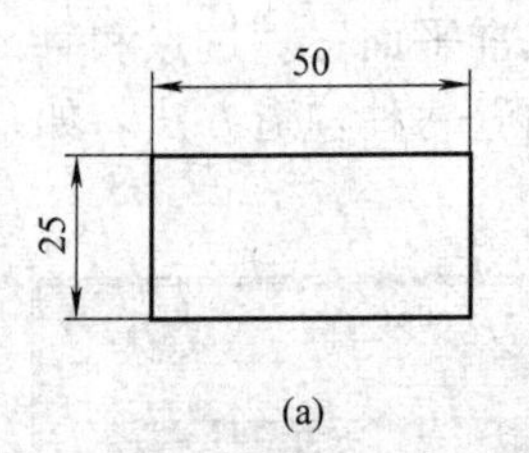

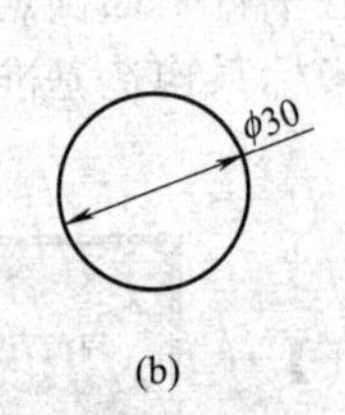

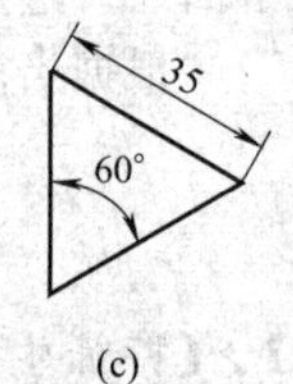

图 4-3 尺寸标注

2）操作

①单击【造型 U】→【尺寸 I】→【尺寸标注】命令。②拾取尺寸标注元素，拾取另一尺寸标注元素或指定尺寸线位置，操作完成，如图 4-3 所示。

● **注意**

在非草图状态下，不能标注尺寸。

(2) 尺寸编辑

1）功能

指在草图状态下，对标注的尺寸进行标注位置上的修改。

2）操作

①单击【造型 U】→【尺寸 I】→【尺寸编辑】命令。②拾取需要编辑的尺寸元素，修改尺寸线位置，尺寸编辑完成，如图 4-4 所示。

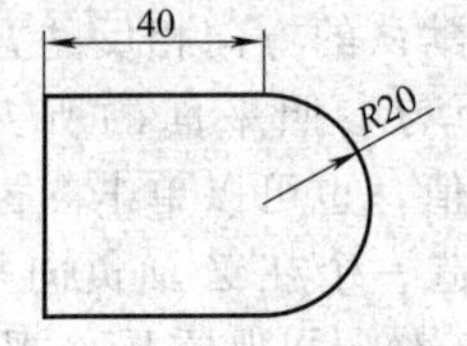

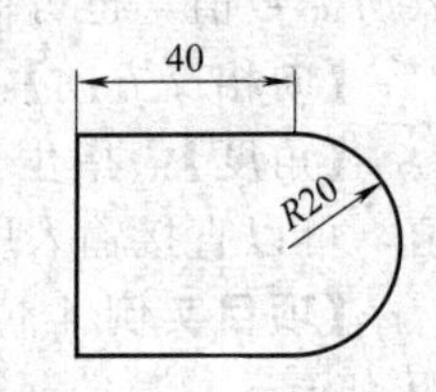

图 4-4 尺寸编辑

● **注意**

在非草图状态下，不能编辑尺寸。

(3) 尺寸驱动

1）功能

尺寸驱动用于修改某一尺寸，而图形的几何关系保持不变。

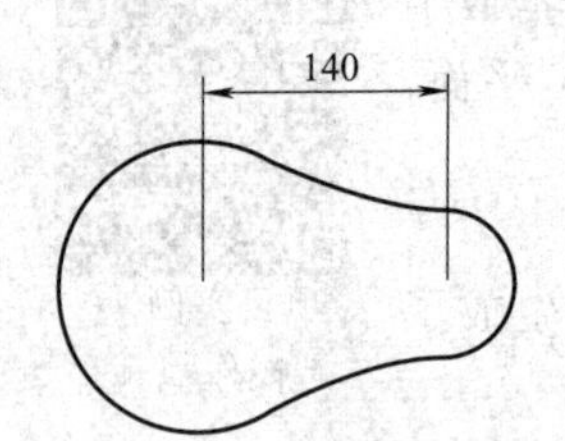

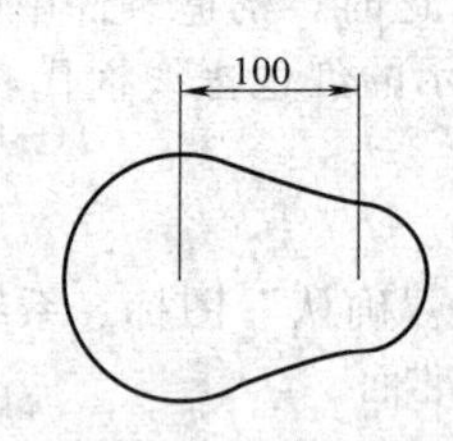

图 4-5 尺寸驱动

2）操作

①或单击【造型 U】→【尺寸 I】→【尺寸驱动】命令。②拾取要驱动的尺寸，弹出半径对话框。输入新的尺寸值，尺寸驱动完成，如图 4-5 所示。

● **注意**

在非草图状态下，不能驱动尺寸。

2. 曲线投影

(1) 功能

指将曲线沿草图基准平面的法向投影到草图平面上，生成曲线在草图平面上的投影线。

(2) 操作

①单击【曲线投影】图标，或单击【造型 U】→【曲线生成 C】→【曲线投影】命令。②拾取曲线，生成投影线。

● **注意**

只有在草图状态下，曲线投影才能使用。

3. 草图环检查

(1) 功能

指用来检查草图环是否是封闭的。

(2) 操作

单击【造型 U】→【草图环检查 O】命令，

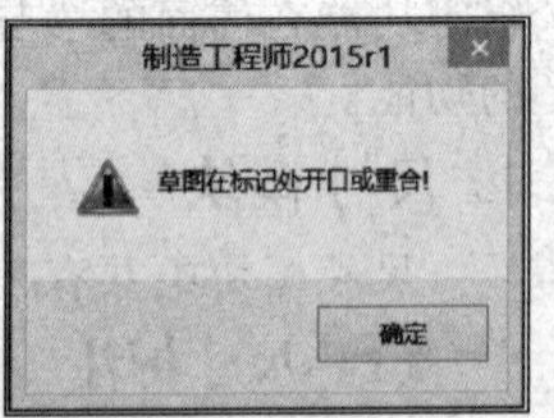

图 4-6 草图环检查

系统弹出草图是否封闭的提示，如图 4-6 所示。

4. 退出草图

当草图编辑完成后，单击【绘制草图】图标，或单击 F2 键，图标弹起表示退出草图状态。只有退出草图状态后才可以利用该草图生成特征实体。

4.2 特征造型

4.2.1 拉伸特征

1. 拉伸增料

（1）功能

拉伸增料将一个轮廓曲线根据指定的距离做拉伸操作，用以生成一个增加材料的特征。拉伸类型包括“固定深度”、“双向拉伸”和“拉伸到面”。

（2）操作

①单击图标，或单击【造型 U】→【特征生成 F】→【增料】→【拉伸增料】命令，如图 4-7 所示。②选取拉伸类型，填入深度，拾取草图，单击“确定”完成操作。

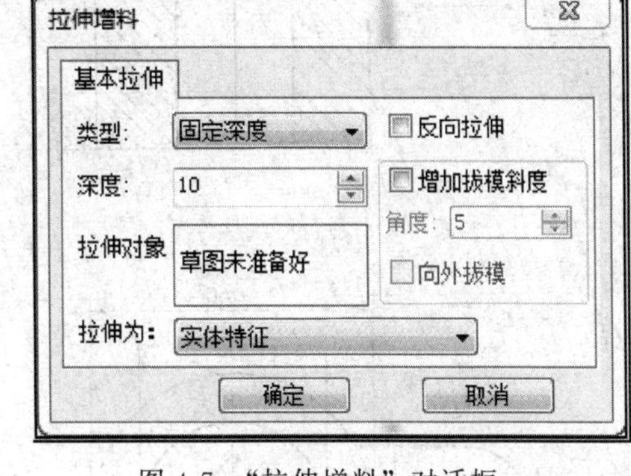

图 4-7　“拉伸增料”对话框

（3）参数

【固定深度】：是指按照给定的深度数值进行单向的拉伸，如图 4-8（a）所示。

【深度】：是指拉伸的尺寸值，可以直接输入所需数值，也可以单击图标来调节。

【拉伸对象】：是指对需要拉伸的草图的选取。

【反向拉伸】：是指与默认方向相反的方向进行拉伸。

【增加拔模斜度】：是指使拉伸的实体带有锥度。

【角度】：是指拔模时母线与中心线的夹角。

【向外拔模】：是指与默认方向相反的方向进行操作。

【双向拉伸】：是指以草图为中心，向相反的两个方向进行拉伸，深度值以草图为中心平分，可以生成实体，如图 4-8（b）所示。

【拉伸到面】：是指拉伸位置以曲面为结束点进行拉伸，需要选择要拉伸的草图和拉伸到

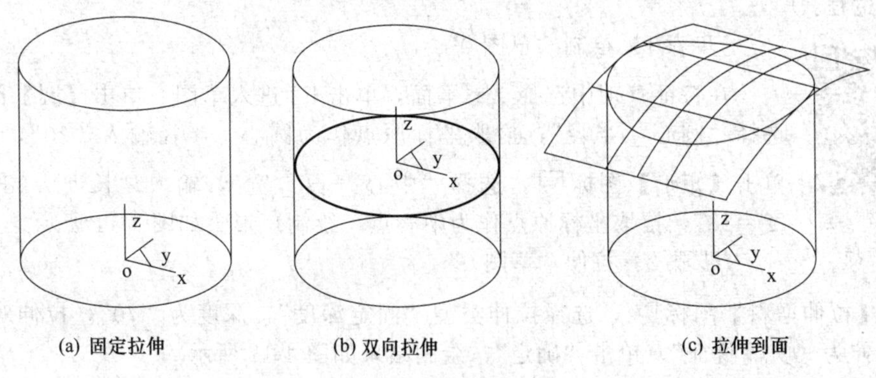

图 4-8　拉伸增料类型

的曲面，如图 4-8（c）所示。

2. 拉伸除料

（1）功能

将一个轮廓曲线根据指定的距离做拉伸操作，用以生成一个减去材料的特征。拉伸类型包括“固定深度”、“双向拉伸”、“拉伸到面”和“贯穿”，如图 4-9 所示。

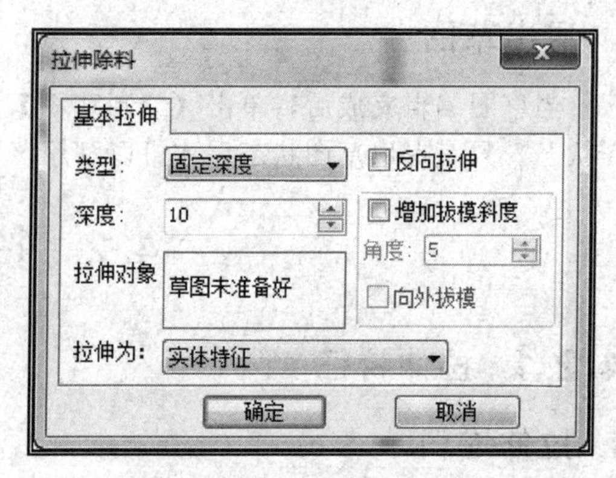

图 4-9 “拉伸除料”对话框

（2）操作

① 单击【拉伸除料】图标，或单击【应用 U】→【特征生成】→【除料】命令，弹出拉伸除料对话框，如图 4-9 所示。②选取拉伸类型，填入“深度”值，拾取草图，单击“确定”完成操作。

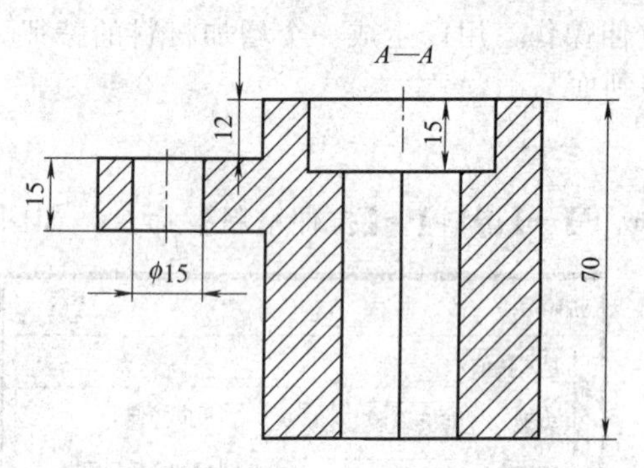

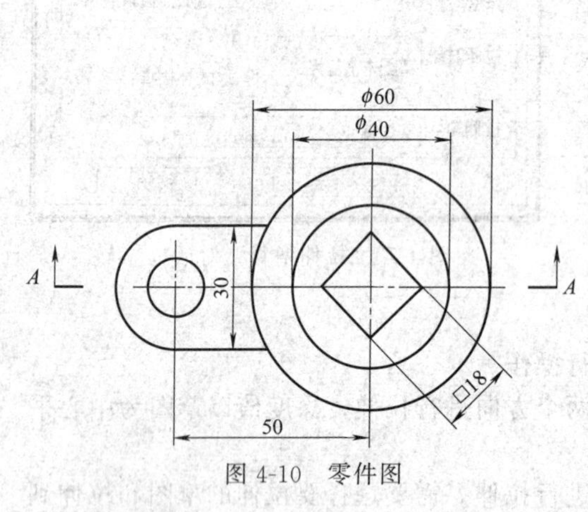

图 4-10 零件图

（3）参数

【贯穿】：是指草图拉伸后，将基体整个穿透。

其余参数和“拉伸增料”相同，不再详述。

● **注意**

① 在进行“双向拉伸”时，拔模斜度不可用。

② 在进行“拉伸到面”时，要使草图能够完全投影到这个面上，如果“面”的范围比草图小，会产生操作失败。

③ 在进行“拉伸到面”时，深度和反向拉伸不可用。

④ 在进行“贯穿”时，深度、反向拉伸和拔模斜度不可用。

3. 项目训练

【项目实例 4-2】 利用拉伸增料和拉伸除料生成图 4-10 的零件图。（扫二维码可观看操作视频）。

绘制过程：

项目实例 4-2 操作视频

『步骤 1』绘制“草图 0”

在特征管理中选择 XY 平面，单击 F2 进入草图。单击【圆】图标，选择“圆心 _ 半径”，拾取坐标原点作为圆心，半径输入“30”，绘制圆。单击【矩形】图标，选择“中心 _ 长 _ 宽”，输入“长度＝18”、“宽度＝18”，拾取坐标原点作为中心点，绘制矩形。如图 4-11 所示。

『步骤 2』拉伸“草图 0”

单击【拉伸增料】图标，选择拉伸类型“固定深度”，深度为“70”，拉伸对象“草图 0”，拉伸为“实体特征”，单击“确定”，绘制结果如图 4-12 所示。

『步骤 3』绘制“草图 1”

①在选择刚绘制的实体的上表面作为草图平面，单击 F2 进入草图。②单击【圆】图标，选择“圆心_半径”方式，拾取坐标原点作为圆心，输入半径值为“20”，绘制圆。如图 4-13 所示。

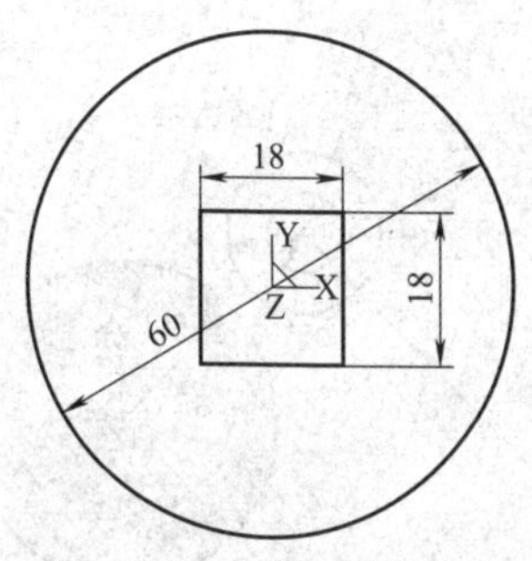

图 4-11 绘制“草图 0”

『步骤 4』拉伸除料“草图 1”

单击【拉伸除料】图标，选择拉伸类型“固定深度”，深度为“15”，拉伸对象“草图 1”，拉伸为“实体特征”，选单击“确定”，绘制结果，如图 4-14 所示。

图 4-12 拉伸“草图 0”

图 4-13 绘制“草图 1”

图 4-14 拉伸“草图 1”

『步骤 5』构造基准面

①单击【构造基准面】图标，选择“等距平面确定基准面”。②在“构造条件”中的“拾取平面”中，拾取实体最上表面，在“距离”中输入“12”。选中“向相反方向”复选框，再单击“确认”图标。绘制结果如图 4-15 所示。

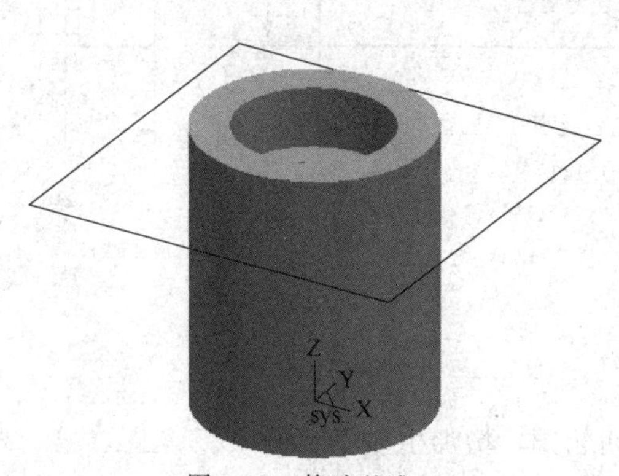

图 4-15 构造基准面

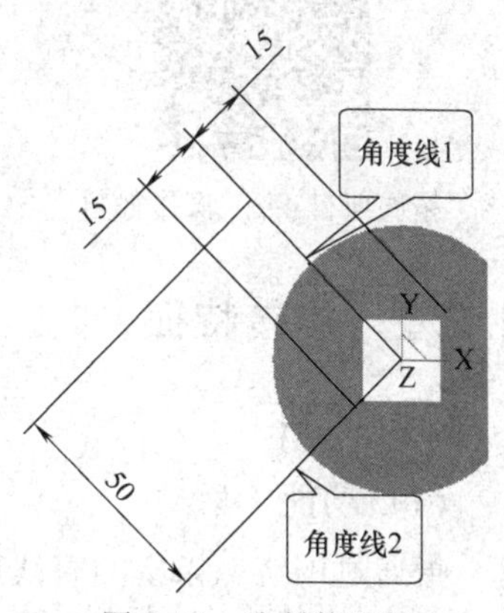

图 4-16 绘制等距线

『步骤 6』绘制“草图 2”

①选择刚创建的基准面作为草图平面，单击 F2 进入草图。②单击【直线】命令，选择“角度线”方式，输入和 X 轴夹角分别为“45”和“−45”，在第二象限和第三象限分别绘制两条直线，并等距直线，等距的距离为“15”和“50”，如图 4-16 所示。③单击【圆】图标，采用“圆心_半径”方式，拾取交点作为圆心，输入半径“15”和“7.5”绘制两个圆。④拾取坐标原点，绘制半径 30 的圆。绘制结果如果 4-17 所示。⑤利用【曲线裁剪】命令和删除命令编辑草图，绘制结果如图 4-18 所示。

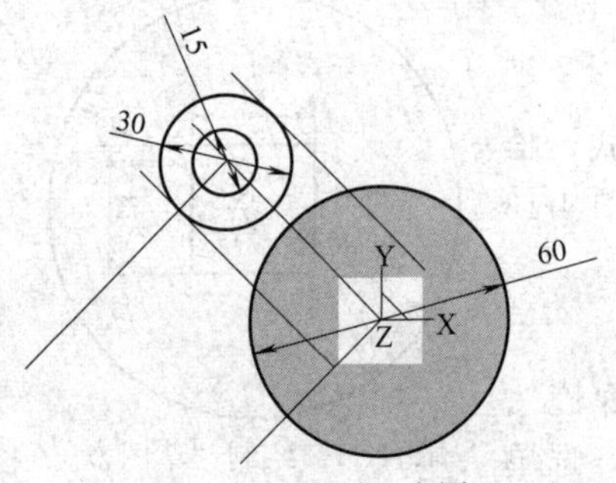

图 4-17 绘制 3 个圆

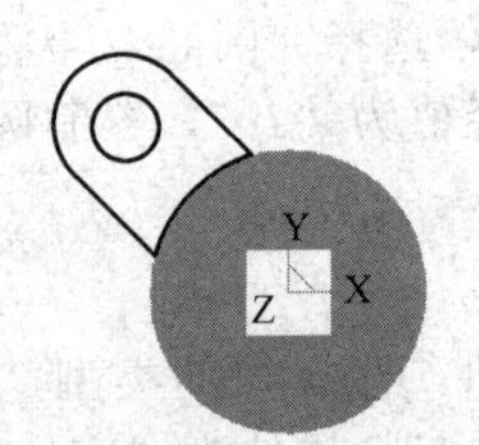

图 4-18 绘制“草图 2”

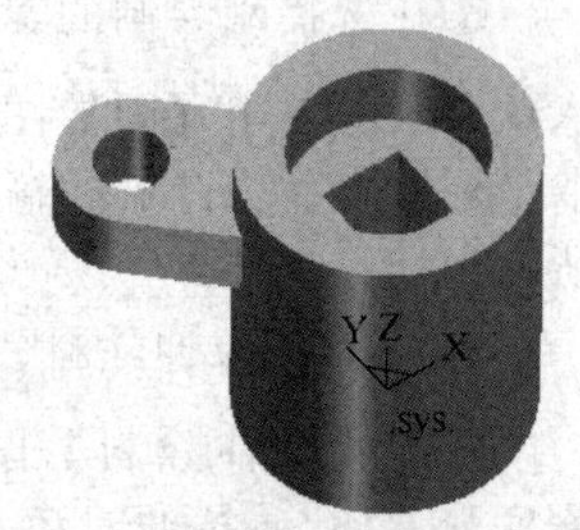

图 4-19 绘制结果

『步骤 7』拉伸“草图 2”

单击【拉伸增料】图标，选择拉伸类型“固定深度”，深度为“15”，拉伸对象“草图 2”，拉伸为“实体特征”，选择拉伸方向，单击“确定”，绘制结果如图 4-19 所示，图形绘制完成。

『步骤 8』保存文件

单击【保存】图标，输入“项目 4-2. mxe”保存绘制的图形。

【拓展项目 4-2】 利用学过的相关命令绘制图 4-20 的零件图。(扫二维码可观看操作视频)

拓展项目 4-2 操作视频

图 4-20 零件图

4.2.2 旋转特征

1. 旋转增料

(1) 功能

指通过围绕一条空间直线旋转一个或多个封闭轮廓，增加生成一个特征。

(2) 操作

①单击【旋转增料】图标，或单击【造型 U】→【特征生成 F】→【增料】→【旋转】命令，弹出旋转特征对话框，如图 4-21 所示。②选取旋转类型，填入角度，拾取草图和轴线，单击“确定”完成操作。

(3) 参数

【单向旋转】：是指按照给定的角度数值进行单向的旋转，如图 4-22 (a) 所示。

【对称旋转】：以草图为中心，向相反的两个方向进行旋转，角度值以草图为中心平分，如图 4-22 (b) 所示。

【双向旋转】：以草图为起点，向两个方向进行旋转，角度值分别输入，如图 4-22（c）所示。

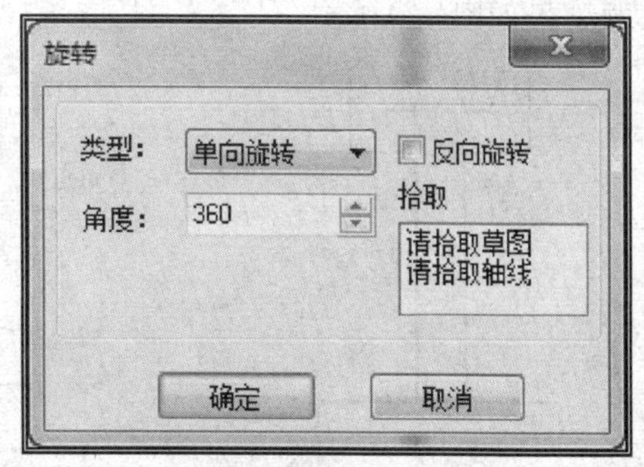

图 4-21　旋转增料对话框

2. 旋转除料

（1）功能

指通过围绕一条空间直线旋转一个或多个封闭轮廓，移除生成一个特征。

（2）操作

①单击【旋转除料】图标，或单击【造型U】→【特征生成 F】→【旋转除料】命令，弹出对话框，对话框与“旋转增料”相似。②选取旋转类型，填入角度，拾取草图和轴线，单击“确定”完成操作。

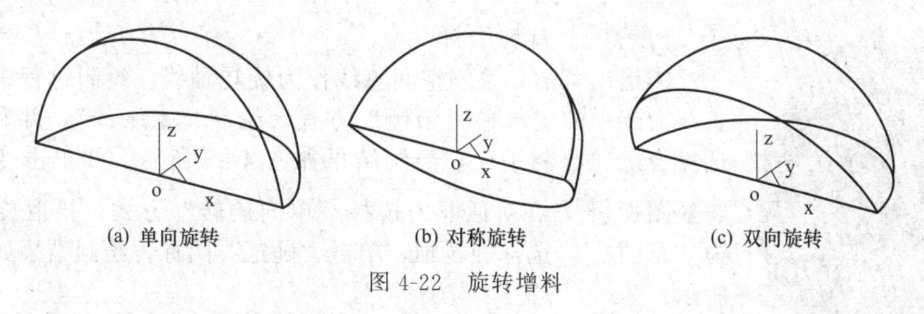

图 4-22　旋转增料

● **注意**

轴线是空间曲线，需要退出草图状态后绘制。

3. 项目训练

【项目实例 4-3】 利用“拉伸增料”和“旋转除料”命令绘制如图 4-23 所示带轮。（扫二维码可观看操作视频）

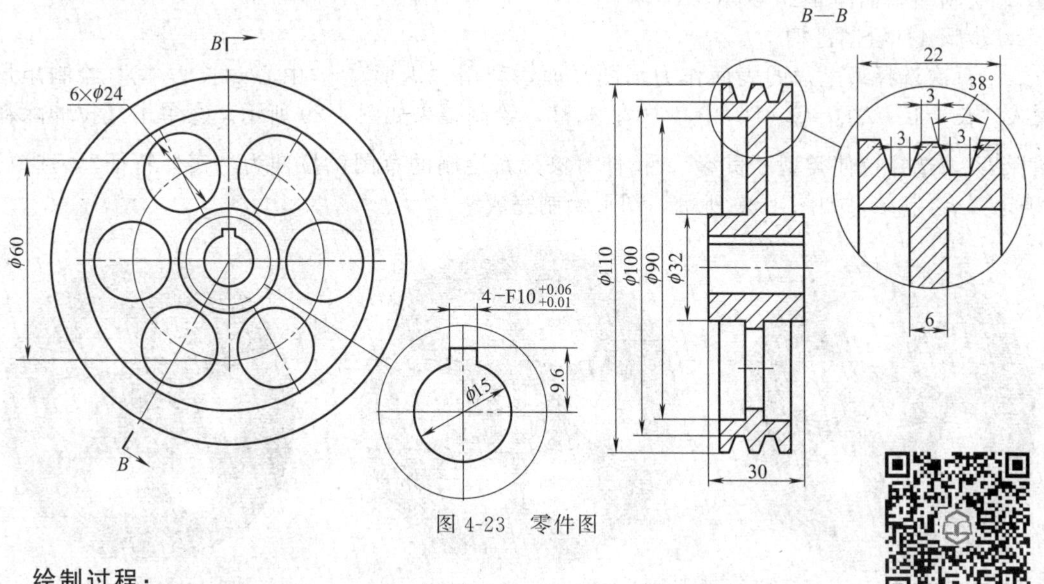

图 4-23　零件图

项目实例 4-3
操作视频

绘制过程：

『步骤 1』绘制草图

选择 YZ 面作为作图平面，利用“等距线”、“直线”命令绘制草图，绘制结果如图4-24所示。

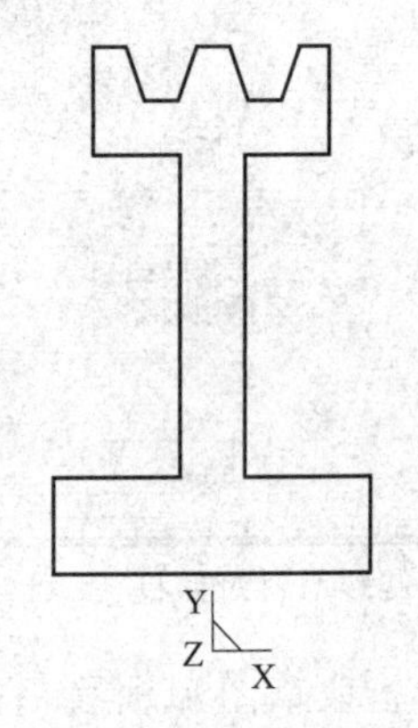

图 4-24　绘制草图

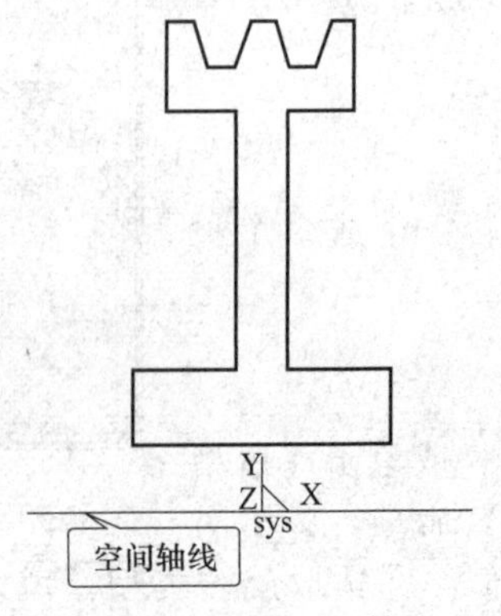

图 4-25　绘制空间轴线

图 4-26　旋转增料

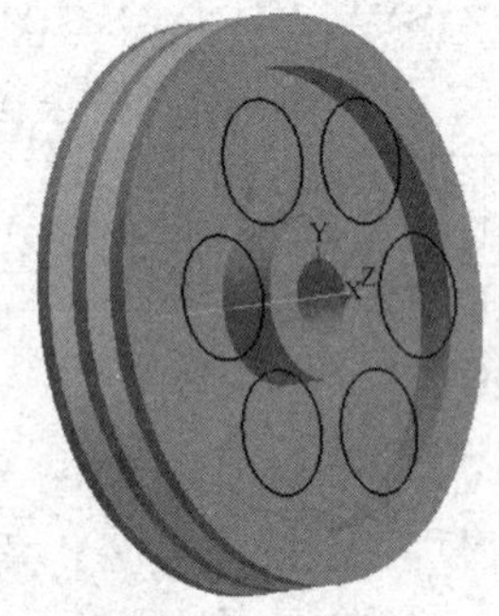

图 4-27　绘制草图

『步骤 2』旋转增料

①退出草图，绘制空间直线作为旋转轴线。绘制过程中，采用直线命令中的“水平＋铅锤”方式，绘制“水平线”，并利用 F9，选择合适的绘制平面，绘制结果如图 4-25 所示。②单击【旋转增料】图标，在对话框中选择“单向旋转”方式，拾取旋转对象为“草图 0”，选择旋转轴，单击“确定”图标，绘制结果如图 4-26 所示。

『步骤 3』拉伸除料

①选择带轮的最上边的表面作为草图平面，创建草图，在草图上绘制圆心为“30，0”、半径为“12”的一个圆。②利用“阵列”、“圆形阵列”，绘制出 6 个圆。并绘制图形，结果如图 4-27 所示。单击【拉伸除料】图标，选择拉伸类型“贯穿”，拉伸对象为新绘制的草图，拉伸为“实体特征”，选单击“确定”，绘制结果如图 4-28 所示。

『步骤 4』绘制键槽

①再次选择最上边的表面作为草图平面，利用“矩形”、“中心 _ 长 _ 宽”绘制矩形，输入“长＝4”，“宽＝9.6”，中心“0，4.8”，绘制结果如图 4-29 所示。②单击【拉伸除料】图标，选择拉伸类型“贯穿”，拉伸对象为新绘制的草图，拉伸为“实体特征”，选单击“确定”，绘制结果如图 4-30 所示，图形绘制完成。

图 4-28　拉伸除料

图 4-29　绘制草图

图 4-30　绘制结果

『步骤 5』保存文件

单击【保存】图标，输入“项目 4-3. mxe”保存绘制的图形。

【拓展项目 4-3】 利用学过的相关命令绘制图 4-31 所示的零件。(扫二维码可观看操作视频)

拓展项目 4-3
操作视频

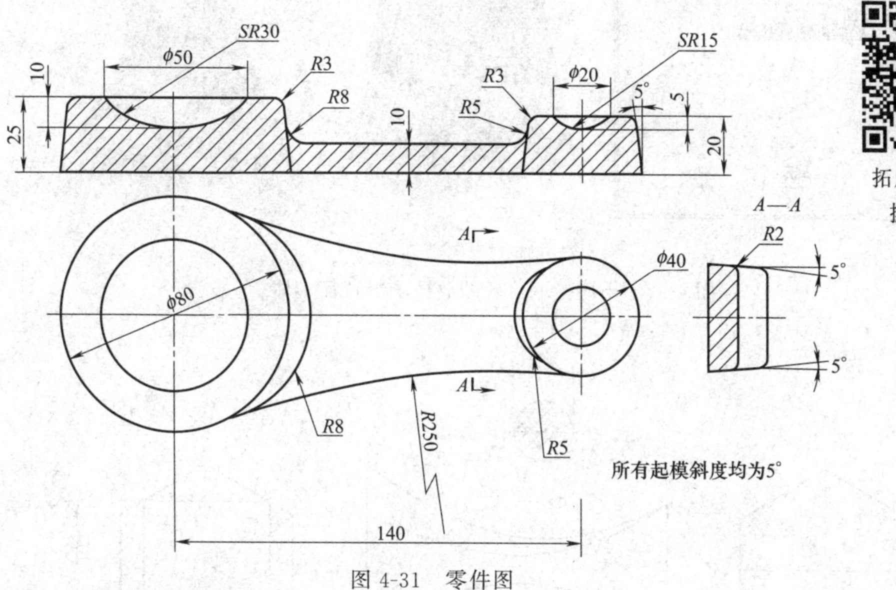

图 4-31 零件图

4.2.3 放样特征

(1) 功能

放样增料或放样除料是指根据多个截面线轮廓生成或去除一个实体。

(2) 操作

①单击【放样增料】图标或者【放样除料】图标，或单击【造型 U】→【特征生成 F】→【增料】或【除料】→【放样】，弹出放样对话框，如图 4-32 (a) 所示。②选取轮廓线，单击“确定”完成操作。

(3) 参数

【轮廓】：是指对需要放样的草图。

【上和下】：是指调节拾取草图的顺序。

● **注意**

① 轮廓按照操作中的拾取顺序排列。

② 拾取轮廓时，要注意状态栏指示，拾取不同边，不同位置，产生不同的结果，如图 4-32 (b)、(c) 所示。

③ 截面线应为草图轮廓。

(4) 项目训练

【项目实例 4-4】 利用“放样增料”命令，对图 4-33 的零件进行实体造型设计（扫二维码可观看操作视频）。

项目实例 4-4
操作视频

绘制过程：

『步骤 1』绘制草图 1（正六边形）

①在特征树中，选择平面 XY，单击“绘制草图”图标，或单击

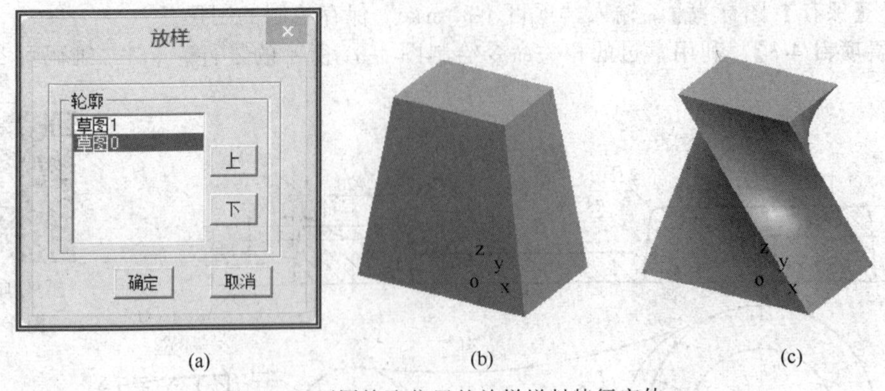

图 4-32　不同拾取位置的放样增料特征实体

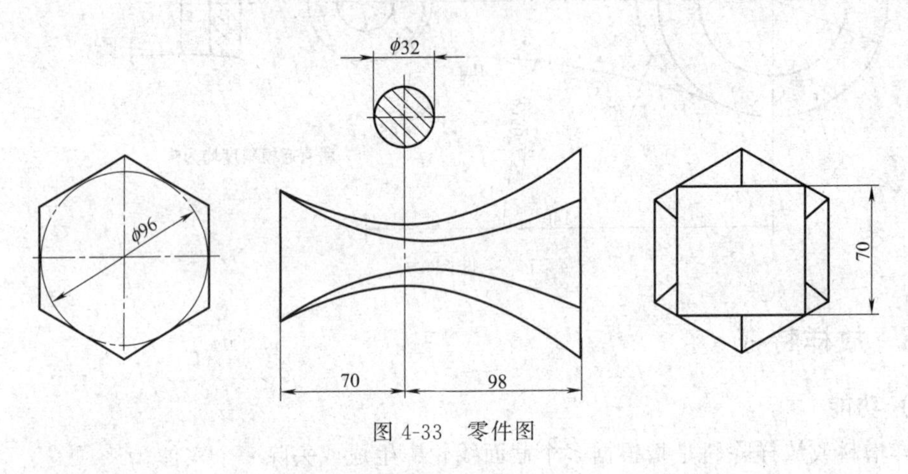

图 4-33　零件图

F2，进入草图。②单击“正多边形”图标，选择“中心”、“边数=6”、“外切”，拾取原点作为“中心”回车，输入坐标“-48，0”绘制正六边形，如图 4-34 所示。

『步骤 2』绘制草图 2（圆）

①单击“绘制草图”图标，或单击 F2，退出草图，单击 F8，单击“构造基准面图标”，选择“等距平面确定基准面”，距离=98”，构造条件中，拾取“平面 XY”，单击“确定”，创建“平面 1”。②在特征树中，选择平面 1，单击“绘制草图”图标，或单击 F2，进入草图，单击 F5。拾取坐标原点作为圆心，绘制 ϕ32 的圆，如图 4-34 所示。

『步骤 3』绘制草图 3（正方形）

①单击“绘制草图”图标，或单击 F2，退出草图，单击 F8，单击“构造基准面图标”，选择“等距平面确定基准面”，“距离=168”，构造条件中，拾取“平面 XY”，单击“确定”，创建“平面 2”。②在特征树中，选择平面 2，单击“绘制草图”图标，或单击 F2，进入草图，单击 F5，单击“矩形”图标，选择“中心-长-宽”，输入“长度=70”，“宽度=70”，拾取坐标原点作为中心，绘制正方形，如图 4-34 所示。

『步骤 4』放样增料

单击“放样增料”图标，依次选择上中下三个草图，注意拾取草图的位置不同，形成的放样的棱线不同，拾取结束后，单击确定。如果实体发生了扭曲，和图纸不符。单击“取消上一次”图标，返回后重新拾取草图，结果如图 4-35 所示。

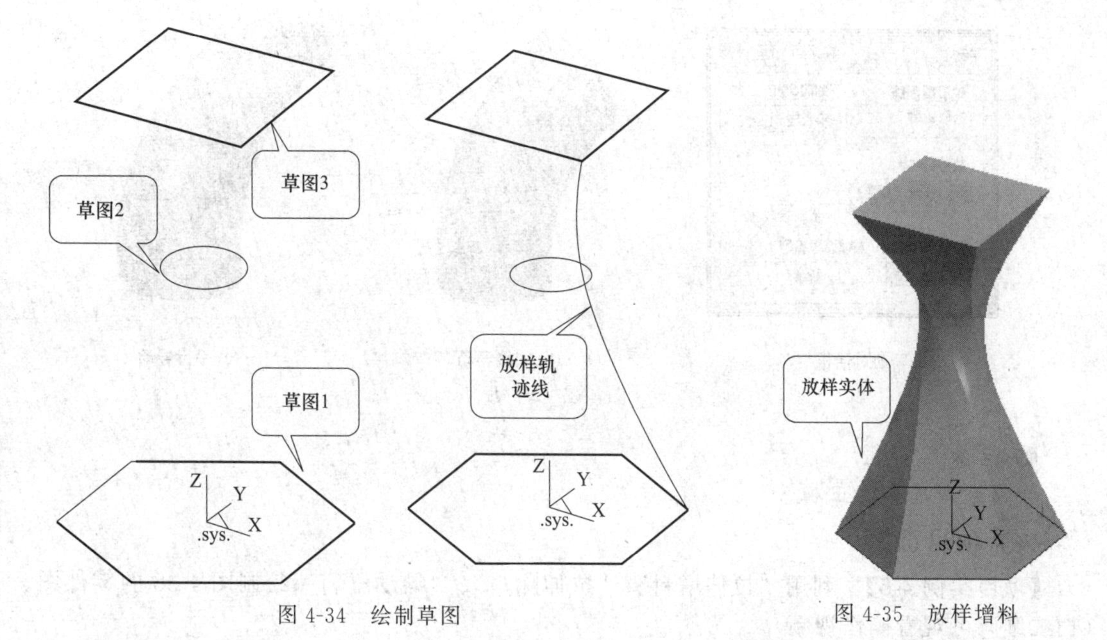

图 4-34 绘制草图　　图 4-35 放样增料

『步骤 5』保存文件

单击【保存】图标，输入“项目 4-4. mxe”保存绘制的图形。

【拓展项目 4-4】 利用学过的相关命令绘制图 4-36 所示的图形。(扫二维码可观看操作视频)

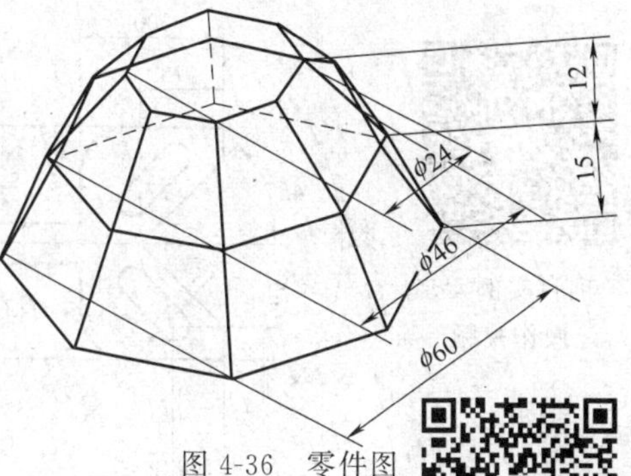

图 4-36 零件图

拓展项目 4-4 操作视频

4.2.4 导动特征

(1) 功能

导动增料或导动除料是指将某一截面曲线或轮廓线沿着另外一条轨迹线运动生成或去除一个特征实体。

(2) 操作

①单击【导动增料】图标或【导动除料】图标，或单击【造型 U】→【特征生成】→【增料】或【除料】，弹出导动特征对话框，如图 4-37（a）所示。②选取轮廓截面线和轨迹线，确定导动方式，单击“确定”完成操作。

(3) 说明

【轮廓截面线】：指需要导动的草图，截面线应为封闭的草图轮廓。

【轨迹线】：指草图导动所沿的路径。

【选型控制】：包括“平行导动”和“固接导动”两种方式。

【平行导动】：指截面线沿导动线趋势始终平行它自身移动而生成特征实体；如图 4-37（c）所示。

【固接导动】：指在导动过程中，截面线和导动线保持固接关系，即让截面线平面与导动线的切矢方向保持相对角度不变，且截面线在自身相对坐标架中位置关系保持不变，截面线沿导动线变化趋势导动生成特征实体，如图 4-37（b）所示。

【导动反向】：指与默认方向相反的方向进行导动。

【重新拾取】：指重新拾取截面线和轨迹线。

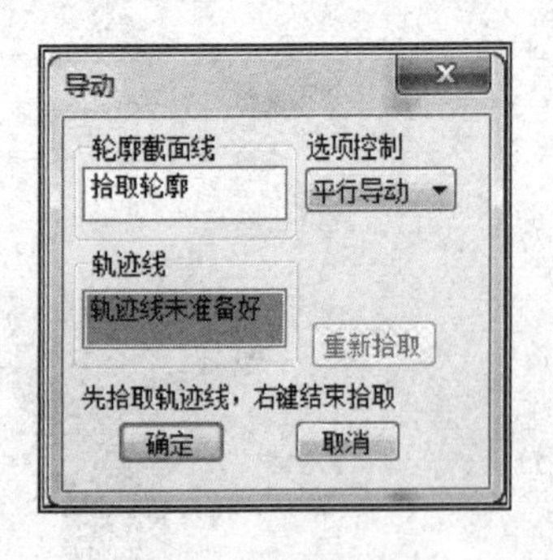

(a) 导动对话框

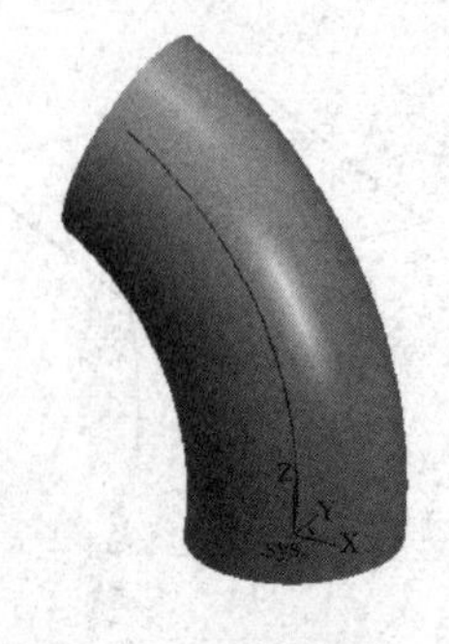

(b) 固接导动

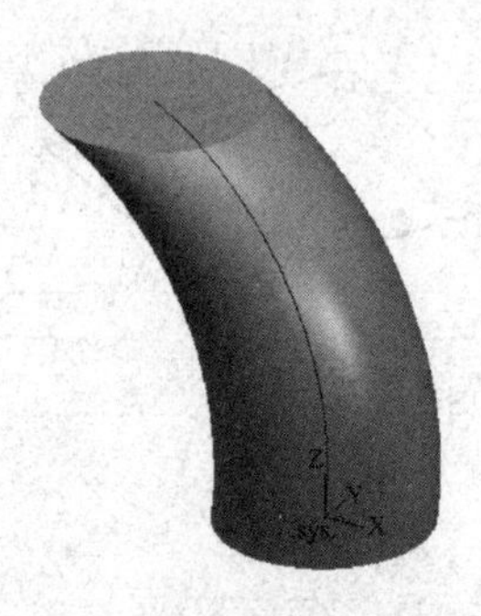

(c) 平行导动

图 4-37 导动

● **注意**

导动方向选择要正确。

(4) 项目训练

【项目实例 4-5】 利用“拉伸增料”、“拉伸除料”、“导动增料”绘制图 4-38 的零件图。(扫二维码可观看操作视频)

项目实例 4-5
操作视频

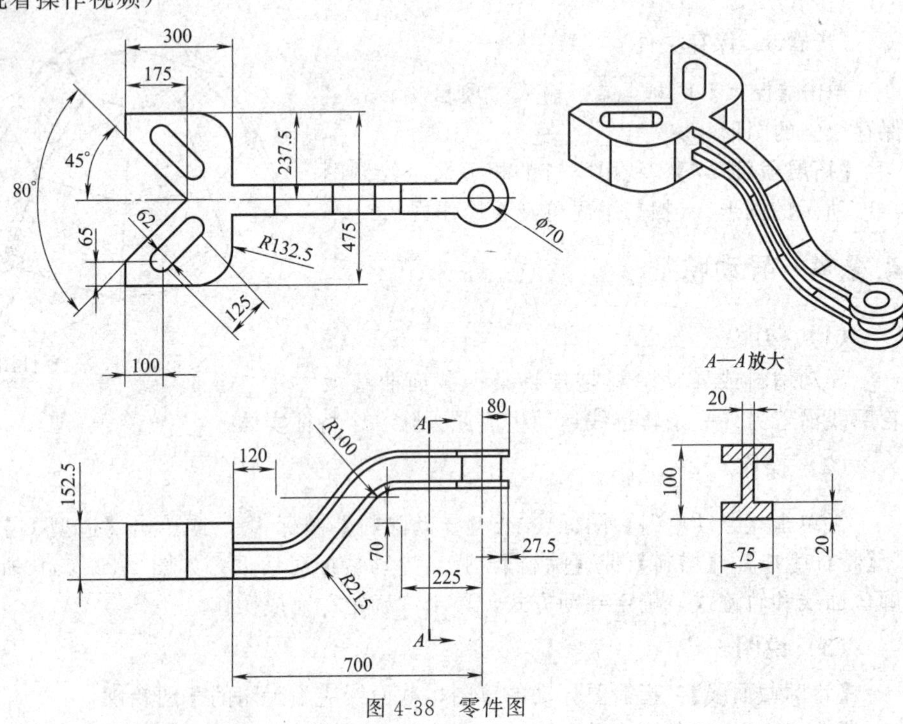

图 4-38 零件图

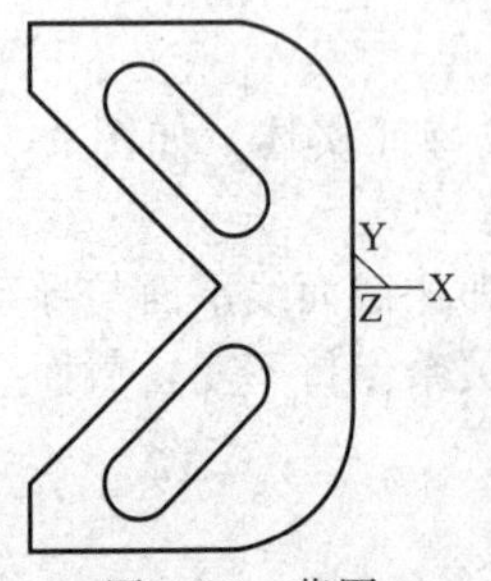

图 4-39 草图

绘制过程：

『步骤 1』“拉伸增料”绘制图形

按照图 4-38 零件图的尺寸，绘制草图（图 4-39），利用【拉伸增料】命令绘制图 4-40 的图形。

『步骤 2』导动增料

①按 F7 键，选择 XZ 平面作为绘图平面，按照图 4-38 零件图的尺寸，绘制空间曲线作为导动增料的轨迹线。②在实体平面上绘制“草图”作为导动增料命令的轮廓截面线，如图 4-41 所示。③单击

【导动增料】图标，弹出导动特征对话框。④选取轮廓截面线和轨迹线，确定导动方式为“固接导动”，单击“确定”完成操作，隐藏空间的曲线，结果如图4-42所示。

图 4-40　拉伸增料

『步骤 3』拉伸增料

按照图 4-38 零件图的尺寸，在导动增料的图形的上表面创建草图，绘制半径为 52.5 的圆，利用【拉伸增料】命令，绘制图形，同理，绘制半径为 80 的两个圆台，绘制结果如图 4-43 所示。最后利用拉伸除料命令打孔，获得最终的图形。如图 4-44 所示。

『步骤 4』保存

单击【保存】图标，输入“项目 4-5. mxe”保存绘制的图形。

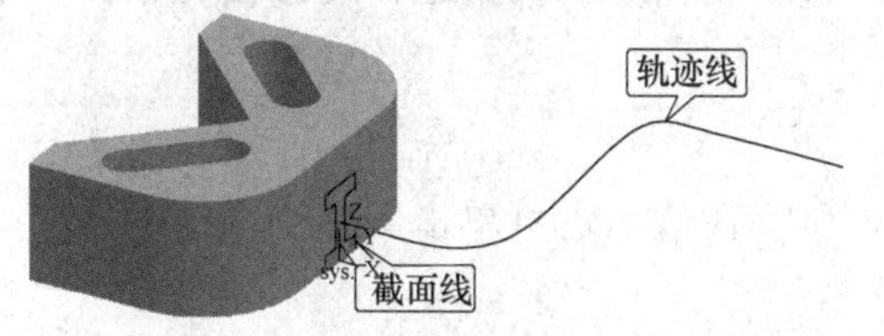

图 4-41　绘制导动轨迹线和截面线

图 4-42　导动增料

图 4-43　过渡

图 4-44　绘制结果

【拓展项目 4-5】 利用学过的相关命令绘制图 4-45 的零件图。(扫二维码可观看操作视频)

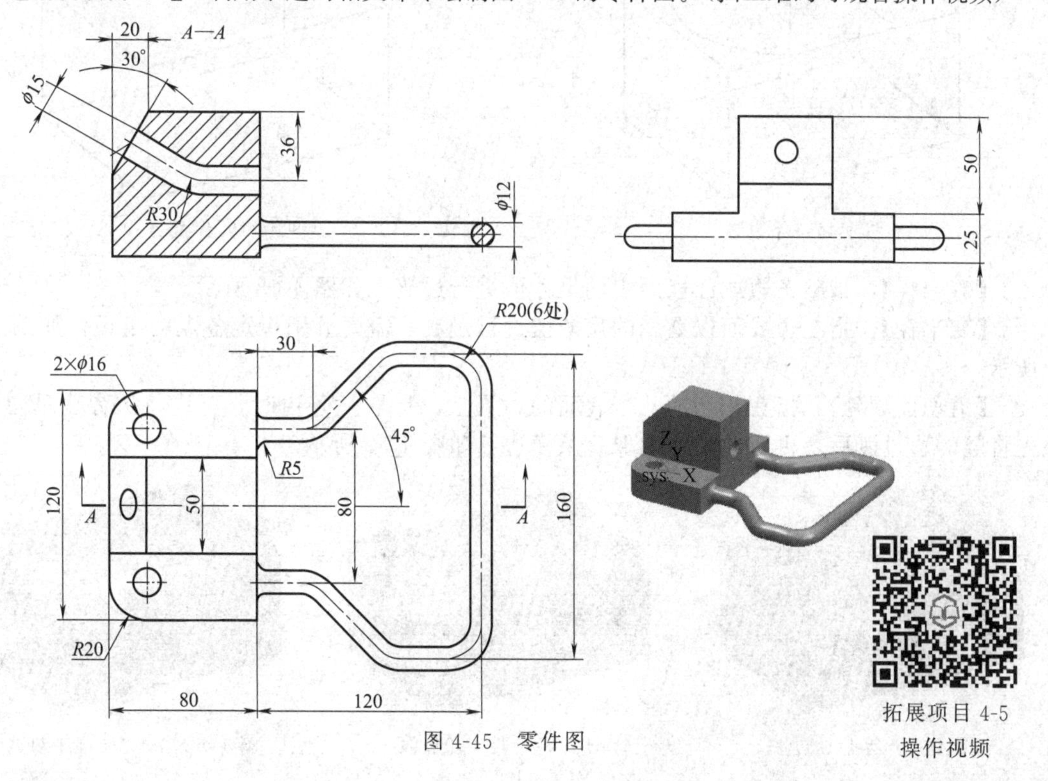

图 4-45　零件图

4.3 特征操作

4.3.1 过渡

（1）功能

指以给定半径或半径规律在实体间作光滑过渡。

（2）操作

①单击【过渡】图标，或单击【造型 U】→【特征生成 F】→【过渡】命令，弹出过渡对话框。②填入半径，确定过渡方式和结束方式，选择变化方式，拾取需要过渡元素，单击"确定"完成操作。

（3）说明

【半径】：指过渡圆角的尺寸值，可以直接输入所需数值，也可单击图标来调节。

【过渡方式】：等半径和变半径。

【结束方式】：缺省方式、保边方式和保面方式。

【缺省方式】：指以系统默认的保边或保面方式进行过渡。

（4）参数

【保边方式】：指线面过渡，如图 4-46 所示。

【保面方式】：指面面过渡，如图 4-47 所示。

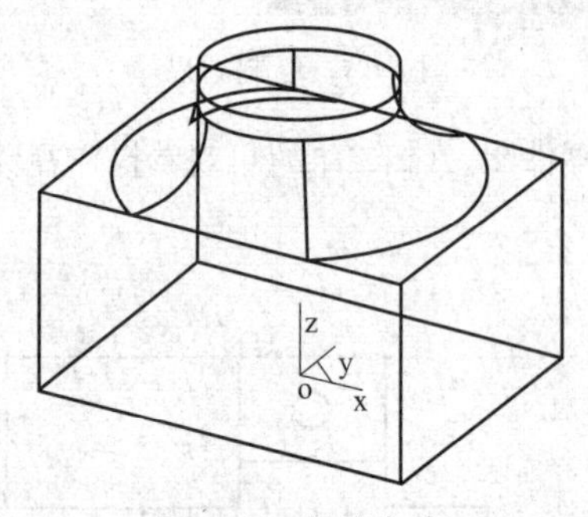

图 4-46 保边方式

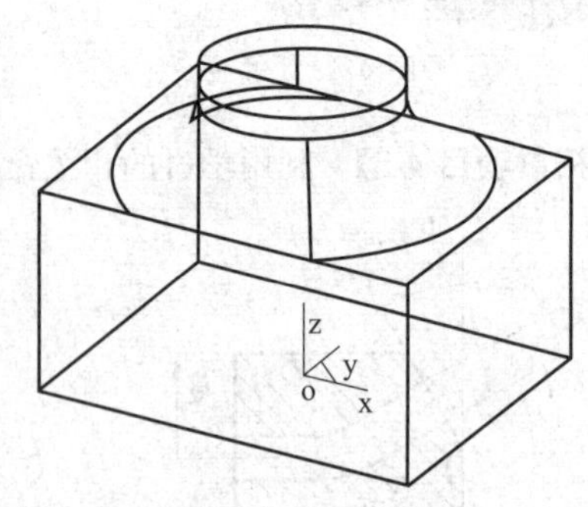

图 4-47 保面方式

【等半径】：指整条边或面以固定的尺寸值进行过渡，如图 4-48 所示。

【变半径】：指在边或面以渐变的尺寸值进行过渡，需要分别指定各点的半径，如图4-49 所示。

【沿切面顺延】：指在相切的几个表面的边界上，拾取一条边时，可以将边界全部过渡，先将竖的边过渡后，再用此功能选取一条横边，如图 4-50 所示。

图 4-48 等半径过渡

图 4-49 变半径过渡

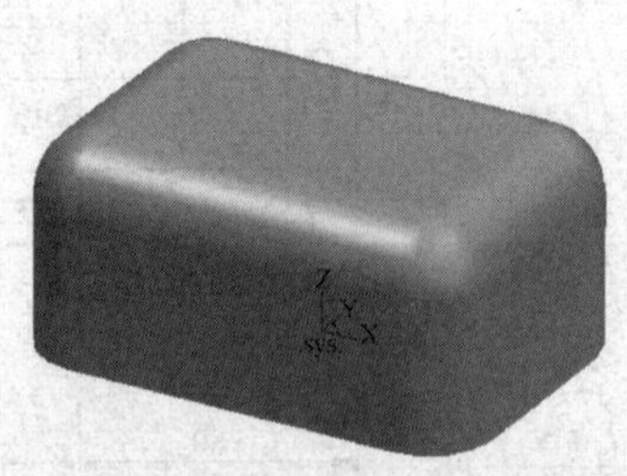

图 4-50 沿切面顺延过渡

【线性变化】：指在变半径过渡时，过渡边界为直线。

【光滑变化】：指在变半径过渡时，过渡边界为光滑的曲线。

【需要过渡的元素】：指对需要过渡的实体上的边或者面的选取。

【顶点】：指在边半径过渡时，所拾取的边上的顶点。

【过渡面后退】：零件在使用过渡特征时，可以使用“过渡面后退”使过渡变缓慢光滑，如图 4-51 和图 4-52 所示。

● **注意**

① 在进行变半径过渡时，只能拾取边，不能拾取面。

② 变半径过渡时，注意控制点的顺序。

4.3.2 倒角

（1）功能

指对实体的棱边进行光滑过渡。

（2）操作

①单击【倒角】图标，或单击【造型 U】→【特征生成 F】→【倒角】命令，弹出对话框，如图 4-53 所示。②填入距离和角度，拾取需要倒角的元素，单击“确定”完成操作。

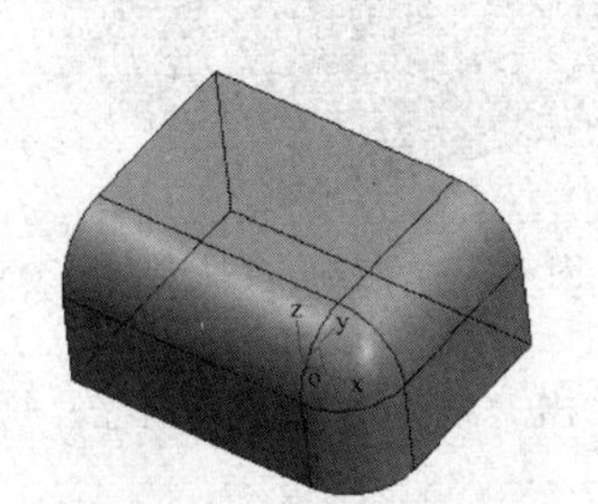

图 4-51 无过渡面后退情况

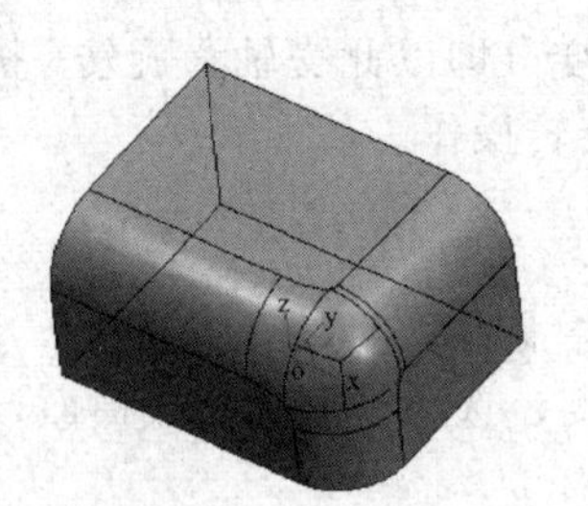

图 4-52 有过渡面后退情况

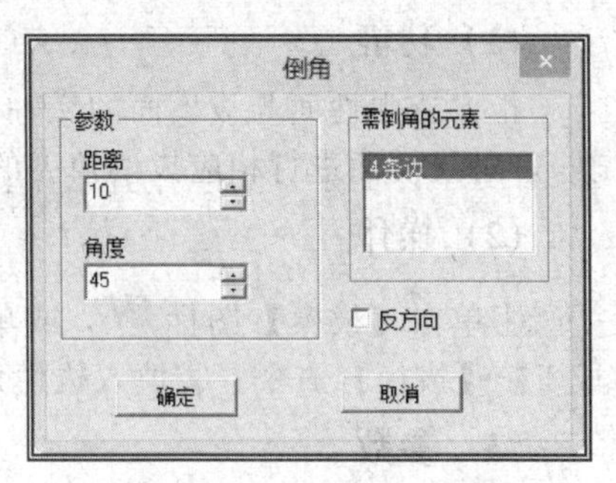

图 4-53 倒角对话框

（3）说明

【距离】：指倒角的边尺寸值，可以直接输入所需数值，也可以单击图标来调节。

【角度】：指所倒角度的尺寸值，可以直接输入所需数值，也可以单击图标来调节，如图 4-54 和图 4-55 所示。

【需倒角的元素】：指对需要过渡的实体上的边的选取。

【反方向】：指与默认方向相反的方向进行操作，分别按照两个方向生成实体。

● **注意**

两个平面的棱边才可以倒角。

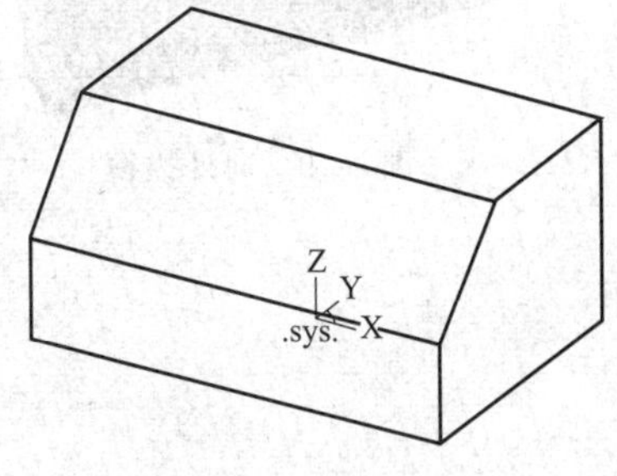

图 4-54 45°倒角

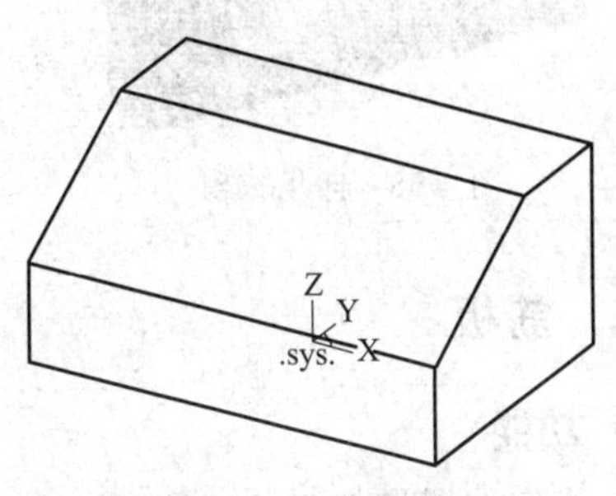

图 4-55 60°倒角

4.3.3 抽壳

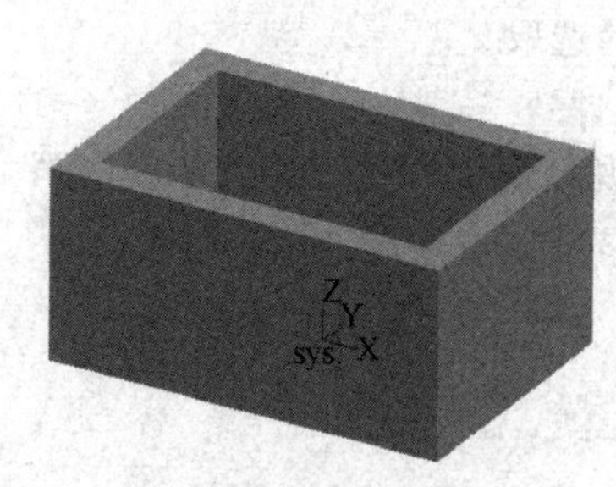

图 4-56 等厚度抽壳

(1) 功能

根据指定壳体的厚度将实心物体抽成内空的薄壳体。

(2) 操作

①单击【抽壳】图标，或单击【造型 U】→【特征生成 F】→【抽壳】命令。②填入抽壳厚度，选取需抽去的面，单击“确定”完成操作，如图 4-56、图 4-57 所示。

(3) 参数

【厚度】：指抽壳后实体的壁厚。

【需抽去的面】：指要拾取、去除材料的实体表面。

【向外抽壳】：指与默认抽壳方向相反，在同一个实体上分别按照两个方向生成实体，结果是尺寸不同，如图 4-57 所示。

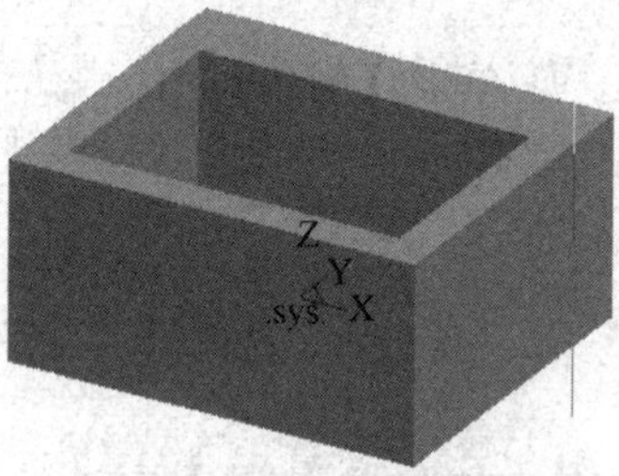

图 4-57 不同厚度抽壳

4.3.4 拔模

(1) 功能

指保持中性面与拔模面的交轴不变（即以此交轴为旋转轴），对拔模面进行相应拔模角度的旋转操作。

(2) 操作

①单击【拔模】图标，或单击【造型 U】→【特征生成 F】→【拔模】命令。②填入拔模角度，选取中立面和拔模面，单击“确定”完成操作。

(3) 参数

【拔模角度】：指拔模面法线与中立面所夹的锐角。

【中立面】：指拔模起始的位置。

【拔模面】：指需要进行拔模的实体表面。

【向里】：指与默认方向相反，分别按照两个方向生成实体，如图 4-58 和图 4-59 所示。

图 4-58 向里拔模

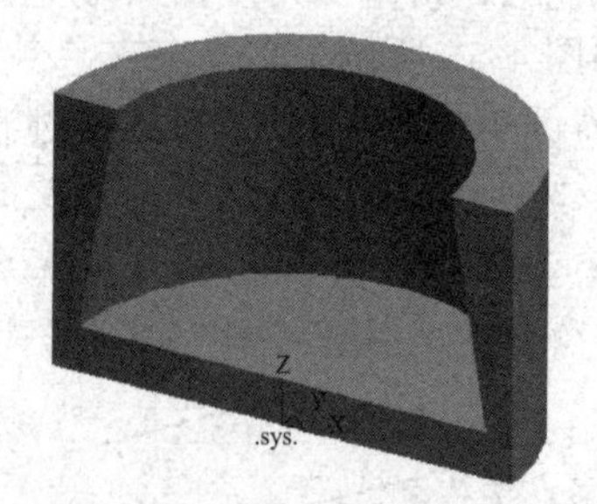
图 4-59 向外拔模

4.3.5 筋板

(1) 功能

指在指定位置增加加强筋。

（2）操作

①单击【筋板】图标，或单击【造型 U】→【特征生成 F】→【筋板】命令，如图 4-60 所示。②选取筋板加厚方式，填入厚度，拾取草图，单击“确定”完成操作，如图 4-61 所示。

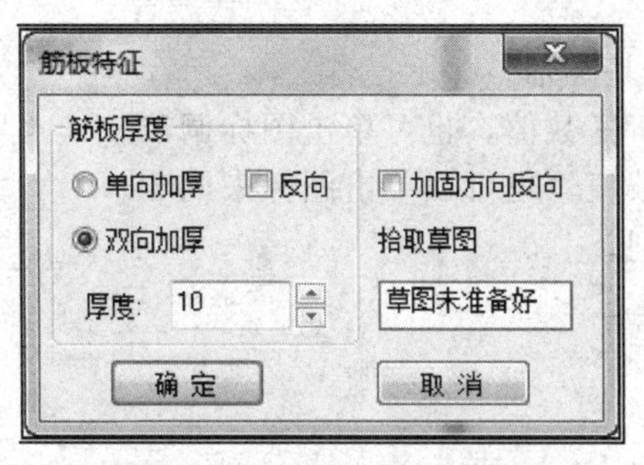

图 4-60　筋板特征对话框

图 4-61　筋板特征

（3）参数

【单向加厚】：指按照固定的方向和厚度生成实体。

【反向】：与默认给定的单向加厚方向相反。

【双向加厚】：指按照相反的方向生成给定厚度的实体，厚度以草图平分。

【加固方向反向】：指与默认加固方向相反，为按照不同加固方向所做的筋板。

4.3.6　孔

（1）功能

指在平面上直接去除材料生成各种类型的孔。

（2）操作

①单击【孔】图标，或单击【造型 U】→【特征生成 F】→【孔】命令，弹出孔对话框，如图 4-62 所示。②拾取打孔平面，选择孔的类型，指定孔的定位点，单击“下一步”。③填入孔的参数，单击“确定”完成操作。

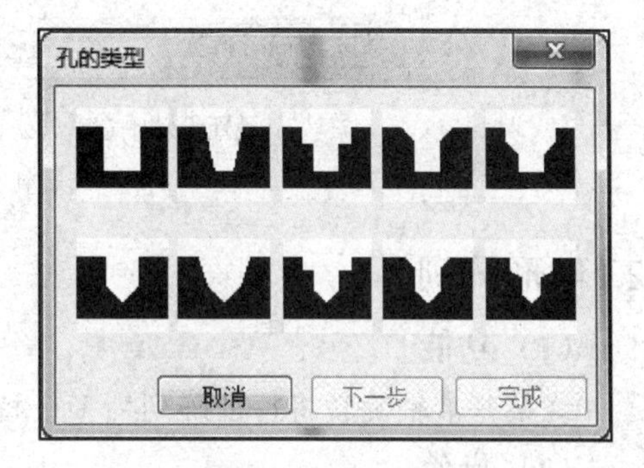

图 4-62　孔的类型

（3）参数

主要是不同的孔的直径、深度，沉孔和钻头的参数等。

【通孔】：指将整个实体贯穿。

4.3.7　阵列

1. 线性阵列

（1）功能

线性阵列可以沿一个方向或多个方向快速进行特征的复制。

（2）操作

①单击【阵列】图标，或单击【造型 U】→【特征生成 F】→【线性阵列】命令，如图

4-63（a）所示。②分别在第一和第二阵列方向，拾取阵列对象和边/基准轴，填入距离和数目，单击“确定”完成操作，结果如图 4-63（b）所示。

（3）参数

【方向】：指阵列的第一方向和第二方向。

【阵列对象】：指要进行阵列的特征。

【边/基准轴】：指阵列所沿的指示方向的边或者基准轴。

【距离】：指阵列对象相距尺寸值，可直接输入所需数值，也可单击图标调节。

【数目】：指阵列对象个数，可以直接输入所需数值，也可以单击图标来调节。

【反转方向】：指与默认方向相反的方向进行阵列。

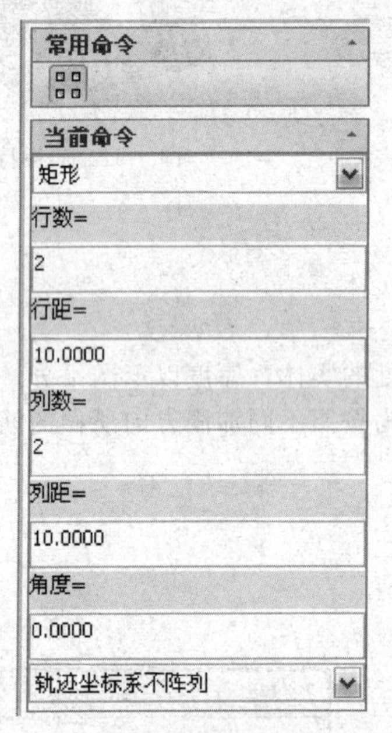

(a) 线性阵列对话框

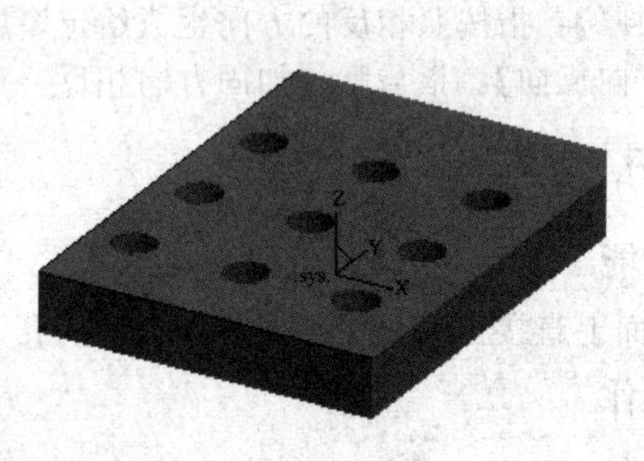

(b) 线性阵列

图 4-63　线性阵列

2. 环形阵列

（1）功能

绕某基准轴旋转将特征阵列为多个特征。基准轴应为空间直线。

（2）操作

①单击【环形阵列】图标，或单击【造型 U】→【特征生成 F】→【环性阵列】，如图 4-64（a）所示。②拾取阵列对象和边/基准轴，填入角度和数目，单击“确定”，完成操作如图 4-64（b）所示。

（3）参数

【阵列对象】：指要进行阵列的特征。

【边/基准轴】：指阵列所沿的指示方向的边或者基准轴。

【角度】：指阵列对象所夹的角度值，可以直接输入所需数值，也可以单击图标来调节。

【数目】：指阵列对象的个数，可以直接输入所需数值，也可以单击图标来调节。

【反转方向】：指与默认方向相反的方向进行阵列。

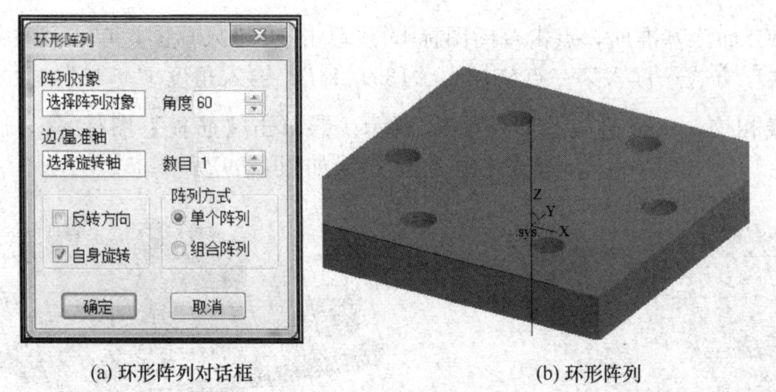

(a) 环形阵列对话框　　(b) 环形阵列

图 4-64　环形阵列

【自身旋转】：指在阵列过程中，这列对象在绕阵列中心选旋转的过程中，绕自身的中心旋转，否则，将互相平行。

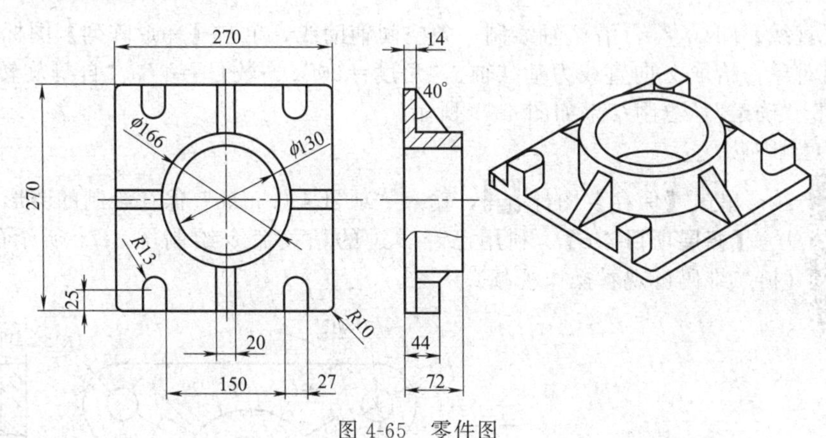

图 4-65　零件图

3. 项目训练

【项目实例 4-6】 利用“拉伸增料”、“筋板”、“环形阵列”等命令，绘制图 4-65 轴架实体造型。(扫二维码可观看操作视频)

绘制过程：

『步骤 1』利用“拉伸增料”绘制底座、圆柱和凸台

①参见图 4-65 的尺寸，利用“拉伸增料”绘制底座，绘制结果如图 4-66所示。②再次利用“拉伸增料”命令，绘制圆柱，绘制结果如图 4-67 所示。③再次利用“拉伸增料”命令绘制凸台。绘制结果如图 4-67 所示。

项目实例 4-6
操作视频

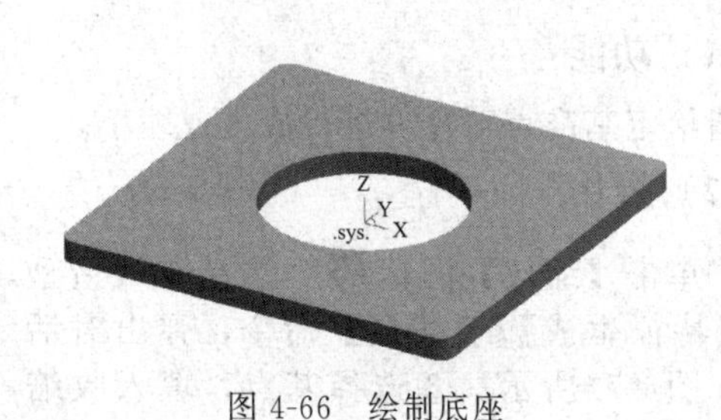

图 4-66　绘制底座

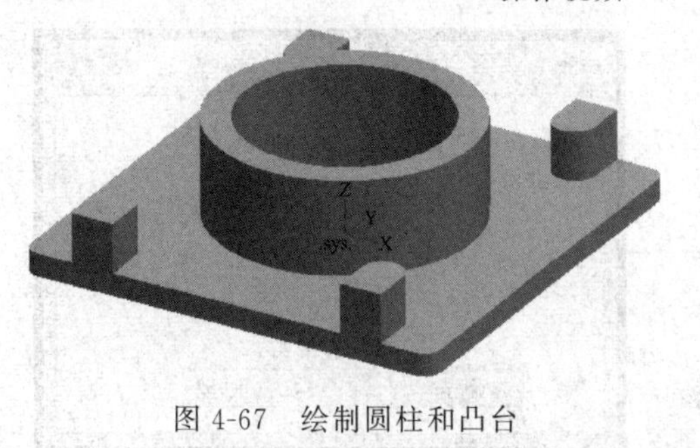

图 4-67　绘制圆柱和凸台

『步骤 2』绘制筋板

①选择 YZ 面为基准面，点击草图图标或单击 F2 进入草图，单击【直线】图标，选择“角度线”方式，键入第一点坐标为“135，14”，输入角度“－40”，生成的直线与圆柱的外轮廓线相交，生成直线。如图 4-68 所示。②单击【筋板】图标，选择“双向加厚”、“厚度＝10”，拾取草图，单击“确定”，结果如图 4-69 所示。

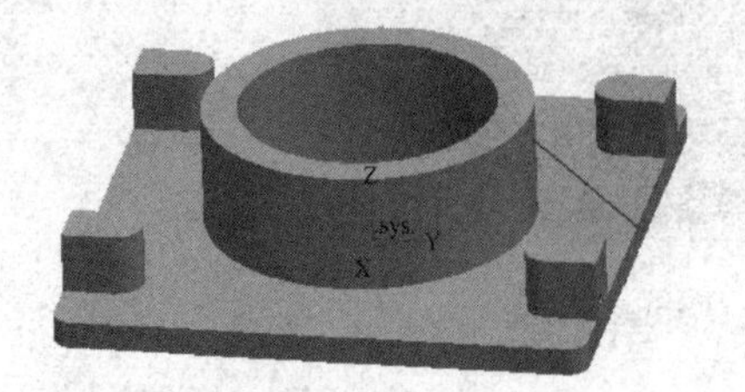
图 4-68　绘制筋板草图

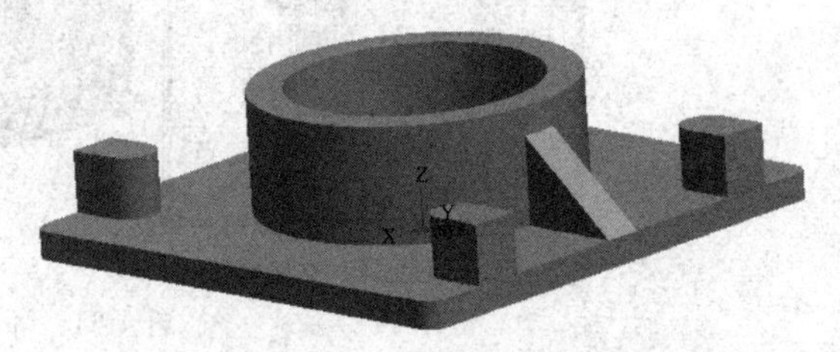
图 4-69　生成筋板特征

『步骤 3』阵列筋板

单击【直线】图标，沿 Z 轴绘制一条空间辅助线，单击【环形阵列】图标，选择筋板为阵列对象，拾取 Z 向直线为基准轴、“角度＝90”、“数目＝4”、“自身旋转”、“单个阵列”，单击“确定”，绘制结果如图 4-70 所示。

『步骤 4』保存

拓展项目 4-6
操作视频

单击【保存】图标，输入“项目 4-6. mxe”保存绘制的图形。

【拓展项目 4-6】 利用已经学过的相关命令绘制图 4-71 所示的零件图。（扫二维码可观看操作视频）

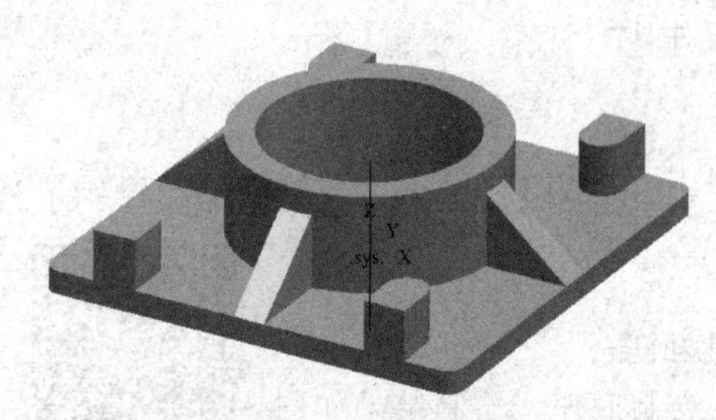
图 4-70　生成阵列特征

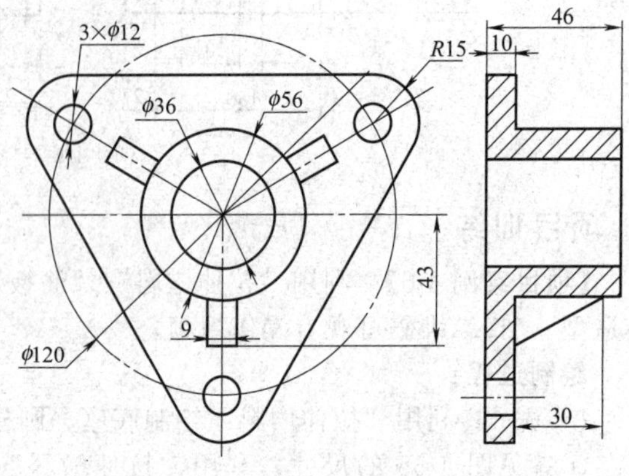

图 4-71　零件图

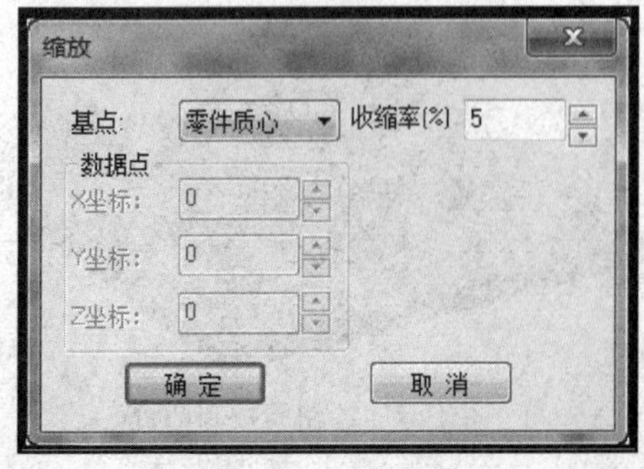

图 4-72　缩放对话框

4.3.8　缩放

（1）功能

指给定基准点对零件进行放大或缩小。

（2）操作

①单击【缩放】图标，或单击【造型U】→【特征生成】→【缩放】命令，弹出对话框，如图 4-72 所示。②选择基点，填入收缩率，需要时填入数据点，单击“确定”完成操作。

(3) 参数

基点包括三种：零件质心、拾取基准点和给定数据点。

【零件质心】：指以零件的质心为基点进行缩放。

【拾取基准点】：指根据拾取的工具点为基点进行缩放。

【给定数据点】：指以输入的具体数值为基点进行缩放。

【收缩率】：指放大或缩小的比率。此时零件的缩放基点为零件模型的质心。

4.3.9 型腔

(1) 功能

指以零件为型腔生成包围此零件的模具。

(2) 操作

①单击【型腔】图标，或单击【造型 U】→【特征生成】→【型腔】命令，弹出对话框，如图 4-73 所示。②分别填入收缩率和毛坯放大尺寸，单击“确定”完成操作。

(3) 参数

【收缩率】：指放大或缩小的比率。

【毛坯放大尺寸】：指可以直接输入所需数值，也可以单击图标来调节。

图 4-73 型腔对话框

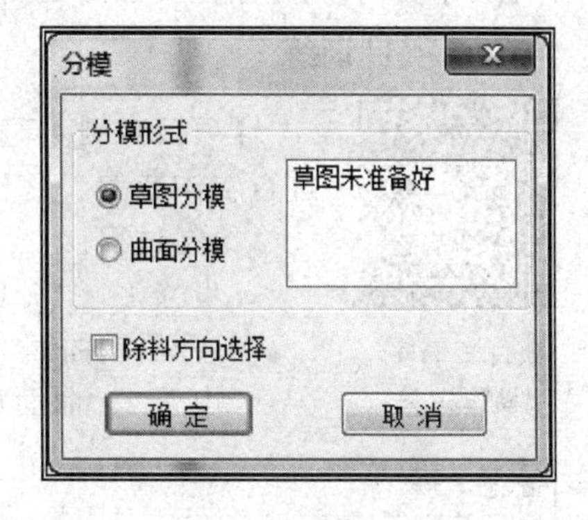

图 4-74 分模对话框

4.3.10 分模

(1) 功能

指型腔生成后，通过分模，使模具按照给定的方式分成几个部分。

(2) 操作

①单击【分模】图标，或单击【造型】→【特征生成】→【分模】命令，弹出分模对话框，如图 4-74 所示。②选择分模形式和除料方向，拾取草图，单击“确定”完成操作。

(3) 参数

分模形式包括两种：草图分模和曲面分模。

【草图分模】：通过所绘制的草图进行分模。

【曲面分模】：通过曲面进行分模，参与分模的曲面可以是多张边界相连的曲面。

【除料方向选择】：指除去哪一部分实体选择，分别按照不同方向生成实体。

4.4 曲面实体复合造型

4.4.1 曲面加厚增料

(1) 功能

对指定的曲面按照给定的厚度和方向进行生成实体。

(2) 操作

①单击【曲面加厚增料】图标，或单击【造型U】→【特征生成】→【增料】→【曲面加厚】命令，弹出“曲面加厚”对话框，如图4-75所示。②填入厚度，确定加厚方向，拾取曲面，单击“确定”完成操作。

(3) 参数

【厚度】：是指对曲面加厚的尺寸，可以直接输入所需数值，也可点击图标调节。

【加厚方向1】：是指曲面的法线方向，生成实体。

【加厚方向2】：是指与曲面法线相反的方向，生成实体。

【双向加厚】：是指从两个方向对曲面进行加厚，生成实体。

【加厚曲面】：是指需要加厚的曲面。

(4) 项目训练

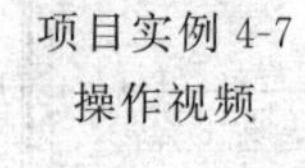
项目实例4-7
操作视频

【项目实例4-7】 利用“曲面加厚增料”命令，对（图2-98）吊钩进行实体造型。（扫二维码可观看操作视频）

绘制过程：

『步骤1』打开曲面文件

打开吊钩曲面“项目3-7.mxe”，如图4-76所示。

『步骤2』曲面加厚增料

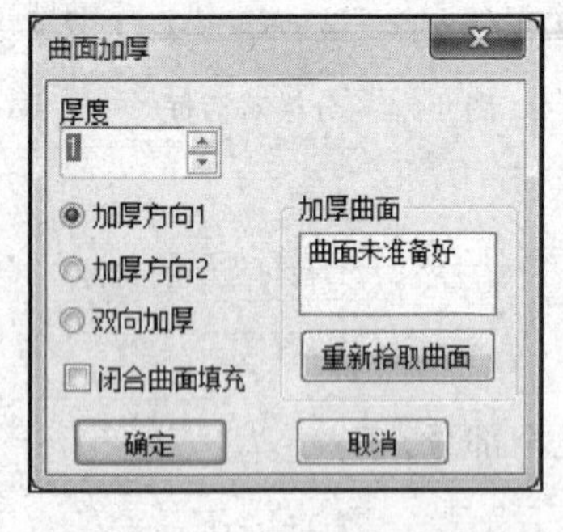

图4-75 曲面加厚增料对话框

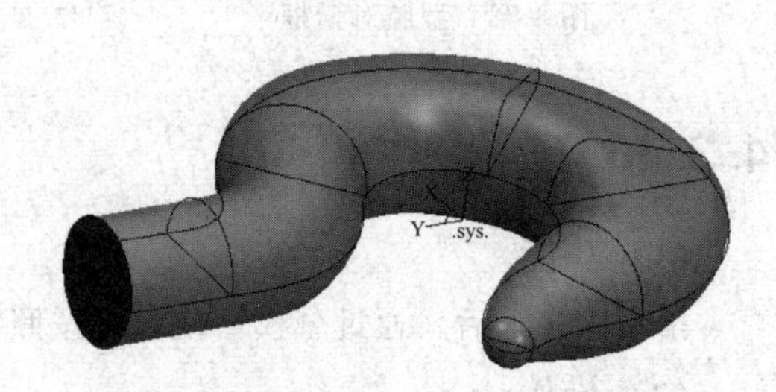

图4-76 吊钩曲面

①单击【曲面加厚增料】图标，或单击【造型U】→【特征生成】→【增料】→【曲面加厚】命令，弹出“曲面加厚”对话框，如图4-76所示。②选择“精度＝0.3”、“闭合曲面填充”方式，拾取吊钩所有曲面（共6张曲面）。单击“确定”，生成吊钩实体，如图4-77所示。

『步骤3』隐藏空间曲线和曲面

①单击【拾取过滤设置】图标，弹出“拾取过滤器”对话框，如图4-78所示。②选

择“空间曲线”、“空间圆（弧）”、“空间曲面”、“空间样条”等图形元素。拾取吊钩所有曲面和空间曲线隐藏。生成吊钩实体，如图 4-79 所示。

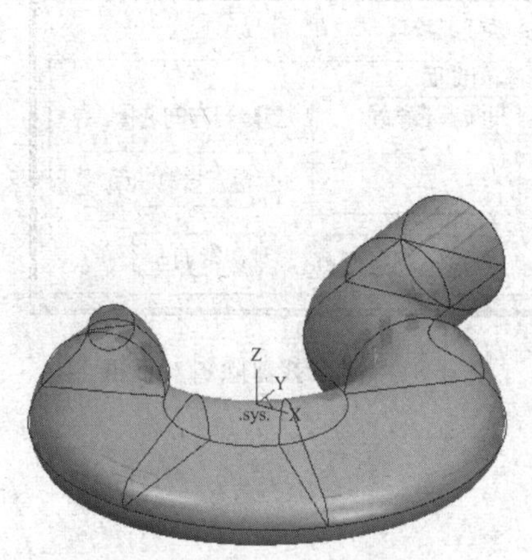

图 4-77　吊钩实体

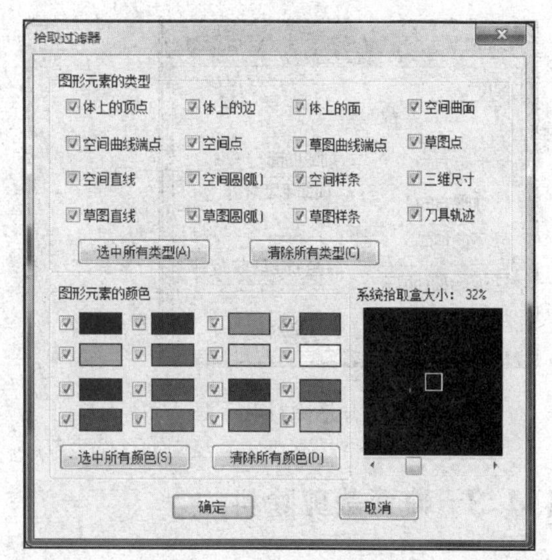

图 4-78　拾取过滤器对话框

『步骤 4』保存

单击【保存】图标，输入“项目 4-7. mxe”保存绘制的实体模型。

注意

隐藏完曲线和曲面后，要再次打开“拾取过滤器”对话框，单击“选中所有类型”，单击确定，恢复到初始的绘图状态。

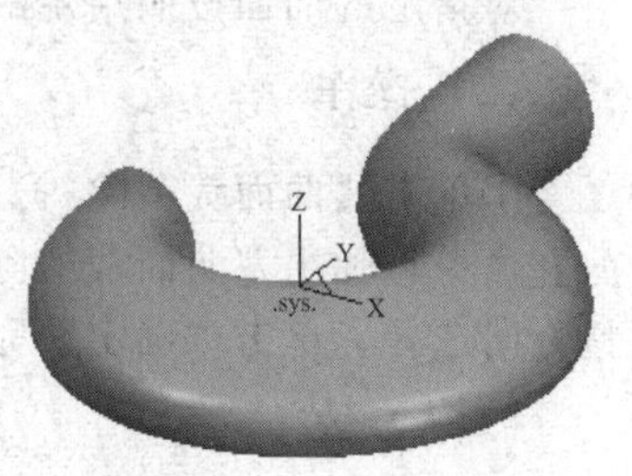

图 4-79　吊钩实体模型

【拓展项目 4-7】 利用已经学过的相关命令对【项目实例 3-3】、【项目实例 3-4】、【项目实例 3-5】等零件进行实体造型设计。

4.4.2 曲面加厚除料

（1）功能

对指定的曲面按照给定的厚度和方向进行移出的特征修改。

（2）操作

①单击【曲面加厚除料】图标，或单击【造型 U】→【特征生成】→【除料】→【曲面加厚】命令，弹出“曲面加厚除料”对话框，如图 4-80 所示。②填入厚度，确定加厚方向，拾取曲面，单击“确定”完成操作。

（3）参数

【加厚方向 1】：是指曲面的法线方向，生成实体。

【加厚方向 2】：是指与曲面法线相反的方向，生成实体。

【双向加厚】：是指从两个方向对曲面进行加厚，生成实体。

【加厚曲面】：是指需要加厚的曲面。

●注意

① 加厚方向选择要正确。

② 应用曲面加厚除料时，实体应至少有一部分大于曲面。若曲面完全大于实体，系统会提示特征操作失败。

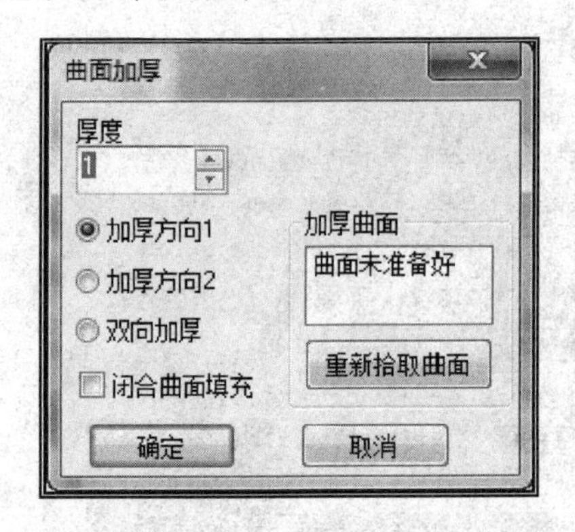

图 4-80 曲面加厚除料对话框

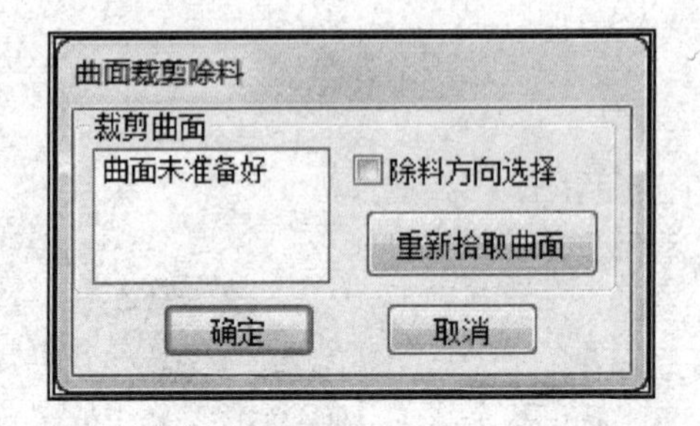

图 4-81 曲面裁剪除料对话框

4.4.3 曲面裁剪除料

(1) 功能

对指定的曲面按照给定的厚度和方向进行移出的特征修改。

(2) 操作

①单击【曲面裁剪除料】图标，或单击【造型 U】→【特征生成】→【除料】→【曲面裁剪】命令，弹出“曲面裁剪除料”对话框，如图 4-81 所示。②拾取曲面，确定是否进行除料方向选择，单击“确定”完成操作。

(3) 参数

【裁剪曲面】：对实体进行裁剪的曲面，参与裁剪的曲面可为多张边界相连曲面。

【除料方向选择】：除去哪一部分实体的选择，分别按照不同方向生成实体。

●注意

在特征树中，右键单击“曲面裁剪”，后“修改特征”，弹出的对话框，其中增加了“重新拾取曲面”的图标，可以此来重新选择裁剪所用的曲面。

项目实例 4-8
操作视频

(4) 项目训练

【项目实例 4-8】 利用“曲面裁剪除料”等命令绘制图 3-86 的鼠标实体模型。(扫二维码可观看操作视频)

绘制过程：

『步骤 1』拉伸鼠标基本体

①选择 XY 面，单击【创建草图】图标，或单击 F2 进入草图，单击 F5。按照图3-86所示的尺寸绘制鼠标底面的草图，如图 4-82 所示。②单击【拉伸增料】图标，依次选择“固定深度”，“深度=40”，单击“确定”，结果如图 4-83 所示。

『步骤 2』绘制裁剪曲面

①单击 F8 键，单击 F9 键，将工作平面切换到 XZ 面，单击【样条线】图标，依次选择“插值”、“缺省切矢”、“开曲线”，键入“−70，0，20”，回车；“−40，0，25”，回车；“−20，0，30”，回车；“30，0，15”，回车；单击鼠标右键结束，生成样条曲线。②单击 F9 键，将工作平面切换到 YZ 面，单击【圆弧】图标，依次选择“两点 _ 半径”，任

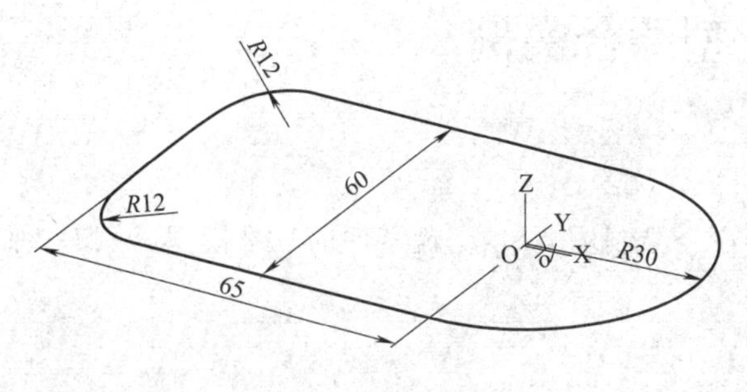

图 4-82　绘制草图

图 4-83　拉伸特征

意选取两点，移动光标到合适位置，键入半径“100”，绘制圆弧；单击【平移】图标，依次选择“两点”、“移动”、“非正交”，拾取圆弧，单击鼠标右键，拾取圆弧中点为基点，拾取样条曲线终点为目标点，将圆弧移到正确位置，绘制结果如图 4-84 所示。③单击【导动面】图标，依次选择“平行导动”，选取样条曲线为导动线，选取圆弧为截面线，生成导动面，结果如图 4-85 所示。

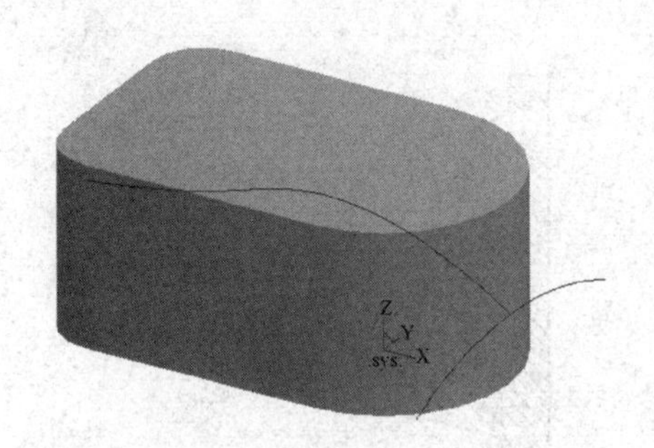

图 4-84　绘制空间曲线

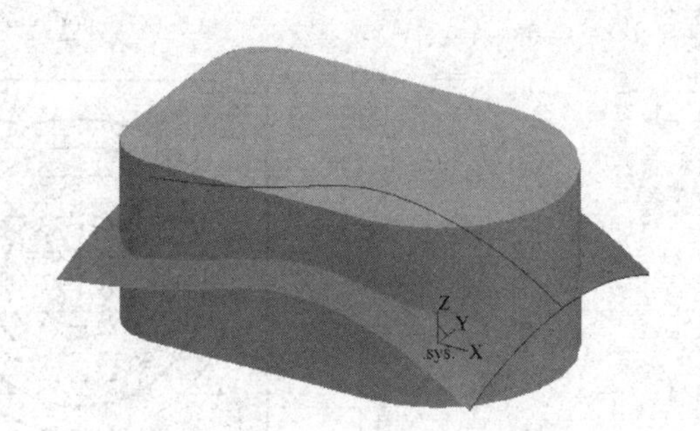

图 4-85　生成导动面

『步骤 3』曲面裁剪除料

①单击【曲面裁剪除料】图标，依次选择曲面，选择去料方向，单击“确定”，绘制结果如图 4-86 所示。隐藏曲面、曲线。②单击【圆角过渡】图标，依次选择“半径＝10”、过渡方式为“等半径”、结束方式为“缺省方式”，选择鼠标上表面，单击“确定”，绘制结果如图 4-87 所示。

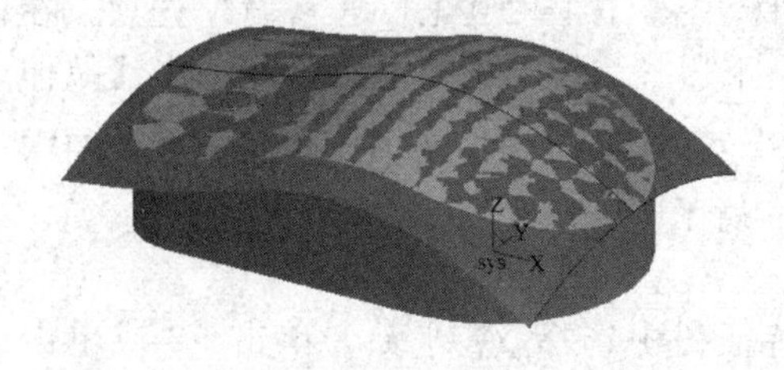

图 4-86　修剪曲面

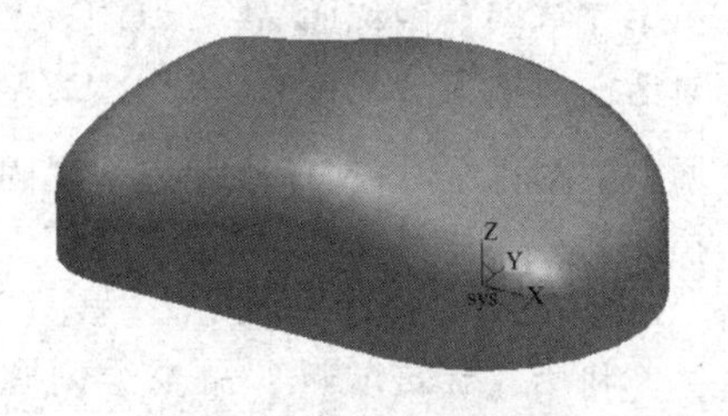

图 4-87　生成过渡特征

『步骤 4』保存

单击【保存】图标，输入“项目 4-8. mxe”保存绘制的鼠标实体模型。

4.5 造型综合实例

4.5.1 花盘零件实体造型

【项目实例 4-9】 利用实体造型的各种命令绘制图 4-88 花盘零件的三维模型。（扫二维码可观看操作视频）

项目实例 4-9
操作视频

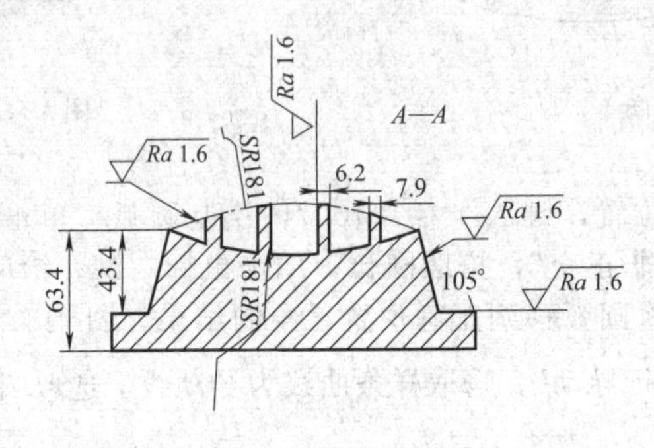

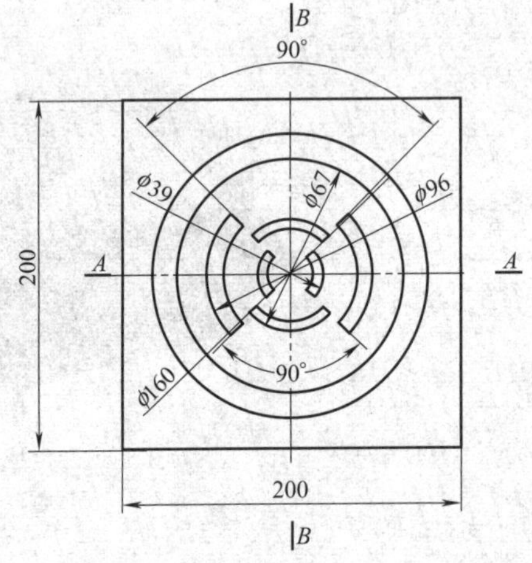

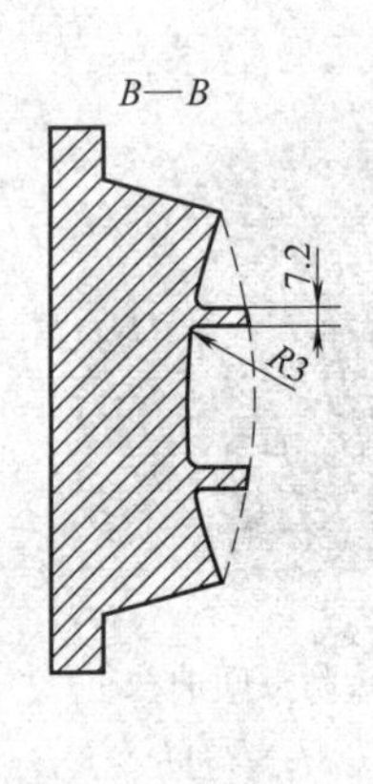

图 4-88 零件图

绘制过程：

『步骤 1』绘制底板

利用“拉伸增料”命令绘制底板实体模型。①在特征树中选择 XY 平面，单击 F2 键或单击【草图】图标进入草图。②单击【矩形】图标，选择“中心 _ 长 _ 宽”选项，在对话框内输入“长度＝200”、“宽度＝200”。绘制一个边长为 200 的正方形。③单击【拉伸增料】图标，选择拉伸类型“固定深度”，“深度＝20”，拉伸对象为上述绘制的“草图”，拉伸为“实体特征”，单击“确定”图标。如图 4-89 所示。

『步骤 2』绘制圆台

利用【旋转增料】命令绘制圆台模型。①在特征树中选择 YZ 平面，单击 F2 或单击【草图】图标进入草图。②绘制一个下底边＝80，底边与斜边的夹角 105°，高 63.4，退出草图，在 YZ 平面内绘制铅垂线。③单击【旋转增料】图标，弹出旋转特征对话框；选取旋转类型为“单向选旋转”，输入“旋转角度＝360”，拾取刚刚绘制的“草图”，拾取铅垂线作为空间轴线，单击“确定”，结果如图 4-90 所示。

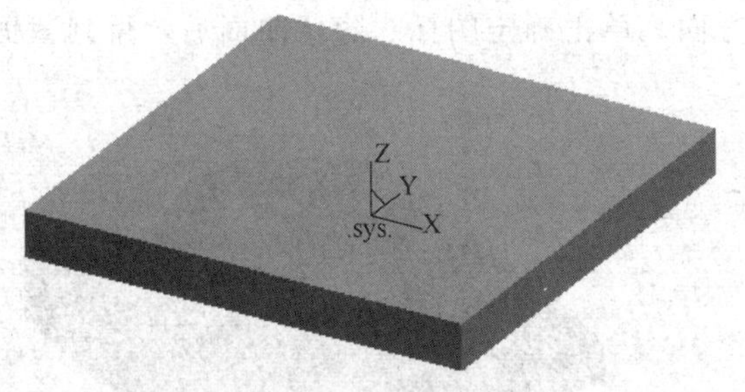

图 4-89　拉伸实体

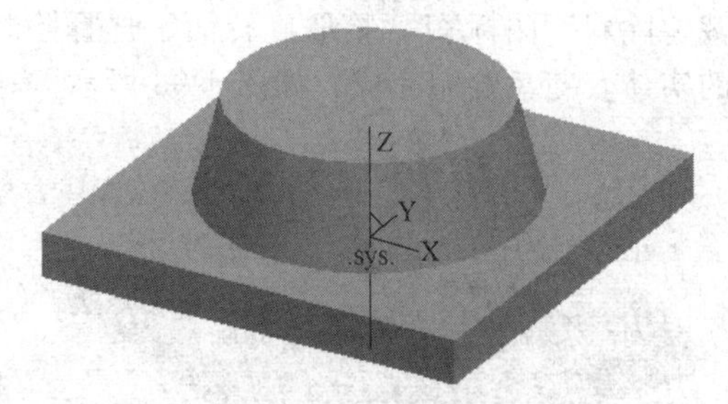

图 4-90　绘制圆台

『步骤 3』绘制花盘底部球面

利用“曲面裁剪”命令绘制花盘底部球面。①按 F9 键，选择 YZ 面为绘图平面，绘制 $R181$ 的圆弧为母线，铅垂线为轴线，单击“旋转面”图标，输入“起始角＝0°”、“终止角＝360°”。拾取旋转轴线，并选择方向。拾取母线，拾取完毕即可生成旋转面。如图 4-91 所示。②单击“曲面裁剪除料”图标，拾取旋转面、选择除料方向，单击确定图标。隐藏曲面后，得到裁剪的实体，如图 4-92 所示。

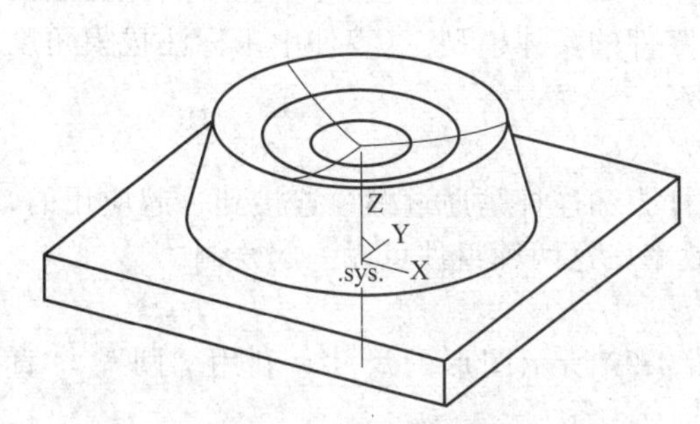

图 4-91　拉伸实体

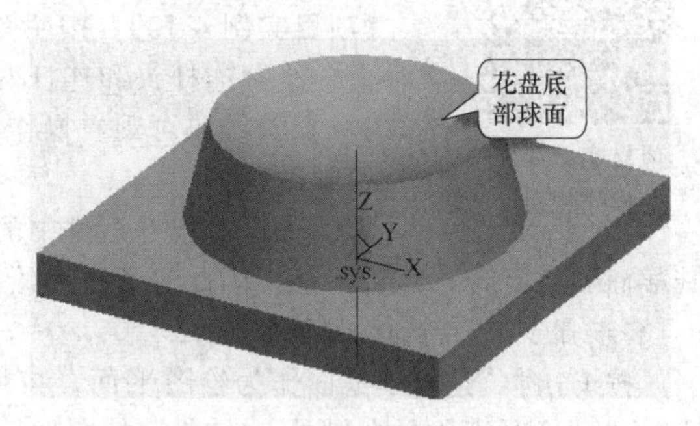

图 4-92　绘制花盘底部球面

图 4-93　绘制草图

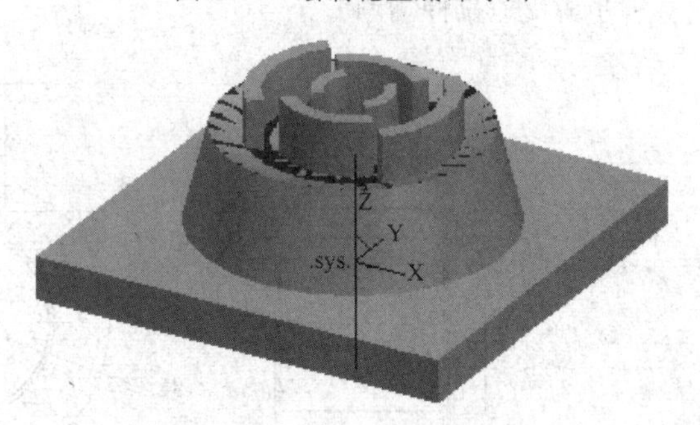

图 4-94　拉伸花盘

『步骤 4』绘制花盘

利用“拉伸增料”和“曲面裁剪除料”命令绘制花盘。①在特征树中选择 XY 平面，单击 F2 或单击【草图】图标，进入草图。②单击【圆】图标，选择“圆心_半径”方式，绘制如图 4-93 所示的草图。③单击【拉伸增料】图标，选择拉伸类型“固定深度”，“深度＝80”，拉伸对象为上述绘制的花盘草图，拉伸为“实体特征”，单击“确定”图标。绘制结果如图 4-94 所示。④按 F9 键，选择 YZ 面为绘图平面，绘制 $R181$ 的圆弧作为母线，铅垂线为轴线，单击“旋转面”图标。输入“起始角＝0°”、“终止角＝360°”。拾取旋转轴线，并选择方向。拾取母线，拾取完毕即可生成旋转面。如图 4-95 所示。⑤单击“曲面裁剪除料”图标，拾取旋转面、选择除料方向，单击确定图标。隐藏曲面后，得到裁剪的实体，花盘绘制完成，如图 4-96 所示。

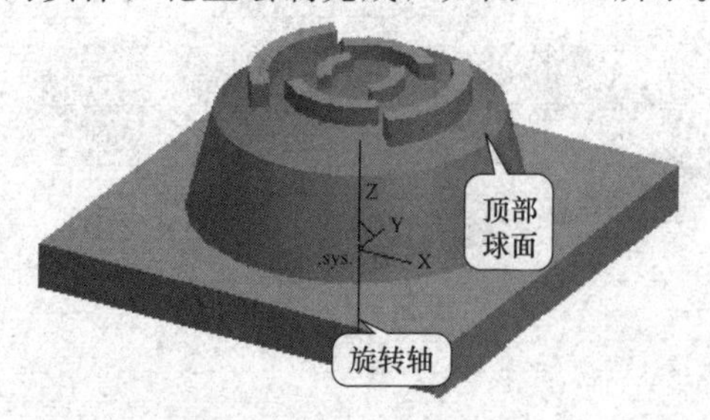

图 4-95 裁剪曲面

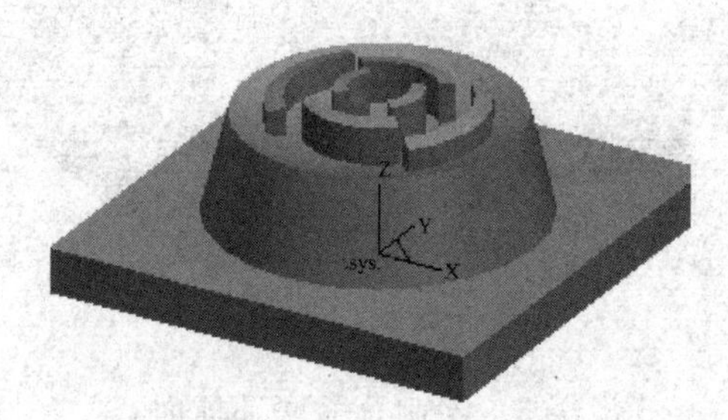

图 4-96 完成花盘绘制

『步骤 5』保存

单击【保存】图标，输入“项目 4-9. mxe”保存绘制的花盘实体模型。

项目实例 4-10
操作视频

4.5.2 连杆组件的实体造型

【项目实例 4-10】 按照图 4-97、图 4-98 所示的尺寸，利用实体造型的各种命令绘制连杆头和连杆两个零件的实体模型。(零件中未标注拔模角度为 5°)(扫二维码可观看操作视频)

绘制过程：

零件分析：连杆组件中的连杆头和连杆是通过螺栓连接到一起应用的，其端面紧密配合，结构互补，因此为了提高绘图效率，这两种组件可以一起绘制。

『步骤 1』绘制辅助平面视图

按 F5 键，选择 XY 面作为绘图平面，按照图 4-97 所示图形的尺寸，利用“圆”、“直线”、“过渡”等命令绘制图 4-99 所示的图形。

『步骤 2』拉伸增料

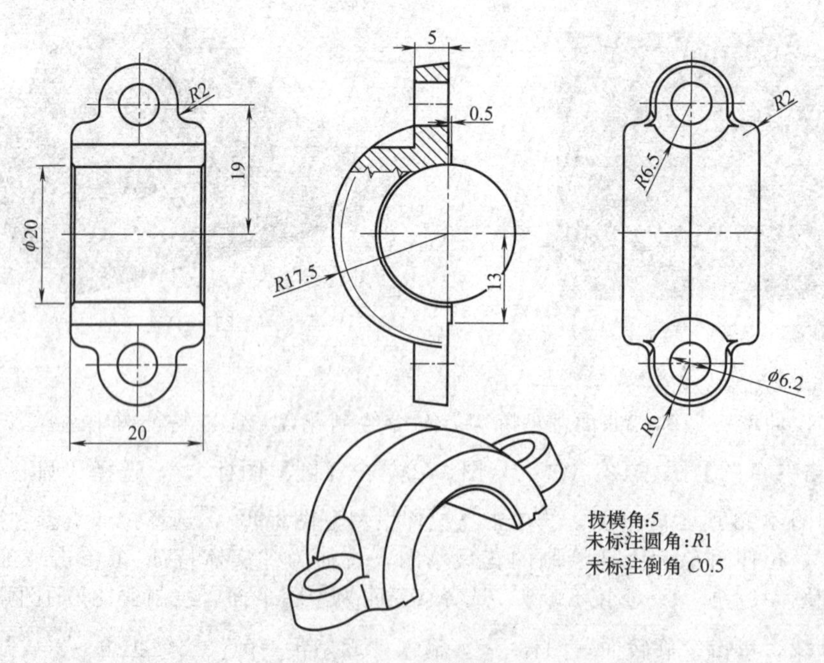

图 4-97 连杆头

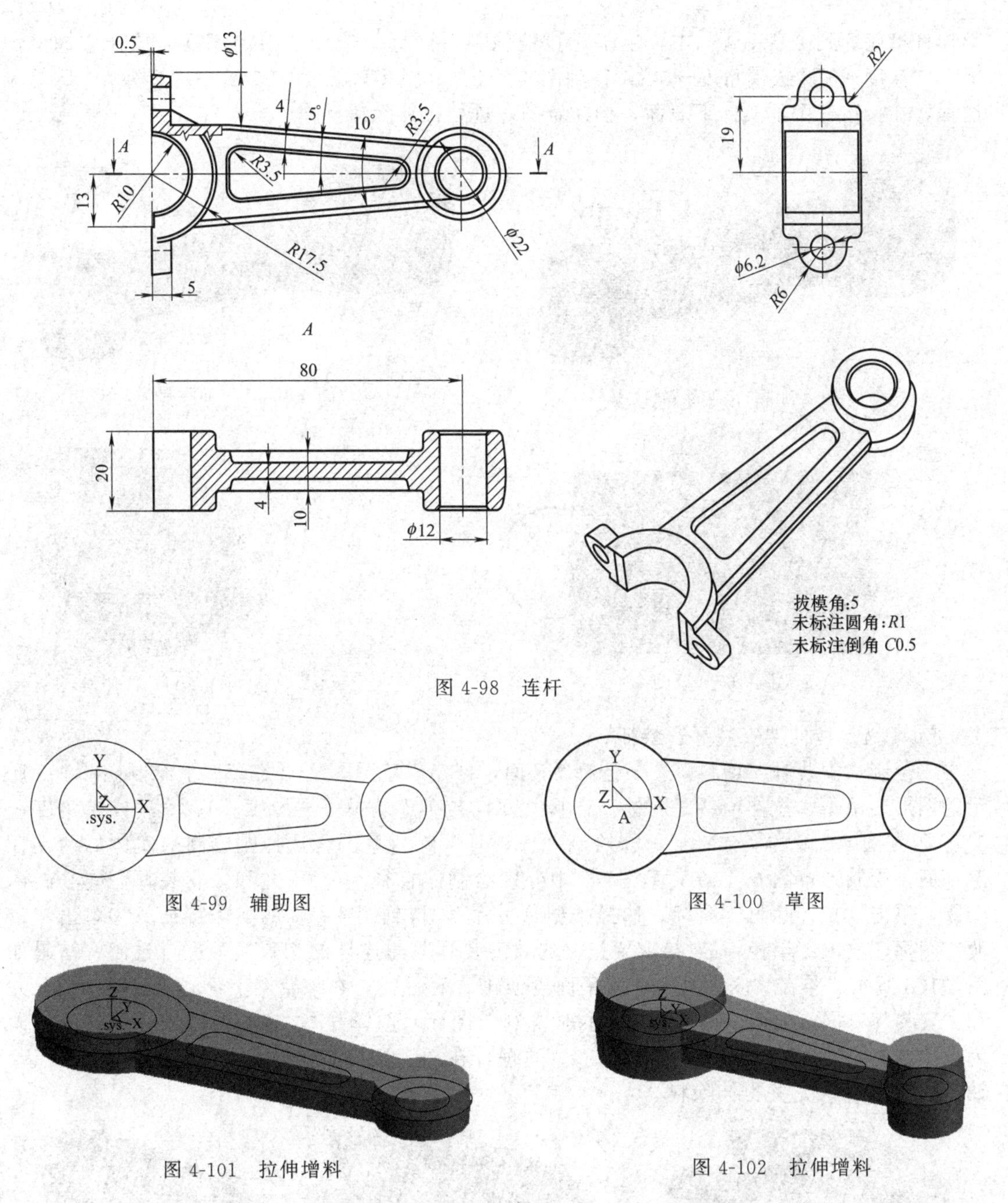

图 4-98 连杆

图 4-99 辅助图

图 4-100 草图

图 4-101 拉伸增料

图 4-102 拉伸增料

①选择 XY 面，创建“草图 1”，单击“曲线投影”图标，选择辅助图的整体外轮廓投影到草图中，并进行编辑，得到图 4-100 所示的草图。单击“拉伸增料”图标，选择“双向拉伸”方式、“深度→10”、“拔模角度→5°”。得到图 4-101 的实体特征。②重复“步骤①”的绘制过程，投影直径为“22”和“35”的两个圆到新建的“草图 2”中，单击“拉伸增料”图标，选择“双向拉伸”方式、“深度→20”、“拔模角度→5°”，得到图 4-102 的实体特征。

『步骤 3』拉伸除料

①选择 XY 面，创建“草图 3”，单击“曲线投影”图标，投影直径为“20”、“12”的两个圆弧到草图 3 中。单击“拉伸除料”图标，选择草图 3，拉伸方式“贯穿”，拉伸结果如图 4-103 所示。②选择连杆中部实体上表面，创建“草图 4”，单击“曲线投影”图标，投

影连杆槽轮廓到“草图 4”中，单击“拉伸除料”图标，选择“固定深度”拉伸方向“向下”，“深度→3”“拔模角度→5°”，得到图 4-104 所示的实体模型。③重复“步骤 2”的绘制过程，在择连杆中部实体下表面，创建草图，进行拉伸除料操作。

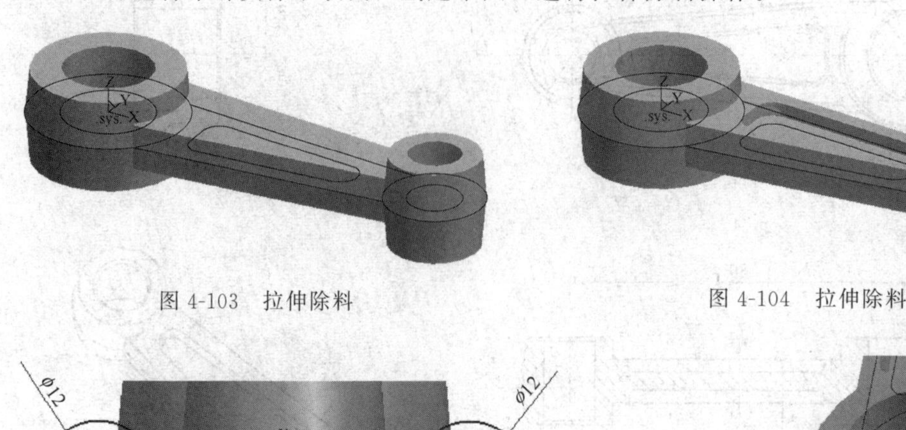

图 4-103　拉伸除料　　　图 4-104　拉伸除料

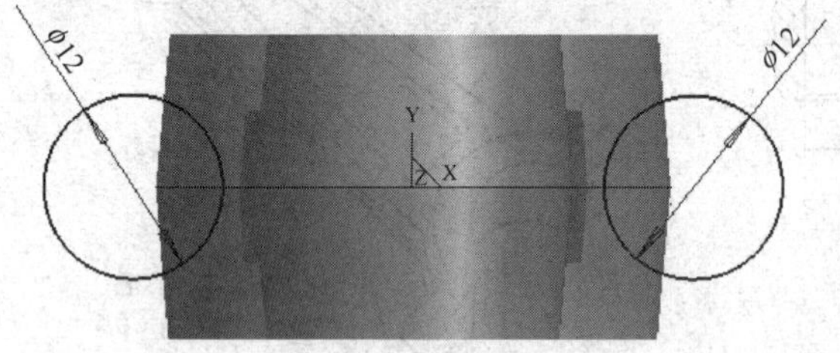

图 4-105　草图

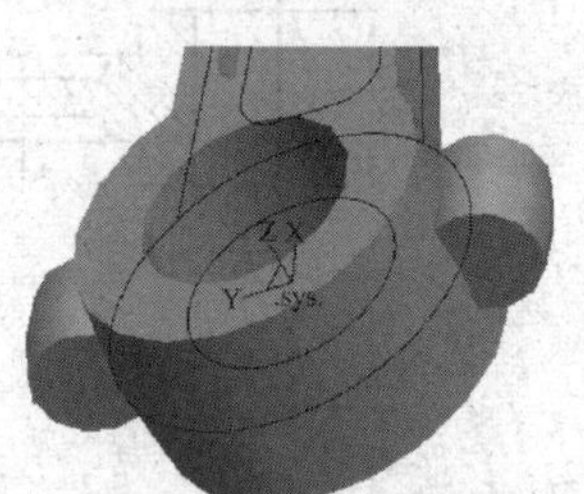

图 4-106　拉伸增料

『步骤 4』拉伸“安装耳”特征

①绘制“安装耳”增料草图。选择 YZ 面，创建“草图 5”，并在草图上绘制图 4-105 所示的图形。单击“拉伸增料”图标，选择“双向拉伸”方式、“深度→10”、“拔模角度→5°”。得到图 4-106 的实体特征。②绘制“安装耳”除料草图。选择刚绘制的实体的两端任意平面，绘制“草图 6”，在“草图 6”中分别绘制“直径＝6.2”并和“安装耳”同心的两个圆，单击“拉伸除料”图标。选择类型“贯穿”，得到图 4-107 的实体特征。③单击“过渡”图标，输入“半径＝2”拾取要过渡的“安装耳”与连杆的相贯线，进行过渡，结果如图 4-108 所示。④在“安装耳”任意平面再创建“草图 7”，在该草图上绘制“直径＝13”并和“安装耳”同心的两个圆。单击“拉伸除料”图标，选择背离“安装耳”实体特征的方向为拉伸方向，得到图 4-109 所示的图形。同理，在“安装耳”另一侧平面上绘制“直径＝13”的“草图 8”，并拉伸除料。

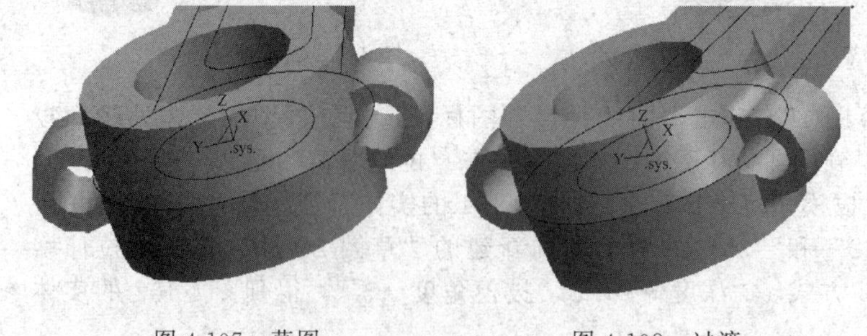

图 4-107　草图　　　图 4-108　过渡

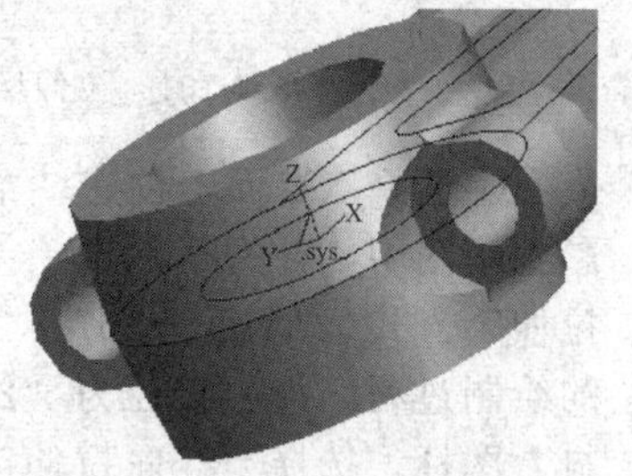

图 4-109　拉伸除料

『步骤 5』过渡

依次单击“过渡”和“倒角”图标，按照零件图所给尺寸对绘制的模型进行操作，得到图 4-110 所示的图形。

图 4-110 倒角与过渡

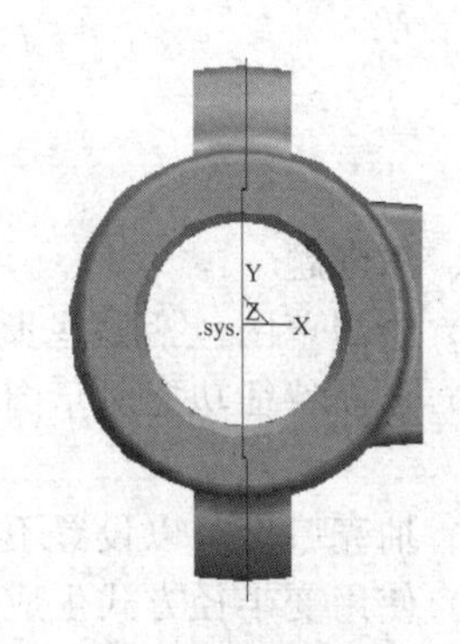

图 4-111 分割线

『步骤 6』绘制分割面

①绘制分割线。按 F5，选择 XY 面作为绘图平面，按照图 4-97 所示的图形绘制空间的分割线，绘制结果如图 4-111 所示。②绘制分割面。单击“扫描面”图标，输入“起始距离→－15”、“扫描距离→30”、“扫描角度→0”，单击空格，选择扫描方向“Z 轴正方向”拾取“分割线”作为扫描曲线，得到分割面，如图 4-112所示。③保存绘制模型为“连杆头”，另存该文件为“连杆”。

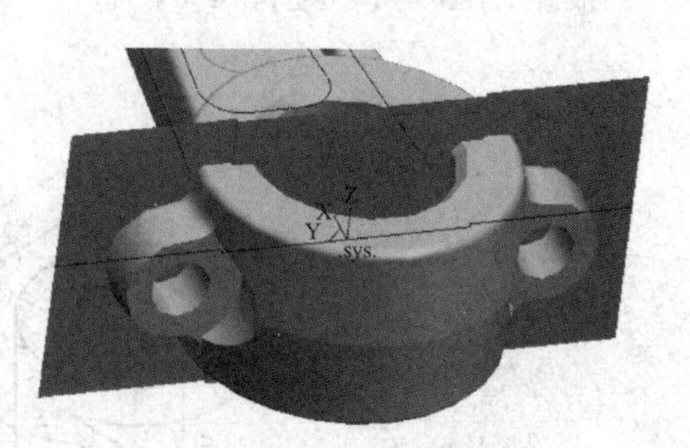

图 4-112 分割面

『步骤 7』分离连杆头和连杆

①打开“连杆”文件，单击“曲面裁剪除料”图标，选择分割面作为裁剪曲面，选择裁剪方向指向连杆头部分，保留连杆部分，隐藏分割面和空间曲线，得到图 4-113 所示的图形。保存“连杆”文件。②打开“连杆头”文件，重复“步骤①”操作过程，选择保留连杆头部分，隐藏分割面和空间曲线，得到图 4-114 所示的图形。保存“连杆头”文件。

图 4-113 连杆

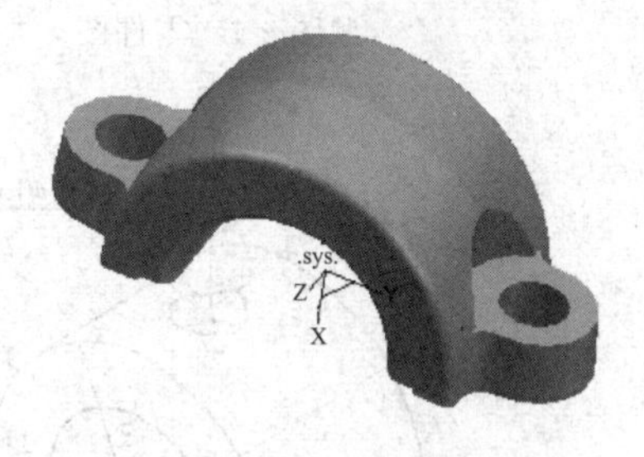

图 4-114 连杆头

4.6 小　　结

CAXA 制造工程师提供了丰富的草图和特征的造型与编辑功能，通过这些功能不仅可以通过修改草图或特征参数来解决模型构建过程中出现的错误及调整设计中的部件参数，而且可以用来进行系列产品的建模或设计。本章中我们主要说明了利用 CAXA 制造工程师软件进行实体造型的各种命令和方法，并通过实例来强调说明了命令的应用的方法。

4.7 思考与练习

一、思考题

(1) 绘制草图包括哪些步骤?

(2) 板筋特征功能对草图有何要求? 板筋草图是否只能为直线? 其草图基准面方位如何设定?

(3) 抽壳厚度可以设置不同的厚度吗?

(4) 使用变半径方式生成过渡特征时，半径的变化规律是否可任意设定?

二、练习题

根据题图 4-1～题图 4-6，合理选择实体造型命令，生成三维零件实体模型。

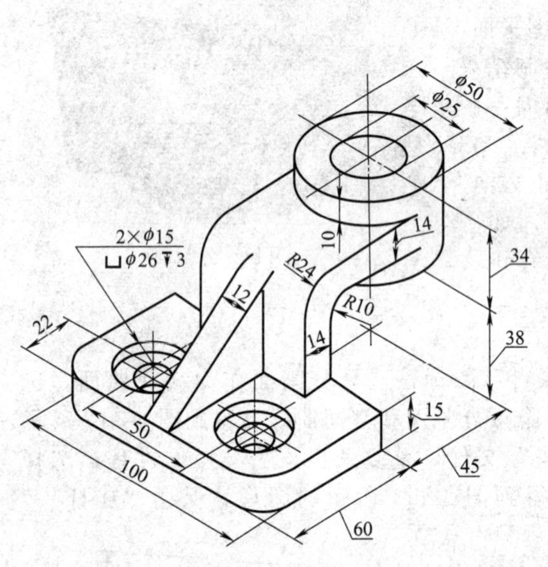

题图 4-1 零件图

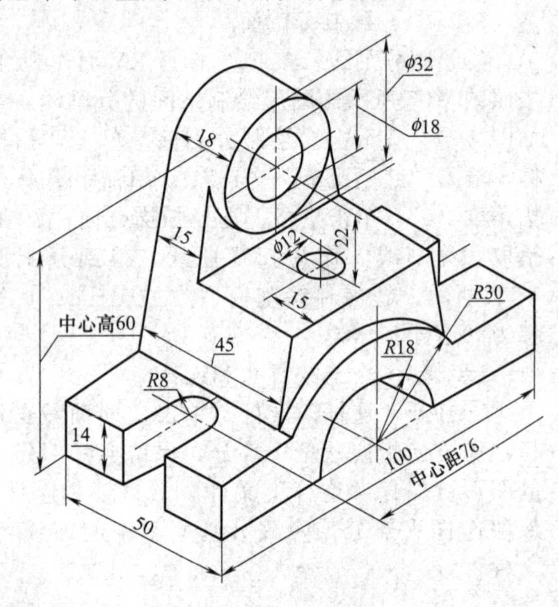

题图 4-2 零件图

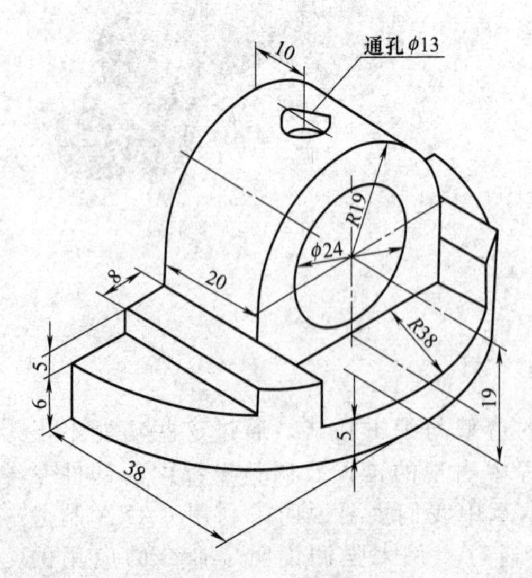

题图 4-3 零件图

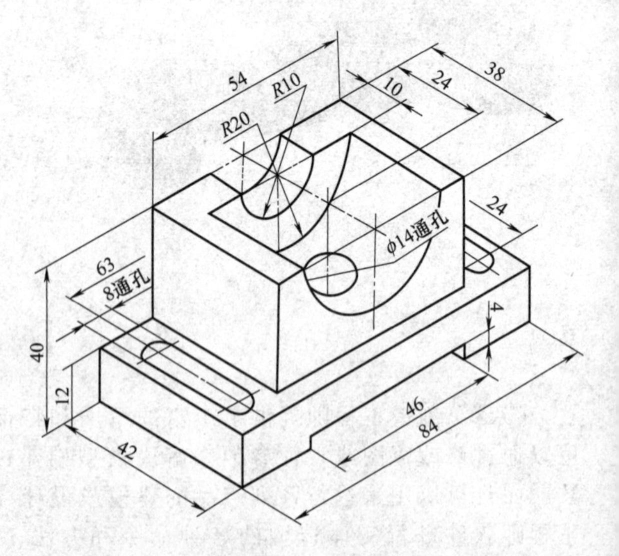

题图 4-4 零件图

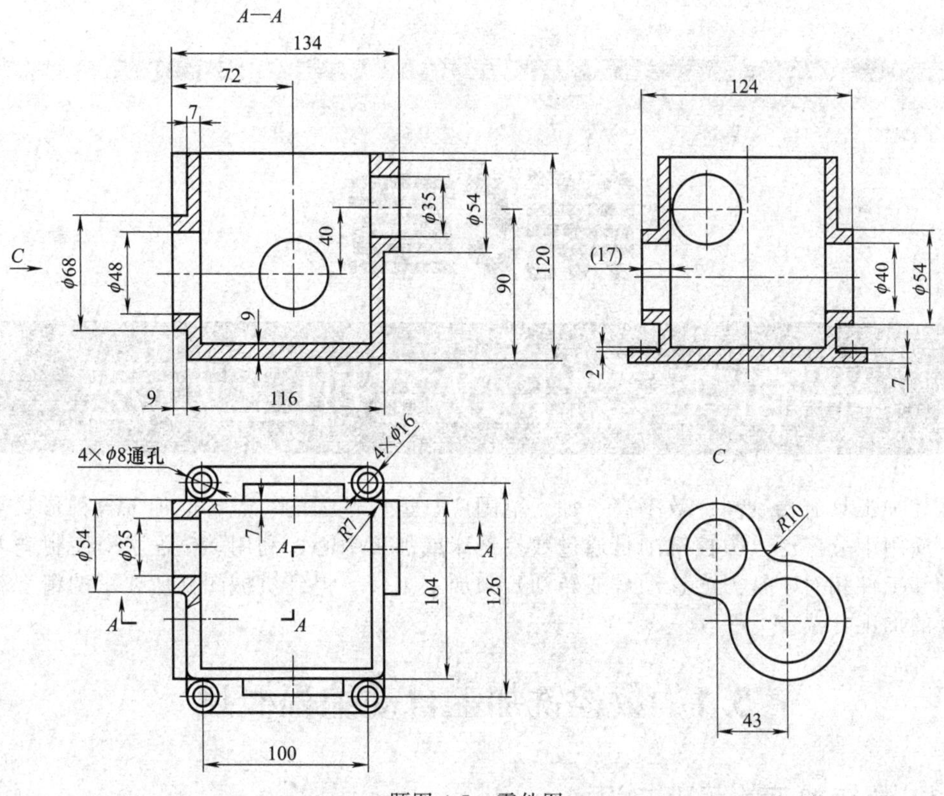

题图 4-5 零件图

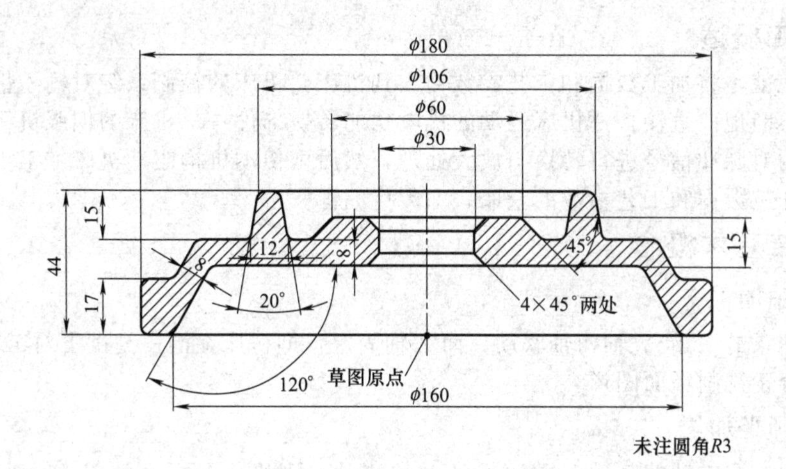

题图 4-6 零件图

第5章

平面类零件数控加工方法

数控加工具有精度高、效率高、加工范围广、适应性强的特点，能加工各种形状复杂的零件，应用十分广泛。数控铣削是通过数控铣床或加工中心、利用NC程序来控制铣刀的旋转运动和工件相对于铣刀的移动（或转动）来加工工件，得到机械图样所要求的精度和表面粗糙度的加工方法。

5.1 数控铣加工自动编程概述

5.1.1 数控加工的基础知识

1. 数控加工概述

数控加工就是将加工数据和工艺参数输入到机床，机床的控制系统对输入信息进行运算与控制，并不断地向直接指挥机床运动的机电功能转换部件——机床的伺服机构发送脉冲信号，伺服机构对脉冲信号进行转换与放大处理，然后由传动机构驱动机床加工零件。数控加工的关键是加工数据和工艺参数的获取，即数控编程。

2. 数控加工基本概念

（1）两轴加工

机床坐标系的X和Y轴两轴联动，而Z轴固定，即机床在同一高度下对工件进行切削。两轴加工适合于铣削平面图形。

（2）两轴半加工

两轴半加工在二轴的基础上增加了Z轴的移动，当机床坐标系的X和Y轴固定时，Z轴可以有上、下的移动。利用两轴半加工可以实现分层加工，即刀具在同一高度（指Z向高度，下同）上进行两轴加工，层间有Z向的移动。

（3）三轴加工

机床坐标系的X、Y和Z三轴联动。三轴加工适合于进行各种非平面图形，即一般曲面的加工。

（4）四轴加工

目前，常见的四轴加工中心通常是在标准的三轴加工中心的机床上增加A轴的旋转，从而在铣削加工的同时，对零件在A轴的方向上进行加工。

（5）五轴加工

五轴是指 X、Y 和 Z 三个移动轴上加任意两个旋转轴。五轴加工专门用于加工几何形状比较复杂的零件的曲面。行业普遍认为，五轴联动机床系统是解决叶轮、叶片、船用螺旋桨、重型发电机转子、汽轮机转子、大型柴油机曲轴等复杂加工的唯一手段。

5.1.2　CAXA 制造工程师加工方法简介

CAXA 制造工程师 2015 提供了 2～5 轴的数控铣加工功能，相对于 2013 版本，2015 版本加工方法上，做了比较大的调整。如图 5-1 为加工工具栏。

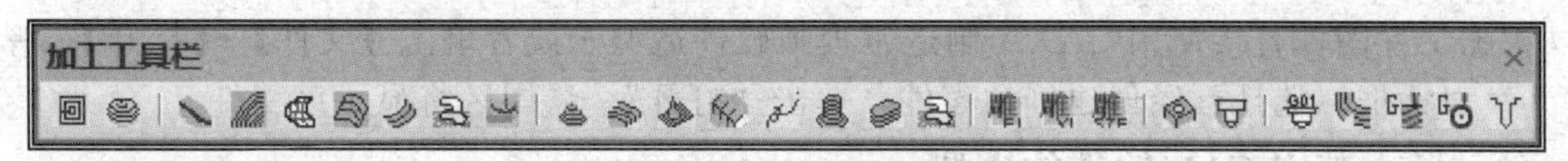

图 5-1　加工工具栏

在多轴加工中共有十余种加工方法，包括四轴加工方法、五轴加工方法、叶轮加工方法、叶片加工方法以及五轴转四轴轨迹和三轴转五轴轨迹等方法，如图 5-2 所示。

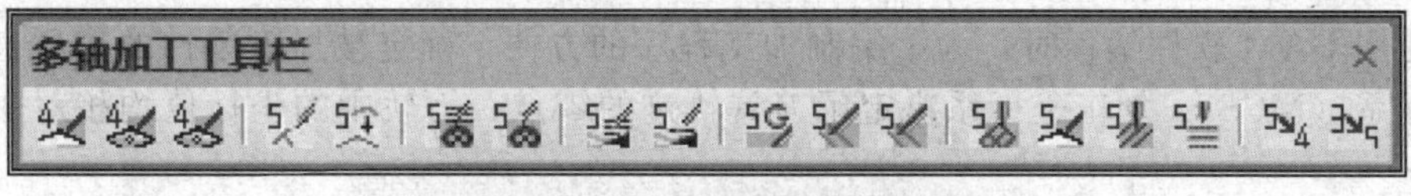

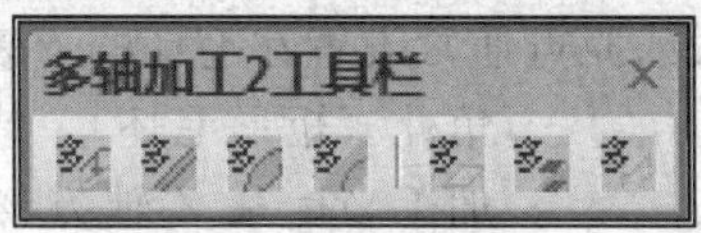

图 5-2　多轴加工工具栏

5.1.3　CAXA 制造工程师编程步骤

在进行必要的零件加工工艺分析之后，使用 CAXA 制造工程师软件进行数控铣自动编程的一般步骤如下：

① 建立加工模型；

② 建立毛坯；

③ 建立刀具；

④ 选择加工方法，填写加工参数；

⑤ 轨迹仿真；

⑥ 后置处理，生成 G 代码。

5.1.4　加工管理

在绘图区的左侧，单击【加工管理】标签，将显示加工管理窗口，如图 5-3 所示，用户可以通过操作加工管理树，对毛坯、刀具、加工参数等进行修改，还可以实现轨迹的拷贝、删除、显示、隐藏等操作。

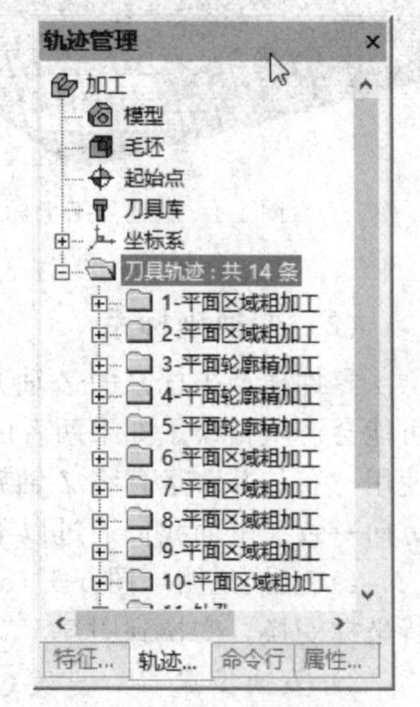

图 5-3　加工管理窗口

5.2　通用操作与通用参数设置

在 CAXA 制造工程师的各种加工方法的设置中，有一些操作过程和参数设置是一致的，在下面的很多加工方法中都可以应用到，我们称为通用操作。在此统一加以详细介绍。

5.2.1 加工模型的准备

数控编程前，必须准备好加工模型。加工模型的准备包括加工模型的建立，加工坐标系的检查与创建。如果采用轮廓边界加工或者是局部加工，还必须创建加工辅助线。

1. 建立加工模型

加工模型的建立可有以下几种方法：

(1) CAXA制造工程师软件的造型

根据工程图，直接使用CAXA制造工程师软件造型。或者单击【文件】→【打开】，弹出“打开”对话框，选择已经创建好的零件，单击“打开”，绘图区将显示该零件。

(2) 导入其它CAD软件的模型

使用其它软件创建的模型，也可在CAXA制造工程师软件中使用。操作过程类似CAXA制造工程师软件的“布尔运算”，操作步骤参见本节“变换坐标系”部分内容。

2. 建立加工坐标系

在使用CAM软件编程时，为了编制加工程序的方便，确定被加工零件的位置通常使用加工坐标系（MCS）。加工坐标系决定了刀具轨迹的零点，刀轨中的坐标值均相对于加工坐标系。

为了便于对刀，加工坐标系的原点通常设置在毛坯的上表面且靠近操作者一侧的二个顶角处（矩形毛坯），或者设置在毛坯上表面的中心，加工坐标系Z轴方向必须和机床坐标系Z轴方向一致。

图5-4 新建加工坐标系

在使用CAXA制造工程师软件进行编程时，可以选择造型时所使用的系统坐标系（sys）或其它辅助坐标系作为加工坐标系。

(1) 新建坐标系

造型时的系统坐标系原点位于零件底面中心。为编程方便，可在零件上表面中心新建一个坐标系作为加工坐标系。如图5-4所示。

(2) 变换坐标系

零件模型坐标系的Z轴方向最好和机床坐标系的Z轴方向一致，否则生成的数控程序可能会产生错误。如果两者的坐标系不一致，编程前必须进行坐标系的变换。变换的方法是使用“布尔并”运算将Z轴旋转相应的角度，使零件模型的Z轴方向与机床坐标系的Z轴方向一致。下面我们通过以下两个步骤来说明坐标系的变换。

1）变换说明 图5-5（a）所示模型坐标系的Z轴方向和机床坐标系的方向不一致，进行坐标变换，变换到图5-5（b）所示的坐标系的方向和位置。

2）变换步骤

①先将文件另保存为“*.x_t”格式。单击【文件】→【另存为】命令，弹出“另存为”对话框，将凹模保存为“零件.x_t”格式。②新建文件。单击【文件】→【新建】命令，新建一空白文件。③并入文件。单击【文件】→【并入文件】命令，弹出“打开”对话框，选择文件“零件.x_t”，单击“确定”图标，弹出“输入特征”对话框，如图5-6所示。④选择并入方式。选择布尔运算类型（并、交、差）：选择“并”。⑤给出定位点。在绘图区，点击

坐标系原点，将其指定系统模型定位点。⑥选择定位方式。点选“给定旋转角度”定位方式。⑦输入角度值。在“角度一”和“角度二”栏输入 90；单击“确定”图标，完成坐标系的变换，如图 5-5（b）所示。

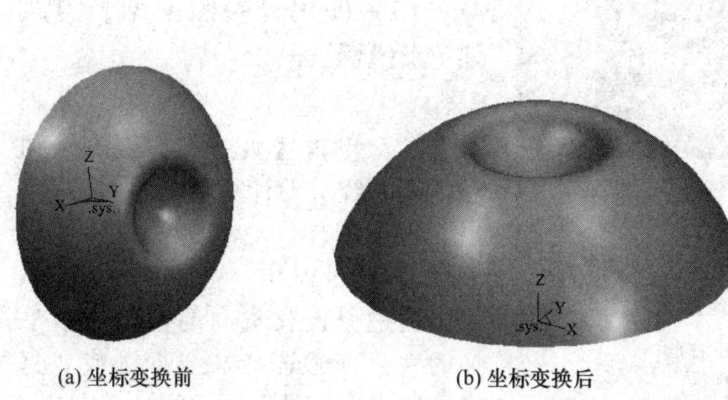

图 5-5　变换坐标系

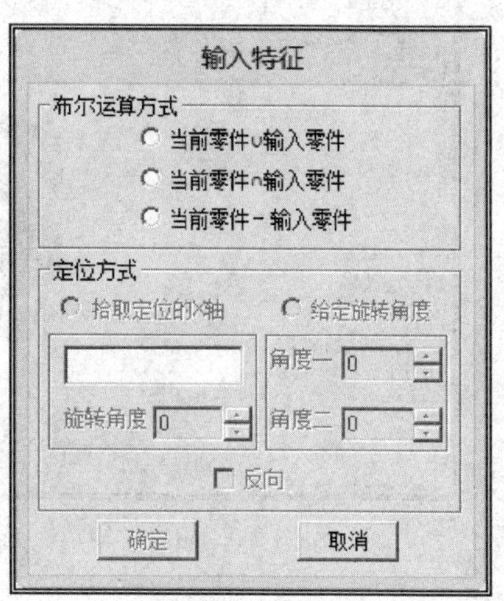

图 5-6　“输入特征”对话框

3. 创建加工辅助线

创建加工辅助线可以使用【曲线生成】命令，通常可以使用【相关线】→【实体边界】方法来创建。操作方法如下：

方法一：在【曲线生成】工具条中，单击【相关线】→【实体边界】；拾取零件棱边，得到加工辅助线。

方法二：利用空间各种曲线命令绘制加工辅助线。

5.2.2　建立毛坯

使用 CAXA 制造工程师编程时必须定义毛坯，用于轨迹仿真和检查过切。CAXA 制造工程师 2015 版本支持用户根据所要加工工件的形状选择毛坯的形状，分为矩形、圆柱形、柱面和三角片四种。

1. 毛坯的定义方式

两点方式：通过拾取毛坯的两个角点（与顺序、位置无关）来定义毛坯（图 5-7）。

参照模型：系统自动计算模型的包围盒，以此作为毛坯（图 5-7）。

基准点：毛坯在世界坐标系（. sys. ）中的左下角点，输入毛坯高度。

长度、宽度、高度是毛坯在 X 方向，Y 方向，Z 方向的尺寸。

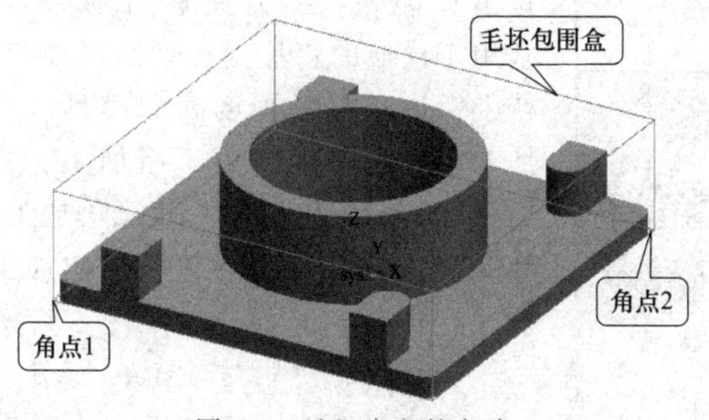

图 5-7　毛坯定义的方式

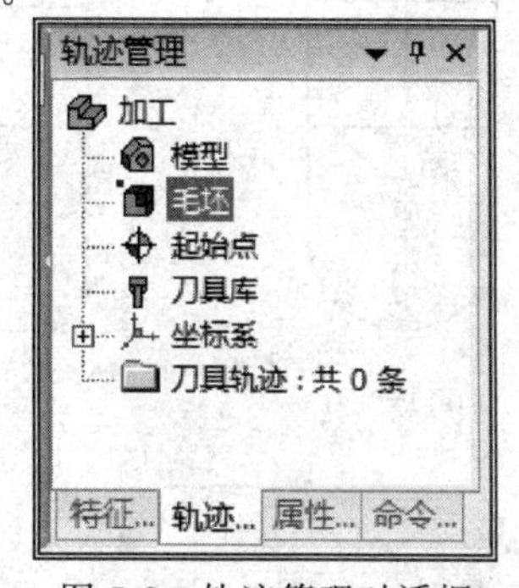

图 5-8　轨迹管理对话框

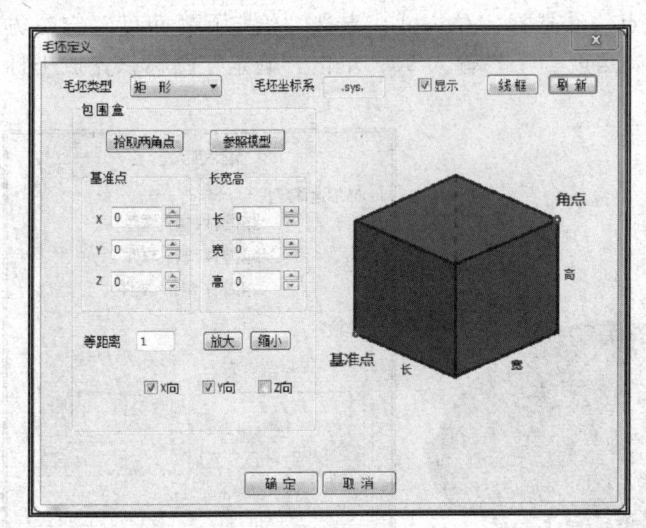

图 5-9　定义“矩形”毛坯对话框

2. 毛坯的定义

在【轨迹管理】窗口，鼠标双击加工轨迹树的“毛坯”图标（图5-8），系统弹出【毛坯定义】对话框。

(1) 使用【参照模型】方式建立矩形毛坯

①在“毛坯类型”中，选择“矩形”，单击【参照模型】单选图标。②系统自动计算模型的包围盒，以此作为毛坯，毛坯的长宽高数值显示于对话框中，如图 5-9 所示。可以通过修改长宽高的数值调整毛坯的大小。③选择“线框”或“真实感”方式，设定毛坯的显示方式。

(2) 使用【参照模型】方式建立柱面毛坯

①在“类型”中，选择“柱面毛坯”，单击【拾取平面轮廓】单选图标。②确定轴线的（X、Y、Z）方向，输入“高度”。系统自动计算模型的包围盒，以此作为毛坯，显示于对话框中，如图 5-10 所示。可以通过拾取不同的平面轮廓和调整高度来调整毛坯的大小。③选择“线框”或“真实感”方式，设定毛坯的显示方式。

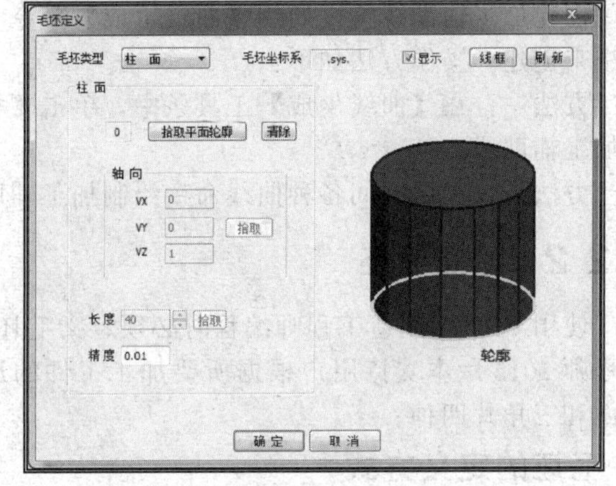

图 5-10　定义“柱面”毛坯对话框

5.2.3　建立刀具

1. 数控铣刀类型

按照底刃形状不同，CAXA 制造工程师提供了球头刀（$r=R$）、R 刀（$r<R$）、平底刀（$r=0$）三种形式。如图 5-11所示，其中 R 为刀具的半径，r 为刀角半径。球头刀是曲面精加工和半精加工常用的刀具，尖端部由于容屑槽小，故切屑排出性能差。R 刀又称为圆鼻刀，常用于模坯的粗加工、平面粗加工，特别适用于材料硬度高的模具开粗加工。平底刀主要用于粗加工、平面精加工、外形精加工和清角加工，其缺点是刀尖容易磨损，影响加工精度。

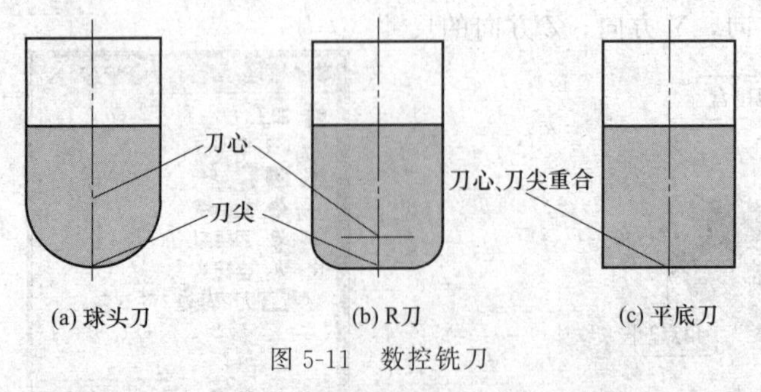

图 5-11　数控铣刀

从刀具的使用性能上可以分为白钢刀、飞刀、合金刀。在工厂实际加工中，常用的刀具有 D63R6、D50R5、D35R5、

D32R5、D30R5、D25R5、D20R0.8、D17R0.8、D13R0.8、D12、D10、D8、D6、D4、R5、R3、R2.5、R1.5、R1、R0.5等。

●注意

① 白钢刀（高速钢刀具），通体银白色，主要用于加工直壁。切削寿命短，吃刀量小，进给速度低，加工效率低，价格便宜。模具加工中使用较少。

② 飞刀（镶嵌式刀具）主要为机夹可转位刀具，该刀具刚性好、切削速度高，应用广泛，可用于开粗和平面、曲面的精加工，加工效果好。

③ 合金刀（通常指的是整体式硬质合金刀具）精度高、切削速度高、价格昂贵，一般用于精加工。

2. 数控铣刀的选择

(1) 铣削刀具类型的选择

铣削刀具类型应与被加工工件的尺寸与表面形状相适合。为了合理加工工件及选择铣削刀具，必须先分析被加工工件形状、尺寸大小、材料、硬度等条件。一般地，加工平面零件时，加工较大的平面应该选择面铣刀；加工凸台、凹槽及平面轮廓应选择立铣刀；加工毛坯表面或粗加工孔可选择镶硬质合金的玉米铣刀；曲面加工常采用球头铣刀；加工曲面较平坦的部位常采用环形铣刀；加工封闭的键槽选择键槽铣刀；而对一些立体自由曲面、成型面和变化斜角轮廓外形的加工，常采用球头铣刀、环形铣刀、锥形铣刀和盘形铣刀。总之，根据不同结构形状选用不同铣削刀具。如图5-12所示。

图5-12　根据不同的形状选择不同的刀具

在进行自由曲面加工时，由于球头刀具的端部铣削速度为零，为保证加工精度，铣削间距一般取得很小，故球头刀常用于曲面的精加工。而圆鼻刀具在表面加工质量和铣削效率方面都优于球头刀，因此，只要在保证不过切的前提下，无论是曲面的粗加工还是精加工，都应优先选择圆鼻刀。另外，刀具的耐用度和精度与刀具价格关系极大。

(2) 铣削刀具尺寸的选择

选取刀具时，要使刀具的尺寸与被加工工件的表面尺寸相适应。刀具直径主要取决于设备的规格和工件的加工尺寸，还需要考虑刀具所需功率应在机床功率范围之内，无论是粗加工还是精加工，应尽可能选择大直径的刀具，因为刀具直径越小，加工路径越长，会造成加工效率降低，同时刀具磨损会造成加工质量明显差异。

加工时一般不能只选择一把刀具完成整个零件的加工，为了提高加工效率，往往选择几把不同直径的刀具，按直径从大到小顺序使用，先用大刀快速去除大部分材料，再用小刀进行精加工。刀具长度要在加工时不发生意外的条件下尽可能短，刀具过长会使刀具刚性下降，变形增大，以致加工精度下降。

3. 刀具的管理

在【轨迹管理】窗口，双击【刀具库】图标 刀具库，系统弹出“刀具库管理”对话框，如图5-13所示。在“刀具库”对话框中，可进行刀具的“增加”、“清空”、“导入”、

“导出”操作。从中选择刀具，双击可进行刀具参数的编辑（图 5-14）。

刀具库

共 11 把　　增 加　清 空　导 入　导 出

类 型	名 称	刀 号	直 径	刃 长	全 长	刀杆类型	刀杆直径	半径补偿号	长度补偿号
立铣刀	EdML_0	0	10.000	50.000	80.000	圆柱	10.000	0	0
立铣刀	EdML_0	1	10.000	50.000	100.000	圆柱+圆锥	10.000	1	1
圆角铣...	BulML_0	2	10.000	50.000	80.000	圆柱	10.000	2	2
圆角铣...	BulML_0	3	10.000	50.000	100.000	圆柱+圆锥	10.000	3	3
球头铣...	SphML_0	4	10.000	50.000	80.000	圆柱	10.000	4	4
球头铣...	SphML_0	5	12.000	50.000	100.000	圆柱+圆锥	10.000	5	5
燕尾铣...	DvML_0	6	20.000	6.000	80.000	圆柱	20.000	6	6
燕尾铣...	DvML_0	7	20.000	6.000	100.000	圆柱+圆锥	10.000	7	7
球形铣...	LoML_0	8	12.000	12.000	80.000	圆柱	12.000	8	8
球形铣...	LoML_1	9	10.000	10.000	100.000	圆柱+圆锥	10.000	9	9

确 定　取 消

图 5-13　“刀具库管理”对话框

4. 刀具的建立

在【刀具库】对话框中，单击“增加”图标，弹出“刀具定义”对话框，如图 5-14 所示。按照加工的要求输入刀具参数，单击“确定”完成刀具的建立。

5. 刀具的使用

CAXA 制造工程师的每个编程方法都包含“刀具参数”选项，其作用就是确定加工中所使用的刀具。刀具的调用方法有两种：一是在刀具列表中“双击”所需刀具；二是单击“增加刀具”图标建立所需刀具。

6. 刀具参数

在刀具定义选项卡中（图 5-14），主要有以下参数选择：

【刀具类型】：在刀具类型中可以选择立铣刀、圆角铣刀、球头铣刀、燕尾铣刀、球形铣刀、倒角铣刀、鼓形铣刀、凸底铣刀、锥形铣刀、雕刻铣刀和槽铣刀。

【速度参数】：单击“速度参数”选项卡，弹出速度参数设定窗口（图 5-15）。

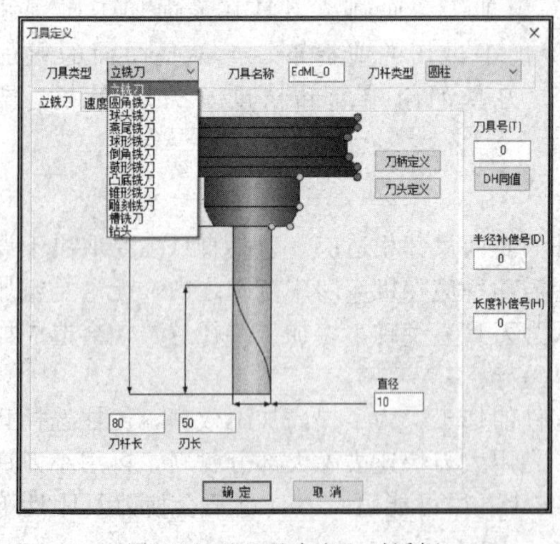

图 5-14　“刀具定义”对话框

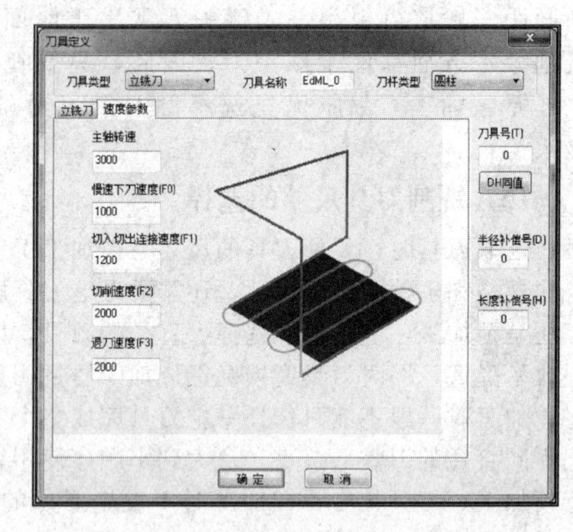

图 5-15　“速度参数”对话框

【刀具名称】：刀具的名称。

【刀杆类型】：选择刀杆的类型。

【刀具号】：刀具在加工中心里的位置编号，便于加工过程中换刀。

【刀具补偿号】：刀具半径补偿值对应的编号。

【长度补偿号】：刀具长度补偿值对应的编号。

【刀柄定义】：单击“刀柄定义”，弹出刀柄定义窗口，添加刀柄参数（图 5-16）。

【刀头定义】：单击“刀头定义”，弹出刀头定义窗口，添加刀头参数（图 5-17）。

【刀杆长度】：刀杆部分的长度。

【刀刃长度】：刀刃部分的长度。

回转体轮廓定义(点的顺序：从下...

半径	高度
6.000000	0.000000
23.000000	0.000000
25.000000	2.000000
25.000000	30.000000

添加　确定　取消

图 5-16 “刀柄定义”对话框

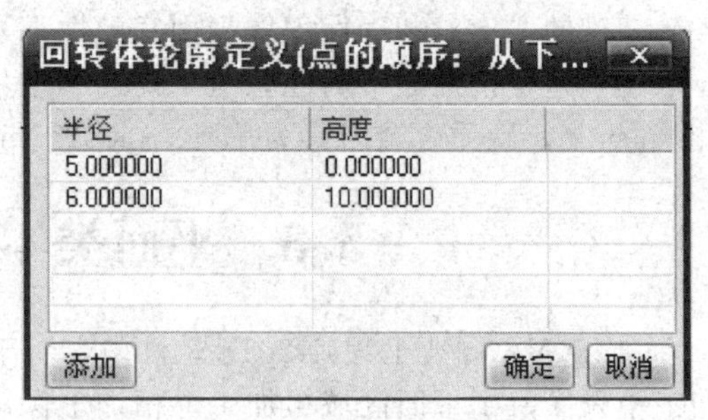
回转体轮廓定义(点的顺序：从下...

半径	高度
5.000000	0.000000
6.000000	10.000000

添加　确定　取消

图 5-17 “刀头定义”对话框

5.2.4 几何

在每一个加工功能参数表中，都有几何设置。操作界面如图 5-18 所示。其功能主要用于拾取和删除在加工中所有需要选择的曲线和曲面以及加工方向和进退刀点等参数。

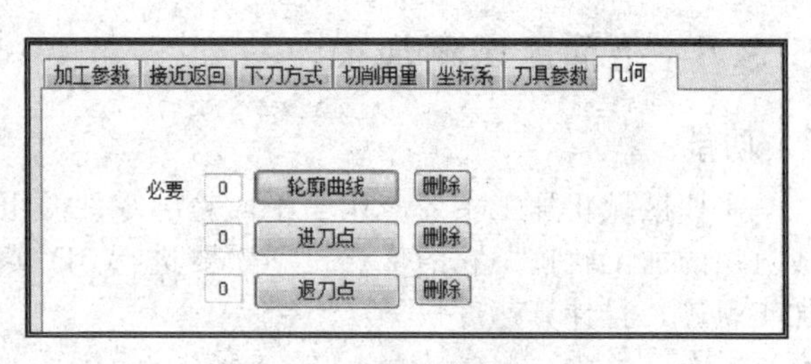

图 5-18 “几何”参数设置

5.2.5 切削用量

1. 切削用量参数说明

在每一个加工功能参数表中，都有切削用量设置，如图 5-19 所示。

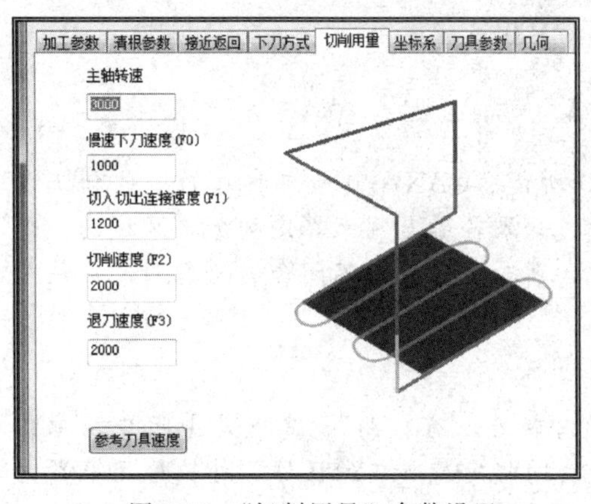

图 5-19 “切削用量”参数设置

【主轴转速】：设定主轴转速的大小，单位 r/min（转/分）。

【慢速下刀速度（F0）】：设定慢速下刀轨迹段的进给速度的大小，单位 mm/min。

【切入切出连接速度（F1）】：设定切入轨迹段，切出轨迹段，连接轨迹段，接近轨迹段，返回轨迹段的进给速度的大小，单位 mm/min。

【切削速度（F2）】：设定切削轨迹段的进给速度的大小，单位 mm/min。

【退刀速度（F3）】：设定退刀轨迹段的进给速度的大小，单位 mm/min。

2. 合理选择切削用量的原则

数控切削用量主要包括“铣削速度”、“进给速度”和“切削深度”等。合理选择切削用量的原则是：粗加工时，一般以提高生产率为主，但也应考虑经济性和加工成本。半精加工和精加工时，应在保证加工质量的前提下，兼顾切削效率、经济性和加工成本。具体数值应根据机床说明书、切削用量手册，并结合经验而定。

铣削速度通常根据主轴转速、刀具材料、切削毛坯材料等因素，选择较大的进给率以提高加工效率，一般设定为300～600mm/min。

数控加工中，为保证零件必要的加工精度和表面粗糙度，建议留少量的余量（0.2～0.5mm），在最后的精加工中沿轮廓走一刀。粗加工时，除了留有必要的半精加工和精加工余量外，在工艺系统刚性允许的条件下，应以最少的次数完成粗加工。留给精加工的余量应大于零件的变形量和确保零件表面完整性。

切削速度按照通常的经验值，高速钢中：$\phi 3$～$\phi 16$mm刀具，一般设置主轴转速为500～1800r/min，硬质合金刀具为1500～3000r/min（高速加工除外）。

5.3 平面类零件数控加工方法

在CAXA制造工程师2015软件中，对于平面类零件的加工方法做了比较大的调整，粗加工中只保留了平面区域粗加工，精加工保留了轮廓线精加工和平面精加工。所以对于平面类零件的加工经常采用前两种方法基本就可以完成。

5.3.1 平面区域粗加工

1. 功能

平面区域粗加工主要应用于平面轮廓零件的粗加工。该方法可根据给定的轮廓和岛屿生成分层的加工轨迹。它的优点是不需要进行3D实体的造型，直接使用2D曲线就可以生成加工轨迹，且计算速度快。

2. 操作

① 单击【平面区域粗加工】图标，或在菜单栏依次单击【加工N】→【常用加工F】→【平面区域粗加工】，弹出“平面区域粗加工”对话框。②单击属性页中每个参数的加工参数，填写结束后，单击“确定”图标，拾取加工轮廓线和岛屿曲线（无岛屿曲线，直接右击），系统通过计算生成加工轨迹。

●**注意**

轮廓、区域和岛的含义。

(1) 轮廓

轮廓是一系列首尾相接曲线的集合，如图5-20所示。CAXA制造工程师的一些加工方法用轮廓来界定被加工的区域或被加工的图形本身，如果轮廓是用来界定被加工区域的，则要求指定的轮廓是闭合的；如果加工的是轮廓本身，则轮廓也可以不闭合。轮廓曲线应该是空间曲线，且不应有自交点。

(2) 区域和岛

区域是指由一个闭合轮廓围成的内部空间，其内部可以有“岛”。岛也是由闭合轮廓界定。区域指外轮廓和岛之间的部分。由外轮廓和岛共同指定待加工的区域，外轮廓用来界定加工区域的外部边界，岛用来屏蔽其内部不需加工或需保护的部分，如图5-21所示。

3. 加工参数

平面区域粗加工的参数表，如图5-22所示。

(1) 加工参数

① 走刀方式　即指定刀具在XY方向，有环切和平行两种方式。

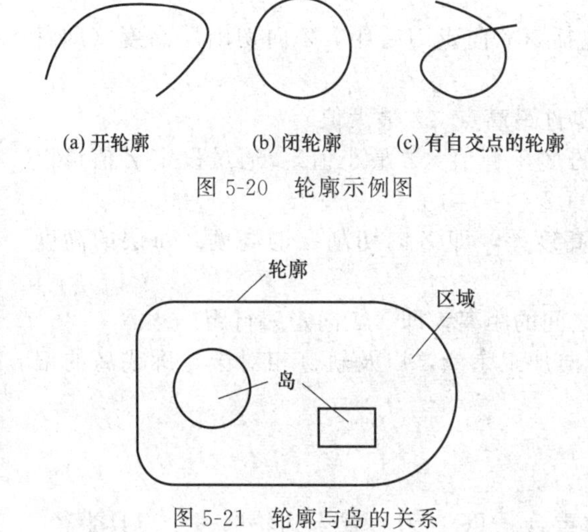

图 5-20　轮廓示例图

图 5-21　轮廓与岛的关系

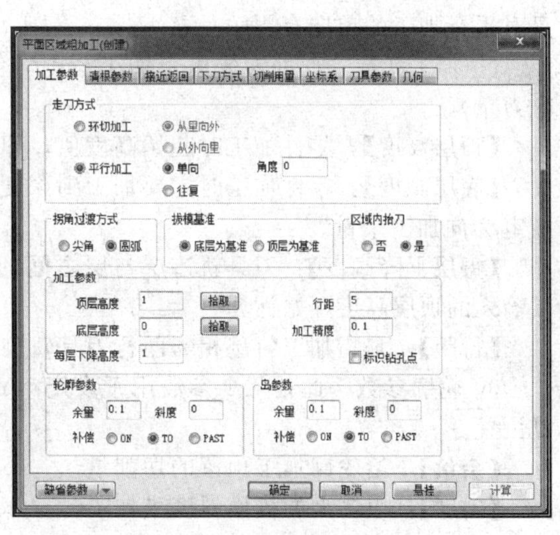

图 5-22　“加工参数”参数表

【环切加工】：刀具以环状走刀方式切削工件。可选择从里向外还是从外向里的方式［图 5-23（a）］。

【平行加工】：刀具以平行走刀方式切削工件。可改变生成的刀位行与 X 轴的夹角，如图 5-24 所示。可选择单向还是往复方式［图 5-23（b）、（c）］。

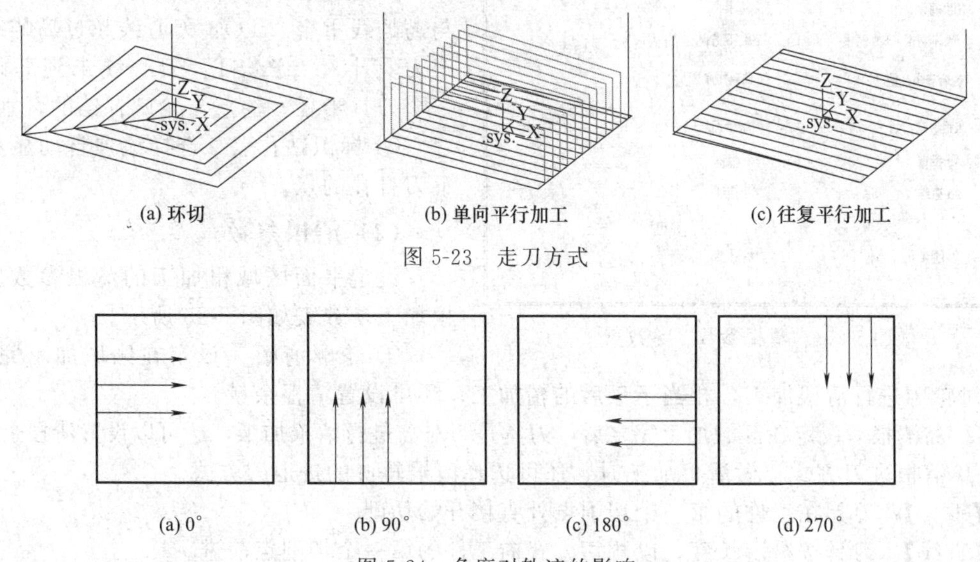

图 5-23　走刀方式

图 5-24　角度对轨迹的影响

② 拐角过渡方式　即在切削过程遇到拐角时的处理方式，有尖角和圆弧两种方式，如图 5-25 所示。

③ 拔模基准　当加工的工件带有拔模斜度时，选择以底层还是顶层为拔模基准。

④ 区域内抬刀　在加工有岛屿的区域时，轨迹经过岛屿时是否抬刀，选“是”就抬刀，选“否”就不抬刀。此项

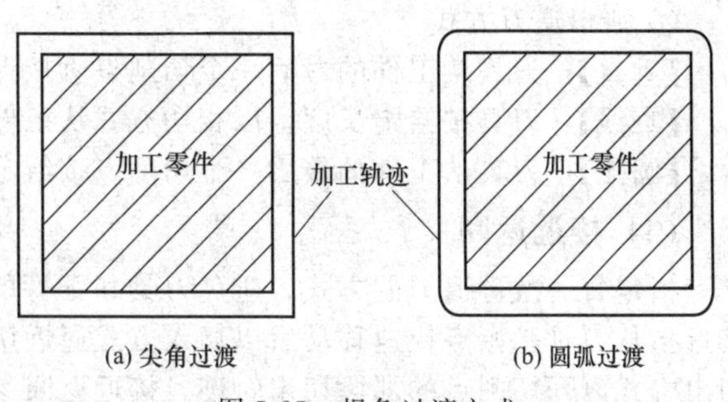

图 5-25　拐角过渡方式

只对平行加工的单向有用。

⑤ 加工参数　此处参数用于加工范围，包括 XY 向走刀行距，Z 向切削层高度（即背吃刀量）。

【顶层高度】：零件加工时起始高度值，即零件最高点（Z 最大值）。

【底层高度】：零件加工时，要加工到深度的 Z 坐标值（Z 最小值）。通过设定 Z 值可以指定 Z 向加工余量。

【每层下降高度】：刀具轨迹层与层之间的高度差，即 Z 向切削层的高度。每层的高度从输入的顶层高度开始计算。

【行距】：是指加工轨迹相邻两行刀具轨迹之间的距离，即 XY 向走刀行距。

⑥ 轮廓参数　此处几个参数用于设定 XY 向加工余量，以及轨迹相对于轮廓或岛的偏置位置。

【余量】：给轮廓加工预留的切削量。

【斜度】：以多大的拔模斜度来加工。

【补偿】：有三种方式。ON：刀心线与轮廓重合。TO：刀心线未到轮廓一个刀具半径。PAST：刀心线超过轮廓一个刀具半径。

⑦ 岛参数

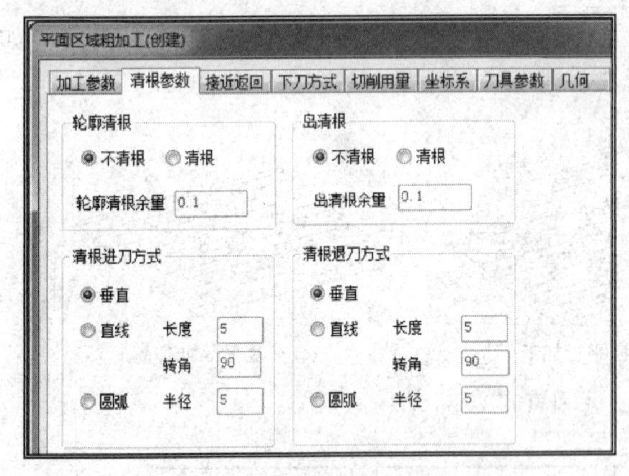

图 5-26　“清根参数”参数表

【余量】：给岛加工预留的切削量。

【斜度】：以多大的拔模斜度来加工。

【补偿】：有三种方式。ON：刀心线与岛屿线重合。TO：刀心线超过岛屿线一个刀具半径。PAST：刀心线未到岛屿线一个刀具半径。注意与轮廓补偿的区别。

⑧ 标识钻孔点　选择该项自动显示出下刀打孔的点。

(2) 清根参数

设定平面区域粗加工的清根参数。清根加工参数表如图 5-26 所示。

① 轮廓清根　设定在区域加工完后，刀具对轮廓进行清根加工，相当于最后的精加工，还可设置清根余量。

② 岛清根　设定在区域加工完之后，刀具是否对岛进行清根加工，还可以设置清根余量。

③ 清根进刀方式　做清根加工时，还可选择清根轨迹的进退刀方式。

【垂直】：刀具在工件的第一个切削点处直接开始切削。

【直线】：刀具按给定长度，以相切方式向工件的第一个切削点前进。

【圆弧】：刀具按给定半径，以 1/4 圆弧向工件的第一个切削点前进。

④ 清根退刀方式

【垂直】：刀具从工件的最后一个切削点直接退刀。

【直线】：刀具按给定长度，以相切方式从工件的最后一个切削点退刀。

【圆弧】：刀具从工件的最后一个切削点按给定半径，以 1/4 圆弧退刀。

(3) 接近返回

指定每一次进退刀的方式，避免刀具和工件的碰撞，并得到较好的接刀质量。一般地，接近指从刀具起始点快速移动后以切入方式逼近切削点的那段切入轨迹，返回指从切削点以切出方式离开切削点的那段切出轨迹。接近返回参数表，如图 5-27 所示。

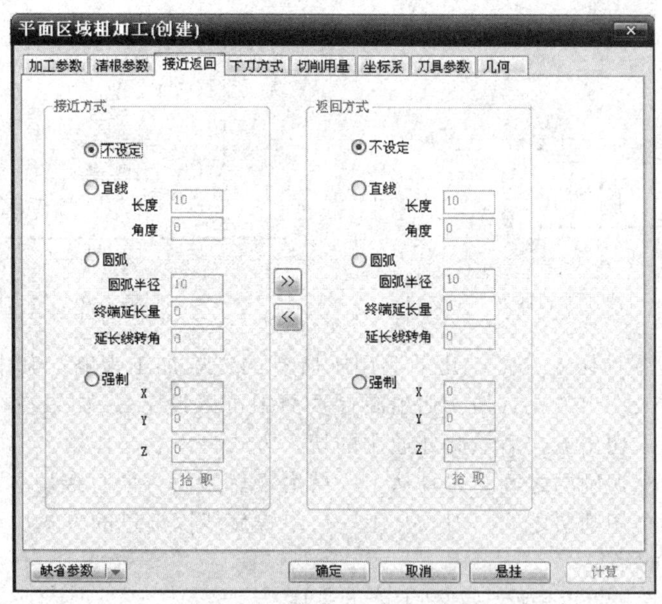

图 5-27　“接近返回”参数表

【不设定】：不设定接近返回的切入切出。

【直线】：刀具按给定长度，以直线方式向切削点平滑切入或从切削点平滑切出。长度指直线切入切出的长度，角度不使用。

【圆弧】：以 π/4 圆弧向切削点平滑切入或从切削点平滑切出。半径指圆弧切入切出的半径，转角指圆弧的圆心角，延长不使用。

【强制】：强制从指定点直线切入到切削点，或强制从切削点直线切出到指定点。X、Y、Z 指定点空间位置的三分量。

(4) 下刀方式

设定刀具切入工件的方式。如图 5-28 所示。

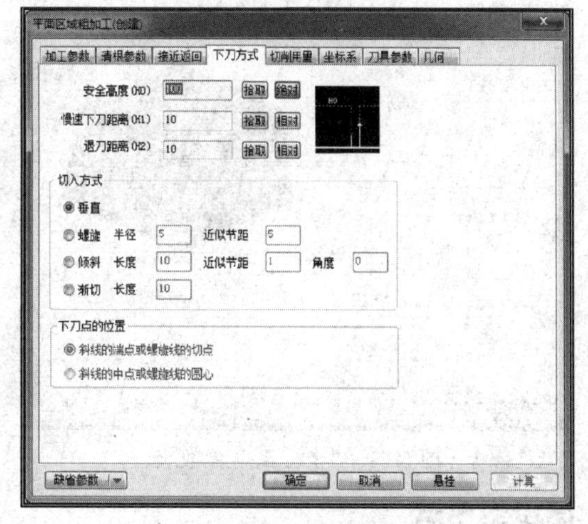

图 5-28　“下刀方式”参数表

【安全高度】：刀具快速移动而不会与毛坯或模型发生干涉的高度，有相对与绝对两种模式，单击相对或绝对按钮可以实现二者的互换。

【相对】：以切入或切出或切削开始或切削结束位置的刀位点为参考点。

【绝对】：以当前加工坐标系的 XOY 平面为参考平面。

【拾取】：单击后可以从工作区选择安全高度的绝对位置高度点。

【慢速下刀距离】：在切入或切削开始前的一段刀位轨迹的位置长度，如图 5-29 所示，这段轨迹以慢速下刀速度垂直向下进给。有相对与绝对两种模式，单击相对或绝对按钮可以实现二者的互换。

【退刀距离】：在切出或切削结束后的一段刀位轨迹的位置长度，如图 5-30 所示，这段轨迹以退刀速度垂直向上进给。有相对与绝对两种模式，单击相对或绝对按钮可以实现二者的互换。

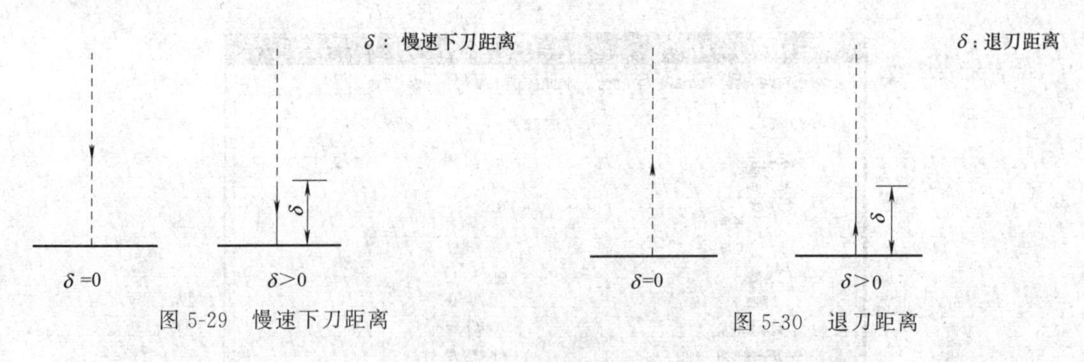

图 5-29　慢速下刀距离　　　　图 5-30　退刀距离

CAXA 提供了多种切入方式，几乎适用于所有的铣削加工策略，其中的一些切削加工策略有其特殊的切入切出方式（切入切出属性页面中可以设定）。如果在切入切出属性页面里设定了特殊的切入切出方式后，此处通用的切入方式将不会起作用。

【垂直】：在两个切削层之间，刀具从上一层沿 Z 轴垂直方向直接切入下一层。

【螺旋】：在两个切削层之间，刀具从上一层沿螺旋线以渐进的方式切入下一层。

半径：螺旋线的半径。

近似节距：刀具每折返一次，刀具下降的高度。

【倾斜】：在两个切削层间，刀具从上一层沿斜向折线以渐进方式切入下一层。

长度：折线在 XY 面投影线的长度。

近似节距：刀具每折返一次，刀具下降的高度。

角度：折线与进刀段的夹角。

【下刀点的位置】：对于螺旋和倾斜时的下刀点位置，提供两种方式。

斜线端点或螺旋线切点：下刀点位置将在斜线端点或螺旋线切点处下刀。

斜线中点或螺旋线圆心：下刀点位置将在斜线中点或螺旋线圆心处下刀。

通常，下刀方式与切削区域的形式、刀具的种类等因素有关。

（5）坐标系

设定加工坐标系和起始点。如图 5-31 所示。

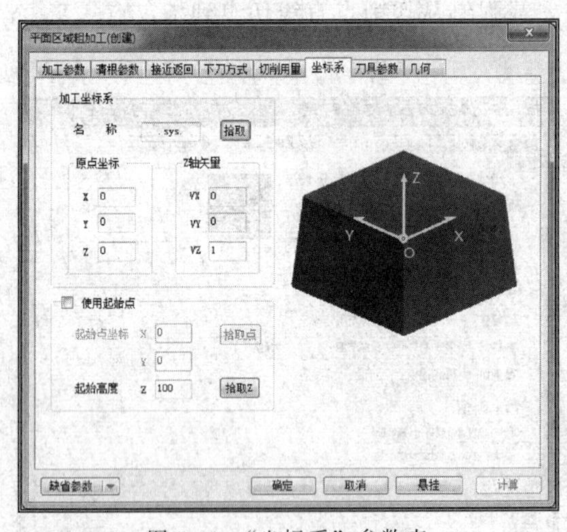

图 5-31　“坐标系”参数表

4. 项目训练

【项目实例 5-1】 利用“平面区域粗加工方法”对图 5-32 零件的内轮廓进行粗加工，毛坯尺寸为 106mm×65mm×31mm。完成该零件顶部平面、外轮廓、型腔的粗加工数控加工程序。（扫二维码可观看操作视频）

绘制过程：

项目实例 5-1
操作视频

『步骤 1』绘制加工模型

平面区域粗加工主要应用于平面轮廓零件的粗加工。可以直接使用 2D 曲线生成加工轨迹，且计算速度快。因此，只需要在空间绘制图 5-32 的俯视图即可。绘制结果如图 5-33 所示。

『步骤 2』设定毛坯

在【轨迹管理】窗口，鼠标双击加工轨迹树的“毛坯”图标 毛坯，

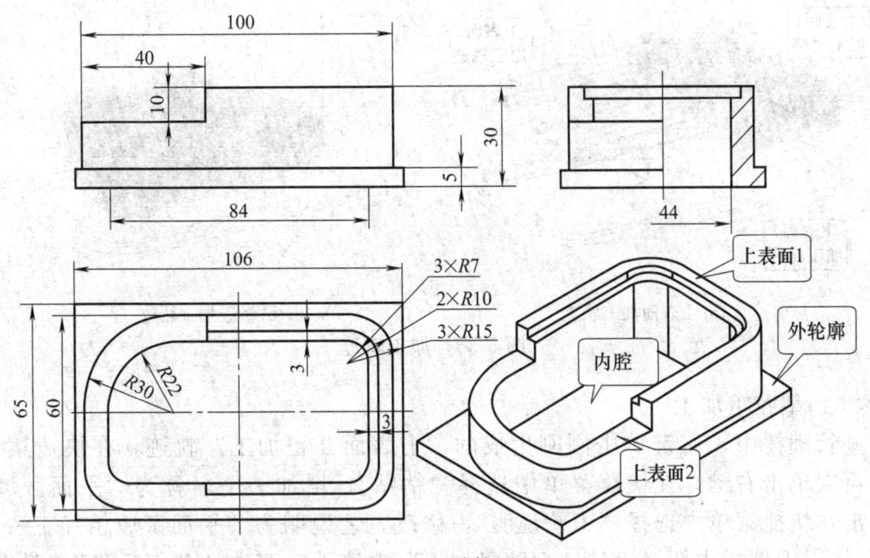

图 5-32　零件图

选用“矩形毛坯”拾取底面两个角点，输入高“31”，设定加工的毛坯，如图 5-34 所示，在零件顶部建立加工坐标系。

『步骤 3』上表面 1 粗加工

在“加工”工具栏上，单击【平面区域粗加工】图标 ，或在菜单栏依次单击【加工N】→【常用加工 F】→【平面区域粗加工】，弹出“平面区域粗加工”对话框，填写加工参数“顶层高度→0”、“底层高度→－1”、“每层下降高度→0.5”。单击属性页可以填写其它参数，填写完成后，单击“确定”图标。依状态栏提示“拾取轮廓”，在绘图区拾取图 5-33 所示外轮廓。生成加工轨迹，如图 5-35（a）所示，右击在快捷菜单中选择“工艺说明”，修改工艺说明为“平面区域粗加工—上表面 1 粗加工”。

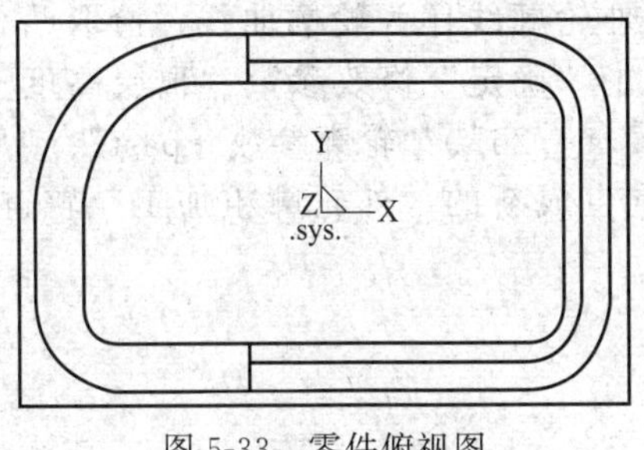

图 5-33　零件俯视图

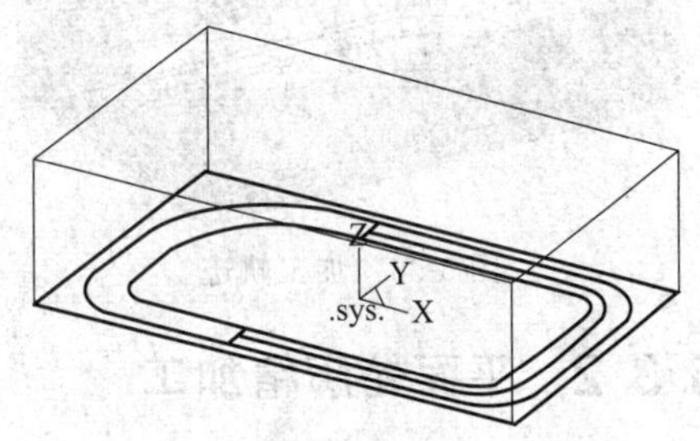

图 5-34　设定毛坯

『步骤 4』上表面 2 粗加工

在“加工”工具栏上，单击【平面区域粗加工】图标 ，或在菜单栏依次单击【加工N】→【常用加工 F】→【平面区域粗加工】，弹出“平面区域粗加工”对话框，填写加工参数“顶层高度→－1”、“底层高度→－11”、“每层下降高度→0.5”。单击属性页填写其它参数，填写完成后，单击“确定”图标。依状态栏提示“拾取轮廓”，在绘图区拾取加工轮廓。生成加工轨迹，如图 5-35（a）所示，右击在快捷菜单中选择“工艺说明”，修改工艺说明为“平面区域粗加工—上表面 2 粗加工”。

●注意

该加工轮廓需要重新绘制，如图 5-35（a）所示。

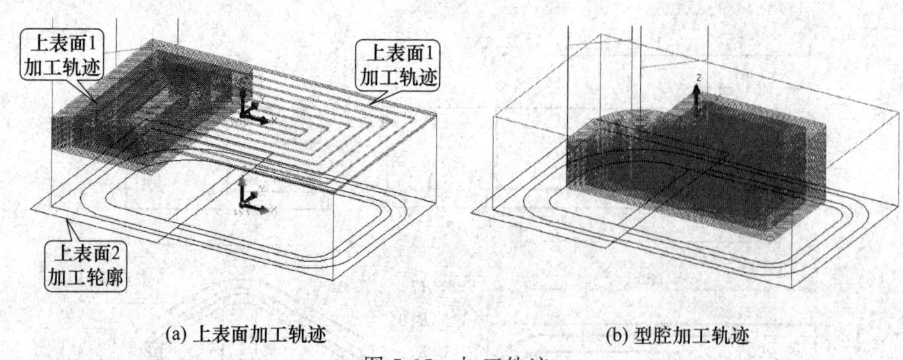

(a) 上表面加工轨迹　　(b) 型腔加工轨迹

图 5-35　加工轨迹

『步骤 5』型腔粗加工

①轨迹管理树中，右键单击刚刚生成的“上表面 2 粗加工”轨迹，在快捷菜单中选择“拷贝”，再次单击右键，在快捷菜单中选择“粘贴”，增加一个名称为“平面区域粗加工”轨迹，右击在快捷菜单中选择“工艺说明”，修改工艺说明为“平面区域粗加工—型腔粗加工”。②在加工管理树中新拷贝的“型腔粗加工”轨迹下，双击“几何元素”，弹出“几何”对话框。删除原轮廓曲线，重新拾取新的轮廓曲线。③单击“确定”，修改参数“顶层高度→－1”、“底层高度→－①”，与“顶层高度→－11”、“底层高度→－26”，分层加工，重生成新的“型腔粗加工”轨迹，如图 5-35（b）所示。

『步骤 6』外轮廓粗加工

①轨迹管理树中，右键单击刚刚生成的型腔粗加工轨迹，在快捷菜单中选择“拷贝”，再次单击右键，在快捷菜单中选择“粘贴”，增加一个名称为“平面区域粗加工”轨迹，右击在快捷菜单中选择“工艺说明”，修改工艺说明为“平面区域粗加工—外轮廓粗加工”。②在加工管理树中新拷贝的“外轮廓粗加工”轨迹下，双击“几何元素”，弹出“几何”对话框。删除原轮廓曲线，重新拾取工件的外轮廓线作为轮廓曲线，拾取凸台作为岛屿。③单击“确定”修改参数“顶层高度→－1”、“底层高度→－26”、“轮廓参数→past”、“岛屿参数→to”，重生成新的“外轮廓粗加工”轨迹，如图 5-36 所示。

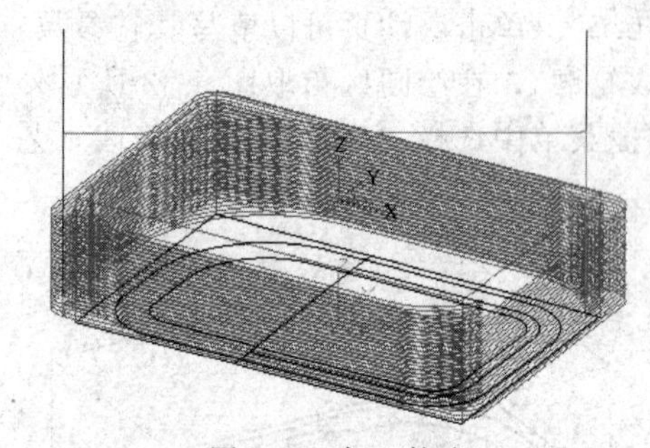

图 5-36　加工轨迹

5.3.2　平面轮廓精加工

1. 功能

平面轮廓精加工主要应用于平面轮廓零件底平面、垂直侧壁的精加工，支持具有一定拔模斜度的轮廓轨迹，通过定义加工参数也可实现粗加工功能。

轮廓线精加工也是生成沿着轮廓线切削的切削轨迹，该加工方式在毛坯和零件几乎一致时最能体现优势，当毛坯形状和零件形状不一致时，使用这种加工方式将出现很多空行程，反而影响加工效率。

2. 操作

①在“加工”工具栏上，单击【平面轮廓精加工】图标，或在菜单栏依次单击【加工 N】→【常用加工 F】→【平面轮廓精加工】，弹出“平面轮廓线精加工”对话框。②单击属性页中的每个参数的加工参数，填写结束后，单击“确定”图标，拾取加工轮廓线，系统通

过计算生成加工轨迹。

3. 加工参数

①“加工参数”参数表，如图 5-37 所示。

【拔模斜度】：工件有拔模的角度时，可将此值设为非零。

【刀次】：设定 XY 平面内生成的刀具轨迹的行数。

【顶层高度】：加工第一层所在高度。

【底层高度】：加工最后一层所在高度。

【每层下降高度】：两层之间间隔高度。

② 拐角过渡方式　拐角过渡就是在切削过程遇到拐角时的处理方式，本系统提供尖角和圆弧两种过渡方法。

③ 走刀方式　走刀方式是指刀具轨迹行与行之间的连接方式，系统提供单向和往复两种方式。

【单向】：在刀次大于 1 时，同一层的刀迹轨迹沿着同一方向，这时，最好在抬刀的选项中选择抬刀，以防过切。

【往复】：在刀次大于 1 时，同一层的刀迹轨迹方向可以往复。

④ 行距定义方式　确定加工刀次后，刀具加工的行距可有两种方式确定。

【行距方式】：确定最后加工完工件的余量及每次加工之间的行距，也可叫等行距加工。

【余量方式】：定义每次加工完所留的余量，也可以叫不等行距加工，余量的次数在刀次中定义，最多可定义 10 次加工的余量。

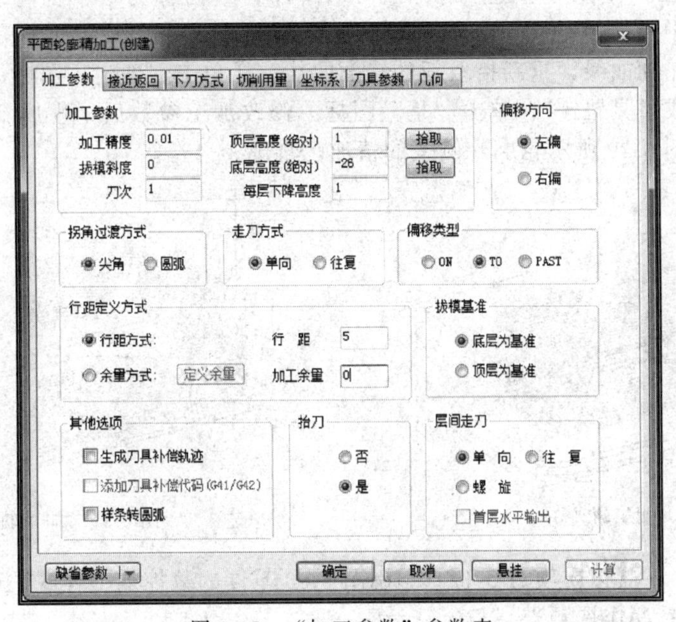

图 5-37　“加工参数”参数表

⑤ 拔模基准　拔模基准用来确定轮廓是工件的顶层轮廓或是底层轮廓。

⑥ 层间走刀　层间走刀是指刀具轨迹层与层之间连接方式，本系统提供单向和往复两种方式。

【单向】：在刀具轨迹层数大于 1 时，层之间的刀迹轨迹沿着同一方向。

【往复】：在刀具轨迹层数大于 1 时，层之间的刀迹轨迹方向可以往复。

⑦ 其它选项

【抬刀】：在刀具轨迹层数大于1时，设定刀具在层与层之间过渡时是否抬刀。

【刀具半径补偿】：选择该项机床自动偏置刀具半径，那么在输出的代码中会自动加上G41/G42（左偏/右偏）、G40（取消补偿）。输出代码中是自动加G41还是G42，与拾取轮廓时的方向有关系。

4. 项目训练

项目实例5-2
操作视频

【项目实例5-2】 利用“平面轮廓精加工方法”对图5-32零件的内侧壁、外侧壁部分进行精加工（参见操作视频“项目5-2”）。

绘制过程：

『步骤1』打开加工模型

打开【项目实例5-1】的加工模型，隐藏已经完成的粗加工轨迹。

『步骤2』内侧壁精加工

在“加工”工具栏上，单击【平面轮廓精加工】图标，或在菜单栏依次单击【加工N】→【常用加工F】→【平面轮廓精加工】，弹出“平面轮廓精加工”对话框，填写参数。如图5-37所示，参数设置结束后，单击“确定”图标，依状态栏提示“拾取轮廓”，在绘图区拾取图5-32所示的内轮廓为加工轮廓，再右击默认定进退刀点，系统开始计算并生成刀具轨迹，如图5-38所示。

『步骤3』外侧壁精加工

①在加工管理树中，右键单击“平面轮廓精加工”轨迹，在快捷菜单中选择“拷贝”，再次单击右键，在快捷菜单中选择“粘贴”，增加一个名称为“平面轮廓精加工”轨迹。②在加工管理树中新拷贝的“平面轮廓精加工”轨迹下，双击“几何元素”，弹出“几何”对话框。删除原轮廓曲线，重新拾取新的轮廓曲线。③单击“确定”图标，弹出对话框，询问“是否重新生成刀具轨迹”，单击“是”图标，修改加工参数后，生成新的“平面轮廓精加工”轨迹，如图5-39所示轮廓外侧壁的精加工轨迹。

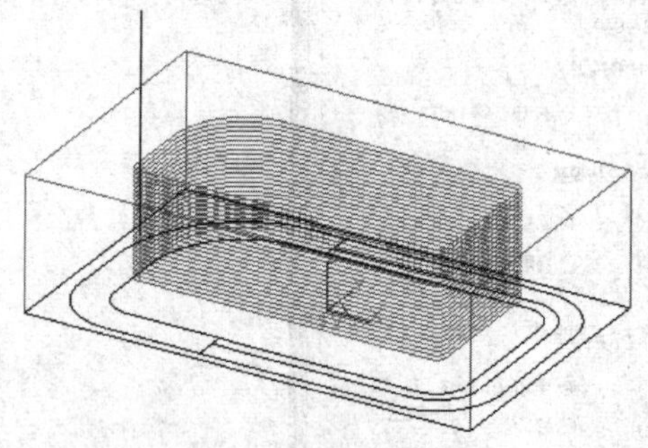

图5-38 加工轨迹（1）

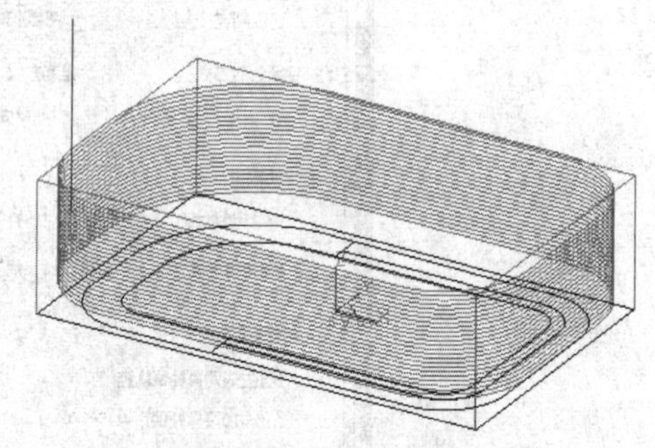

图5-39 加工轨迹（2）

据展项目5-1
操作视频

【拓展项目5-1】 编制图5-40零件的数控加工程序。（扫描二维码可观看操作视频）

5.3.3 其它加工

在CAXA 2015软件中，其它加工包含了“工艺钻孔设置”、“工艺钻孔加工”、“孔加工”、“G01钻孔”、“铣螺纹加工”、“铣圆孔加工”、“固定循环加工”7个加工命令。

1. 孔加工

对孔进行加工，包括钻孔、铰孔、镗孔等的加工。点取【加工N】→【其它加工】→【孔加

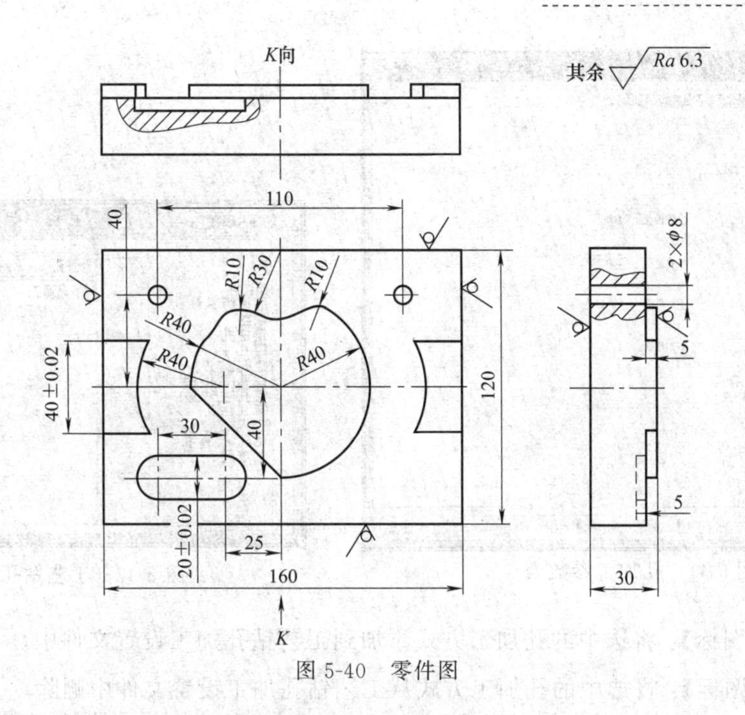

图 5-40 零件图

工】菜单项，弹出对话框，输入相关参数，生成加工轨迹。

① 钻孔模式 提供 12 种钻孔模式，如表 5-1 所示。

表 5-1 钻孔模式

序号	孔加工方式	数控系统指令
1	高速啄式孔钻	G73
2	左攻纹	G74
3	精镗孔	G76
4	钻孔	G81
5	钻孔＋反镗孔	G82
6	啄式钻孔	G83
7	攻纹	G84
8	镗孔	G85
9	镗孔(主轴停)	G86
10	反镗孔	G87
11	镗孔(暂停＋手动)	G88
12	镗孔(暂停)	G89

② 加工参数 加工参数表如图 5-41 所示。

【安全高度】：刀具在此高度以上任何位置，均不会碰伤工件和夹具。

【主轴转速】：机床主轴的转速。

【安全间隙】：钻孔前距离工件表面的安全高度。

【钻孔速度】：钻孔刀具的进给速度。

【钻孔深度】：孔的加工深度。

【工件平面】：工件表面高度，也就是钻孔切削开始点的高度。

【暂停时间】：攻丝时刀在工件底部的停留时间。

【下刀增量】：孔钻时每次钻孔深度的增量值。

2. 工艺孔设置

孔的加工一般都需要多道工序，使用工艺孔设置功能可以设置孔的加工工艺。工艺孔设置参数表，如图 5-42 所示。

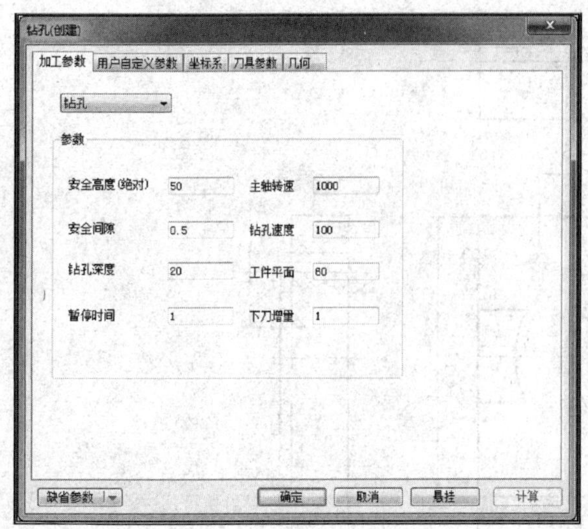

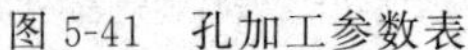

图 5-41　孔加工参数表

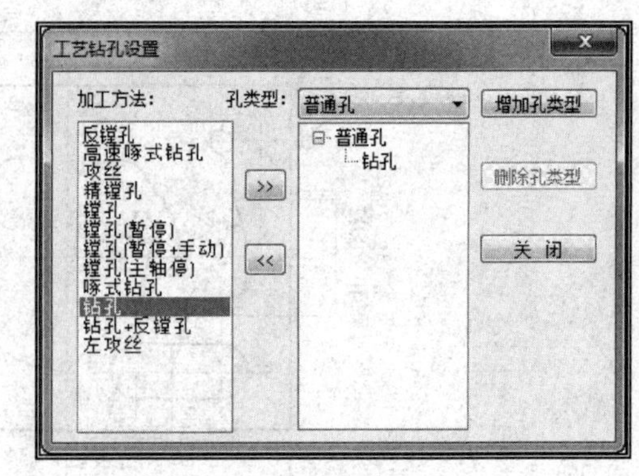

图 5-42　工艺钻孔设置

【>> 添加图标】：将选中的孔加工方式添加到工艺钻孔加工设置文件中。

【<< 删除图标】：将选中的孔加工方式从工艺钻孔加工设置文件中删除。

【增加孔类型】：设置新工艺钻孔加工设置文件文件名。

【删除当前孔】：删除当前工艺钻孔加工设置文件。

【关闭】：保存当前工艺钻孔加工设置文件，并退出。

3. 工艺钻孔加工

根据设置的工艺孔加工工艺进行孔的加工。工艺钻孔操作通常分为 4 步。

(1) 步骤 1——定位方式

提供 3 种孔定位方式，如图 5-43 所示。

【输入点】：根据需要，输入点的坐标，确定孔的位置。

【拾取点】：通过拾取屏幕上的存在点，确定孔的位置。

【拾取圆】：通过拾取屏幕上的圆，确定孔的位置。

(2) 步骤 2——路径优化

提供 3 种路径优化方式，如图 5-44 所示。

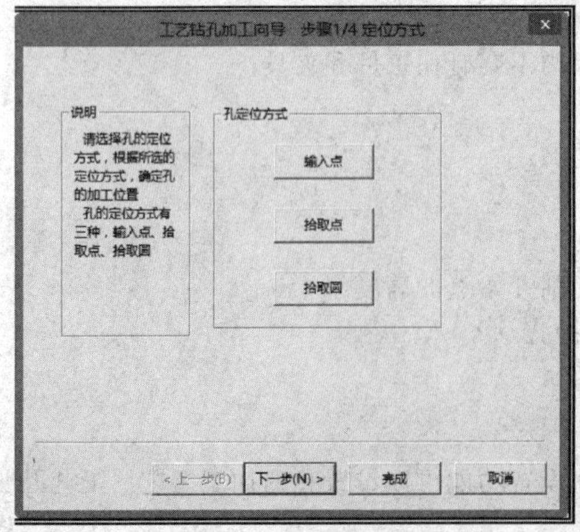

图 5-43　定位方式

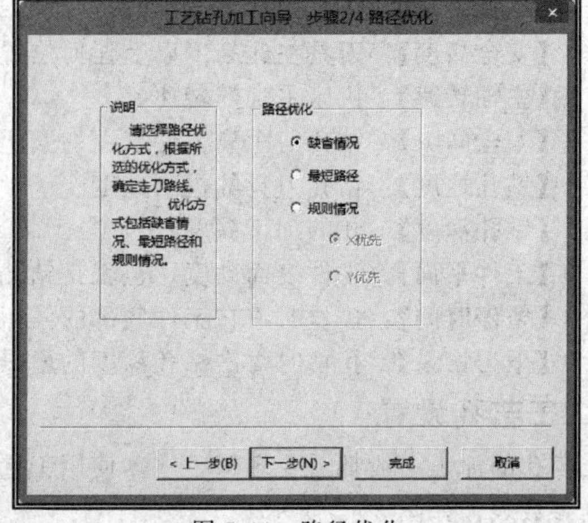

图 5-44　路径优化

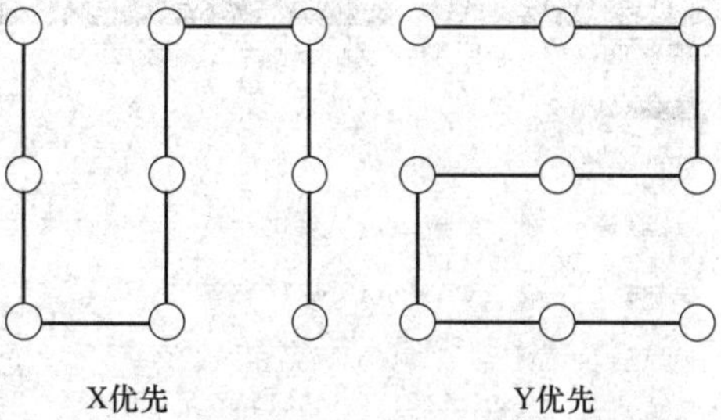

【缺省情况】：不进行路径优化。

【最短路径】：依据拾取点间距离和的最小值进行优化。

【规则情况】：该方式主要用于矩形阵列情况，有两种方式，如图 5-45 所示。

【X 优先】：依据各点 X 坐标值的大小排列。

【Y 优先】：依据各点 Y 坐标值的大小排列。

X优先　　Y优先

图 5-45　矩形阵列

(3) 步骤 3—选择孔类型

选择已经设计好的工艺加工文件，如图 5-46 所示。工艺加工文件在工艺孔设置功能中设置，具体方法参照工艺孔设置。

(4) 步骤 4—设定参数

设定参数孔加工参数，如图 5-47 所示。单击【完成】图标，完成工艺钻孔加工，在加工管理树中自动生成加工轨迹，展开工艺文件选择对话框内选择的工艺加工文件，用户可以设置每个钻孔子项的参数。钻孔子项参数设置请参考孔加工。

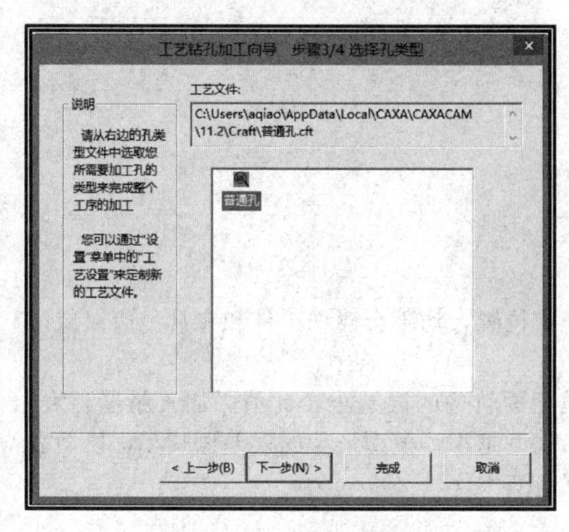

图 5-46　选择孔类型

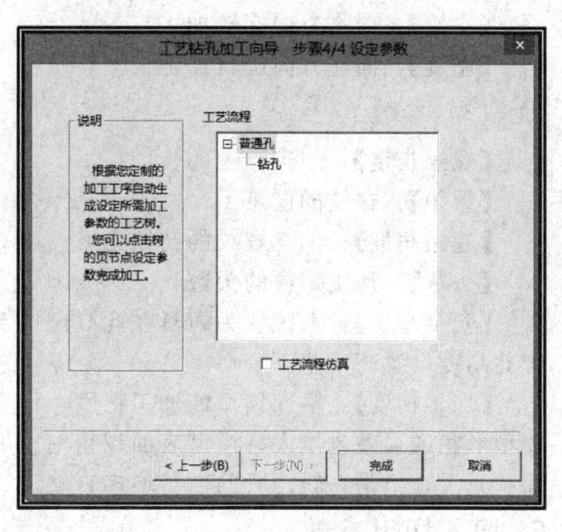

图 5-47　设定参数

4. G01 钻孔

使用 G01 来进行各种钻孔操作，适用于各种没有钻孔循环功能的机床使用。G01 钻孔的参数表如图 5-48 所示。

【安全间隙】：钻孔时，钻头快速下刀到达的位置，即距离工件表面的距离，由这一点开始按钻孔速度进行钻孔。

【下刀次数】：当孔较深使用啄式钻孔时以下刀的次数完成所要求的孔深。

【每次深度】：当孔较深使用啄式钻孔时以每次钻孔深度完成所要求的孔深。

5. 铣螺纹加工

使用铣刀来进行各种螺纹操作，铣螺纹参数表如图 5-49 所示。

(1) 螺纹类型

【内螺纹】：铣内螺纹。

【外螺纹】：铣外螺纹。

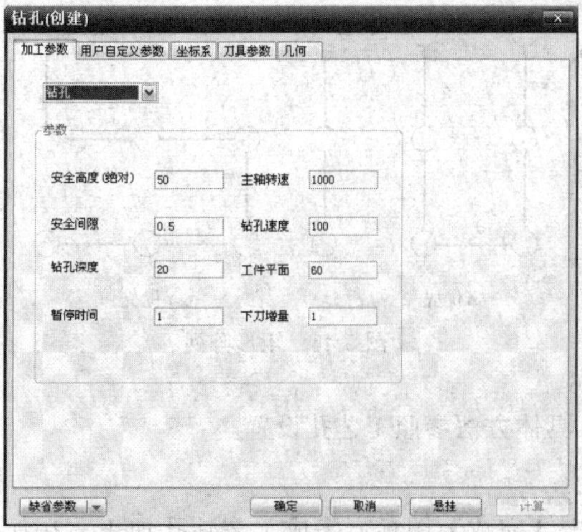

图 5-48 G01“钻孔加工”参数表

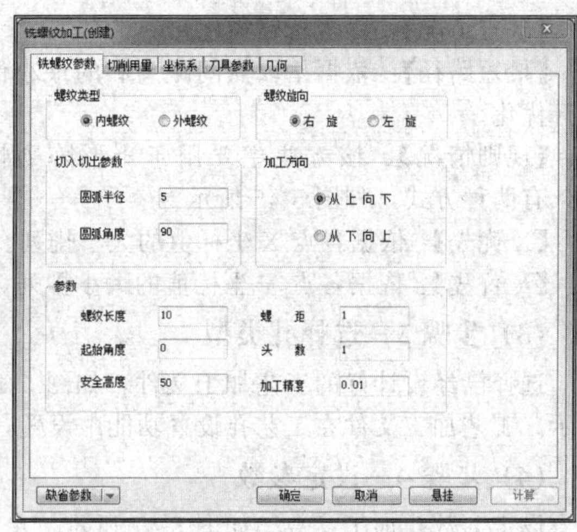

图 5-49 “铣螺纹”参数表

（2）螺纹旋向

【右旋】：向右方向旋转加工。

【左旋】：向左方向旋转加工。

（3）参数

【螺纹长度】：加工螺纹的长度。

【螺距】：螺纹的层距。

【起始角度】：加工螺纹的初始角度。

【头数】：加工螺纹的头数。

【安全高度】：系统认为刀具在此高度以上任何位置，均不会碰伤工件和夹具。所以应该把此高度设置高一些。

【加工精度】：输入模型的加工精度。计算模型的轨迹的误差小于此值。加工精度越大，模型形状的误差也增大，模型表面越粗糙。加工精度越小，模型形状的误差也减小，模型表面越光滑，但是，轨迹段的数目增多，轨迹数据量变大。

6. 切入切出参数

【圆弧半径】：切入切出圆弧的半径。

【圆弧角度】：切入切出圆弧的角度。

7. 铣圆孔加工

使用铣刀来进行各种铣圆孔的操作，铣圆孔加工参数表如图 5-50 所示。

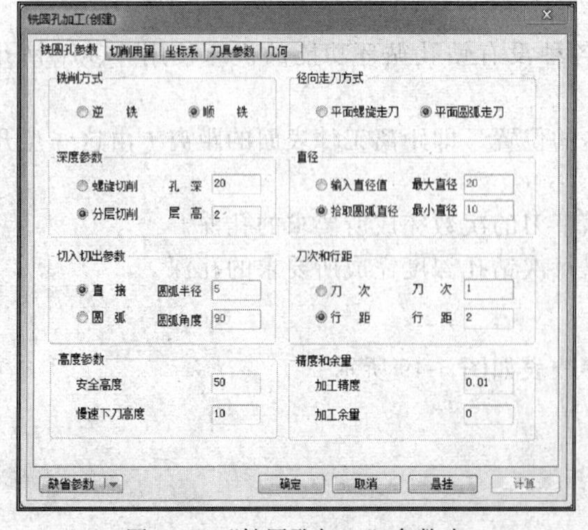

图 5-50 “铣圆孔加工”参数表

（1）铣削方式

【逆铣】：生成逆铣的轨迹。

【顺铣】：生成顺铣的轨迹。

（2）深度参数

【螺旋切削】：用螺旋的方式进行加工。

【分层切削】：用分层的方式进行加工。

（3）径向走刀方式

【平面螺旋走刀】：在平面中用螺旋的方

式进行加工。

【平面圆弧走刀】：在平面中用圆弧的方式进行加工。

(4) 径向参数

【输入直径值】：手工输入圆直径的大小。

【拾取几何直径值】：拾取存在的圆。

【刀次】：以给定加工的次数来确定走刀的次数。

【行距】：走刀行间的距离。

(5) 切入切出参数

【直线】：以直线的方式进行切入切出。

【圆弧】：以圆弧的方式进行切入切出。

5.4　轨迹仿真与后置处理

轨迹仿真就是在三维真实感显示状态下，模拟刀具运动，切削毛坯、去除材料的过程。在生成了加工轨迹后，通常需要对加工轨迹进行加工仿真，利用模拟实际切削过程和加工结果，检查生成的加工轨迹的正确性。

后置处理就是结合特定机床把系统生成的刀具轨迹转化成机床能够识别的G代码指令，输入数控机床用于加工。考虑到生成程序的通用性，CAXA软件针对不同的机床，可以设置不同的机床参数和特定的数控代码程序格式，还可以对生成的机床代码正确性进行校核。

后置处理模块包括后置设置、生成G代码、校核G代码和生成工艺清单功能。

5.4.1　轨迹仿真

在生成了加工刀具轨迹后，通常要对加工轨迹进行加工仿真，以检查加工轨迹的正确性。轨迹仿真有线框仿真和实体仿真两种形式。

1. 线框仿真

线框仿真是一种快速的仿真方式，仿真时只显示刀具和刀具轨迹。

在菜单栏中，线框仿真命令不再存在，但是在轨迹管理中，右击轨迹会弹出线框仿真对话框。系统将提示选择需要进行加工仿真的刀具轨迹。拾取轨迹后，点击鼠标右键确认，系统即进入轨迹仿真环境，如图5-51所示。

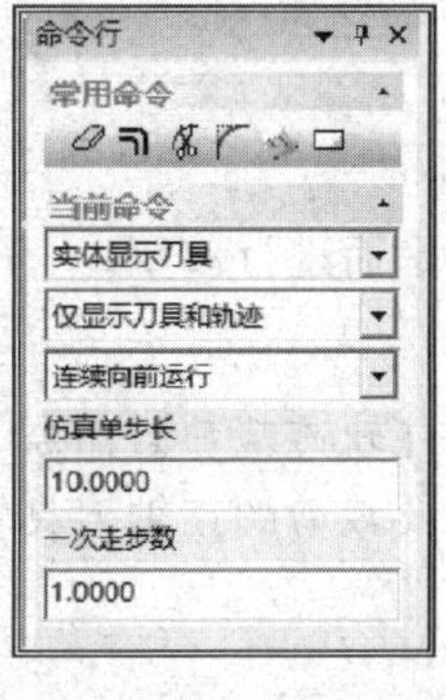

(a) 线框仿真快捷菜单

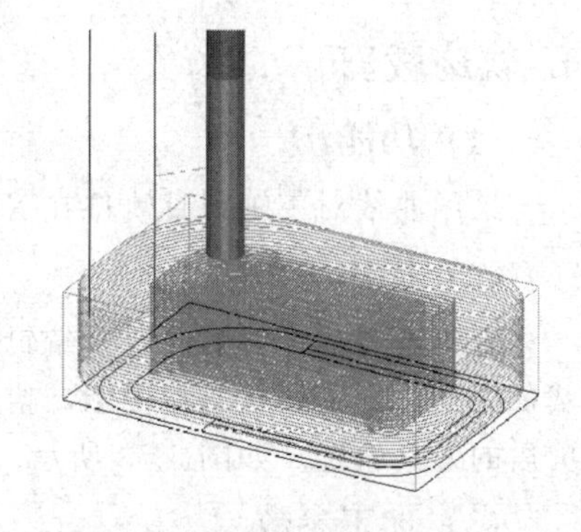
(b) 线框仿真模式

图5-51　线框仿真

2. 实体仿真

(1) 仿真环境

① 在菜单栏中，单击【加工N】→【实体仿真】命令，系统将提示选择需要进行加工仿真的刀具轨迹。拾取轨迹后，点击鼠标右键确认，系统即进入实体仿真环境，如图5-52所示。或者在

加工管理窗口拾取加工轨迹，再点击鼠标右键，选择【实体仿真】命令，系统也将进入轨迹仿真环境。②单击“仿真加工”图标，弹出“仿真加工”对话框。③单击“播放”图标，开始仿真。

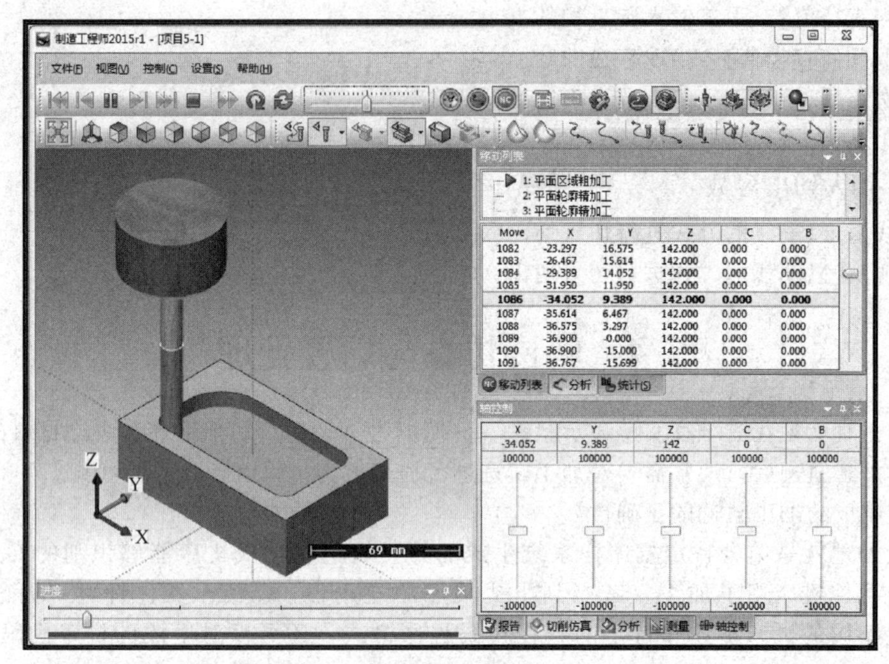

图 5-52　实体仿真

(2) 设定干涉检查

切削仿真能够设置对刀刃、刀杆、刀柄、刀头的干涉检查。

干涉检查包括：不进行干涉检查、仅算出报告；仅在 G00 干涉时、G00 夹具干涉时、G00 夹具干涉无效刃切削时、仅夹具干涉时、夹具干涉无效刃切削时、仅无效刃切削时以及无效刃夹具强行切削中选择。

5.4.2 轨迹编辑

1. 轨迹裁剪

(1) 功能

采用曲线对三轴刀具轨迹在 XY 平面进行裁剪。

(2) 操作

①单击【加工 N】→【轨迹编辑】→【轨迹裁剪】命令，在弹出立即菜单中选择相应的轨迹裁剪方式。②依据状态栏提示，拾取要裁剪的三轴刀具轨迹，选择裁剪方向后，系统生成裁剪后的刀具轨迹。如图 5-53 所示。

(3) 加工参数

① 在曲线上：临界刀位点在裁剪曲线上。

② 不过曲线：临界刀位点未到裁剪线一个刀具半径。

③ 超过曲线：临界刀位点超过裁剪线一个刀具半径。

剪刀曲线可以是封闭的，也可以是不封闭的。对于不封闭的剪刀曲线，系统自动将其卷

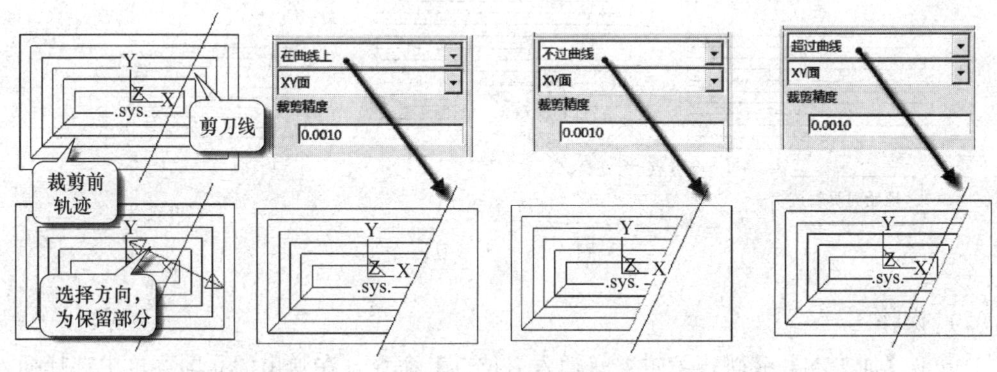

图 5-53 轨迹裁剪

成封闭曲线。卷动的原则是沿不封闭的曲线两端切矢各延长 100 单位，再沿裁剪方向垂直延长 1000 单位，然后将其封闭，如图 5-54 所示。

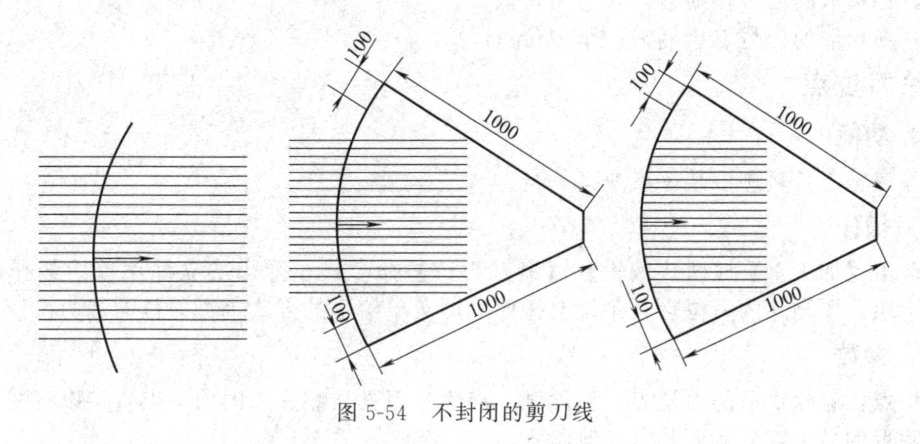

图 5-54 不封闭的剪刀线

(4) 裁剪平面

在指定坐标面内当前坐标系的 XY、YZ、ZX 面。点击立即菜单可以选择在哪个面上裁剪。

(5) 裁剪精度

裁剪精度表示当剪刀曲线为圆弧和样条时用此裁剪精度离散该剪刀曲线。

2. 轨迹反向

(1) 功能

对生成的两轴或三轴刀具轨迹中刀具轨迹的走向进行反向，以实现加工中顺、逆铣切换。

(2) 操作

①单击【加工 N】→【轨迹编辑】→【轨迹反向】命令，在弹出的立即菜单中选择相应的选项。②拾取需反向的刀具轨迹，系统按立即菜单的选项要求给出反向后的刀具轨迹。

3. 插入刀位点

(1) 功能

在三轴刀具轨迹中某刀位处插入刀位点。如图 5-55 所示。

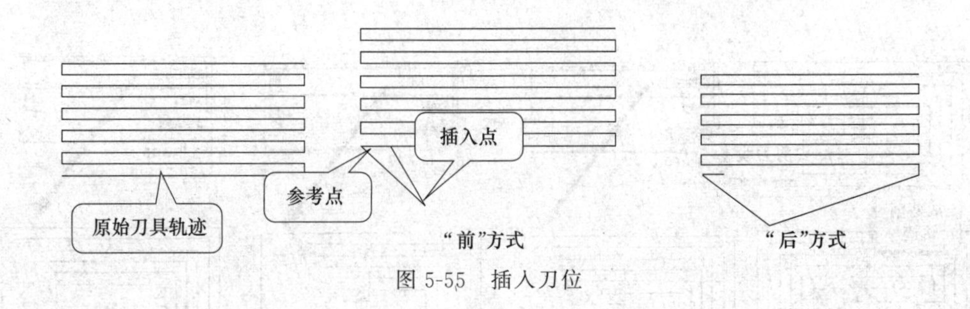

图 5-55 插入刀位

(2) 操作

①单击【加工 N】→【轨迹编辑】→【插入刀位点】命令，在弹出的立即菜单中选择插入类型。②拾取参考点，拾取插入点，系统给出插入后的刀具轨迹。

(3) 参数

前：在拾取的刀位点前插入一个刀位点。

后：在拾取的刀位点后插入一个刀位点。

4. 删除刀位点

(1) 功能

删除三轴刀具轨迹中某一点或某一行。

(2) 操作

①单击【加工 N】→【轨迹编辑】→【删除刀位】命令，在弹出的立即菜单中选择删除类型。②拾取需要删除的刀位点，系统会按照立即菜单给出的方式进行刀位的裁剪操作。

(3) 参数

刀位点：删除拾取的刀位点。删除某一点后，刀具从删除点的前一点直接以直线方式加工到删除点的后一点，从而跳过此删除点。

刀位行：删除拾取的刀位点所在的刀具行。拾取被删除行上的任一点，就能删除此行，删除该行后，被删除行的刀位起点和下一行的刀位起点连接在一起。

5. 两刀位点间抬刀

(1) 功能

将位于三轴刀具轨迹的两点间的所有刀位点删除，并抬刀连接拾取两刀位点。

(2) 操作

①单击【加工 N】→【轨迹编辑】→【 两刀位点间抬刀】命令。②拾取需编辑的三轴刀具轨迹，依次拾取两刀位点，系统将两点间的所有刀位点删除，并抬刀连接拾取的两刀位点。

6. 清除抬刀

(1) 功能

清除刀具轨迹中的抬刀点。

(2) 操作

①单击【加工 N】→【轨迹编辑】→【清除抬刀】命令。②在弹出的立即菜单中选择清除抬刀的方式。③拾取需清除抬刀的刀位点或刀具轨迹，系统按立即菜单所给定的方式进行清除抬刀。

(3) 参数

指定清除：清除刀具轨迹中指定的抬刀点。

全部清除：清除刀具轨迹中所有的抬刀点。

7. 轨迹打断

(1) 功能

打断两轴或三轴刀具轨迹，使其成为两段独立的刀具轨迹。

(2) 操作

①单击【加工 N】→【轨迹编辑】→【轨迹打断】命令。②拾取需打断的刀具轨迹，拾取打断刀位点，系统将轨迹打断为两段。

8. 轨迹连接

(1) 功能

将多段独立的两轴或三轴刀具轨迹连接在一起。

(2) 操作

①单击【加工 N】→【轨迹编辑】→【轨迹连接】命令。②依次拾取需连接的两轴或三轴刀具轨迹，拾取结束后点击鼠标右键确认，系统将拾取到的所有轨迹依次连接为一段等距轨迹。

●**注意**

① 所有的轨迹使用的刀具必须相同。

② 两轴与三轴轨迹不能互相连接。

5.4.3 后置处理

后置处理就是结合特定机床把系统生成的二轴或三轴刀具轨迹转化成机床能够识别的 G 代码指令，使生成的 G 指令可以直接输入数控机床用于加工。考虑到生成程序的通用性，CAXA 制造工程师软件针对不同的机床，可以设置不同的机床参数和特定的数控代码程序格式，同时还可以对生成的机床代码的正确性进行校核。

后置处理模块包括后置设置、生成 G 代码、校核 G 代码和生成工序卡功能。

1. 后置设置

机床信息就是针对不同的机床、不同的数控系统设置特定的数控代码、数控程序格式及参数，并生成配置文件。生成数控程序时，系统根据该配置文件生成用户所需要的加工程序。在软件中选择【加工 N】→【后置处理】→【后置设置】打开“选择打开后置配置文件”选项卡，如图 5-56 所示。

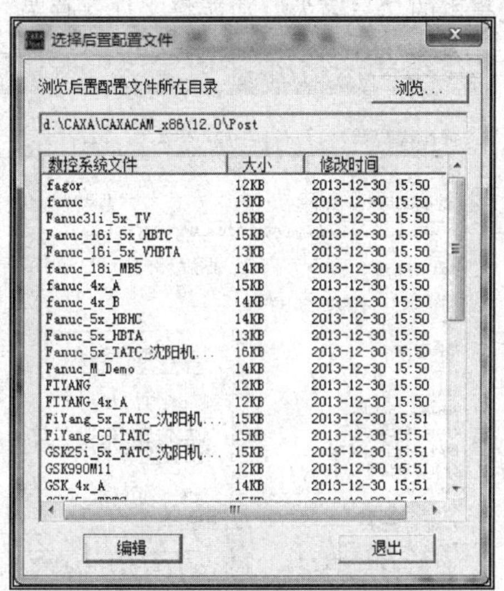

图 5-56 选择后置配置文件

后置文件配置就是针对特定的机床，结合已经设置好的机床配置，对后置输出的数控程序的格式，如程序段行号、程序大小、数据格式、编程方式、圆弧控制方式等进行设置。在“选择打开后置配置文件”选项卡选择机床后，单击“编辑”即可打开该文件的编辑窗口，如图 5-57 为 FANUC 系统的后置配置文件。

2. 生成 G 代码

生成 G 代码就是按照当前机床类型的配置要求，把已经生成的刀具轨迹转化生成 G 代码数据文件，即 CNC 数控程序，有了数控程序就可以直接输入机床进行数控加工。

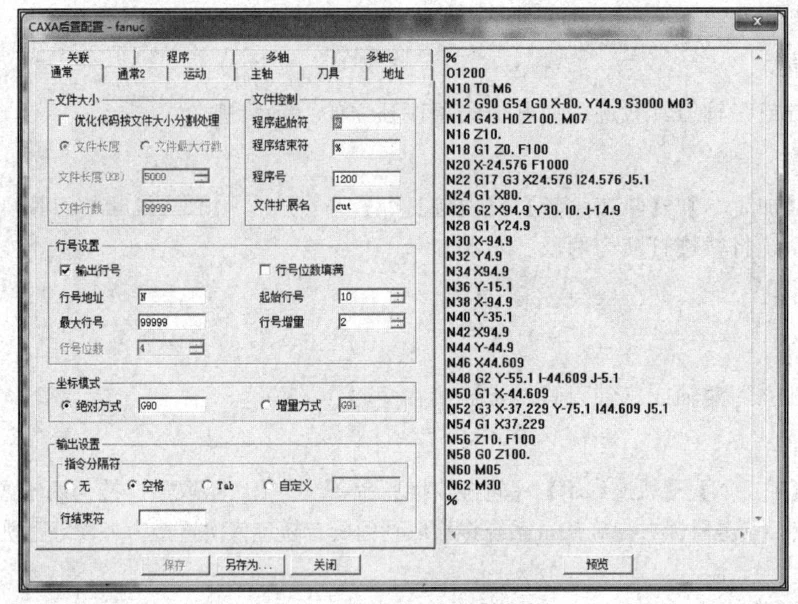

图 5-57　编辑后置配置文件

在菜单栏依次单击【加工 N】→【后置处理】→【生成 G 代码】，弹出“生成后置代码”对话框。在对话框中可以输入文件保存路径和文件名，选择数控系统，如图 5-58 所示；单击“确定”图标。状态栏提示“拾取刀具轨迹”，在加工管理窗口依次拾取要生成 G 代码的刀具轨迹；再单击右键结束选择，将弹出记事本，生成的 G 代码，如图 5-59 所示。可以通过记事本的“另存为”功能将文件保存为“. txt”格式的文件。

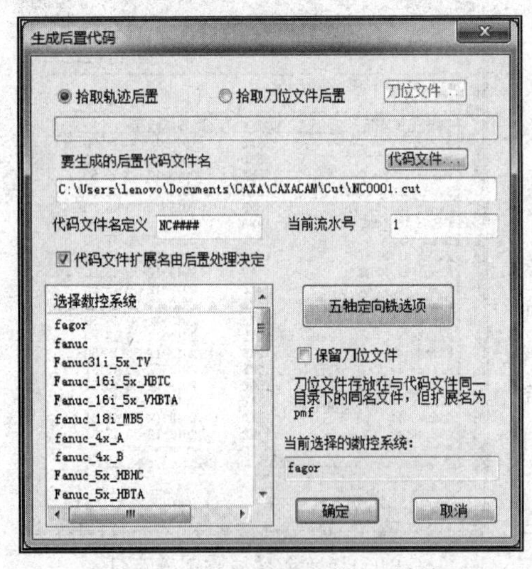

图 5-58　“选择后置文件”对话框

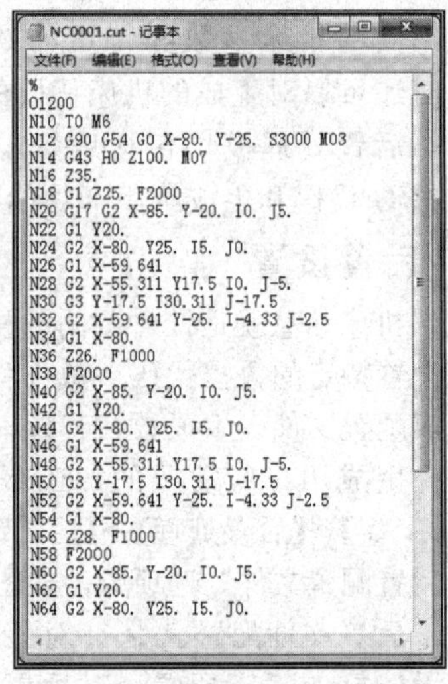

图 5-59　G 代码文件

3. 校核 G 代码

校核 G 代码就是把生成的 G 代码文件反读进来，生成刀具轨迹，以检查生成的 G 代码的正确性。如果反读的刀位文件中包含圆弧插补，需用户指定相应的圆弧插补格式。否则可能得到错误的结果。若后置文件中的坐标输出格式为整数，且机床分辨率不为 1 时，反读的结果是不对的。亦即系统不能读取坐标格式为整数且分辨率为非 1 的情况。

在菜单栏依次单击【加工 N】→【后置处理】→【生成 G 代码】，弹出“生成后置代码”对话框，如图 5-60 所示。点击“代码文件”，可以选择打开要校核的代码文件。

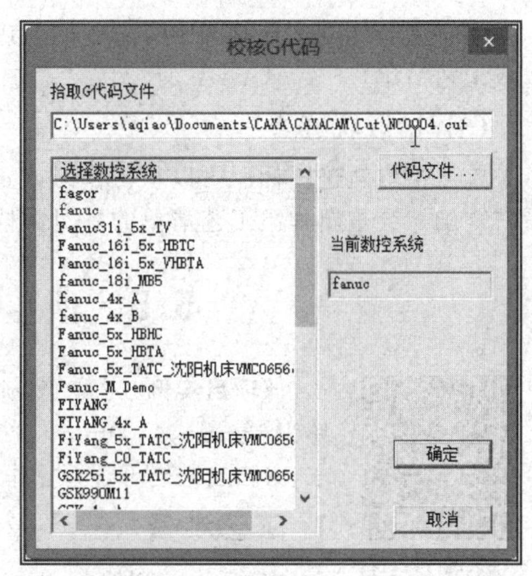

图 5-60　“校核 G 代码”对话框

●注意

(1) 刀位校核只用来对 G 代码的正确性进行检验，由于精度等方面的原因，用户应避免将反读出的刀位重新输出，因为系统无法保证其精度。

(2) 校对刀具轨迹时，如果存在圆弧插补，则系统要求选择圆心的坐标编程方式，其含义前面已经讲过。这个选项针对采用圆心（I，J，K）编程方式。用户应正确选择对应的形式，否则会导致错误。

5.4.4　工艺清单

生成加工工艺单的目的有三个：一是车间加工的需要，当加工程序较多时可以使加工有条理，不会产生混乱；二是方便编程者和机床操作者的交流；三是车间生产和技术管理上的需要，加工完的工件的图形档案、G 代码程序可以和加工工艺单一起保存。工艺清单为 HTML 格式，可以用 IE 浏览器来看，也可以用 WORD 来看，并且可以用 WORD 进行修改和添加。

①在菜单栏依次单击【加工 N】→【工艺清单】，弹出“工艺清单”对话框。或在“加工管理”窗口，单击选择加工轨迹后，右击，弹出“工艺清单”对话框。②选择文件保存路径和零件文档属性，如图 5-61 所示；单击“生成清单”图标。系统自动生成工艺清单。

图 5-61　工艺清单

【工艺清单】对话框如图 5-61 所示。

工艺清单的操作步骤如下：

(1) 指定目标文件的文件夹

设定生成工艺清单文件的位置。

(2) 明细表参数

包括：零件名称、零件图图号、零件编号、设计、工艺、校核等。

(3) 使用模板

系统提供了 8 个模板供用户选择。

① sample01：关键字一览表，提供了几乎所有生成加工轨迹相关参数的关键字，包括明细表参数、模型、机床、刀具起始点、毛坯、加工策略参数、刀具、加工轨迹、NC 数据等。

② sample02：NC 数据检查表，几乎与关键字一览表相同，只是少了关键字说明。

③ sample03～sample08：系统默认的用户模板区，用户可以自行制定自己的模板，制定方法见后。

(4) 生成清单

注意到explorer导航区中有选中的轨迹(√),单击生成清单图标后,系统会自动计算,生成工艺清单。

(5) 拾取轨迹

单击拾取轨迹图标后可以从工作区或explorer导航区选取相关的若干条加工轨迹,拾取后右键确认会重新弹出工艺清单的主对话框。

5.5 典型零件自动编程

项目实例5-3
操作视频

【项目实例5-3】 编制图5-62板槽零件加工程序。零件材料为45钢,毛坯为150mm×100mm×32mm板料。毛坯的上下表面及侧面已满足加工要求。(扫二维码可观看操作视频)

1. 工艺准备

(1) 加工准备

选用机床:数控铣床。

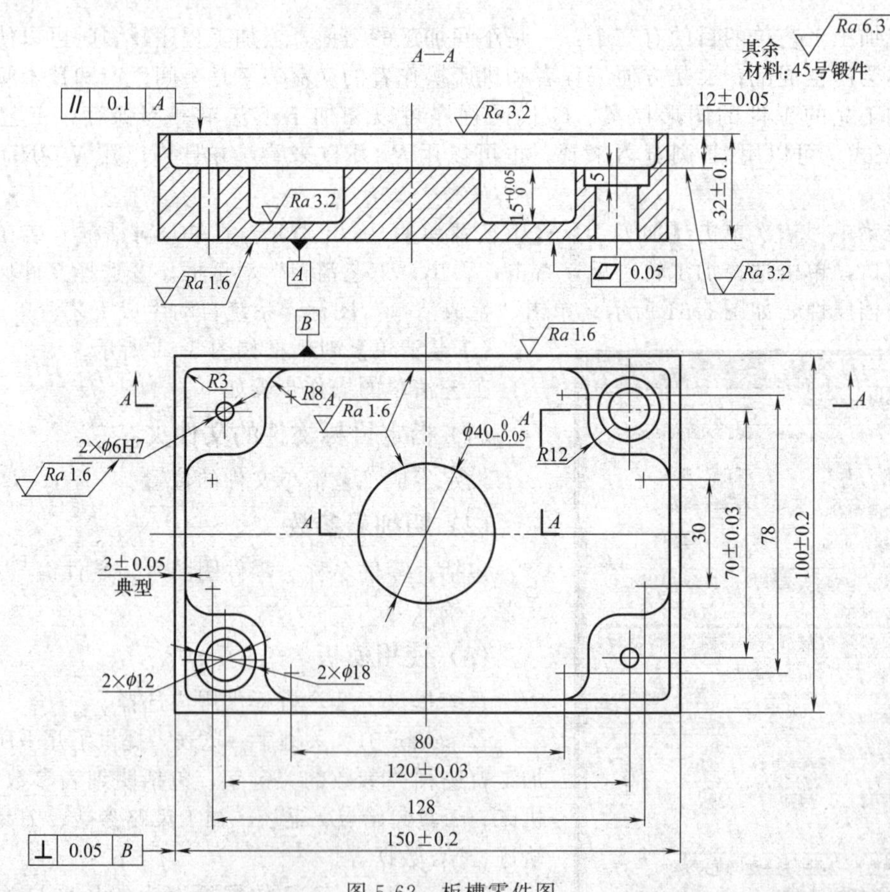

图5-62 板槽零件图

选用夹具:平口钳夹紧定位,百分表找正。

使用毛坯:150mm×100mm×32mm板料,零件材料为45钢。

（2）工艺分析

该零件加工内容包括一个大的没有凸台的型腔，一个有凸台的型腔，两个台阶孔，两个通孔。其中型腔、小孔的尺寸公差均有较高的精度要求，并且工件表面粗糙度要求 *Ra* 为 1.6μm，所以应该分为粗加工和精加工来完成。

（3）加工工艺卡

板槽的加工工艺卡如表 5-2 所示。

表 5-2 板槽加工工艺卡

×××厂		数控加工工序卡片	产品代号	零件名称	零件图号
			×××	板槽零件	×××
工序号	程序编号	夹具名称	夹具编号	使用设备	车间
×××	×××		×××		数控中心

工序号	工序内容	刀具号	刀具规格/mm	主轴转速/(r/min)	进给速度/(mm/min)	切削深度/mm
1	粗铣大型腔	T01	ϕ16 立铣刀	500	100	
2	粗铣带凸台的型腔	T01	ϕ16 立铣刀	500	100	
3	精铣大型腔侧壁	T02	ϕ12 立铣刀	800	80	
4	精铣带凸台的型腔侧壁	T02	ϕ12 立铣刀	800	80	
5	精铣大型腔底部	T02	ϕ12 立铣刀	800	80	
6	精铣带凸台的型腔底部	T02	ϕ12 立铣刀	800	80	
7	钻中心孔	T03	ϕ3 中心钻	1200	100	
8	钻孔	T04	ϕ12 钻头	500	80	
9	扩孔	T05	ϕ18 钻头	500	80	
10	钻孔并铰孔	T06	ϕ6 钻头	500	80	

2. 编制加工程序

（1）确定加工命令

根据板槽类零件的特点，选用“平面区域粗加工”、“平面轮廓精加工”和“孔加工”的方法进行加工。

（2）建立加工模型

由于上述的三种加工命令均可以采用 2D 模型进行加工，因此，在空间平面内建立 2D 模型，如图 5-63 所示。

（3）建立毛坯

利用“两点方式”建立毛坯。

①启动毛坯定义对话框。在“加工管理”窗口，双击【毛坯】图标 **毛坯**，系统弹出“定义毛坯”对话框。②使用“拾取两角点方式”建立毛坯，拾取两个对角点。③在毛坯定义对话框中，毛坯“大小”的“高度”栏内输入高度“32”；单击“确定”图标，完成毛坯的建立。建立毛坯为蓝色矩形线框显示，如图 5-64 所示的矩形线框图。

图 5-63 绘制零件模型

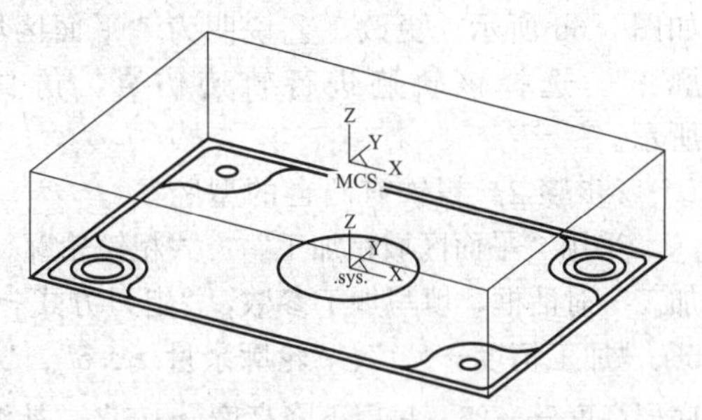

图 5-64 建立加工坐标系和毛坯

(4) 建立加工坐标系

为了加工和对刀的方便，在零件的上表面的中心建立加工坐标系（MCS）。在“坐标系”工具栏上，单击【创建坐标系】图标 ；在立即菜单中选择“单点”；按“回车”键，在弹出的对话框中输入坐标值“0，0，32”；按“回车”键，输入新坐标系名称“MCS”，如图 5-64 所示。

(5) 建立刀具

在“加工管理”窗口，双击“刀具库”，弹出“刀具库管理”对话框，并显示当前刀具库中已存在的刀具，在该对话框中增加本次加工所需刀具。如图 5-65 所示。

刀具库

共 17 把　　增 加　清 空　导 入　导 出

类型	名 称	刀 号	直 径	刃 长	全 长	刀杆类型	刀杆直径	半径补偿号	长度补偿号
燕尾铣刀	DvML_0	7	20.000	6.000	100.000	圆柱+圆锥	10.000	7	7
球形铣刀	LoML_0	8	12.000	12.000	80.000	圆柱	12.000	8	8
球形铣刀	LoML_1	9	10.000	10.000	100.000	圆柱+圆锥	10.000	9	9
倒角铣刀	ChmfML_0	2573	2.000	20.000	25.000	圆柱	2.000	0	0
立铣刀	T01	1	16.000	50.000	80.000	圆柱+圆锥	15.000	1	1
立铣刀	T02	2	10.000	50.000	80.000	圆柱+圆锥	15.000	2	2
钻头	T03	3	3.000	50.000	80.000	圆柱	3.000	3	3
钻头	T05	5	18.000	50.000	80.000	圆柱	18.000	5	5
钻头	T04	4	12.000	50.000	80.000	圆柱	12.000	4	4
钻头	T06	6	6.000	50.000	80.000	圆柱	6.000	6	6

确 定　取 消

图 5-65　刀具库管理

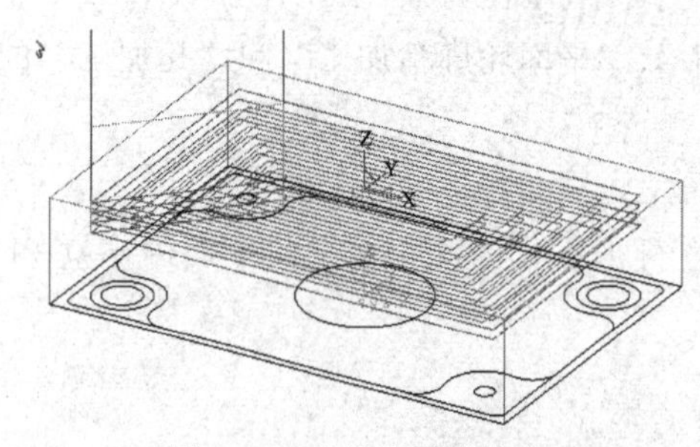

图 5-66　粗铣大型腔轨迹

(6) 编制数控加工程序

『步骤 1』粗铣大型腔

采用“平面区域粗加工”方式粗铣大型腔。在“加工”工具栏上，单击【平面区域粗加工】图标，或在菜单栏依次单击【加工 N】→【常用加工 F】→【平面区域粗加工】，弹出“平面区域粗加工”对话框，填写加工参数，“走刀方式→环切”、“行距→8”、“加工精度→0.1”、“轮廓余量→0.5”、“顶层高度→0，底层高度→−12，每层下降高度→0.5”、“补偿→TO”；从刀库中选择 T01 刀具。输入结束后，单击“确定”图标，根据状态栏提示，拾取大型腔轮廓作为加工轮廓，无岛屿，右击继续。拾取结束后，系统开始计算并生成加工轨迹，如图 5-66 所示。更改工艺说明为“平面区域粗加工-粗铣轮廓 1”，选择该轨迹进行轨迹仿真，仿真结果如图 5-67 所示。

图 5-67　轨迹仿真

『步骤 2』粗铣有凸台的型腔

采用“平面区域粗加工”方式粗铣轮廓。在“平面区域粗加工”对话框，填写加工参数，“走刀方式→环切”、“行距→5”、“加工精度→0.1”、“轮廓余量→0.5”、“顶层高度→−12，底层高度→−27，每层下降高度→0.5”、“补偿→TO”；从刀库中选择 T01 刀具，输入结束后，单击“确定”图标，根据状态栏提示，拾取带凸台的型腔轮廓作为加工轮廓，拾取圆柱凸台作为岛屿，右击继续。拾取结束后，系统开始计算并生成加工轨迹，如图 5-68 所示。更改工艺说明为“平面区域粗加工-粗铣轮廓 2”，选择该轨迹进行轨迹仿真，仿真结果如图 5-69 所示。（注意：此处拾取加工轮廓时，要在交点处打断曲线，才能正确拾取）。

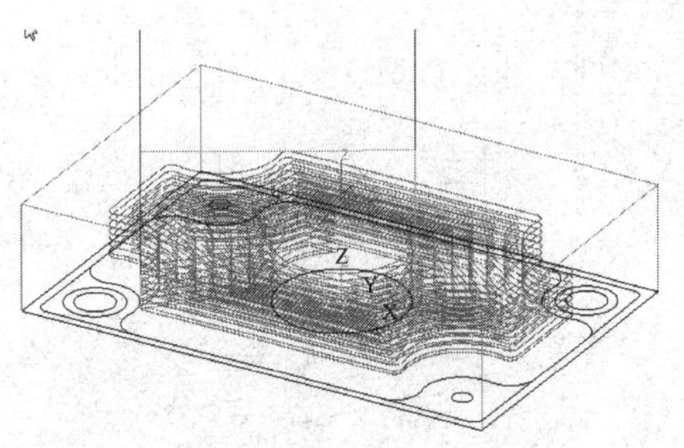

图 5-68　粗铣型腔 2 加工轨迹

『步骤 3』精铣大型腔侧壁

采用“平面轮廓精加工”方式精铣外轮廓。在“加工”工具栏上，单击【轮廓线精加工】图标，或在菜单栏依次单击【加工 N】→【常用加工 F】→【平面轮廓精加工】，弹出“平面轮廓精加工”对话框，填写加工参数，“偏移方向→左偏”、“偏移类型→TO”、“行距→3”、“每层下降高度→0.5”、“刀次→1”、“加工余量→0”、“顶层高度→0，底层高度→－12”，从刀库中选择 T02 刀具。输入结束后，单击“确定”图标，根据状态栏提示，拾取加工轮廓和岛屿，并选择加工方向。拾取结束后，系统开始计算生成加工轨迹，如图 5-70 所示。更改工艺说明为“平面轮廓精加工-精铣型腔 1”，选择该轨迹进行轨迹仿真，仿真结果如图 5-71 所示。

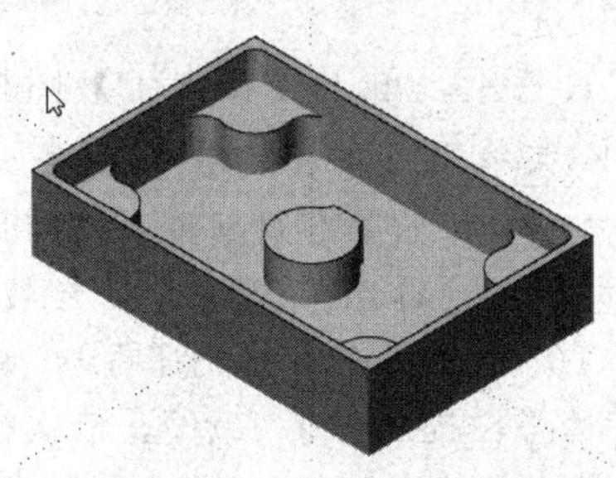
图 5-69　轨迹仿真

『步骤 4』精铣带凸台型腔和凸台侧壁

①加工管理树中，拷贝粘贴“平面轮廓精加工-精铣型腔 1”轨迹，更改工艺说明为“平面轮廓精加工-精铣型腔 2”。②删除轮廓线，重新拾取型腔的轮廓线为加工轮廓线。③在加工参数选项，修改加工参数选项卡的“偏移方向”、“顶层高度→－12”“底层高度→－27”，从刀库中选择加工刀具为 T02 的铣刀，修改结束后，单击“确定”图标，生成刀具轨迹。按照同样方法生成凸台的刀具轨迹。如图 5-72 所示。对轨迹进行轨迹仿真如图 5-73 所示。

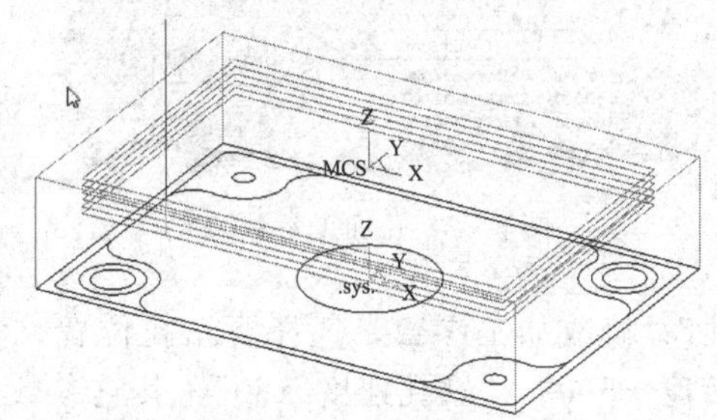

图 5-70　精铣轮廓侧壁 1

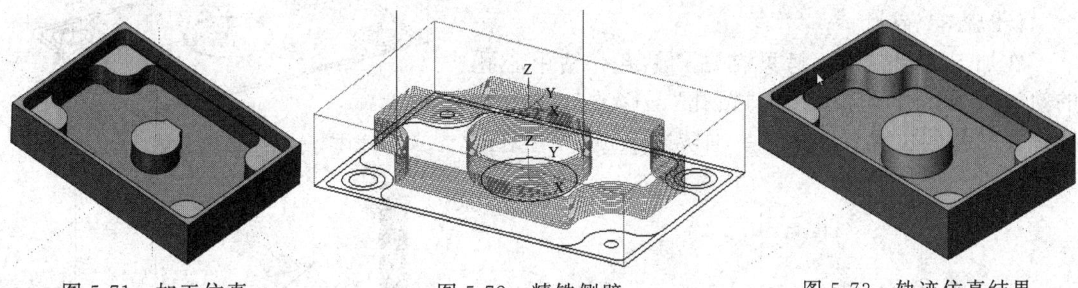

图 5-71　加工仿真　　图 5-72　精铣侧壁　　图 5-73　轨迹仿真结果

『步骤 5』精铣底面

①在加工管理树中，拷贝粘贴“平面区域粗加工-精铣轮廓 2”轨迹，更改工艺说明为“平面区域粗加工-平面加工”。②删除轮廓线，重新拾取轮廓线为加工轮廓线。③在加工参数选项，修改加工参数选项卡，“顶层高度→－12”、“底层高度→－12”，“项层高度→－27”、“底层高度→－27”，从刀库中选择 T02 的铣刀，修改结束后，单击“确定”图标，生成刀具轨迹。如图 5-74 所示，并进行轨迹仿真，仿真结果如图 5-75 所示。

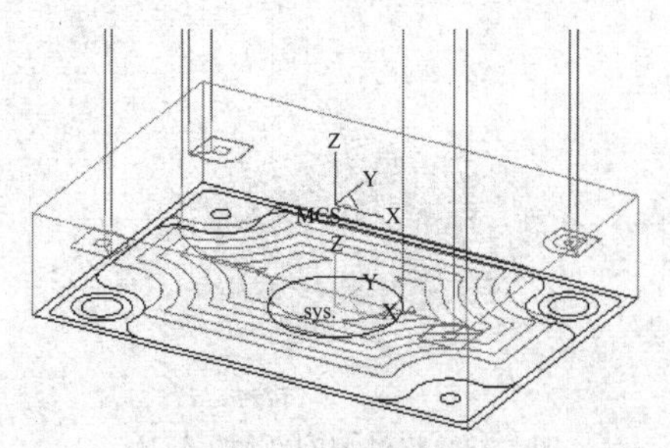

图 5-74　精铣底部

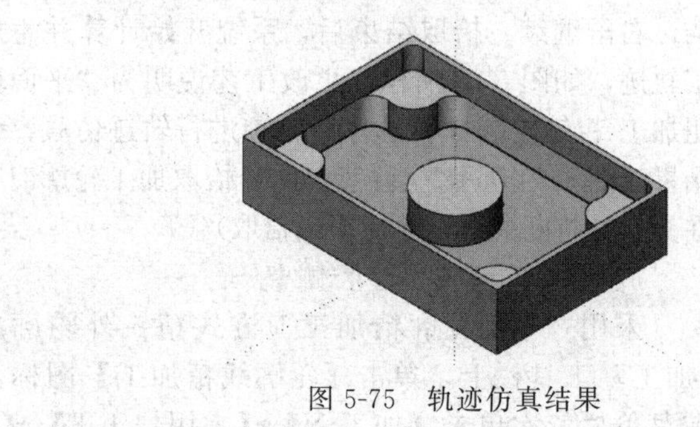

图 5-75　轨迹仿真结果

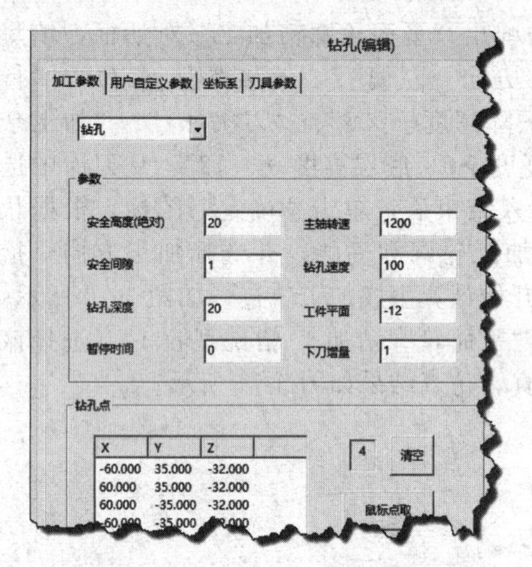

图 5-76　孔加工参数表

『步骤 6』钻中心孔

①"加工"工具栏上，单击【孔加工】图标，或在菜单栏依次单击【加工 N】→【其它加工】→【孔加工】，弹出"孔加工"对话框，填写加工参数，如图 5-76 所示，再切换至"刀具参数"项，从刀库中选择 T03 的钻头作为加工刀具。②单击"确定"图标，状态栏提示"拾取点"，依次拾取孔的圆心作为钻孔点，拾取结束，单击右键，系统计算并生成刀具轨迹。如图 5-77 所示。更改工艺说明为"钻孔—钻中心孔"。选择加工管理树中的轨迹进行轨迹仿真。

『步骤 7』钻孔并铰孔

在加工管理树中，拷贝粘贴"钻孔—钻中心孔"的轨迹，更改工艺说明为"钻孔—钻孔并铰孔"；修改加工参数，选择要钻孔位置，选择"主轴转速→500"，"钻孔速度→80"，其它参数不变，再切换至"刀具参数"项，从刀库中选择 T06 的钻头作为加工刀具。单击"确定"图标，生成刀具轨迹并进行线框方式的轨迹仿真，刀具轨迹如图 5-78 所示。

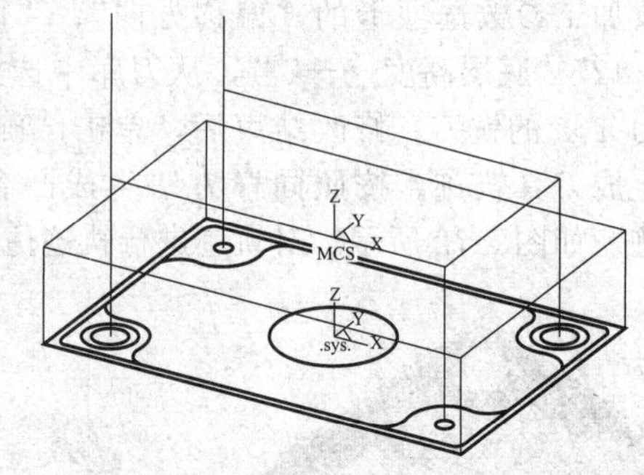

图 5-77　钻中心孔加工轨迹

『步骤 8』钻孔

在加工管理树中，拷贝粘贴"钻孔—钻中心孔"的轨迹，更改工艺说明为"钻孔"；修改加工参数，选择要钻孔的位置，选择"主轴转速→500"，"钻孔

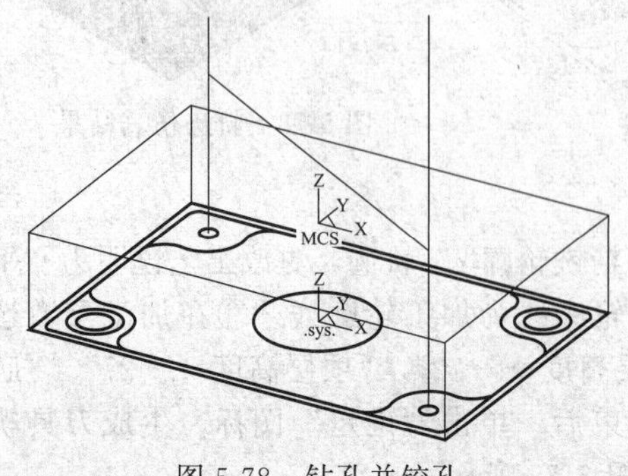

图 5-78　钻孔并铰孔

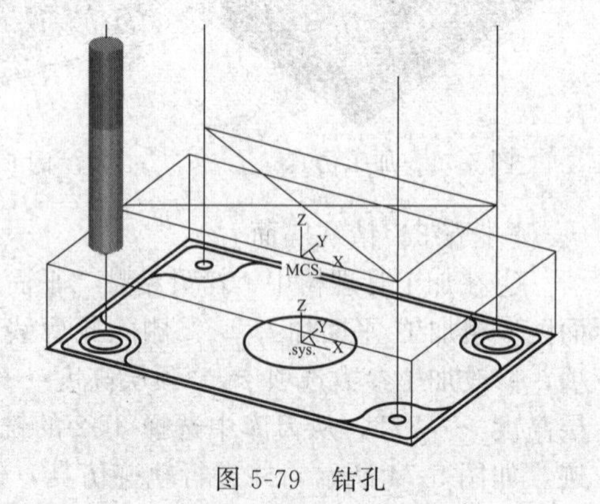

图 5-79　钻孔

速度→80”，其它参数不变，再切换至“刀具参数”项，从刀库中选择 T04 的钻头作为加工刀具。单击“确定”图标，生成刀具轨迹并进行轨迹仿真，刀具轨迹如图 5-79 所示。

『步骤 9』扩孔

在加工管理树中，拷贝粘贴“钻孔—钻中心孔”的轨迹，更改工艺说明为“钻孔”；修改加工参数，选择要钻孔的位置，选择“工件平面→－17”，“钻孔深度→15”，“主轴转速→500”，“钻孔速度→80”，其它参数不变，再切换至“刀具参数”项，从刀库中选择 T05 的钻头作为加工刀具。单击“确定”图标，生成刀具轨迹并进行轨迹仿真，刀具轨迹如图 5-80 所示。

『步骤 10』轨迹仿真

在加工管理树中，显示所有的加工轨迹，如图 5-80 所示。选中所有的加工轨迹，进行实体仿真，仿真结果如图 5-81 所示。

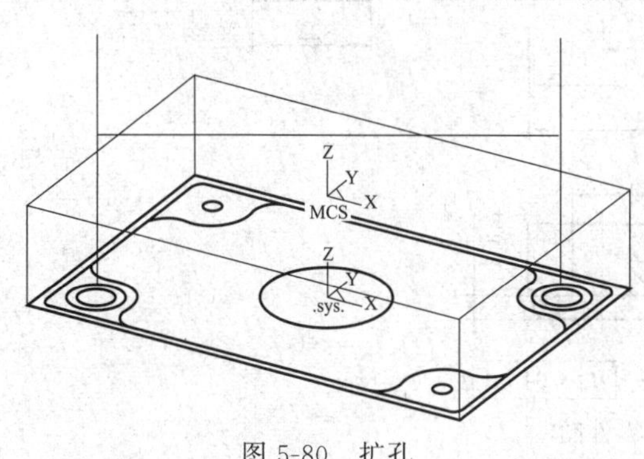

图 5-80　扩孔

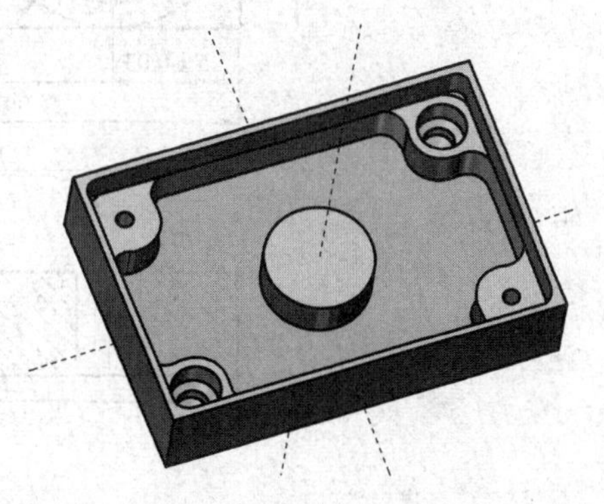

图 5-81　仿轨迹真结果

『步骤 11』生成 G 代码

在菜单栏依次单击【加工 N】→【后置处理】→【生成 G 代码】，弹出“选择后置文件”对话框；填写文件名“项目 5-3”；单击“保存”图标，在加工管理窗口依次拾取要生成 G 代码的刀具轨迹；单击右键结束选择，将弹出“项目 5-3. cut”的记事本，文件显示生成的 G 代码。

5.6　小　　结

本章主要主要是对平面类零件进行数控程序的编制，通过对数控加工工艺的分析确定加工工序后，能够对内外轮廓进行自动编程。通过本项目的学习，能对数控铣中级工、高级工所要求的平面类零件或复杂零件的平面部分进行数控加工工艺分析，并利用计算机辅助软件编制数控加工程序。

5.7　思考与练习

一、思考题

(1) CAXA 制造工程师提供了哪些平面类加工方法？

(2) 平面区域粗加工和区域粗加工有什么异同点？

(3) 画图说明加工轮廓和岛屿的概念。

二、练习题

1. 完成题图 5-1 所示零件数控加工程序图，毛坯为 100mm×100mm×25mm 板料，六面已加工，材料为铝合金。

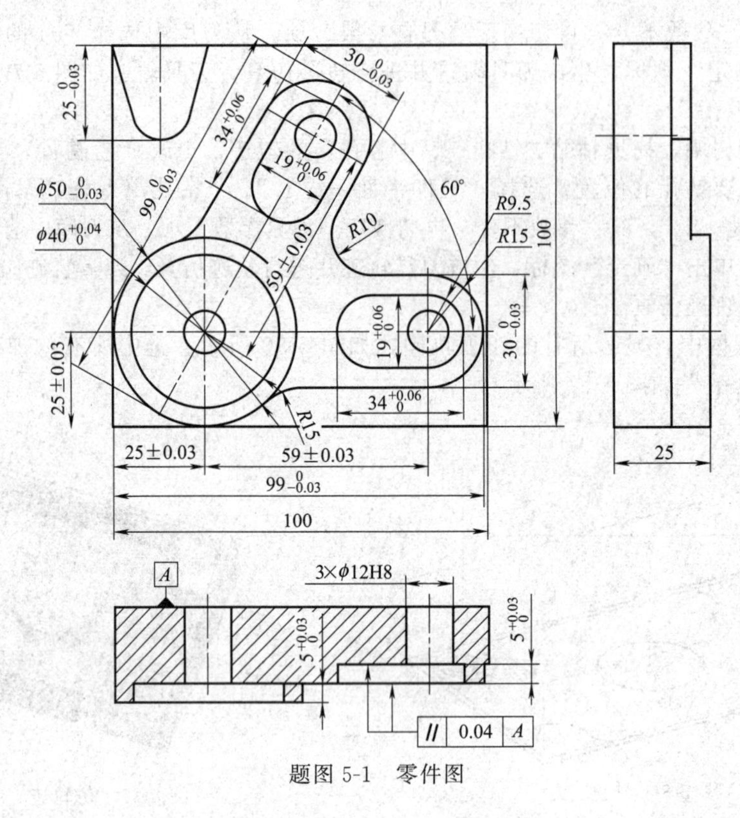

题图 5-1　零件图

2. 完成题图 5-2 所示零件的数控加工程序图，毛坯为 120mm×80mm×20mm 板料，工件下表面已经加工，材料为铝合金。

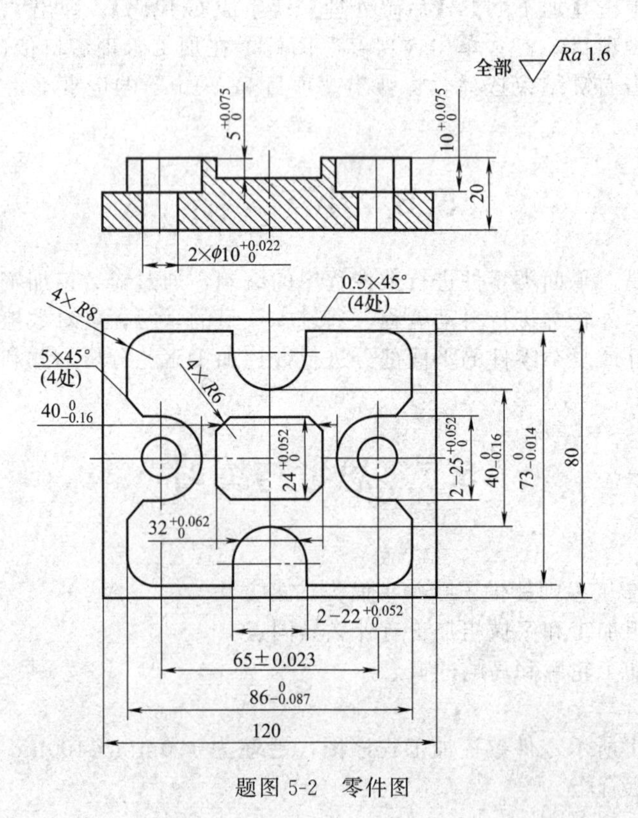

题图 5-2　零件图

3. 完成题图5-3所示零件的数控加工程序图，毛坯为120mm×65mm×30mm板料，工件下表面已经加工，材料为铝合金。

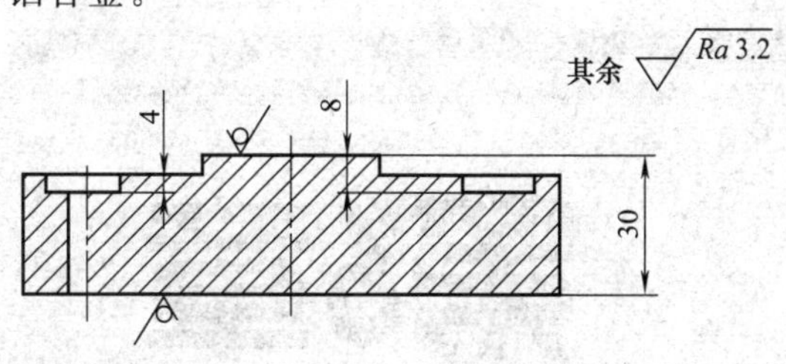

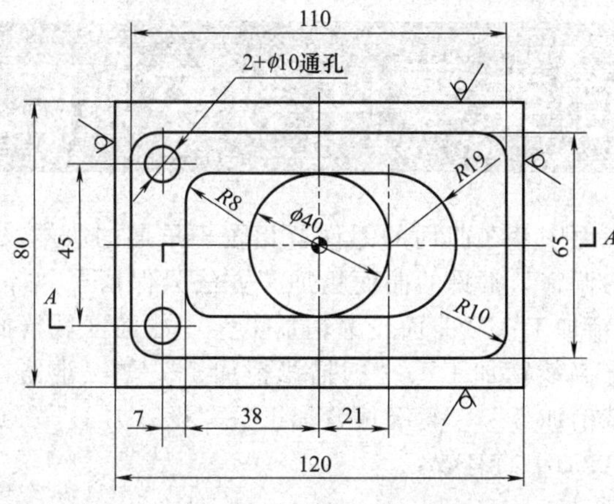

题图 5-3　零件图

4. 完成题图5-4所示零件的数控加工程序，毛坯为120mm×80mm×30mm板料，工件下表面已经加工，材料为铝合金。

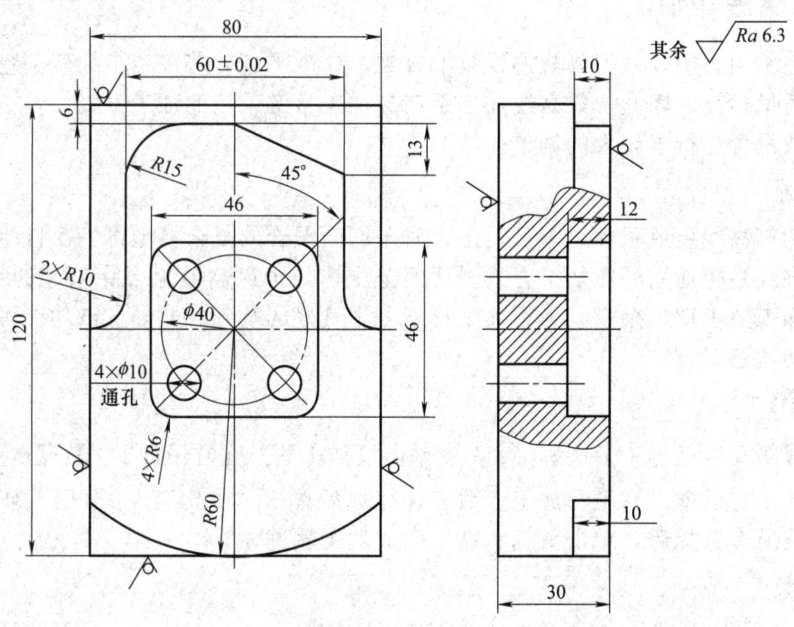

题图 5-4　零件图

第6章 常用曲面类零件数控加工方法

曲面类零件是指被加工面中存在曲面的零件，相较于早期的版本，CAXA 2015 软件的曲面加工方法做了非常大的调整，常见的曲面粗加工方法只保留了“等高线粗加工”。精加工方式保留了：“轮廓导动精加工”、“曲面轮廓精加工”、“曲面区域精加工”、“参数线精加工”、“投影线精加工”、“等高线精加工”、“扫描线精加工”、“三维偏置精加工”等加工方法。同时增加了“曲线式铣槽加工”、“轮廓偏置加工”、“投影加工”等加工方法。相对于早期版本而言，CAXA 2015 更加精简有效。

6.1 曲面类零件加工方法

6.1.1 等高线粗加工

在数控加工中，等高线刀具轨迹视觉上直观、切削平稳，若采用小的切削量，加工后的零件的表面质量很高，因此，等高线加工是高速加工常常采用的加工方式。在 2015 版本中，该功能的参数设置进行了较大的调整。

(1) 功能

沿曲面的等高线生成粗加工刀具轨迹，对于凹凸混合的复杂模型可一次性生成粗加工路径。该加工方式是较通用的粗加工方式，适用范围广，可以高效地去除毛坯的大部分余量，并可根据精加工要求留出余量，为精加工打下一个良好的基础。此外，该功能可指定加工区域，优化空切轨迹。

(2) 操作

①单击【等高线粗加工】图标，或单击【加工 N】→【常用加工 F】→【等高线粗加工】命令，系统弹出对话框。②填写加工参数表，完成后单击“确定”。③根据毛坯类型，定义毛坯。④完成所有选择后，单击鼠标右键，生成加工轨迹。

(3) 参数

1）加工参数 1　如图 6-1 所示。

① 加工方向　指定加工方向是顺铣还是逆铣。

【顺铣】：铣刀旋转产生的线速度方向与工件进给方向相同。

【逆铣】：铣刀旋转产生的线速度方向与工件进给方向相反。

顺铣时，当铣刀刀齿接触工件后不能马上切入金属，而是在工件表面上滑移一段距离，在滑动过程中，由于强烈的摩擦，就会产生大量的热量，同时在待加工表面易形成硬化层，降低了刀具的耐用度，影响了工件表面的粗糙度，给切削带来不利。逆铣时，刀齿开始和工件接触时切削厚度大，且从表面硬质层开始切入，刀齿受到很大的冲击负荷，但刀齿切入过程中没有滑移现象。但是，顺铣的功率消耗要比逆铣时小，也更加有利于排屑和提高表面质量。

●**注意**

顺铣和逆铣的选择原则：在精加工过程中，为了提高加工零件的表面光洁度，保证尺寸精度，尽量采用顺铣；在粗加工和切削面上有硬质层、积渣和表面凹凸不平时，应采用逆铣。

图 6-1　加工参数 1

② 进行策略　有多区域要进行加工时，进行策略有“层优先”和“区域优先”，如图6-2所示。

【层优先】：按照 Z 向进刀的高度顺序加工。

【区域优先】：自动区分出山和谷，逐个进行由高到低的加工。

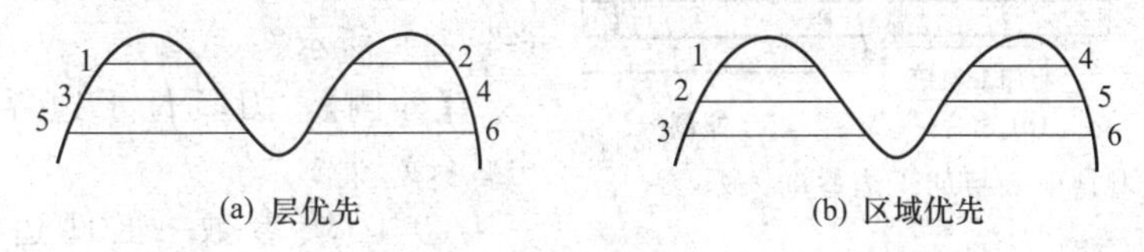

图 6-2　加工顺序

③ 余量和精度

【加工精度】：输入模型的加工精度。计算模型的加工轨迹的误差小于此值。加工精度越大，模型形状的误差也增大，模型表面越粗糙。加工精度越小，模型形状的误差也减小，模型表面越光滑，但是，轨迹段的数目增多，轨迹数据量变大。

【加工余量】：输入相对加工区域的残余量。也可以输入负值。

④ 行距和残留高度

【残留高度】：系统会根据输入的残留高度的大小计算 Z 向层高。在整个加工高度范围内，每层的切削深度有可能会不同。此种方式常用于球头刀切削过程中。

【层高】：Z 向每加工层的切削深度。

【行距】：输入 XY 方向的切入量

【插入层数】：两层之间插入轨迹。

【拔模角度】：加工轨迹会出现角度。

【切削宽度自适应】：自动内部计算切削宽度。

2）区域参数

① 加工边界　如图 6-3 所示。

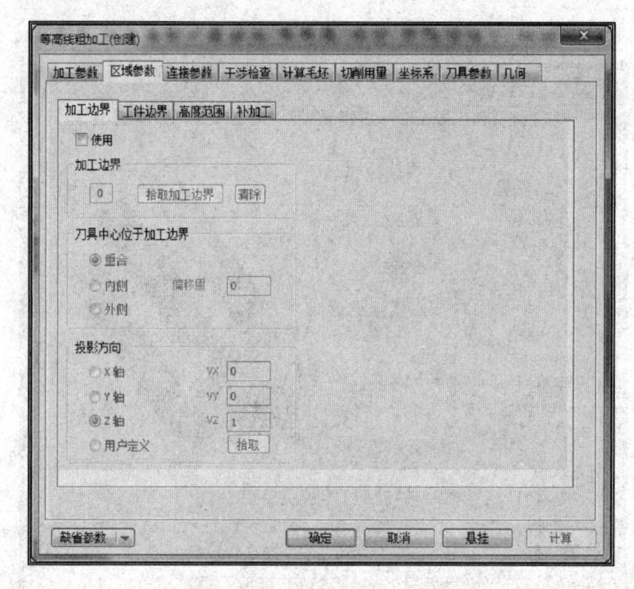

图 6-3　区域参数—加工边界

【加工边界】：选择使用可以拾取已有的曲线。

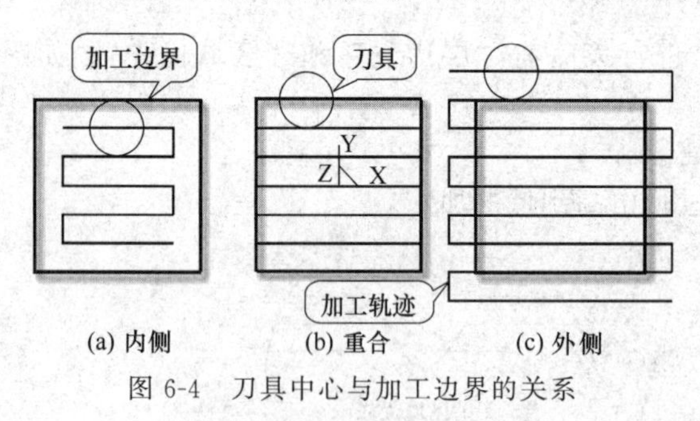

(a) 内侧　(b) 重合　(c) 外侧

图 6-4　刀具中心与加工边界的关系

刀具中心位于加工边界：重合、内侧、外侧。

【重合】：刀具位于边界上，如图 6-4（b）所示。

【内侧】：刀具位于边界的内侧，如图 6-4（a）所示。

【外侧】：刀具位于边界的外侧，如图 6-4（c）所示。

② 区域参数—工件边界　如图 6-5 所示。

【工件边界】：选择使用后以工件本身为边界。工件边界定义包括："工件的轮廓"、"工件底端的轮廓"、"刀触点和工件确定的轮廓"。

【工件的轮廓】：刀心位于工件轮廓上。

【工件底端的轮廓】：刀尖位于工件底端轮廓上。

【刀触点和工件确定的轮廓】：刀接触点位于轮廓上。

③ 区域参数—高度范围　如图 6-6 所示，用于设定高度范围参数。

图 6-5 区域参数—工件边界

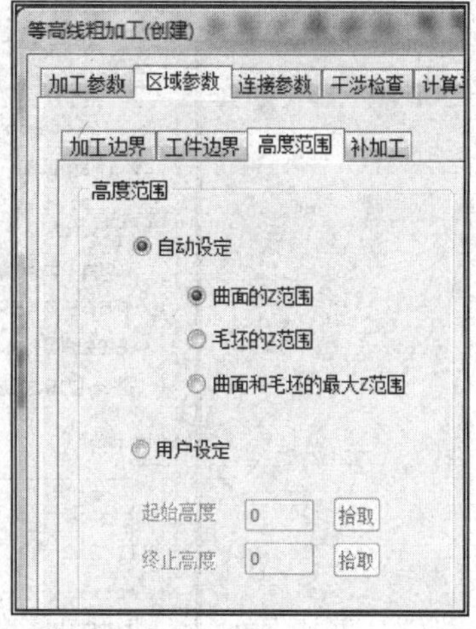

图 6-6 区域参数—高度范围

【自动设定】：以给定毛坯高度自动设定 Z 的范围。

【用户设定】：用户自定义 Z 的起始高度和终止高度。

④ 区域参数—补加工 如图 6-7 所示。

【补加工】：选择使用可以自动计算前一把刀加工后的剩余量进行补加工。

【使用粗加工刀具直径】：填写前一把刀的直径。

【粗加工刀具圆角半径】：填写前一把刀的刀角半径。

【粗加工余量】：填写粗加工的余量。

3）连接参数

① 连接方式 如图 6-8 所示。

【接近/返回】：从设定的高度接近工件和从工件返回到设定高度。选择“加下刀”后可以加入所选定的下刀方式。

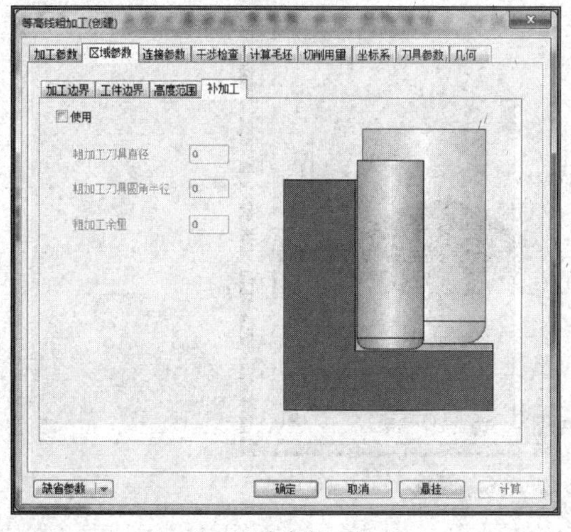

图 6-7 区域参数—补加工

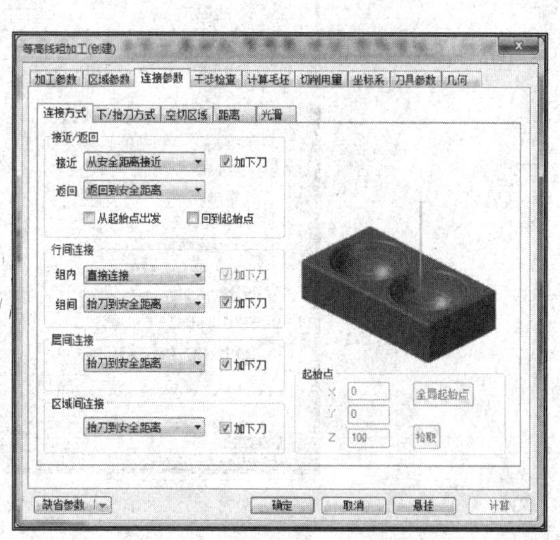

图 6-8 连接参数— 连接方式

【行间连接】：每行轨迹间的连接。选择“加下刀”后可以加入所选定的下刀方式。

【层间连接】：每层轨迹间的连接。

【区域间连接】：两个区域间的轨迹连接。

② 下/抬刀方式　如图 6-9 所示。

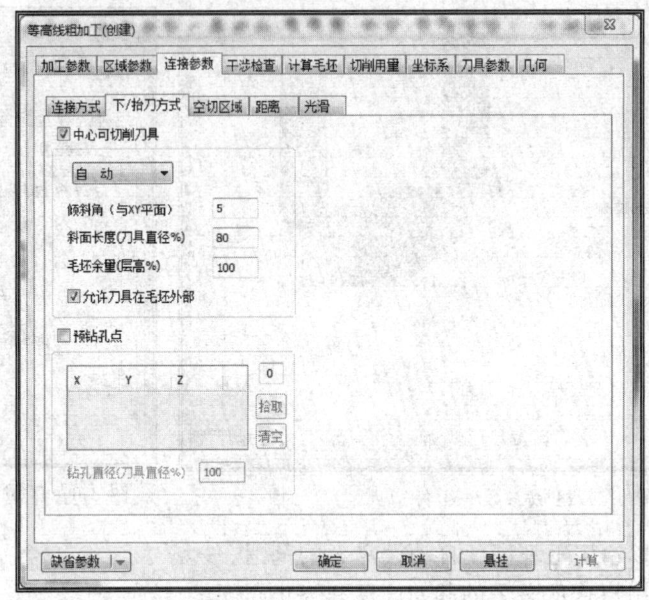

图 6-9　连接参数—下/抬刀方式

【中心可切削刀具】：可选择自动、直线、螺旋、往复、沿轮廓 5 种下刀方式。倾斜角和斜面长度前面已介绍。

【预钻孔点】：标示需要钻孔的点。

③ 空切区域　如图 6-10 所示。

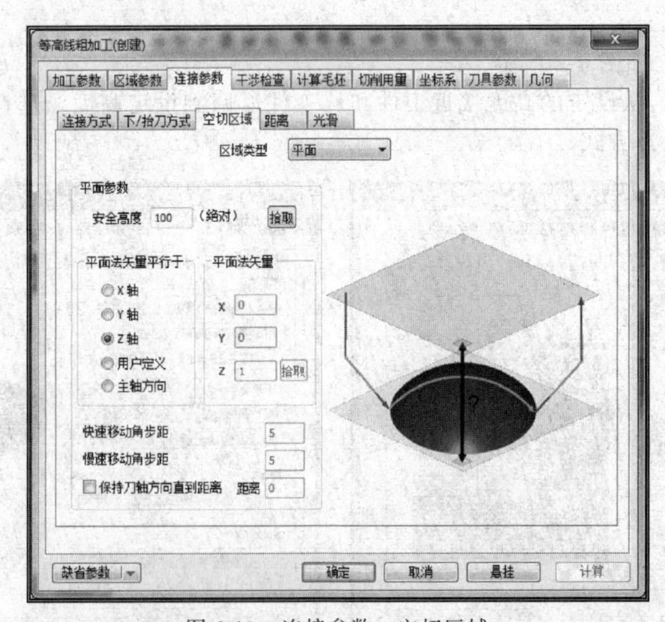

图 6-10　连接参数—空切区域

【安全高度】：刀具快速移动而不会与毛坯或模型发生干涉的高度。

【平面法矢量平行与】：目前只有主轴方向。

【平面法矢量】：目前只有 Z 轴正向。

【保持刀轴方向直到距离】：保持刀轴的方向达到所设定的距离。

④ 距离　如图 6-11 所示。

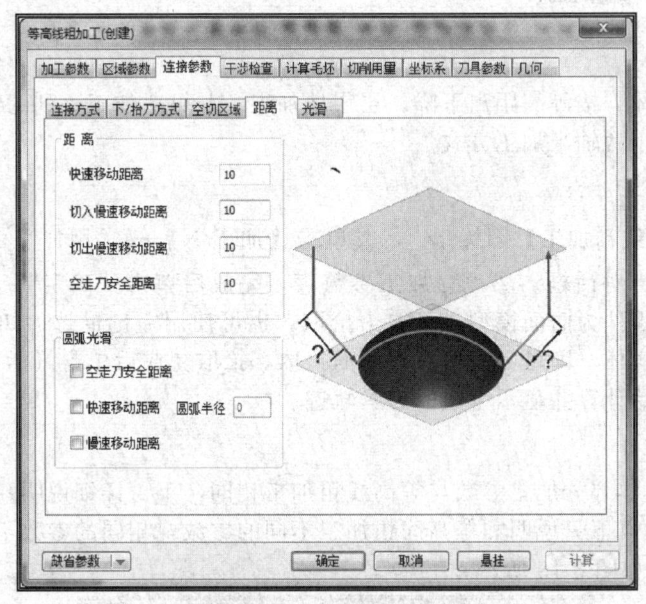

图 6-11　连接参数—距离

【快速移动距离】：在切入或切削开始前的一段刀位轨迹的位置长度，这段轨迹以快速移动方式进给。

【慢速移动距离】：在切入或切削开始前的一段刀位轨迹的位置长度，这段轨迹以慢速下刀速度进给。

【空走刀安全距离】：距离工件的高度距离。

⑤ 光滑　如图 6-12 所示。

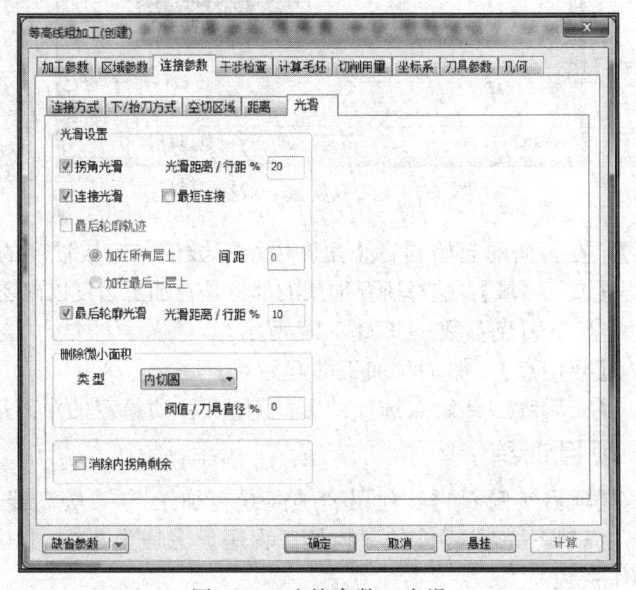

图 6-12　连接参数—光滑

【光滑设置】：将拐角或轮廓进行光滑处理。

【删除微小面积】：删除面积大于刀具直径百分比面积的曲面的轨迹。

【消除内拐角剩余】：删除在拐角部的剩余余量。

6.1.2 等高线精加工

(1) 功能

针对曲面和实体，按等高距离下降，层层地加工，并可对加工不到的部分（较平坦的部分）做补加工，属于两轴半加工方式。

(2) 操作

① 单击【等高线精加工】图标，或单击【加工 N】→【常用加工 F】→【等高线精加工】命令，系统弹出对话框。②填写加工参数表，完成后单击“确定”。③按状态栏提示，拾取加工模型。如零件为曲面模型，可单个拾取，也可使用左键框选；如零件为实体造型，单击鼠标左键拾取实体，即可完成所有表面的拾取，拾取完成后单击鼠标右键确定。④生成加工轨迹。系统开始计算并显示生成的刀具轨迹。

(3) 参数

1）加工参数（本部分加工参数与等高线粗加工相同，不再详细说明）

2）区域参数　以下只说明和等高线粗加工不同的参数，相同的参数不再说明。

① 坡度范围　如图 6-13 所示。

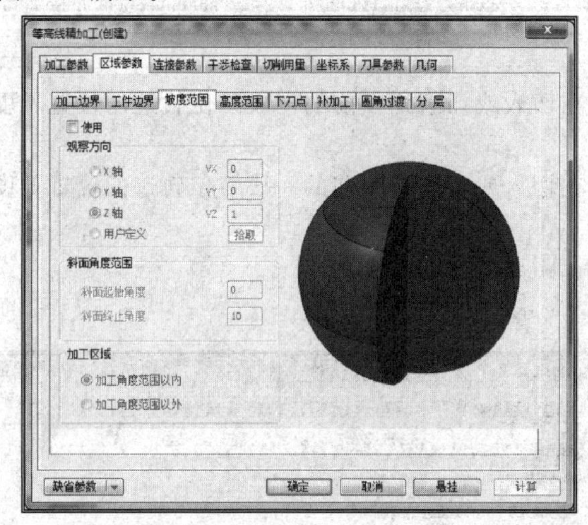

图 6-13　区域参数—坡度范围

【斜面角度范围】：在斜面的起始和终止角度内填写数值来完成坡度的设定。

【加工区域】：选择所要加工的部位是在加工角度以内还是在加工角度以外。

② 下刀点参数　如图 6-14 所示。

【开始点】：加工时加工的起始点。

【在后续层开始点选择的方式】：在移动给定的距离后的点下刀。

项目实例 6-1
操作视频

1. 项目训练

【项目实例 6-1】 利用“等高线粗加工”、“等高线精加工”的加工命令，编制图 3-31 零件的数控加工程序，毛坯为 330×140mm×30mm 板料。（扫二维码可观看操作视频）

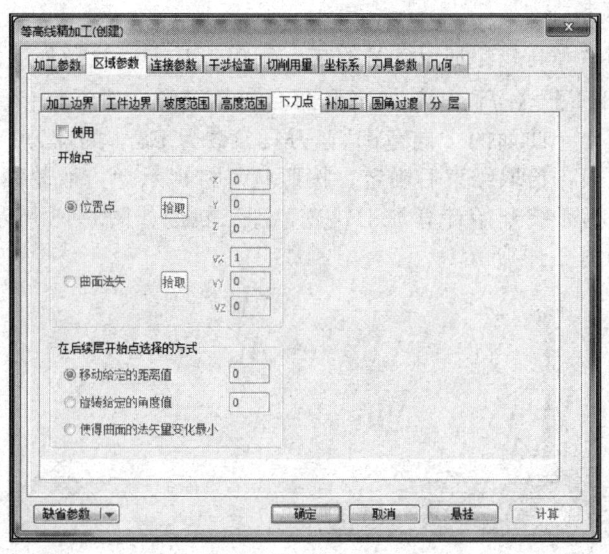

图 6-14　区域参数—下刀点

『步骤 1』打开模型

单击【打开】图标，或者单击【文件】→【打开】，系统弹出对话框，打开“项目3-2. mxe”文件。

『步骤 2』建立毛坯

通过包围盒的方式确定毛坯，在“基准点”输入“X＝ －165”，“Y＝ －55”，在“大小”文本框中输入毛坯的尺寸数值“长＝330，宽＝140，高＝30”；单击“确定”图标，完成毛坯的建立。并在毛坯上表面的中心建立加工坐标系。如图 6-15 所示。(注：也可以通过绘制毛坯的矩形线框，通过拾取线框的两个角点来确定毛坯)。

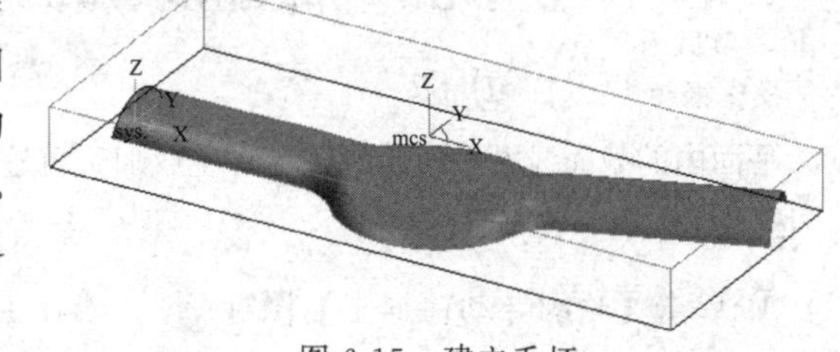

图 6-15　建立毛坯

『步骤 3』零件的等高线粗加工

零件粗加工利用“等高线粗加工”来完成。①在“加工”工具栏上，单击【等高线粗加工】图标，或单击【加工 N】→【常用加工 F】→【等高线粗加工】命令，系统弹出对话框。②填写加工参数。按照图 6-1 所示输入等高加工参数，刀具参数为 D12。单击“确定”图标。③拾取零件外表面，拾取结束后右击，按照状态栏提示“拾取加工轮廓”，右击默认毛坯边界为加工轮廓，右击后系统开始计算加工轨迹，加工轨迹如图 6-16 所示。对生成的轨迹进行仿真，仿真结果如图 6-17 所示，为了进一步加工，可隐藏粗加工轨迹。

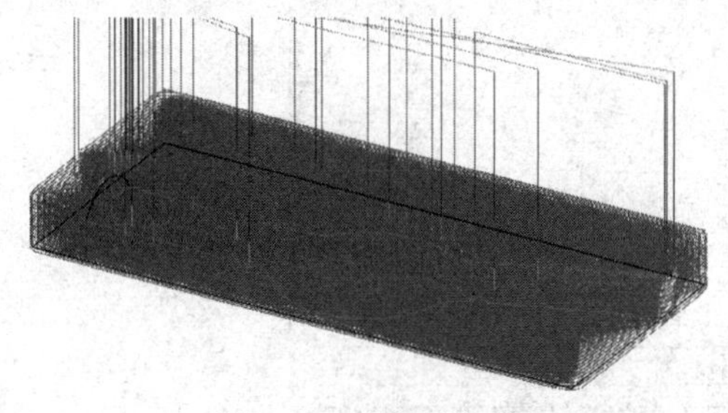

图 6-16　粗加工轨迹

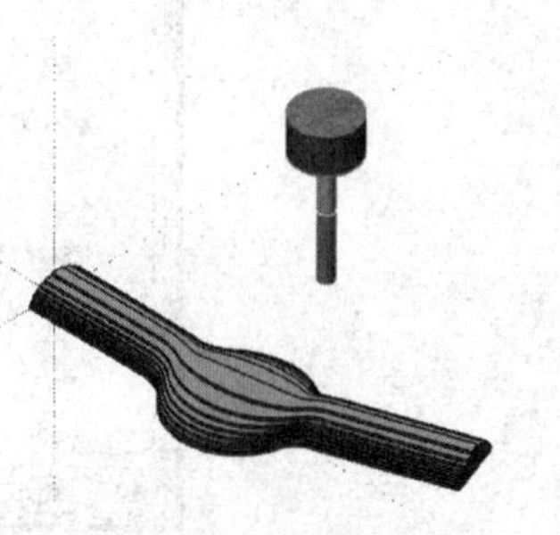

图 6-17　轨迹仿真

『步骤 4』等高线精加工

连杆粗加工利用“等高线精加工”来完成。①单击【等高线精加工】图标，或单击【加工 N】→【常用加工 F】→【等高线精加工】命令，系统弹出对话框。②填写加工参数“层高＝0.05”、“高度范围＝曲面的 Z 向范围”，刀具参数为 D8r4 的球刀。单击“确定”图标。③单击拾取零件的曲面，拾取结束后确定，按照状态栏提示“拾取轮廓”，右击默认毛坯边界为加工轮廓，右击后系统开始计算加工轨迹，加工轨迹如图 6-18 所示。对生成的轨迹进行仿真，仿真结果如图 6-19 所示。

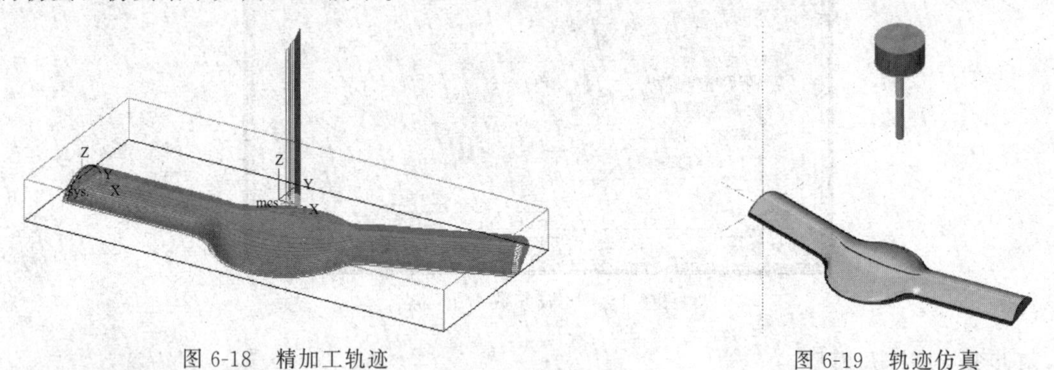

图 6-18 精加工轨迹　　图 6-19 轨迹仿真

拓展项目 6-1
操作视频

【拓展项目 6-1】 利用“等高线粗加工”、“等高线精加工”的加工命令，编制图 4-31 连杆零件的数控加工程序，毛坯为 210mm×90mm×25mm 板料。(扫二维码可观看操作视频)

6.1.3 轮廓导动精加工

1. 功能

平面内的截面线沿平面轮廓线导动生成加工轨迹。也可以理解为平面轮廓的等截面导动加工。

2. 操作

① 单击【轮廓导动精加工】图标，或在工具栏上单击【加工 N】→【常用加工 F】→【轮廓导动精加工】命令，系统弹出对话框如图 6-20 所示；②填写加工参数表，完成后单击“确

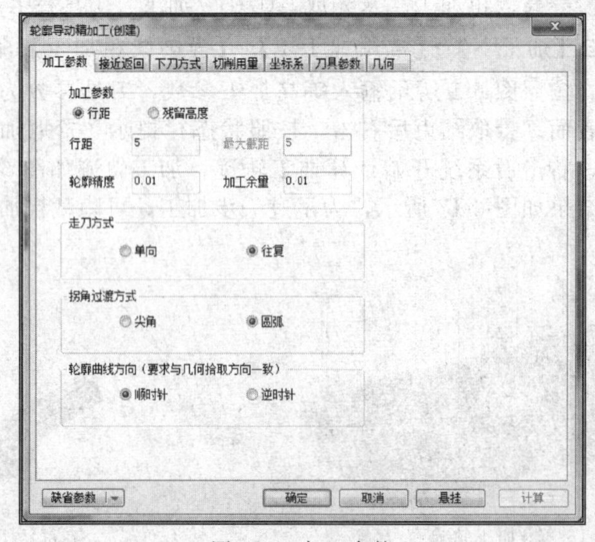

图 6-20 加工参数

定”；③拾取轮廓线和加工方向，确定轮廓线链搜索方向；④ 拾取截面线和加工方向，确定截面线链搜索方向并按右键结束拾取；⑤完成全部选择之后生成刀具轨迹，如图 6-21 所示。

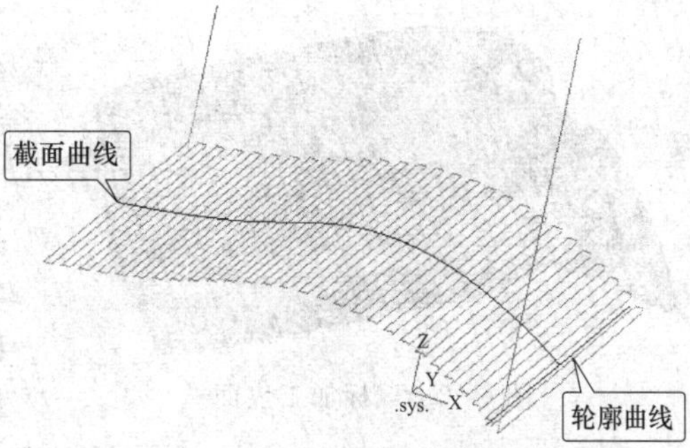

截面曲线
轮廓曲线

图 6-21　加工轨迹

3. 参数

【轮廓精度】：拾取的轮廓有样条时的离散精度。

【最大截距】：沿截面线上每一行刀具轨迹间的距离，按等弧长来分布。

4. 特点

（1）做造型时，只作平面轮廓线和截面线，不作曲面，简化了造型。

（2）作加工轨迹时，因为它的每层轨迹都是用二维的方法来处理的，所以拐角处如果是圆弧，那么它生成的 G 代码就是 G02 或 G03，充分利用了机床的圆弧插补功能。因此它生成的代码最短，但加工效果最好。

（3）生成轨迹的速度非常快。

（4）能够自动消除加工的刀具干涉现象。无论是自身干涉还是面干涉，都可以自动消除，因为它的每一层轨迹都是按二维平面轮廓加工来处理的。

（5）加工效果最好。由于使用圆弧插补，而且刀具轨迹沿截面线按等弧长分布，所以可以达到很好的加工效果。

（6）截面线由多段曲线组合，可以分段来加工。

（7）沿截面线由下往上还是由上往下加工，可以根据需要任意选择。

6.1.4　曲面轮廓精加工

1. 功能

生成沿一个轮廓线加工曲面的刀具轨迹。

2. 操作

① 单击【曲面轮廓精加工】图标 ，或在工具栏上单击【加工 N】→【常用加工 F】→【曲面轮廓精加工】命令，系统弹出对话框如图 6-23 所示；②填写加工参数表，完成后单击“确定”；③拾取曲面，拾取轮廓及轮廓走向；④选择区域加工方向；⑤完成全部选择之后生成刀具轨迹，如图 6-24 所示。

3. 参数

【行距】：每行刀位之间的距离。

【刀次】：产生的刀具轨迹的行数。

●**注意**

在其它的加工方式里，刀次和行距是单选的，最后生成的刀具轨迹只使用其中的一个参数，而在曲面轮廓加工中刀次和轮廓是关联的，生成的刀具轨迹由刀次和行距两个参数决定。

4. 项目训练

【项目实例 6-2】 利用【曲面轮廓精加工】方法对图 3-86 所示的鼠标上表面进行精加工。（扫二维码可观看操作视频）

项目实例 6-2
操作视频

『步骤 1』建立模型

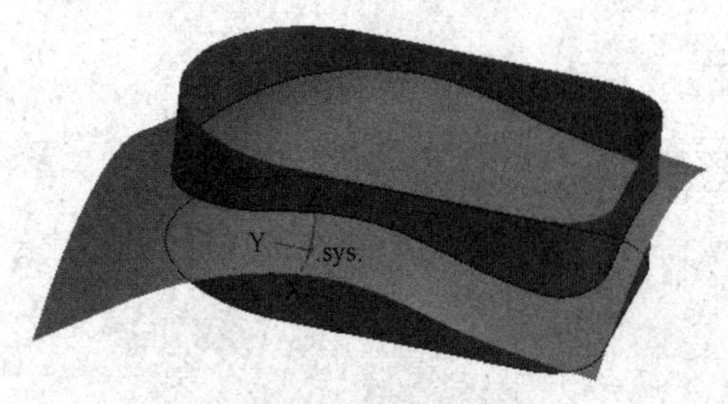

图 6-22　鼠标加工表面

利用“扫描面”、“导动面”、“相关线”等命令，绘制加工曲面和轮廓线，绘制结果如图6-22所示。

『步骤 2』建立毛坯

使用“拾取两个角点”方式建立毛坯。分别输入两个角点坐标“－65，30”和“30，－30”毛坯高度输入“35”；单击“确定”图标。完成毛坯的建立。

『步骤 3』曲面轮廓精加工

利用“曲面轮廓精加工”来完成。①单击【曲面轮廓精加工】图标，或单击【加工N】→【常用加工 F】→【曲面轮廓精加工】命令，系统弹出对话框，如图 6-23 所示；②填写加工参数，刀具参数为 D8r4 的球刀。单击“确定”图标，③拾取曲面，拾取轮廓及轮廓走向；④选择区域加工方向；⑤完成全部选择之后生成刀具轨迹，如图 6-24 所示。

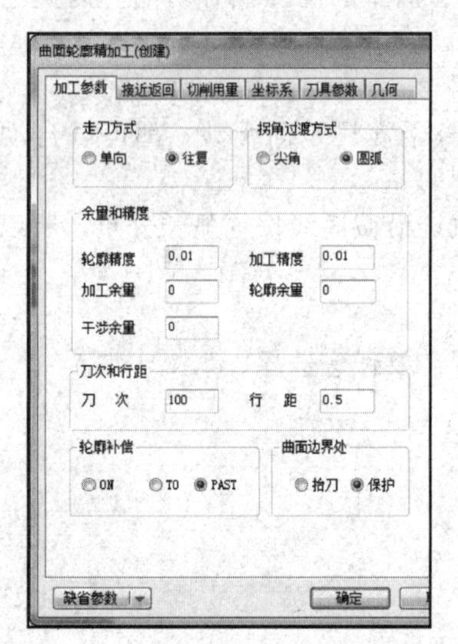

图 6-23　加工参数

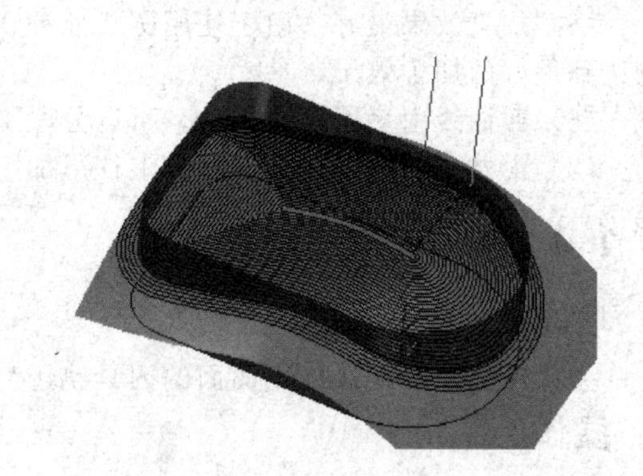

图 6-24　加工轨迹

拓展项目 6-2　操作视频

●注意

在加工中，如果无法给出合适的刀次数，可以给一个大的刀次数，例如本项目中给了刀次数为 100，系统会自动计算并将多余的刀次删除。

【拓展项目 6-2】 利用“等高线粗加工”、“曲面轮廓精加工”的加工命令，编制图 3-6 五角星零件的数控加工程序，毛坯为 ϕ220mm×45mm 棒料。(扫二维码可观看操作视频)

6.1.5　曲面区域精加工

1. 功能

生成加工曲面上的封闭区域的刀具轨迹。

2. 操作

① 单击【曲面区域精加工】图标，

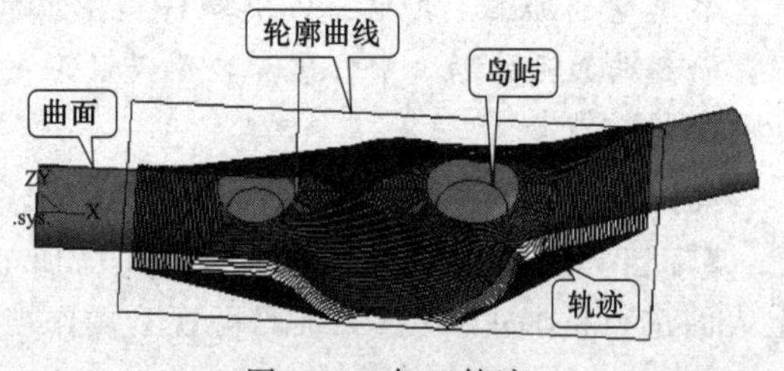

图 6-25　加工轨迹

或在工具栏上单击【加工 N】→【常用加工F】→【曲面区域精加工】命令，系统弹出对话框如图 6-26 所示；②填写加工参数表，完成后单击“确定”；③拾取曲面，拾取轮廓线及轮廓线走向；④拾取岛；⑤完成全部选择之后生成刀具轨迹，如图 6-25 所示。

3. 参数

其参数在前面的命令中出现过，不再详细说明。

图 6-26 加工参数

6.1.6 参数线精加工

1. 功能

生成沿参数线加工轨迹。

2. 操作

①单击【参数线精加工】图标，或在工具栏上单击【加工 N】→【常用加工 F】→【参数线精加工】命令，系统弹出对话框如图 6-27 所示。②填写加工参数表，完成后单击“确定”。③系统提示“拾取加工对象”。拾取曲面，拾取的曲面参数线方向要一致。按鼠标右键结束拾取。④拾取进刀点，根据需要拾取要改变方向的曲面，按鼠标右键结束。⑤拾取干涉曲面，完成全部选择后生成刀具轨迹。

3. 参数

其参数在前面的命令中出现过，不再详细说明。

6.1.7 投影线精加工

1. 功能

把已经生成的刀具轨迹投影到空间曲面上，所得到的加工轨迹。

2. 操作

①单击【投影线精加工】图标，或在工具栏上单击【加工 N】→【常用加工 F】→【投

图 6-27　加工参数

影线精加工】命令，系统弹出对话框；②填写加工参数表，完成后单击“确定”；③选择加工轨迹，拾取加工对象；④完成全部选择之后，右击结束（无干涉曲面，右击继续），系统生成刀具轨迹。

●**注意**

① 投影加工应已经生产加工轨迹，原有的加工轨迹决定投影的X方向或Y方向的加工走向，加工曲面决定Z轴的走向。

② 拾取待加工曲面时，可以拾取多个曲面，干涉面也允许有多个，拾取刀具轨迹时，一次只能拾取一个，拾取的刀具轨迹可以是2D或3D刀具轨迹。

③ 投影加工的刀具和切削用量可以与原加工轨迹的刀具和切削用量相同，也可以根据加工要求进行调整。

3. 参数

其参数在前面的命令中出现过，不再详细说明。

4. 项目训练

【项目实例 6-3】 利用“等高线粗加工”、“导动线精加工”、“投影线精加工”的加工命令，编制图 4-84 所示花盘零件的数控加工程序。毛坯为 200mm×200mm×80mm 板料。（扫二维码可观看操作视频）

项目实例 6-3　操作视频

『步骤 1』打开模型

单击【打开】图标，或者或单击【文件】→【打开】，系统弹出对话框，打开“项目4-9. mxe”文件。

『步骤 2』建立毛坯

使用“参照模型”方式建立毛坯。选择“毛坯定义”方式为“参照模型”；单击“参照模型”图标，将在“基准点”和“大小”文本框中显示毛坯的位置和尺寸数值，输入毛坯尺寸值；再单击“确定”图标，完成毛坯的建立，如图 6-28 所示。

『步骤 3』花盘的粗加工

花盘粗加工利用“等高线粗加工”来完成。①在“加工”工具栏上，单击【等高线粗加

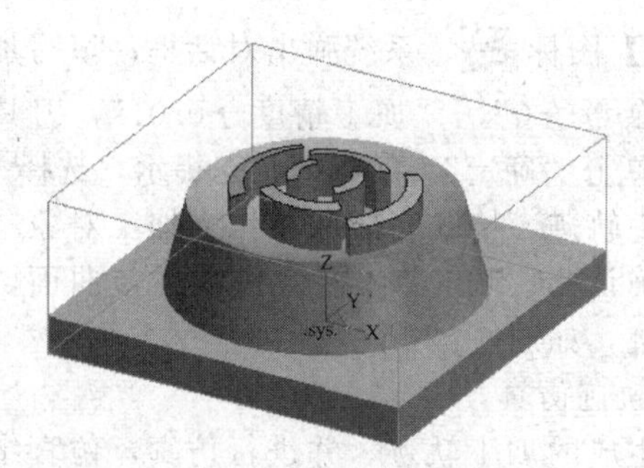

图 6-28　花盘模型

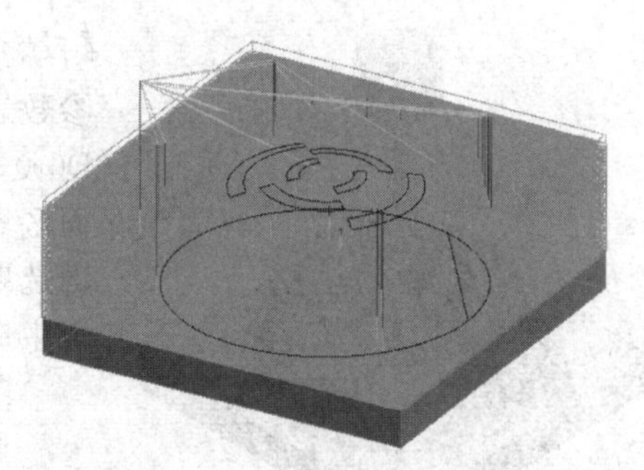

图 6-29　花盘粗加工轨迹

工】图标，或单击【加工 N】→【常用加工 F】→【等高线粗加工】命令，系统弹出对话框。②填写加工参数和刀具参数为 D6r0。单击“确定”图标。③根据状态栏提示，拾取实体模型作为加工对象，拾取结束后右击，系统状态栏提示拾取加工边界，右击，默认毛坯边界为加工边界，开始自动计算加工轨迹，如图 6-29 所示。

『步骤 4』圆台侧面精加工

圆台侧面精加工采用“轮廓导动精加工”来完成。①在“加工”工具栏上，单击【轮廓导动精加工】图标，或单击【加工 N】→【常用加工 F】→【轮廓导动精加工】命令，系统弹出“轮廓导动精加工”对话框；②填写加工参数，完成后单击“确定”图标；③系统提示“轮廓和加工方向”，拾取圆台底部整圆作为加工轮廓，并选择箭头方向；④系统提示“拾取截面线”，拾取圆台素线为截面线选择向上方向；⑤右击后，系统提示“选择加工侧边”，选择箭头向外的方向，系统自动生成加工轨迹。如图 6-30 所示。

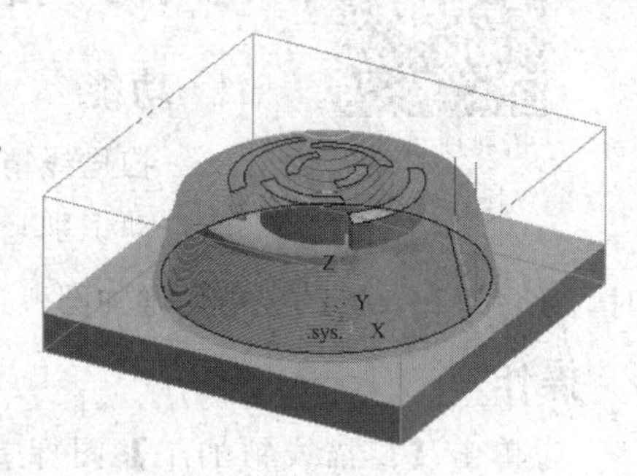

图 6-30　圆台侧壁精加工轨迹

『步骤 5』花盘顶部球面的精加工

精铣花盘顶部的球面采用“投影线精加工”方法。①在“加工”工具栏上，单击【平面区域粗加工】图标，弹出“平面区域粗加工”对话框，填写加工参数。填写完加工参数后，单击“确定”，生成“平面区域粗加工”轨迹，如图 6-30 所示。②单击【投影线精加工】图标，系统弹出对话框；填写加工参数表“加工余量→0”，“加工精度→0.01”，刀具为 D6r3 的球刀，完成后单击“确定”。③根据状态提示，选择“平面区域粗加工”轨迹，拾取顶部的圆弧作为加工对象（左键选取，右键确认），选择干涉曲面，无干涉曲面，右击继续，系统生成刀具轨迹，如图 6-31 所示。

『步骤 6』花盘底部球面的精加工

花盘底部球面的精加工采用“投影线精加工”的加工方法来进行花盘的精加工。①单击

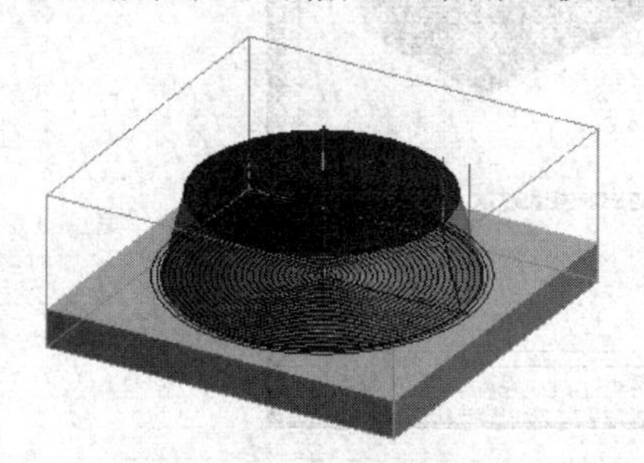

图 6-31　粗铣花盘顶部球面

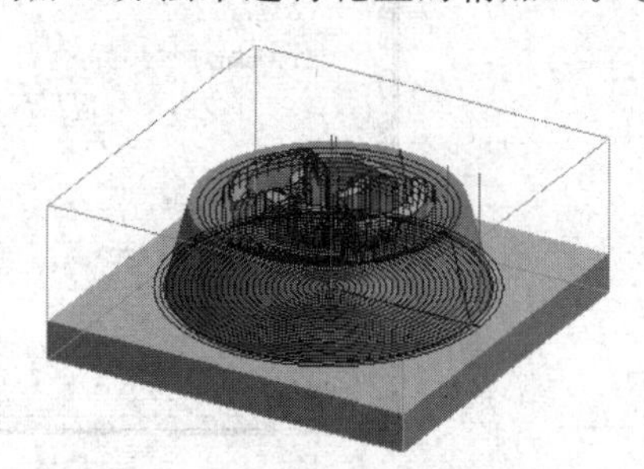

图 6-32　精铣花盘

图 6-33 仿真结果

【投影线精加工】图标，系统弹出对话框；填写加工参数表“加工余量→0”，“加工精度→0.01”，刀具为D6r0，完成后单击“确定”；②根据状态提示，选择“平面区域粗加工”轨迹，拾取底部球面作为加工对象（左键选取，右键确认），点击实体模型作为干涉曲面，系统生成刀具轨迹，如图 6-32 所示。

『步骤 7』轨迹仿真

显示所有生成的加工轨迹，并进行仿真，仿真结果如图 6-33 所示。

从轨迹仿真可知，对于零件圆台的下端面，应该再做精加工（采用平面区域粗加工方法），对于花盘部分的侧壁做精加工（采用平面轮廓加工方法），请自行编程加工。

【拓展项目 6-3】 利用“投影线精加工”的加工命令，编制图 3-55 零件的数控加工程序。（扫二维码可观看操作视频）

拓展项目 6-3
操作视频

6.1.8 扫描线精加工

1. 功能

扫描线精加工生成始终平行某方向的精加工轨迹。该加工方法能自动识别竖直面并进行补加工，提高了加工效果和加工效率；同时，还可以在轨迹的尖角处增加圆弧过渡，保证生成的轨迹光滑，适用于高速加工。

2. 操作

①单击【扫描线精加工】图标，或在工具栏上单击【加工 N】→平【常用加工 F】→【扫描线精加工】命令，系统弹出对话框，如图 6-34 所示；②填写加工参数表，完成后单击“确定”；③拾取要扫描加工的区域；④完成全部选择之后，右击系统生成刀具轨迹，

图 6-34 扫描线精加工参数表

如图 6-35 所示。

3. 参数

其参数在前面的命令中出现过，不再详细说明。

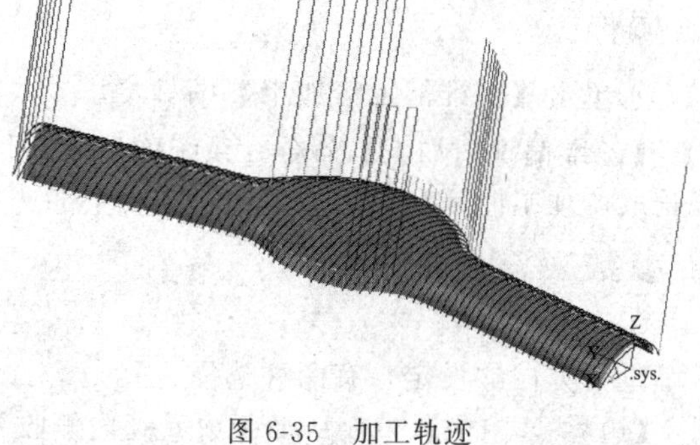

图 6-35 加工轨迹

6.1.9 轮廓偏置加工

1. 功能

根据模型轮廓形状生成轨迹。

2. 操作

①单击【轮廓偏置加工】图标，或在工具栏上单击【加工 N】→【常用加工F】→【轮廓偏置加工】命令，系统弹出对话框，如图 6-36 所示；②填写加工参数表，完成后单击“确定”；③拾取要加工的区域，右击系统生成刀具轨迹。

图 6-36 加工参数

3. 参数

在此仅介绍本命令特有的加工参数，其它的不再详细说明。

(1) 轮廓偏置方式。

【等距】：生成等距的轨迹线。

【变形过渡】：轨迹线根据形状改变。

(2)【刀次】：计算 XY 方向 1 次的切入量时，输入加工领域范围内的加工回数。加工回数设置为 0 次时，系统默认为整个模型加工。

6.1.10 三维偏置精加工

1. 功能

通过对指定的零件几何体进行偏置来产生刀具轨迹，即沿零件外形切削，主要应用于曲面的精加工。

2. 操作

①单击【三维偏置精加工】图标，或在工具栏上单击【加工 N】→【常用加工方法 F】→【三维偏置精加工】命令，系统弹出对话框；②填写加工参数表，完成后单击“确定”；③拾取待加工曲面和加工边界；④完成全部选择之后，右击生成刀具轨迹。

3. 参数

① 进行方向

进行方向的设定，有两种选择。

【边界->内侧】生成从加工边界到内侧收缩型的加工轨迹。

【内侧->边界】生成从内侧到加工边界扩展型的加工轨迹。

② 行间连接方式

行间连接有如下两种方式。

【抬刀】：通过抬刀，快速移动，下刀完成相邻切削行间的连接。

【投影】：在需要连接的相邻切削行间生成切削轨迹，通过切削移动来完成连接。

【最小抬刀高度】：当行间连接距离（XY 向）≤最小抬刀高度时，采用投影方式连接，否则，采用抬刀方式连接。

4. 项目训练

【项目实例 6-4】 利用“三维偏置精加工”的加工命令，编制图 3-6 所示的“五角星”模型的数控加工程序。（扫二维码可观看操作视频）

项目实例 6-4
操作视频

（1）打开模型

单击【打开】图标，或者单击【文件】→【打开】，系统弹出对话框，打开“项目6-2. mxe”文件，进行数控程序编制。

（2）五角星精加工

利用“三维偏置线精加工”来加工五角星。①在“加工”工具栏上，单击【三维偏置线精加工】图标，或在菜单栏依次单击【加工 N 工】→【常用加工方法 F】→【三维偏置线精加工】命令，弹出“三维偏置线精加工”对话框。②填写加工参数和刀具参数 D10r3，其中“加工边界”参数，采用单击“参照毛坯”设置。单击“确定”图标。③拾取待加工曲面，如果是空间曲面，可以采用框选的方式选择待加工曲面，如果是实体模型，单击实体可以拾取整个实体模型。拾取结束后右击。④拾取 $\phi220$ 圆为加工边界，右击得到加工轨迹，如图 6-37 所示。

【拓展项目 6-4】 利用“三维偏置精加工”的加工命令，编制图 3-35 的零件的数控加工程序。（扫二维码可观看操作视频）

拓展项目 6-4
操作视频

6.1.11 笔式清根

1. 功能

笔式清根是在精加工结束后，在零件的根脚部分再清一刀，生成角落部分的补加工刀具轨迹。

2. 操作

①单击【笔式清根】图标，或在工具栏上单击【加工 N】→【常用加工 F】→【笔式清根加工】命令，系统弹出对话框；②填写加工参数表，完成后单击“确定”；③拾取待加工实体；④完成全部选择之后，右击生成刀具轨迹，如图 6-38 所示。

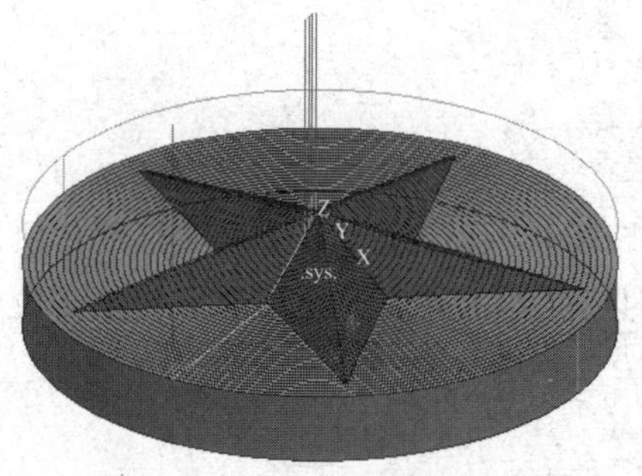

图 6-37 五角星精加工轨迹

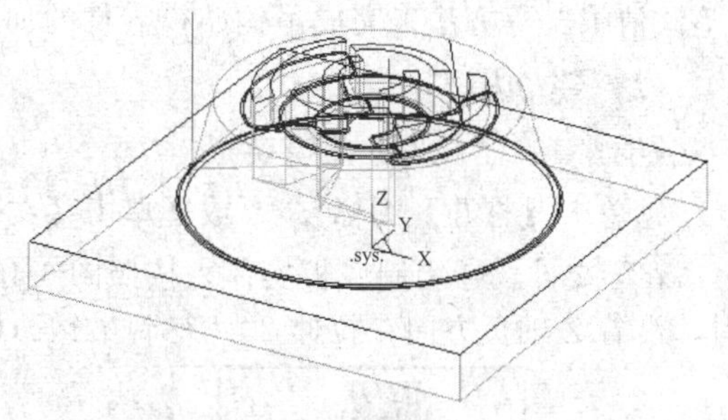

图 6-38 笔式清根

6.2 典型曲面类零件自动编程

6.2.1 吊钩凸模零件加工

项目实例 6-5 操作视频

【项目实例 6-5】 利用合适的数控铣编程加工方法，加工（图 2-99）吊钩凸模零件，凸模形状如图 6-39 所示。（扫二维码可观看操作视频）

1. 工艺准备

(1) 加工准备

选用机床：TK7650 型 FANUC 系统数控铣床。

选用夹具：以毛坯底面中心、毛坯底面和侧面定位，虎钳夹紧。

毛坯：120mm×160mm×40mm 板料。

(2) 工艺分析

该吊钩由“直纹面”、“网格面”、“旋转面”功能生成的曲面围成，粗加工可以选用“等高线粗加工”方法。精加工可以选用“扫描线精加工”、“等高线精加工”、“曲面轮廓精加工”、“三维偏置精加工”、“参数线精加工”等方法。

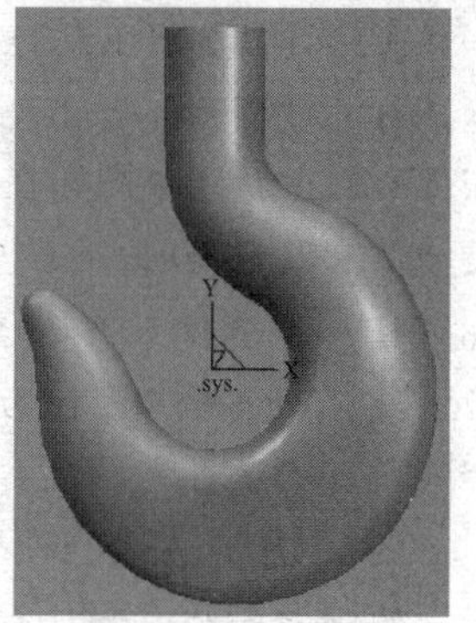

图 6-39 吊钩模型

(3) 加工工艺卡

加工工艺卡如表 6-1 所示。

表 6-1 加工工艺卡

×××厂	数控加工工序卡片		产品代号	零件名称		零件图号
			×××	吊钩零件		×××
工艺序号	程序编号	夹具名称	夹具编号	使用设备		车间
×××	×××	虎钳	×××	TK7650		×××
工步号	工步内容(加工面)	刀具号	刀具规格	主轴转速 /(r/min)	进给速度 /(mm/min)	背吃刀量 /mm
1	粗加工轮廓	T01	D12r2	1200	100	2
2	底板顶面精加工	T02	D10r0	1500	120	1
3	吊钩曲面精加工	T03	D10r5	1200	100	1
4	补加工	T04	D6r3	1000	80	1
编制	审核		批准	共 页 第 页		

2. 编制加工程序

(1) 确定加工命令

根据本任务零件的特点，选用“等高线粗加工”、“扫描线精加工”、“平面区域粗加工”、

“笔式清根”等方法来完成吊钩凸模零件的加工。

(2) 建立模型

『步骤 1』建立吊钩凸模模型

①单击【打开】图标，或者单击【文件】→【打开】，系统弹出对话框，打开“项目 4-7. mxe”文件。②绘制底板实体，按照图 6-40 所示的尺寸在 XY 面上绘制草图，单击拉伸增料，沿着 Z 轴负方向，拉伸 20，得到吊钩凸模零件图。如图 6-39 所示。

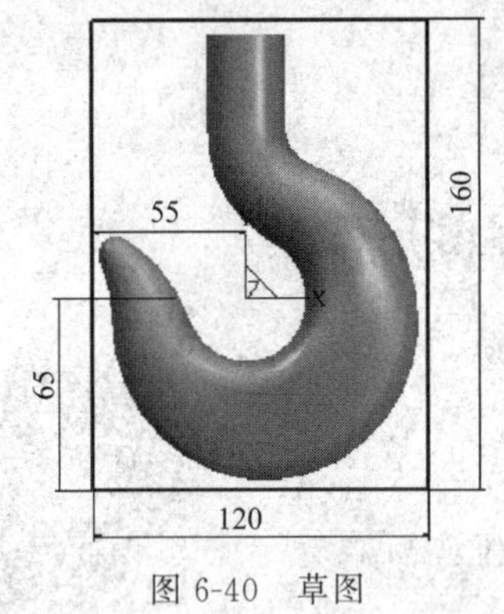

图 6-40　草图

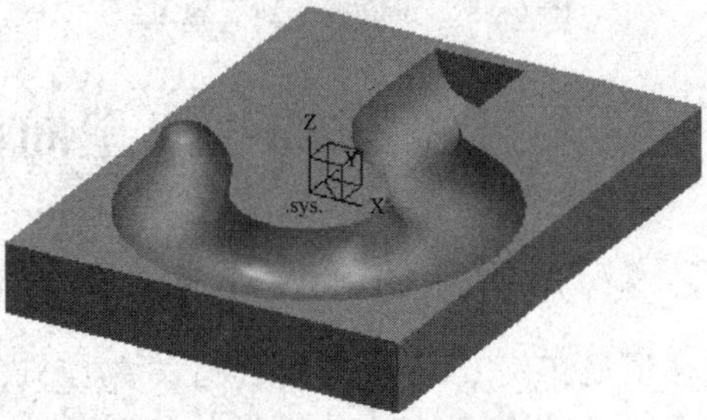

图 6-41　吊钩凹模模型

『步骤 2』绘制吊钩凹模

①打开和另存文件。单击【打开】图标，或者单击【文件】→【打开】，系统弹出对话框，打开“项目 4-7. mxe”文件。显示隐藏的曲线，另存为“6-5. x _ t”。②绘制吊钩底板。在 XY 面上新建草图，在草图上绘制矩形，尺寸如图 6-40 所示。沿着 Z 轴的负方向，拉伸尺寸“20”，得到拉伸模型。③建立吊钩凹模零件。使用【实体布尔运算】命令，打开“6-4. x _ t”文件，选择“布尔运算方式→当前零件—输入零件”，在绘图区选择坐标原点为“定位点”，选择“定位方式→拾取定位的 X 轴”，单击确定建立吊钩的凹模零件图，如图 6-41所示。

(3) 建立吊钩凸模毛坯

使用“参照模型”方式建立毛坯。选择“毛坯定义”方式为“参照模型”；单击“参照模型”图标，将在“基准点”和“大小”文本框中显示毛坯的位置和尺寸数值；再单击“确定”图标，完成毛坯的建立。

(4) 编制数控加工程序

『步骤 1』粗铣吊钩轮廓

粗铣吊钩轮廓采用“等高线粗加工”方法。①在“加工”工具栏上，单击【等高线粗加工】图标，弹出“等高线粗加工”对话框，填写加工参数“行距→2”，“层高→0. 1”，“加工精度→0. 1”，“加工余量→0. 2”，“加工边界→参照毛坯”，“刀具参数→D12r2”，填写完加工参数后，生成加工轨迹，如图 6-42 所示。②更改工艺说明为“等高线粗加工-粗铣吊钩轮廓”，选择该轨迹进行轨迹仿真，如图 6-43 所示。

『步骤 2』平面精加工

粗铣底板平面采用“平面区域粗加工”方法。①在“加工”工具栏上，单击【平面区域粗加工】图标，弹出“平面区域粗加工”对话框，填写加工参数“加工余量→0”，“加工精度→0. 01”，“顶层高度为毛坯高度→0”，“底层高度→0”，“行距→3”，“每层下降高度→1”，“加工精度→0. 01”，“加工余量→0”，“轮廓参数→PAST”，“岛屿参数→TO”，“刀具

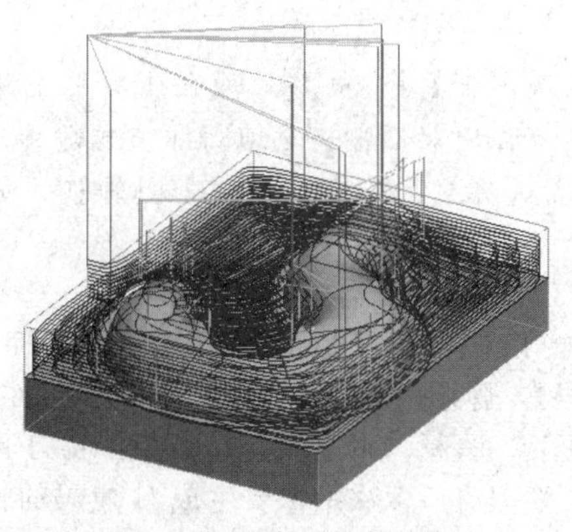

图 6-42 粗铣吊钩外轮廓

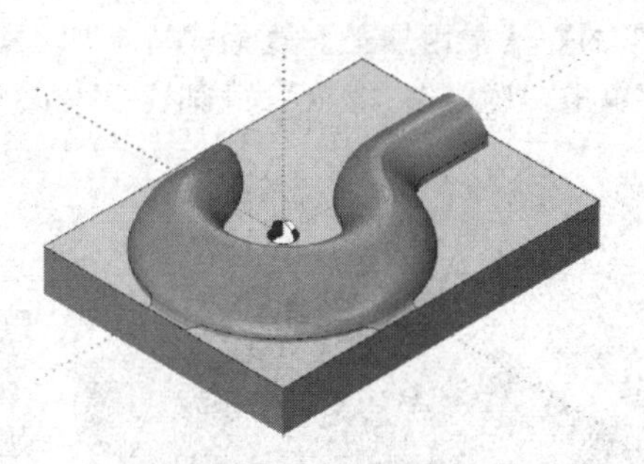

图 6-43 轨迹仿真

参数→D10r0”，填写完加工参数后，单击“确定”，拾取和毛坯重合的矩形为加工轮廓，拾取吊钩的边界线为岛屿，拾取结束后，右击生成加工轨迹，如图 6-44 所示。②更改工艺说明“平面区域粗加工-精铣平面”。在加工管理窗口选择所有轨迹进行轨迹仿真，仿真结果如图 6-45 所示。

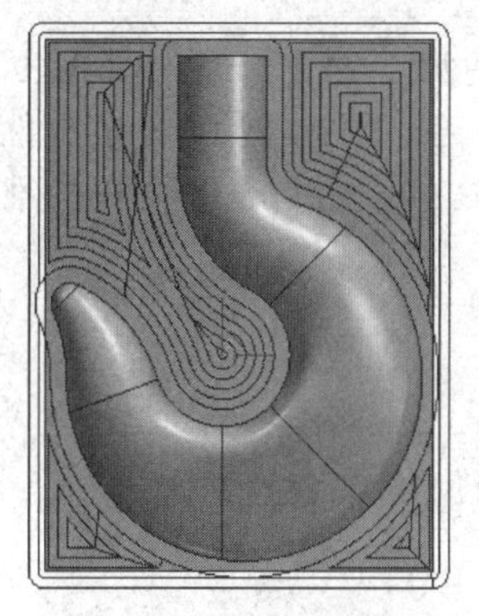

图 6-44 底板顶面外轮廓

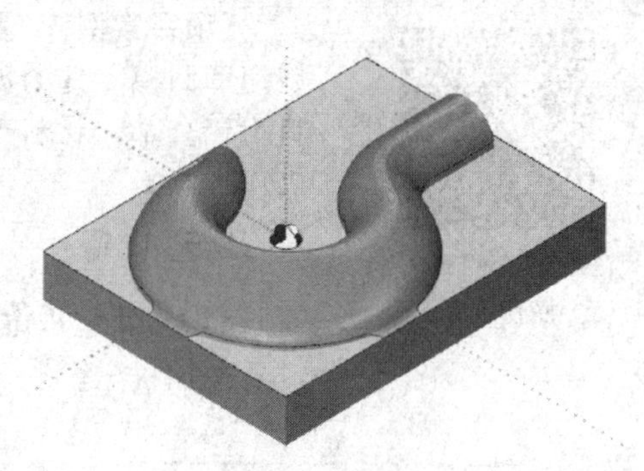

图 6-45 轨迹仿真

『步骤 3』精铣吊钩曲面

精铣吊钩采用“扫描线精加工”方法。①单击【扫描线精加工】图标，或单击【加工 N】→【常用加工】→【扫描线精加工】命令，系统弹出“扫描线精加工”对话框。②填写加工参数“加工精度→0.01”，“最大行距→0.8”，“加工余量→0”，填写高度范围，“底部高度→0，顶层高度→20”，完成后单击“确定”图标。③拾取加工曲面，右击生成刀具轨迹，如图 6-46 所示。④更改工艺说明“扫描线精加工-精铣吊钩曲面”。在加工管理窗口选择所有轨迹进行轨迹仿真，仿真结果如图 6-47 所示。保存为“吊钩凸模加工”。

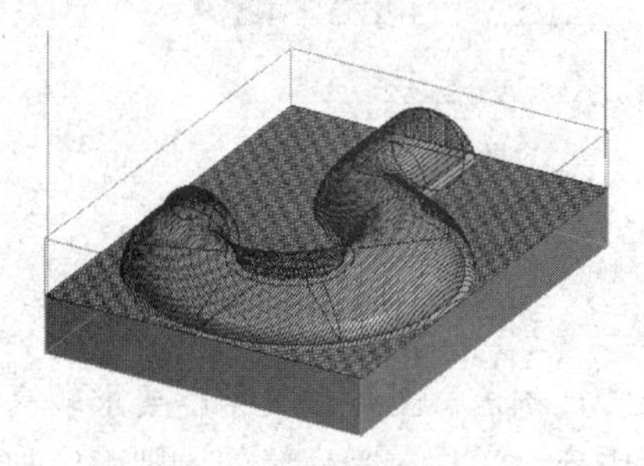

图 6-46 吊钩曲面精加工

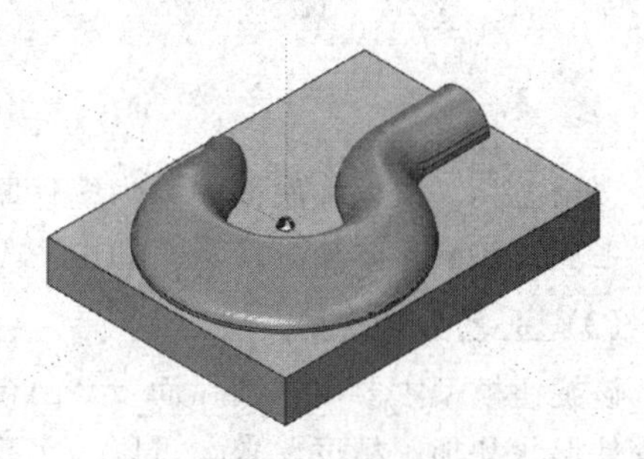

图 6-47 轨迹仿真

『步骤 4』补加工

精铣吊钩采用“笔式清根”方法。①单击【笔式清根】图标，或在工具栏上单击【加工 N】→【常用加工】→【笔式清根加工】命令，系统弹出对话框；②填写加工参数表，完成后单击“确定”；③拾取待加工实体；④完成全部选择之后，右击生成刀具轨迹，如图6-48所示。

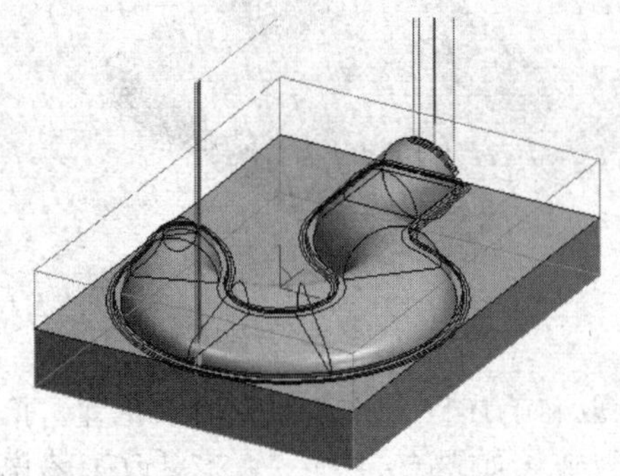

图 6-48　刀具轨迹

『步骤 5』生成加工代码

①菜单栏依次单击【加工 N】→【后置处理】→【生成 G 代码】，弹出对话框，选择件名“项目 6-5”；②单击“保存”图标，状态栏提示“拾取刀具轨迹”，在加工管理窗口依次拾取要生成 G 代码的刀具轨迹；③再单击右键结束选择，将弹出记事本，文件显示生成的 G 代码。

『步骤 6』尝试采用上述的加工方法对吊钩的凹模进行数控程序的编制。

6.2.2　手动旋钮凹凸模加工

项目实例 6-6
操作视频

【项目实例 6-6】　选择合适的加工方式，编制图 6-49 所示手动旋钮凹凸模零件的数控加工程序。该零件为小批量试制件，零件材料为铝合金，材料毛坯 70mm×70mm×31mm。（扫二维码可观看操作视频）

1. 工艺准备

（1）加工准备

选用机床：TK7650 型 FANUC 系统数控铣床。

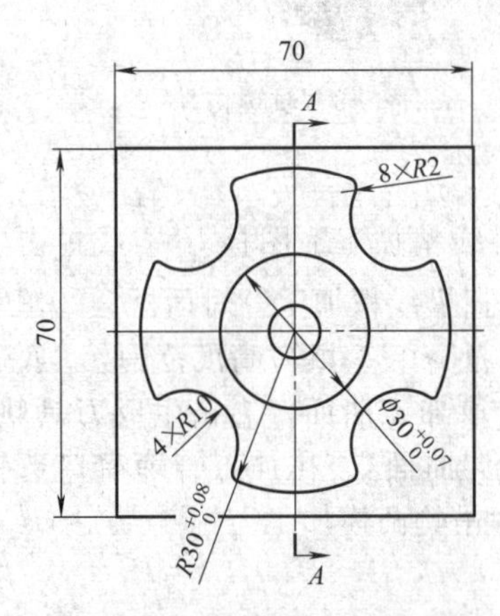

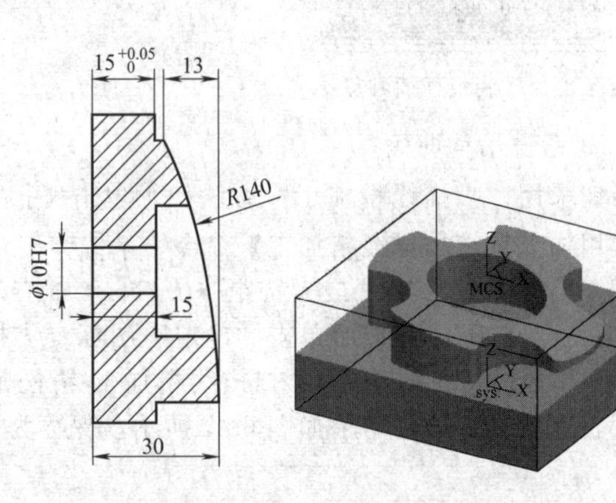

图 6-49　零件图

选用夹具：以毛坯底面中心为编程原点，精密虎钳夹紧。

毛坯：70mm×70mm×31mm 板料。

（2）工艺分析

该旋钮模型主要由“圆弧面”、“凸台”、“孔”等特征构成。工件加工精度要求较高。根据零件形状和加工精度要求，可以一次装夹完成加工内容，采用先粗后精的原则确定加工顺序。对于加工方法的选择，粗加工可以选用“等高线粗加工”方法。精加工按照零件的特征可以选用“轮廓线精加工”、“平面轮廓精加工”、“平面区域粗加工”、“三维偏置精加工”、“等高线精加工”、“扫描线精加工”，此外还包括“孔加工”、“笔式清根”等多种加工方法。

(3) 加工工艺卡

加工工艺卡如表 6-2 所示。

表 6-2　加工工艺卡

×××厂	数控加工工序卡片		产品代号	零件名称		零件图号
			×××	手动旋钮凸凹模		×××
工艺序号	程序编号	夹具名称	夹具编号	使用设备		车间
×××	×××	虎钳	×××			×××
工步号	工步内容(加工面)	刀具号	刀具规格	主轴转速/(r/min)	进给速度/(mm/min)	背吃刀量/mm
1	钻中心孔(略)	T01	ϕ3 中心钻	1000	100	
2	钻 ϕ9.8mm 孔	T02	ϕ9.8 麻花钻	500	80	1
3	粗铣凸台外形	T03	D10r0	500	80	2
4	粗铣凹圆槽	T03	D10r0	500	80	2
5	粗铣曲面	T04	D10r3	500	80	1
6	精铣凸台外形	T03	D10r0	1000	150	0.5
7	精铣凹圆槽	T03	D10r0	1000	150	0.5
8	精铣曲面	T04	D10r5	1000	150	0.5
9	铰 ϕ10H7mm 孔	T05	ϕ10H7mm 铰刀	200	40	0.3
编制	审核		批准	共　页　第　页		

2. 编制加工程序

(1) 确定加工命令

根据本任务零件的特点，选用“孔加工”、“平面区域粗加工”、“等高线粗加工”、“轮廓线精加工”、“扫描线精加工”等方法来完成手动旋钮凸凹模零件的加工。

(2) 建立模型

『步骤 1』建立旋钮底板模型

利用“拉伸增料”命令绘制底板实体模型。①在特征树中选择 XY 平面，单击 F2 或单击【草图】图标，进入草图。②绘制一个边长为 70mm 的正方形，在原点位置绘制一个直径为 10mm 的圆形。③单击“拉伸增料”图标，选择拉伸类型“固定深度”，“深度=15”，拉伸对象为上述绘制的“草图”，拉伸为“实体特征”，单击“确定”图标。绘制结果如图 6-50 所示。

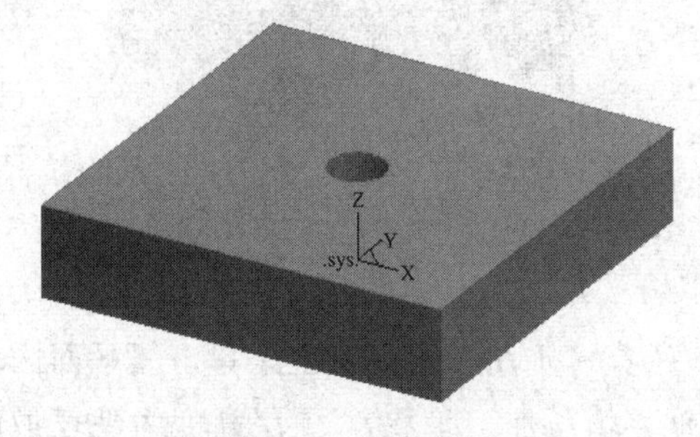

图 6-50　旋钮底板

图 6-51　吊钩凹模模型

『步骤 2』绘制凸台

利用"拉伸增料"命令绘制凸台模型。①在特征树中选择底板的上表面，单击 F2 或单击【草图】图标，进入草图。②利用"圆"、"角度线"、"平面旋转"、"圆弧过渡"、"曲线裁剪"等命令绘制凸台形状。③单击"拉伸增料"图标，选择拉伸类型，"固定深度"，"深度＝18"，拉伸对象为上述绘制的"草图"，拉伸为"实体特征"，单击"确定"图标。绘制结果如图 6-51 所示。

『步骤 3』绘制顶部曲面

用"拉伸除料"命令绘制顶部曲面模型。①在特征树中选择 XZ 平面，单击 F2 或单击【草图】图标，进入草图。②绘制图 6-52 所示的草图。③单击"拉伸除料"图标，选择拉伸类型"双向拉伸"，"深度＝75"，拉伸对象为上述绘制的"草图"，拉伸为"实体特征"，单击"确定"图标。绘制结果如图 6-53 所示。

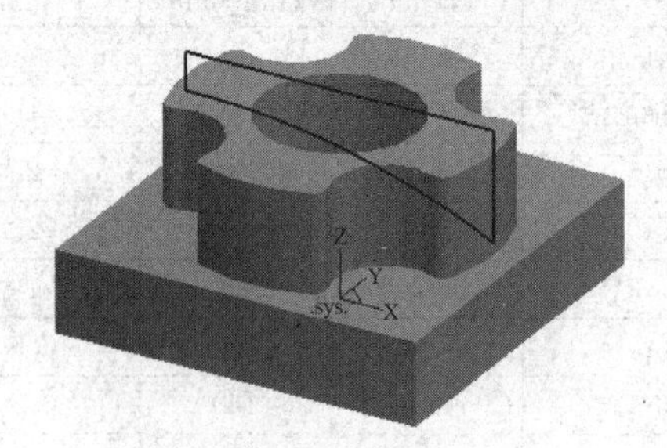

图 6-52　绘制草图

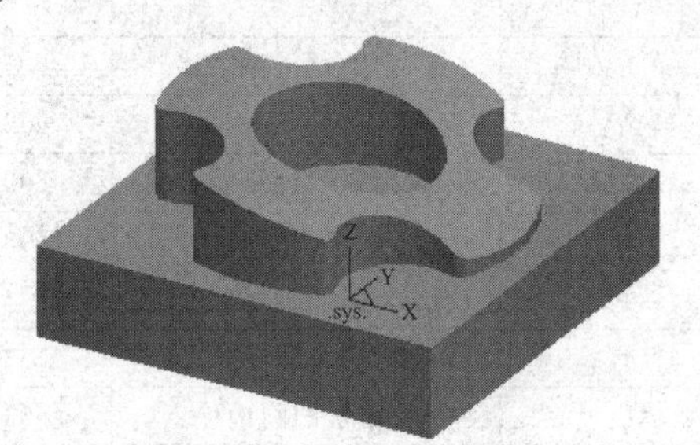

图 6-53　旋钮模型

(3) 建立吊钩凸模毛坯

使用"参照模型"方式建立毛坯。选择"毛坯定义"方式为"参照模型"；单击"参照模型"图标，将在"基准点"和"大小"文本框中显示毛坯的位置和尺寸数值；再单击"确定"图标，完成毛坯的建立。

(4) 编制数控加工程序

『步骤 1』钻 ϕ9.8mm 孔

钻 ϕ9.8mm 孔用"孔加工"命令。在"加工"工具栏上，单击【孔加工】图标，或在菜单栏依次单击【加工 N】→【其它加工】→【孔加工】，弹出"孔加工"对话框，填写加工参数和刀具参数，"主轴转速→500"，"钻孔速度→80"，"钻孔深度→30"。填写完成后，单击"确定"图标，生成刀具轨迹，如图 6-54 所示。填写工艺说明"钻孔—直径 9.8 的孔"。

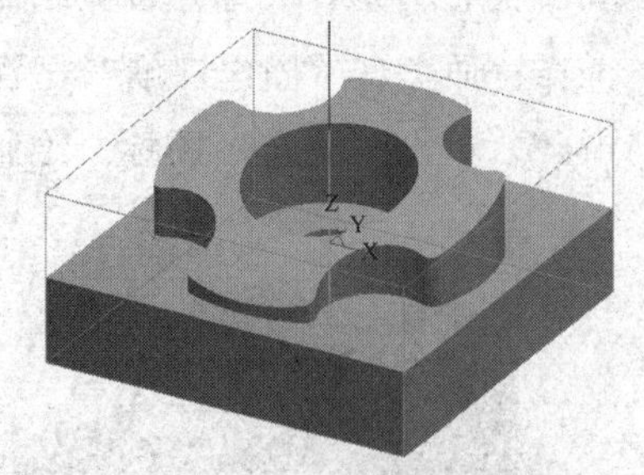

图 6-54　钻孔轨迹

图 6-55　粗铣凸台外形

『步骤 2』粗铣凸台外形

粗铣凸台外形采用"平面区域粗加工"方法。①在"加工"工具栏上，单击【平面区域粗加工】图标，弹出"平面区域粗加工"对话框，填写加工参数，"顶层高度为毛坯最高度→16”，“底层高度→0”，“行距→3”，“层高→1”，“加工精度→0.1”，“加工余量→0.3”，“轮廓参数→PAST”，“岛屿参数→TO”，“刀具参数→D10r0”填写完加工参数后，单击“确定”，拾取70mm×70mm的矩形为加工轮廓线，拾取凸台为岛屿。拾取结束右击，生成加工轨迹，如图6-55所示。②更改工艺说明“平面区域粗加工-粗铣凸台外形”。在加工管理窗口选择所有轨迹进行轨迹仿真。

『步骤3』粗铣凹圆槽

粗铣凹圆槽采用“平面区域粗加工”方法。①在加工管理树中，拷贝粘贴“平面区域粗加工-粗铣凸台外形”的轨迹，更改工艺说明为“平面区域粗加工-粗铣凹圆槽”。隐藏“粗铣凸台外形”加工轨迹。更改“轮廓参数→TO”，“接近返回→不设定”、“走刀方式→环切加工（由里向外）”。在加工管理树中，双击“几何元素”，在弹出的对话框中，删除轮廓曲线和岛屿曲线，单击“轮廓曲线”拾取直径30mm的圆为轮廓曲线。单击“确定”生成新的加工轨迹，如图6-56所示。对生成的粗加工轨迹进行轨迹仿真。

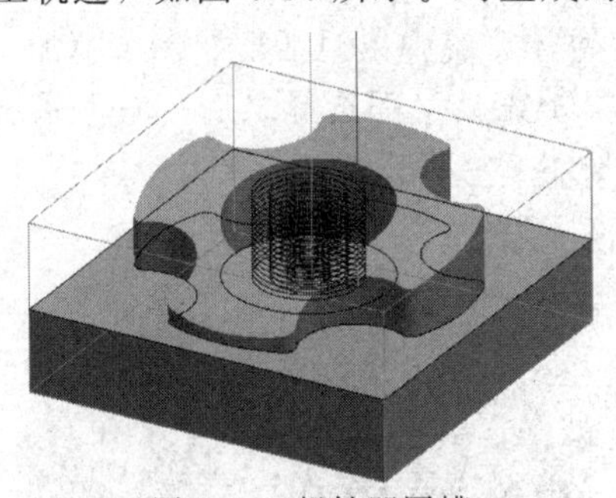
图6-56 粗铣凹圆槽

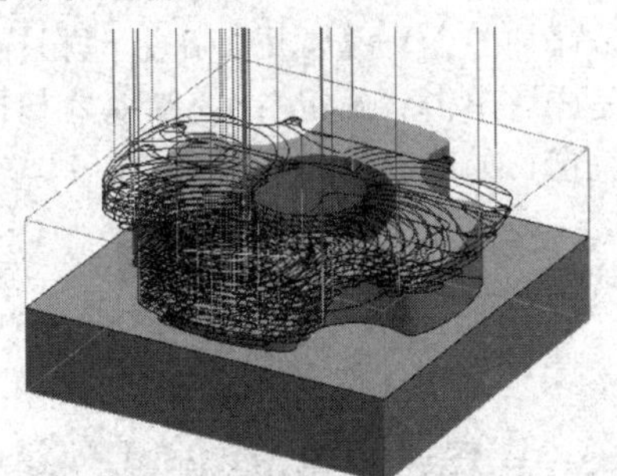
图6-57 粗铣曲面

『步骤4』粗铣曲面

粗铣曲面采用“等高线粗加工”的加工方法，加工步骤如下：①单击【等高线粗加工】图标。②弹出“等高线粗加工”对话框。填写加工参数，“加工精度→0.1”，“加工余量→0.3”，“行距→3”，“层高→0.5”，“刀具参数→D10r3”，在区域参数中设定“拾取凸台的外轮廓和内轮廓”，设定高度范围，“起始高度→17”、“终止高度→0”，填写结束后，拾取实体模型为加工对象，单击鼠标右键，系统自动生成加工轨迹，如图6-57所示。对生成的粗加工轨迹进行轨迹仿真。更改工艺说明为“等高线粗加工—粗铣曲面”。

『步骤5』精铣凸台外形

精铣凸台外形采用“平面轮廓线精加工”的加工方法，加工步骤如下：①在“加工”工具栏上，单击【平面轮廓线精加工】图标。②系统弹出对话框，填写加工参数，“加工精度→0.01”，“加工余量→0”，“顶层高度→16”，“底层高度→0”，“偏移方向→右”，“刀具参数→D10r0”，“行距→2”，“偏移类型→TO”，完成后单击“确定”。③按状态栏提示，拾取凸台外形轮廓，完成选择后，系统开始计算并显示所生成的刀具轨迹，如图6-58所示。对生成的粗加工轨迹进行仿真。更改工艺说明“轮廓线精加工—精铣凸台外形”。

『步骤6』精铣凹圆槽

精铣凹圆槽采用“轮廓线精加工”的加工方法，加工步骤如下：在加工管理树中，拷贝粘贴“轮廓线精加工—精铣凸台外形”的轨迹，更改工艺说明为“轮廓线精加工—精铣凹圆槽”。隐藏“粗铣凸台外形”加工轨迹。修改“偏移方向→左”在加工管理树中，双击“几何元素”，在弹出的对话框中，删除凸台轮廓线，单击“轮廓曲线”拾取直径30mm的圆形为新的轮廓曲线。单击“确定”后生成新的加工轨迹，如图6-59所示。对生成的粗加工轨迹进行轨迹仿真。

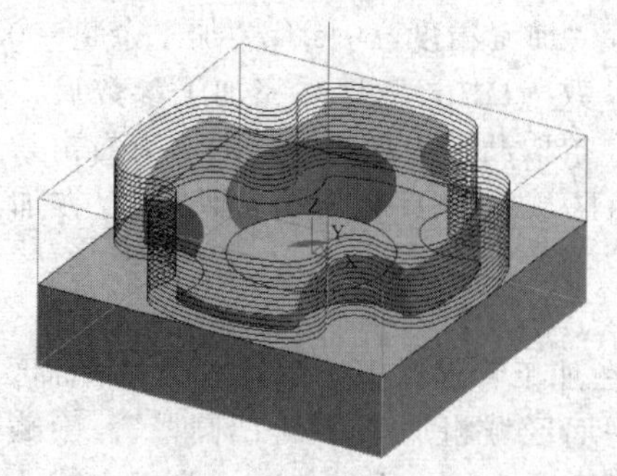

图 6-58　精铣凸台外形

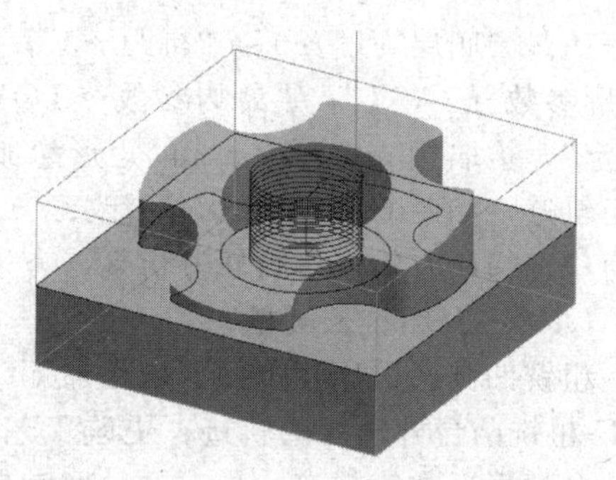

图 6-59　精铣凹圆槽

『步骤 7』精铣曲面

精铣曲面采用“扫描线精加工”方法。①单击【扫描线精加工】图标 ，或在工具栏上单击【加工 N】→【常用加工】→【扫描线精加工】命令，系统弹出对话框；②填写加工参数表，完成后单击“确定”；③拾取要扫描加工的区域；④完成全部选择之后，右击系统生成刀具轨迹，如图 6-60 所示，扫描仿真结果如图 6-61 所示。

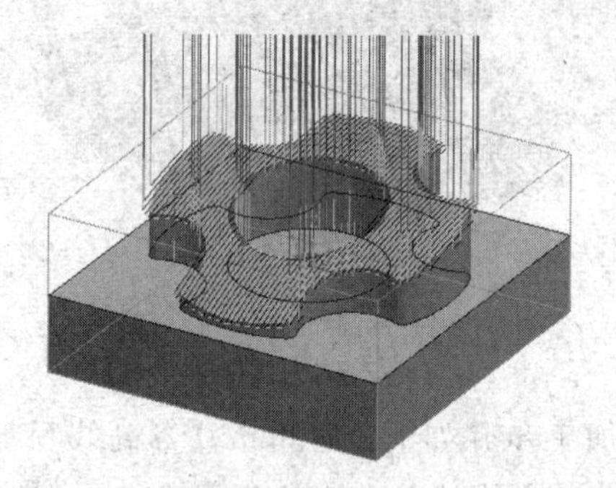

图 6-60　精铣曲面

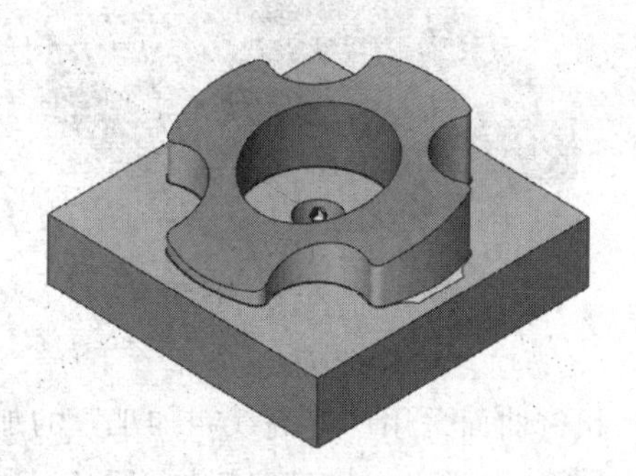

图 6-61　轨迹仿真

『步骤 8』铰 ϕ10H7mm 孔

用“孔加工”命令铰 ϕ10H7mm 孔。在加工管理树中，拷贝粘贴“钻孔—直径 9.8 的孔”的轨迹，更改工艺说明为“铰孔—直径 10H7 的孔”。修改加工参数，选择“主轴转速→200”，“钻孔速度→40”，“加工平面→0”，“钻孔深度→15”。其它参数不变，选择 ϕ10H7mm 铰刀作为加工刀具，单击“确定”图标，生成刀具轨迹。对生成的所有加工轨迹进行轨迹仿真。仿真结果如图 6-61 所示。保存文件为“项目 6-6. mxe”

『步骤 9』生成加工代码

①在菜单栏依次单击【加工 N】→【后置处理】→【生成 G 代码】，弹出对话框，选择件名“项目 6-6”；②单击“保存”图标，状态栏提示“拾取刀具轨迹”，在加工管理窗口依次拾取要生成 G 代码的刀具轨迹；③再单击右键结束选择，弹出“xuanniu6-6. cut”的记事本，文件显示生成的 G 代码。

6.3　小　　结

在数控程序的编制中，曲面程序的编制处于非常重要的地位，CAXA 制造工程师 2015 软件提供了丰富的曲面编程方法，在程序的编制过程中，要根据零件的特点和数控加工方法的特点进行选择，并以快速、优质为编程原则，编制合适的数控加工程序。

6.4 思考与练习

一、思考题

(1) CAXA 制造工程师提供了哪些适合曲面加工的粗加工和精加工方法?

(2) 简要说明参数线精加工的应用过程?什么情况下不能采用参数线精加工?

(3) 简要说明轮廓导动精加工和轮廓偏置精加工应用过程,并比较其有何异同。

二、练习题

编制题图 6-1～题图 6-5 所示零件数控加工程序。

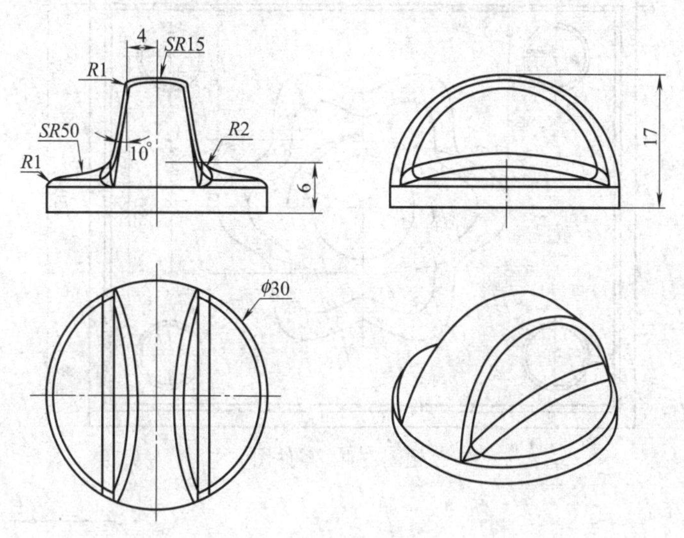

题图 6-1 旋钮

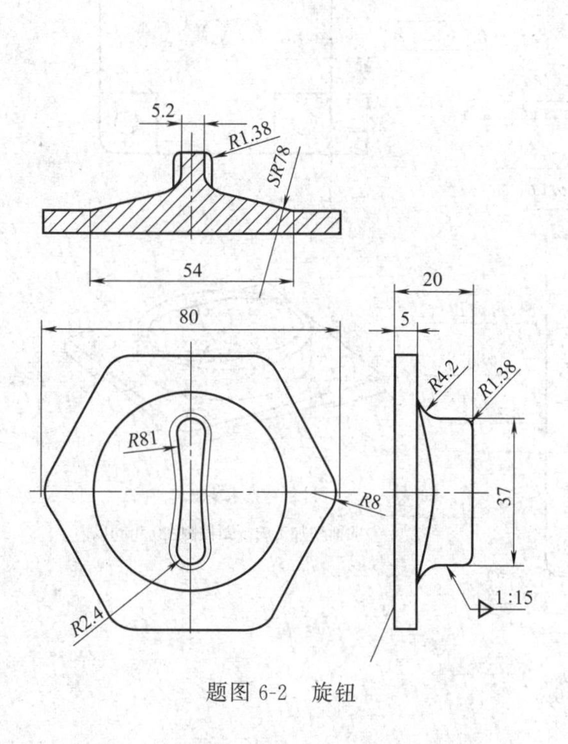

题图 6-2 旋钮

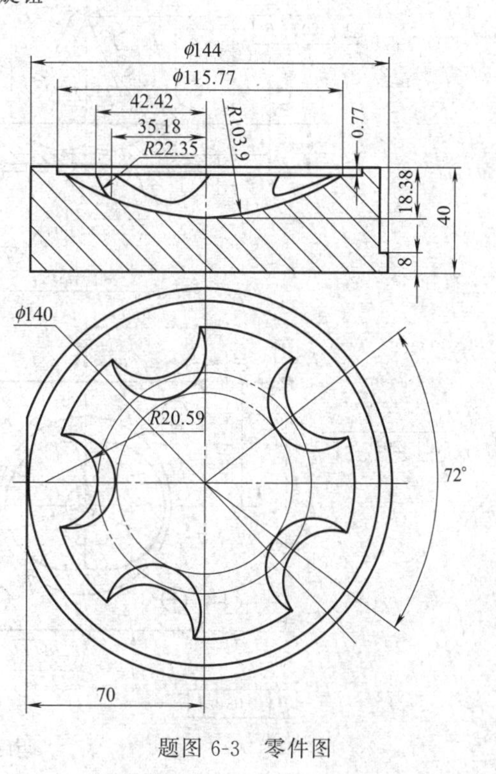

题图 6-3 零件图

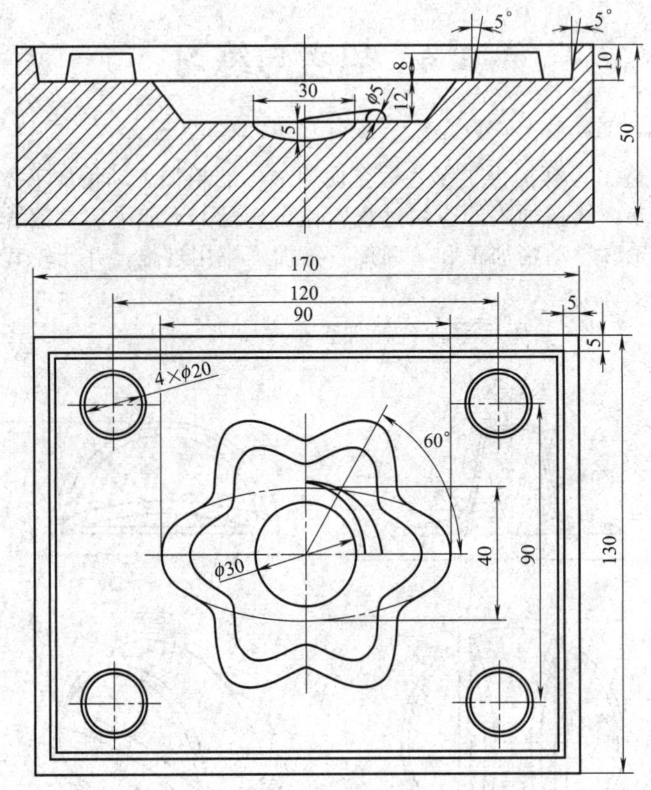

题图 6-4 零件图

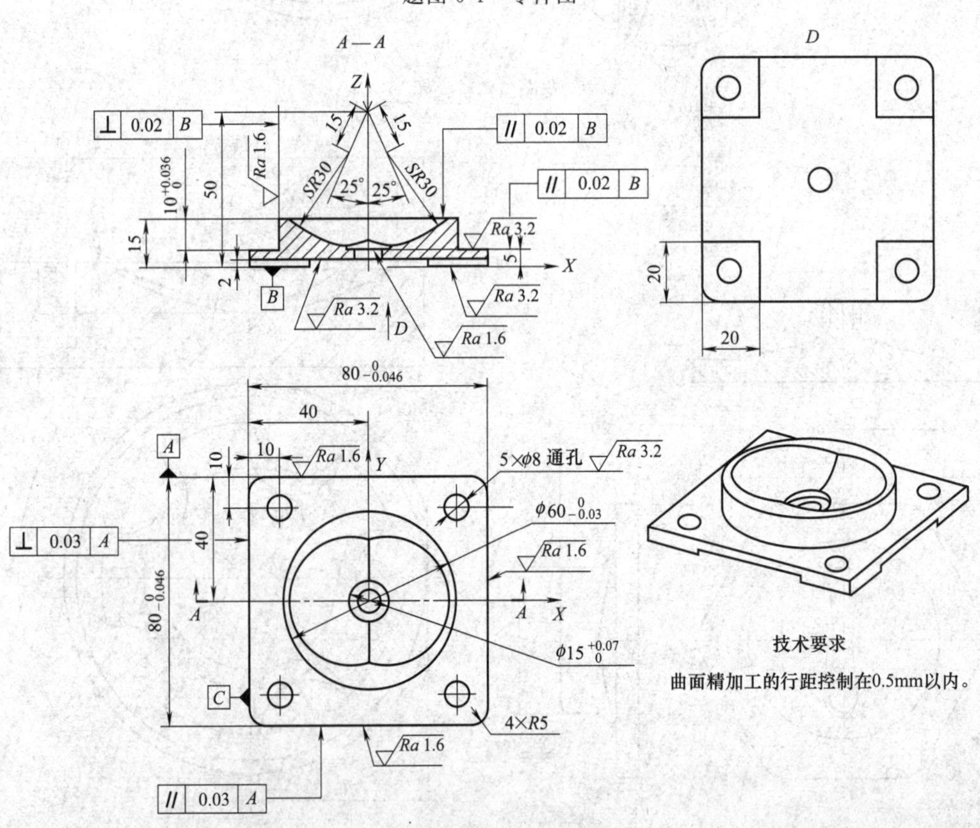

题图 6-5 零件

第7章 数控多轴加工方法

7.1 多轴编程概述

7.1.1 多轴机床的概念

多轴机床除了具有 X、Y、Z 方向的三个线性轴以外，还有 A、B、C 三轴的一个或多个，绕 X 轴旋转的称为 A 轴，绕 Y 轴旋转的称为 B 轴，绕 Z 轴旋转的称为 C 轴，带有刀库的数控机床称为加工中心，五轴加工中心可以加工出一些三轴机床无法加工或者很困难才能加工出的零件，如核潜艇上的整体叶轮、发动机涡轮叶片，飞机发动机上的复杂结构件需要一次性加工的零件，具有倒扣结构的模具类零件。

7.1.2 多轴机床的编程代码

对于标准机床来说，假设工件及工作台不动，刀具在空间运动，右手握住 X 轴，大拇指指向 X 轴方向，右手其它四个指头的方向就是 A 轴的正向。对于旋转工作台来说正好相反，沿着 X 轴的正方向向负方向看，顺时针旋转方向就是 A 轴的正方向。

同理，右手握住 Y 轴，大拇指指向 Y 轴方向，右手其它四个指头的方向就是 B 轴的正向。对于旋转工作台来说正好相反，沿着 Y 轴的正方向向负方向看，顺时针旋转方向就是 B 轴的正方向。右手握住 Z 轴，大拇指指向 Z 轴方向，右手其它四个指头的方向就是 C 轴的正向。对于旋转工作台来说正好相反，沿着 Z 轴的正方向向负方向看，顺时针旋转方向就是 C 轴的正方向。

当然，有些机床并不是标准机床，接触到新的机床，要进行测试，确定旋转台的旋转方向。

7.1.3 多轴机床的编程要点

(1) 首先确定是否要在多轴机床上完成。一般情况下，能用三轴机床的尽量用三轴机床，如果三轴有困难无法完成加工任务，才用多轴功能，这样可以尽可能保护旋转台的精度，提高设备的利用效率。

(2) 在加工工艺上确定出五轴的加工内容后，针对要使用的具体机床的特点，确定工件的编程零点，毛坯的装夹方案，确定编程刀具的长度和刀柄形式。

(3) 在编程图形上，绘制出刀具可能产生的过切或撞刀的极限位置，合理确定刀具轴线的偏摆范围。

(4) 尽量减少旋转工作台担任重切削的工作，尽可能利用定位加工开粗，利用多轴机床进行少量切削的精加工。

(5) 设置合理的安全高度，如圆柱、球体。尽量减少不必要的提刀。

(6) 根据机床类型制作后处理程序，对编程刀路进行后处理。

(7) 对数控程序进行 VERICUT 仿真。

7.2 多轴加工方法

CAXA 制造工程师 2015 软件软件中适用于多轴加工的加工方法主要包括：四轴柱面曲线加工、四轴平切面加工、叶轮粗加工、叶轮精加工、五轴 G01 钻孔、五轴侧铣、五轴等参数线、五轴曲线加工、五轴曲面区域加工、五轴转四轴轨迹等 20 多种加工方法，如图 7-1 所示。

7.2.1 四轴柱面曲线加工

1. 功能

根据给定的曲线，生成四轴加工轨迹，多用于回转体上加工槽，铣刀刀轴的方向始终垂直于第四轴的旋转轴。

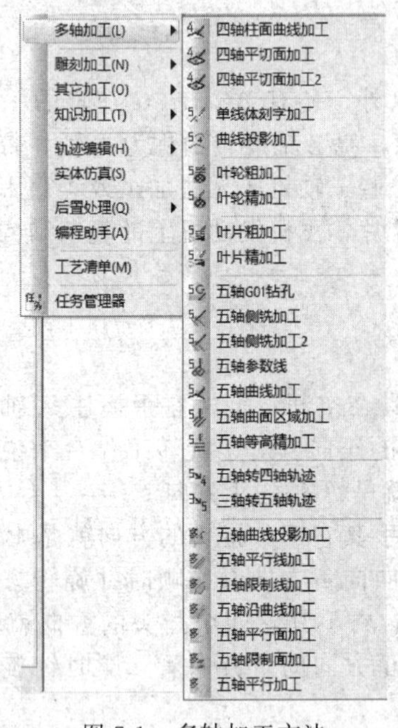

图 7-1　多轴加工方法

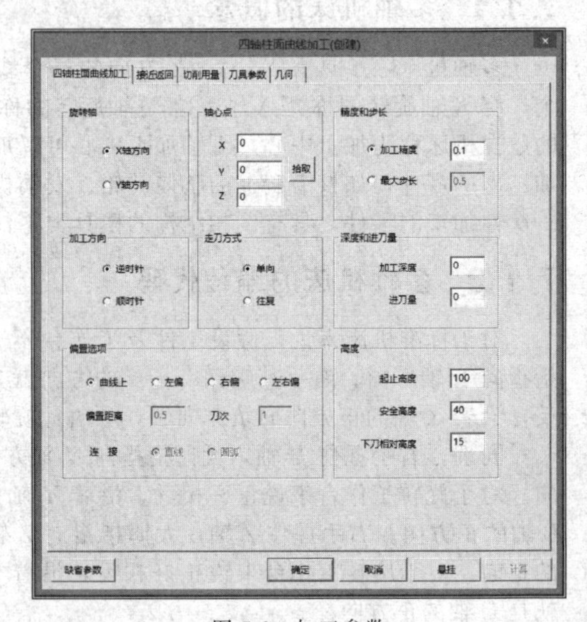

图 7-2　加工参数

2. 操作

①单击【四轴柱面曲线加工】图标，或在工具栏上单击【加工 N】→【多轴加工 M】→【四轴柱面曲线加工】命令，系统弹出对话框，如图 7-2 所示；②填写加工参数表，完成后单击“确定”；③按照状态栏提示，拾取曲线和链搜索方向；拾取完毕后，状态栏提示选取加工侧边，自动生成刀具轨迹如图 7-3 所示。

3. 参数

(1) 旋转轴

【X 轴】：机床的第四轴绕 X 轴旋转，生成加工代码时角度地址为 A。

【Y 轴】：机床的第四轴绕 Y 轴旋转，生成加工代码时角度地址为 B。

（2）加工方向

生成四轴加工轨迹时，下刀点与拾取曲线的位置有关，曲线拾取的一端就是下刀的那一端，生成轨迹后，如果想改变下刀点，可以不用重新生成轨迹，只需双击轨迹树中的加工参数，在加工方向中的“顺时针”和“逆时针”二项之间进行切换即可改变下刀点。

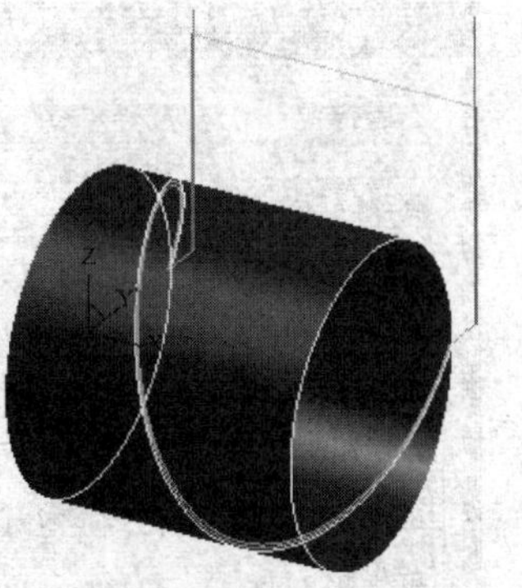

图 7-3　加工轨迹

（3）加工精度

【加工误差】：输入模型的加工误差。计算模型的轨迹误差小于此值。加工误差越大，模型的形状误差也增大，模型表面越粗糙。加工精度越小，模型形状误差也越小，模型表面越光滑，但轨迹段的数目增多，轨迹数据量变大，如图 7-4（a）所示。

【加工步长】：生成加工轨迹的刀位点沿曲线按弧长均匀分布。当曲线的曲率变化较大时，不能保证每一点的加工误差都相同。如图 7-4（b）所示。

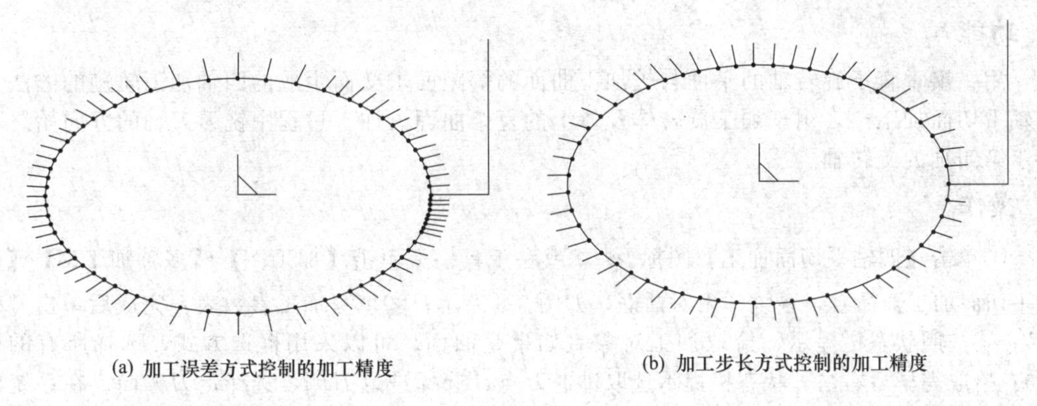
(a) 加工误差方式控制的加工精度　　(b) 加工步长方式控制的加工精度

图 7-4　加工精度控制方式

（4）走刀方式

【单向】：在刀次大于 1 时，同一层的刀具轨迹沿着同一方向进行加工，层间轨迹会自动以抬刀方式连接。精加工时为了保证槽宽和加工表面质量多采用此方式。

【往复】：在刀具轨迹大于 1 时，层之间的刀具轨迹方向可以往复进行加工，刀具到达终点后，不快速退刀而是与下一层轨迹的最近点之间走一个行间进给，继续沿着原加工方向相反的方向进行加工。加工时为了减少抬刀，提高加工效率多采用此种方式。

（5）偏置选项

用四轴柱面曲线加工槽时，为了达到图纸所要求的尺寸，有时也需要和平面上加工槽一样，对槽宽做一些调整。这些调整可以通过偏置选项来达到目的。

【在曲线上】：铣刀的中心沿曲线加工，不进行偏置。

【左偏】：向被加工曲线的左边进行偏置，左方向的判别方法与 G41 相同，即刀具加工方向的左边。

【右偏】：向被加工曲线的右边进行偏置，右方向的判别方法与 G42 相同，即刀具加工方向的右边。

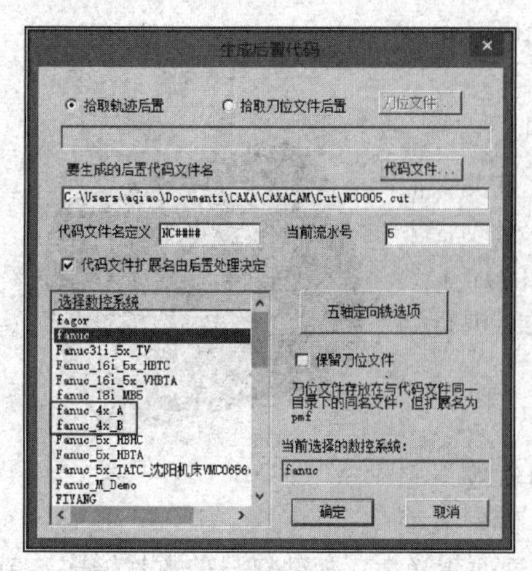

图 7-5　生成后置代码对话框

【左右偏】：向被加工曲线的左边和右边同时进行偏置。

【偏置距离】：输入偏置距离值。

【刀次】：当需要多刀进行加工时，在此处给定刀次，给定刀次后，“总偏置距离＝偏置距离×刀次”。

4. 生成加工代码

在工具栏上单击【加工 N】→【后置处理】→【生成 G 代码】命令，系统弹出对话框，如图 7-5 所示；填写存储参数后，可选择“fanuc _ 4axis _ A”、“fanuc _ 4axis _ B”两个后置文件。选择结束后，单击“确定”；生成加工代码。

7.2.2　四轴平切面加工

1. 功能

用一组垂直于旋转轴的平面与被加工曲面的等距面求交而生成的四轴加工轨迹的方法为四轴平切面加工。多用于加工旋转体及体上的复杂曲面。加工过程中铣刀刀轴的方向始终垂直于第四轴的旋转轴。

2. 操作

①单击【四轴平切面加工】图标，或在工具栏上单击【加工 N】→【多轴加工M】→【四轴平切面加工】命令，系统弹出对话框，如图 7-6 所示；②填写加工参数表，完成后单击“确定”；③按照状态栏提示，拾取加工对象（如果是曲面，可以采用框选方式，选择所有的曲面）；拾取完毕后右击，状态栏提示选取进退刀点，选择进退刀侧，选择走刀方向。在系统的提示下，选择需要改变加工侧的曲面。选择结束后，自动生成刀具轨迹如图 7-6 所示。

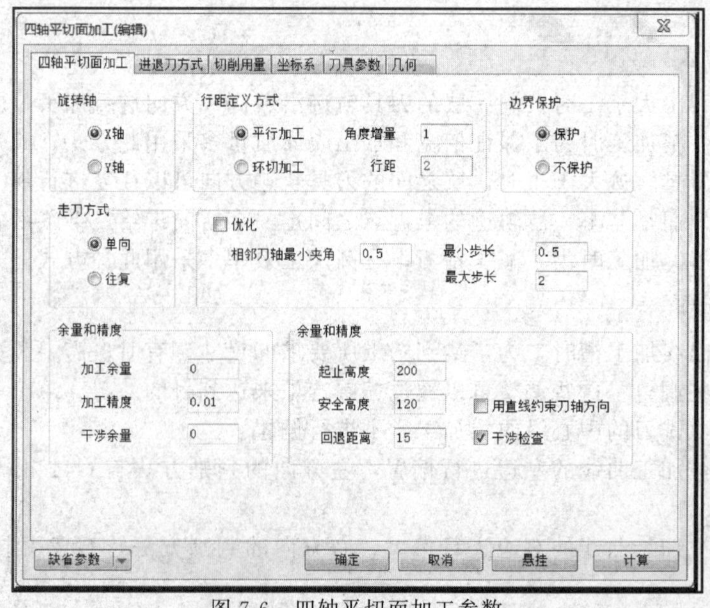

图 7-6　四轴平切面加工参数

3. 参数

(1) 行间定义方式

【平行加工】：在平行于旋转轴的方向生成加工轨迹，如图 7-7 所示。

图 7-7　平行加工轨迹

图 7-8　环切加工轨迹

【环切加工】：用环绕旋转轴的方向生成加工轨迹，如图 7-8 所示。

【行距】：环切加工时，用行距来定义两个环切轨迹之间的距离。

【角度增量】：用平行加工时角度的增量来定义两个平行轨迹之间的距离。

(2) 边界保护

【保护】：在边界处生成保护边界的轨迹。如图 7-9 所示。

【不保护】：在边界处停止，不生成轨迹。如图 7-10 所示。

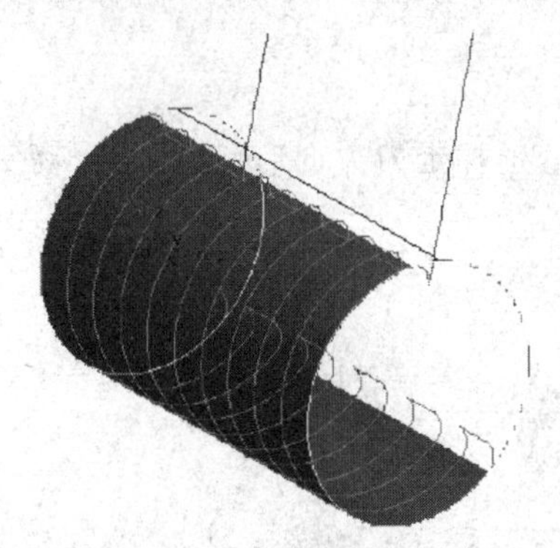

图 7-9　边界保护

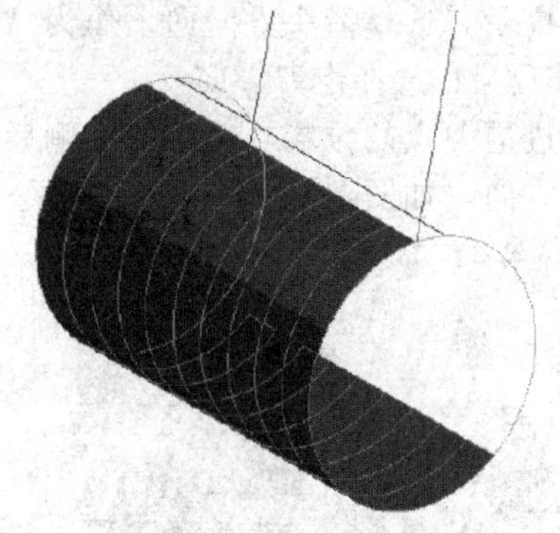

图 7-10　边界不保护

(3) 优化

【最小刀轴转角】：刀具转角指的是相邻两个刀轴间的夹角。最小刀轴转角限制的是两个相邻刀位点之间刀轴转角必须大于此数值，如果小了就会忽略掉。

【最小刀具步长】：指的是相邻两个刀位点之间的直线距离必须大于此数值，若小于此数值，可以忽略不计。效果和设置了最小刀具步长类似。如果与最小刀轴转角同时设置，则两个条件哪个满足哪个起作用。

4. 生成加工代码

“四轴平切面加工”的加工代码生成过程与“四轴柱面曲线加工”代码的生成完全相同，请参照“四轴柱面曲线加工”代码的生成过程。

【项目实例 7-1】 利用“四轴平切面加工”的方法加工图 7-11 所示的零件图。(扫描二维码可观看操作视频)

项目实例 7-1
操作视频

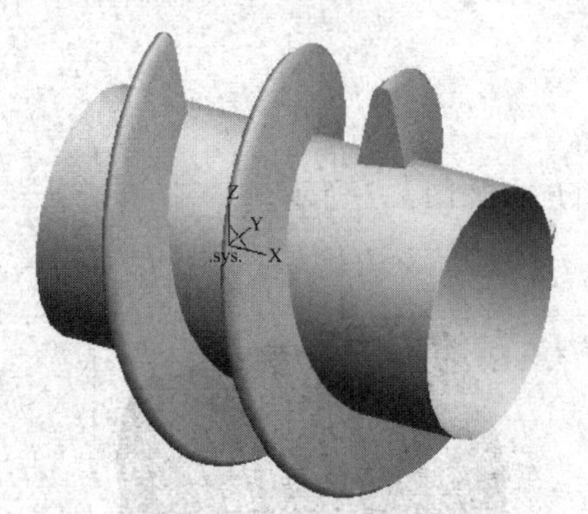

图 7-11 零件加工模型

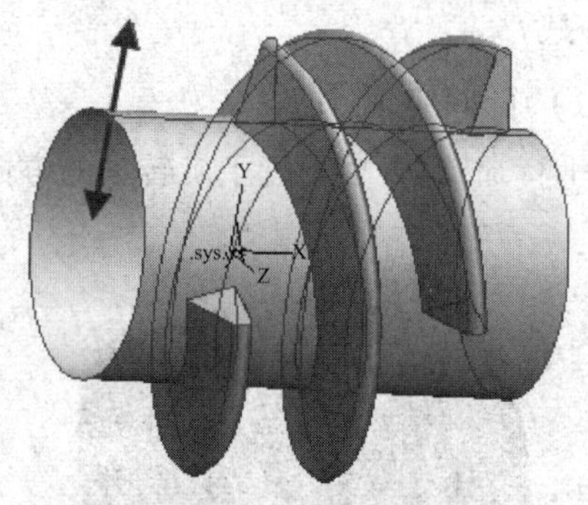

图 7-12 进退刀点

加工步骤：

『步骤 1』打开文件

打开模型，打开附带光盘中“项目 7-1 源文件 . mxe”文件，如图 7-11 所示。

『步骤 2』填写加工参数

①单击【四轴平切面加工】图标，或在工具栏上单击【加工 N】→【多轴加工 M】→【四轴平切面加工】命令，系统弹出对话框，如图 7-6 所示；②填写加工参数表，完成后单击“确定”。

『步骤 3』选取进、退刀点和加工侧

可以拾取曲面，模型的边界上的型值点作为进退刀点，如图 7-12 所示的箭头位置，依状态栏提示，选择箭头方向向上作为“加工侧”。

『步骤 4』选择走刀方向

在进退刀点的位置，选择加工侧后，状态栏提示“选择走刀方向”，选择一个箭头方向为走刀方向，如图 7-13 所示。

『步骤 5』修改加工侧曲面方向

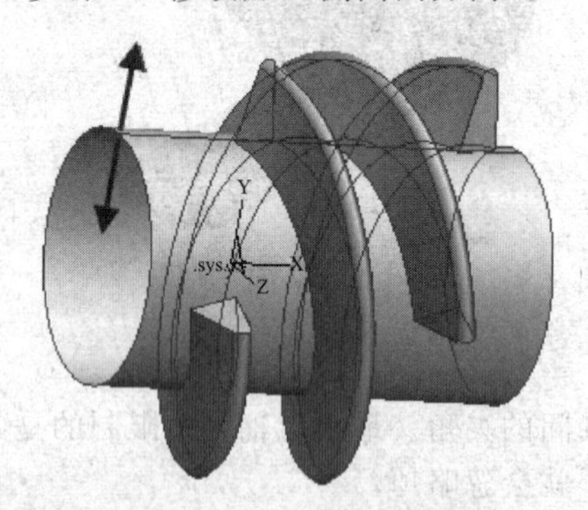

图 7-13 选择走刀方向

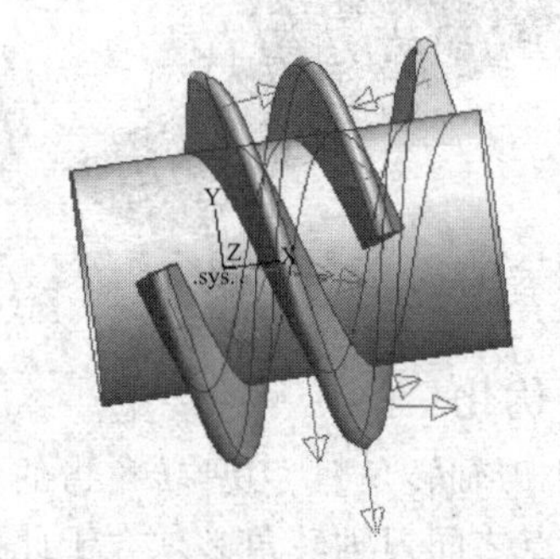

图 7-14 修改加工侧曲面方向

选择“走刀方向”后，系统提示“修改加工侧曲面”，把所有曲面的箭头方向修改为指向曲面要加工去除的方向，如图 7-14 所示。

『步骤 6』生成加工轨迹

曲面方向修改结束后，右击，系统开始自动计算并生成加工轨迹。如图 7-15 所示。

『步骤 7』生成加工代码

在工具栏上单击【加工 N】→【后置处理】→【生成 G 代码】命令，系统弹出对话框，填写存储参数后，选择“fanuc _ 4axis _ A”后置文件。单击“确定”；生成加工代码。

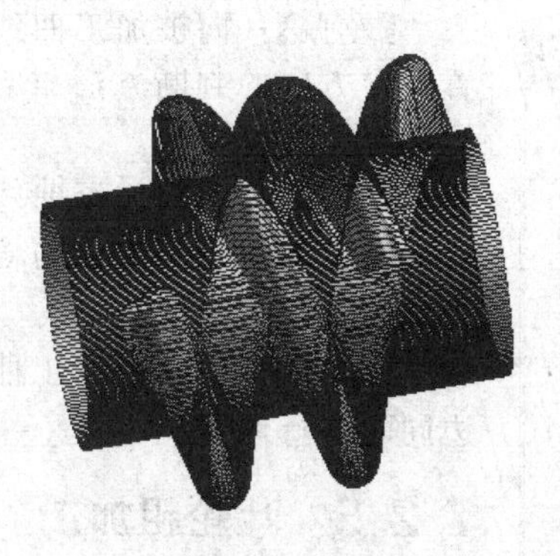

(a) 往复走刀方式加工轨迹

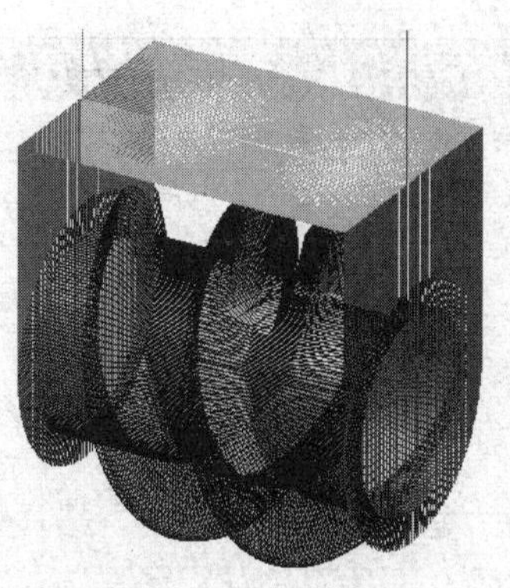

(b) 单向走刀方式加工轨迹

图 7-15 加工轨迹

7.2.3 单线体刻字加工

1. 功能

用五轴方式加工单线体字，刀轴的方向自动由被拾取的曲面的法线进行控制或用直线方向控制。

2. 操作

①单击【单线体刻字加工】图标，或在工具栏上单击【加工 N】→【多轴加工 M】→【单线体刻字加工】命令，系统弹出对话框，如图 7-16 所示；②填写加工参数表，完成后单击“确定”；③按照状态栏提示，拾取“刻字曲面”（左键拾取，右键确认拾取结束）；拾取完毕后，状态栏提示“选择需要改变加工侧的曲面”若没有改变的曲面，则直接右击结束，再按照状态栏提示“拾取刻字曲线”，拾取结束后右击，即可生成加工轨迹。

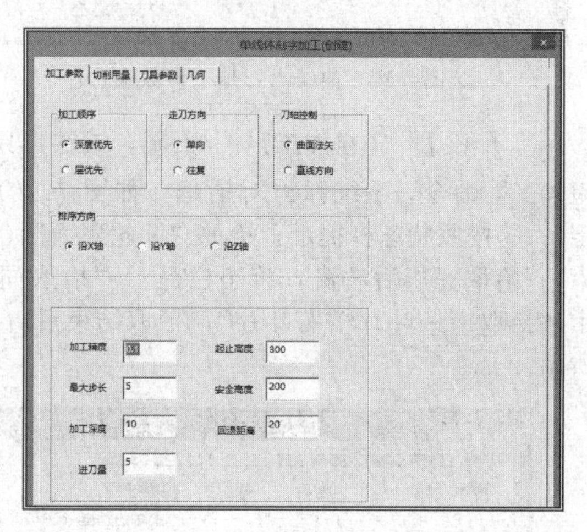

图 7-16 单线体刻字加工参数表

7.2.4 五轴曲线投影加工 1

1. 功能

以投影方式对曲线进行加工，刀轴的方向由直线方向控制。

2. 操作

①单击【五轴曲线投影加工】图标，或在工具栏上单击【加工 N】→【多轴加工】→【五轴曲线投影加工】命令，系统弹出对话框，如图 7-17 所示；②填写加工参数表，完成后单击“确定”；③按照状态栏提示，拾取“投影曲线”并确定链搜索方向；拾取完毕后，状态栏提示“拾取曲线”、“确定链搜索方向”，拾取结束后右击，状态栏提示“拾取投影方向直线”、“确定链搜索方向”，拾取结束后，状态栏提示，拾取“加工曲面”（左键拾取，右键确认拾取结束），系统开始计算并自动生成刀具轨迹。

3. 参数

偏置选项：

【曲线上】：铣刀的中心沿着曲线加工，不进行偏置。

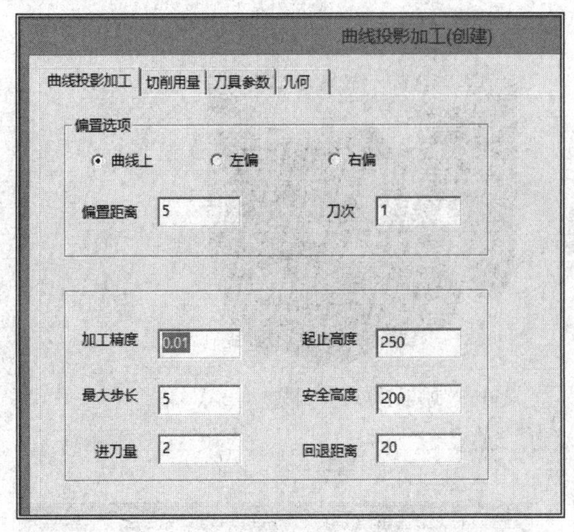

图 7-17　曲线投影加工参数表

【左偏】：向被加工曲线的左边进行偏置，左方向的判断方法与 G41 相同，即刀具加工方向的左边。

【右偏】：向被加工曲线的右边进行偏置，左方向的判断方法与 G42 相同，即刀具加工方向的右边。

【左右偏】：向被加工曲线的左边和右边同时进行偏置。

7.2.5　叶轮粗加工

1. 功能

对叶轮相邻两个叶片之间的余量进行粗加工。

2. 操作

①单击【叶轮粗加工】图标，或在工具栏上单击【加工 N】→【多轴加工 M】→【叶轮粗加工】命令，系统弹出对话框，如图 7-18 所示；②填写加工参数表，完成后单击“确定”；③按照状态栏提示，拾取“叶轮底面”(必须是旋转面，左键拾取，右键确认拾取结束)；拾取完毕后右击，状态栏提示“拾取同一叶片槽左叶片”，拾取结束后，状态栏提示“拾取同一叶片槽右叶片”，拾取结束后，系统开始计算并自动生成刀具轨迹如图 7-19 所示。

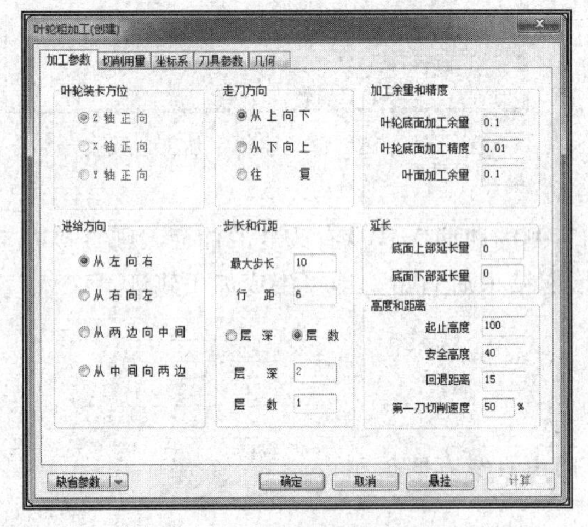

图 7-18　叶轮粗加工参数表

图 7-19　叶轮粗加工轨迹

3. 参数

(1) 叶轮装卡方位

【X 轴正向】：叶轮轴线平行于 X 轴，即从叶轮底面指向顶面同 X 轴正向安装。

【Y 轴正向】：叶轮轴线平行于 Y 轴，即从叶轮底面指向顶面同 Y 轴正向安装。

【Z 轴正向】：叶轮轴线平行于 Z 轴，即从叶轮底面指向顶面同 Z 轴正向安装。

(2) 走刀方向

【从上向下】：在两叶片间，刀具顺着叶轮槽方向进给，刀具由叶轮顶面切入从叶轮底面切出，单向走刀。

【从下向上】：在两叶片间，刀具顺着叶轮槽方向进给，刀具由叶轮底面切入从叶轮顶面切出，单向走刀。

【往复】：一行走刀结束，不抬刀而是切削移动到下一行，反向走刀完成下一行的切削加工。

（3）延长

【底面向上延长量】：当刀具从叶轮上底面切入或切出时，为确保刀具不与工件发生碰撞，将刀具的走刀或进给行程向上延长一段距离，以使刀具能够完全离开叶轮上底面。

【底面向下延长量】：当刀具从叶轮下底面切入或切出时，为确保刀具不与工件发生碰撞，将刀具的走刀或进给行程向下延长一段距离，以使刀具能够完全离开叶轮上底面。

（4）进给方向

【从左向右】：刀具的行间进给方向是从左向右。

【从右向左】：刀具的行间进给方向是从右向左。

【从两边向中间】：刀具的行间进给方向是从两边向中间。

【从中间向两边】：刀具的行间进给方向是从中间向两边。

（5）步长和行距

【最大步长】：刀具走刀的最大步长大于最大步长的走刀将被分成两步。

【行距】：当沿着叶片表面需要多层切入时，行距确定两层轨迹的距离。

【层深】：在叶轮的旋转面上刀触点的法线方向上的层间距离。

【层数】：在叶轮的旋转面上刀触点的法线方向上的切削层数。

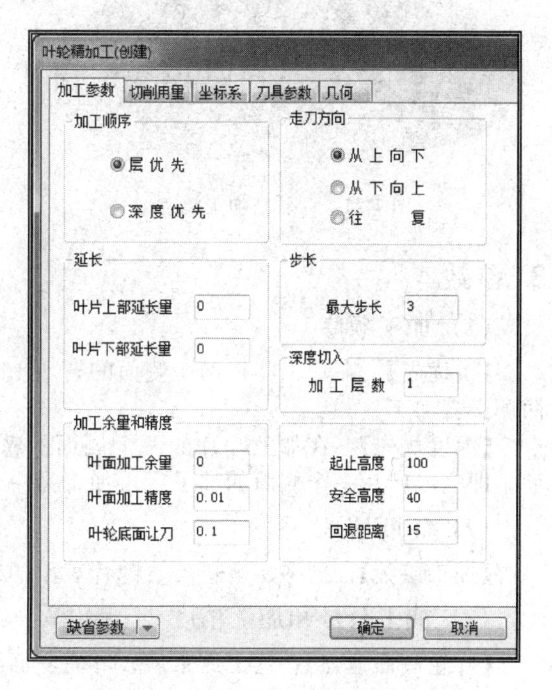

图 7-20 叶轮精加工参数表

（6）加工余量和精度

【叶轮底面加工余量】：粗加工结束后，叶轮底面（即旋转面）上留下的材料厚度，也是下道精加工工序的加工工作量。

【叶轮底面加工精度】：加工精度越大，叶轮底面模型形状的误差也增大，叶轮表面也越粗糙。加工精度越小，模型形状的误差也减小，模型表面越光滑，但轨迹段的数目也增多，轨迹数据量增大。

【叶面加工余量】：叶轮槽左右两个叶片面上留下的下道工序的加工厚度。

7.2.6 叶轮精加工

1. 功能

对叶轮的单个叶片的两侧面进行精加工。如果要加工叶轮的底面，可以采用叶轮的粗加工的命令通过设定加工参数和加工精度进行加工。

2. 操作

①单击【叶轮精加工】图标，或在工具栏上单击【加工 N】→【多轴加工 M】→【叶轮精加工】命令，系统弹出对话框，如图7-20所示；②填写加工参数表，完成后单击“确定”；③按照状态栏提示，拾取“叶轮底面”（必须是旋转面，左键拾取，右键确认拾取结束）；拾取完毕后右击，状态栏提示“拾取同一叶片的左叶片”，拾取结束后，状态栏提示“拾取同一叶片的右叶片”，拾取结束后，系统开始计算并自动生成刀具轨迹，如图 7-21 所示。

图 7-21　叶轮精加工轨迹

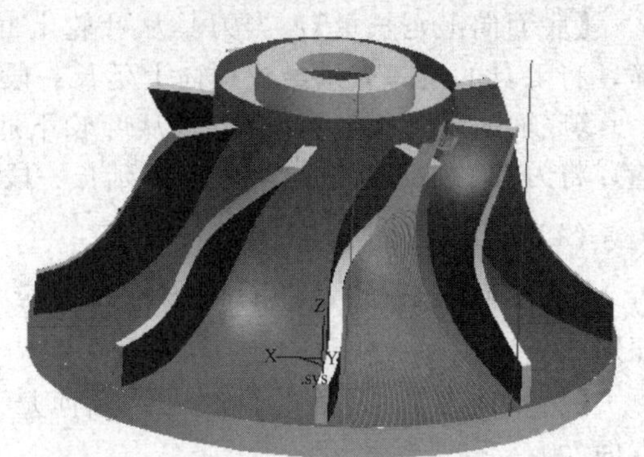

图 7-22　叶轮底面精加工轨迹

3. 参数

(1) 加工顺序

【层优先】：在加工叶片两个侧面的精加工时，同一层的加工完成后再加工下一层，叶片两侧交替加工。

【深度优先】：在加工叶片的两个侧面的精加工时，同一侧的加工完成后再加工下一侧面。即完成叶片一个侧面的加工后再加工另一个侧面。

(2) 深度切入

【加工层数】：同一层轨迹沿着叶片表面的走刀次数。

(3) 加工余量和加工精度

【叶轮底面让刀】：加工结束后，叶轮底面（即旋转面）上留下的材料厚度。

4. 叶片底面的精加工

叶片底面的精加工过程参照“7.1.3 叶轮粗加工”修改加工参数，“叶轮底面加工余量→0”、“叶面加工余量→0”、“行距→2”、“切深层数→1”，修改结束后，单击确定，生成叶片底面的精加工轨迹，如图 7-22 所示。

7.2.7 叶片粗加工

1. 功能

对单一叶片类型进行整体粗加工。

2. 操作

①单击【叶片粗加工】图标，或在工具栏上单击【加工 N】→【多轴加工 M】→【叶片粗加工】命令，系统弹出对话框，如图 7-23、图 7-24 所示；②填写加工参数表，完成后单击“确定”；③按照状态栏提示，拾取“叶片曲面”（左键拾取，右键确认拾取结束）；拾取完毕后右击，状态栏提示“选择需要改变加工侧的曲面”，若没有改变则直接右击，按照状

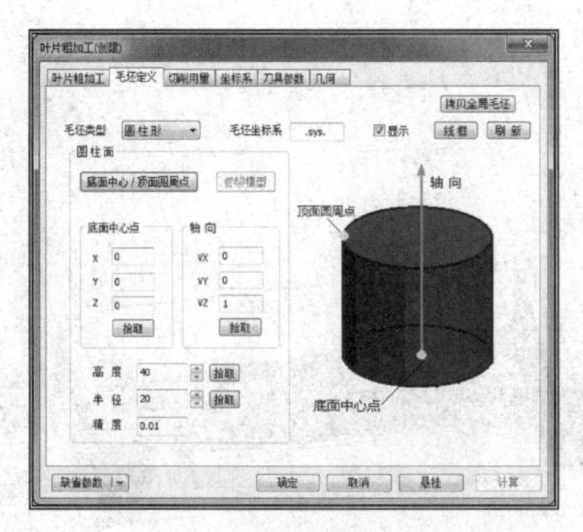

图 7-23　毛坯定义

图 7-24　叶片粗加工参数表

态栏提示“拾取第一个端面”、“拾取第二个端面”、“拾取中心线和链搜索方向”、“拾取曲线和链搜索方向”，拾取结束后右击，系统开始计算并自动生成刀具轨迹如图 7-25 所示。

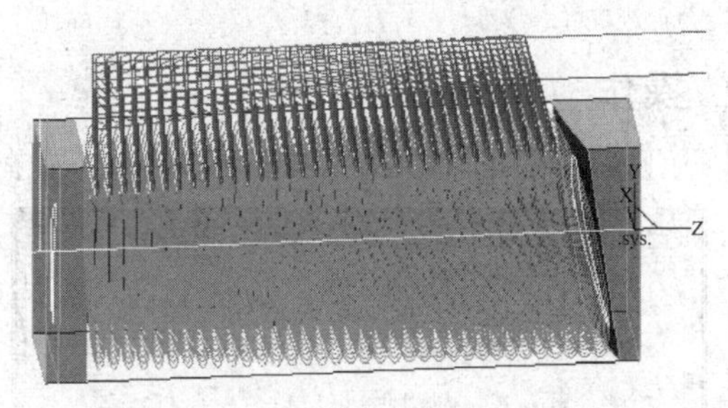

图 7-25　叶片粗加工轨迹

3. 参数

(1) 毛坯选项卡

【矩形毛坯】：所要加工的叶片为矩形毛坯。

【圆柱形毛坯】：所要加工的叶片为圆柱形毛坯。

(2) 叶片粗加工选项卡

加工方向：

【顺时针】：加工时，刀具顺时针旋转。

【逆时针】：加工时，刀具逆时针旋转。

7.2.8　叶片精加工

1. 功能

对单一叶片类型进行整体精加工。

2. 操作

①单击【叶片精加工】图标，或在工具栏上单击【加工 N】→【多轴加工 M】→【叶片精加工】命令，系统弹出对话框，如图 7-26 所示；②填写加工参数表，完成后单击“确定”；③按照状态栏提示，拾取“叶片曲面”（左键拾取，右键确认拾取结束）；拾取完毕后右击，状态栏提示“选择需要改变加工侧的曲面”，若没有改变则直接右击，按照状态栏提示“拾取第一个端面”、“拾取第二个端面”、“拾取中心线和链搜索方向”、“拾取曲线和链搜索方向”，拾取结束后右击，系统开始计算并自动生成刀具轨迹，如图 7-27 所示。

7.2.9　五轴 G01 钻孔

1. 功能

按照曲面的法矢量或给定的直线方向用 G01 直线插补的方式进行空间任意方向的五轴钻孔。

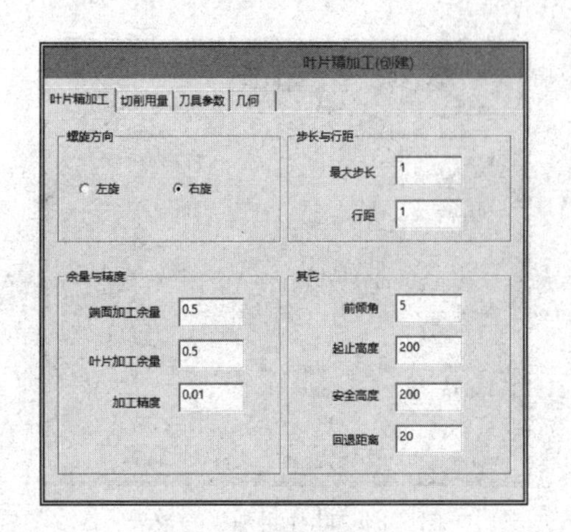

图 7-26 叶片精加工参数表

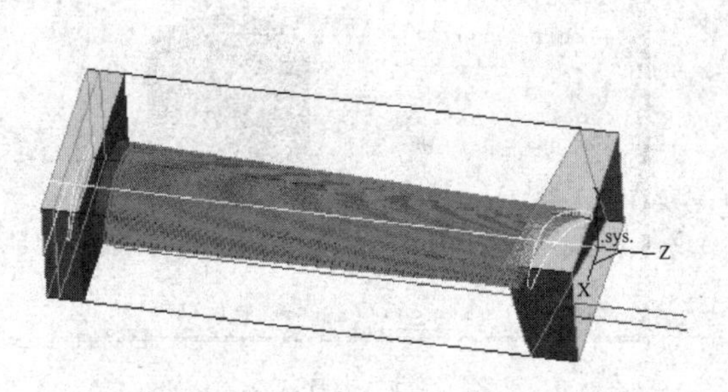

图 7-27 叶片精加工轨迹

2. 操作

①单击【五轴 G01 钻孔】图标，或在工具栏上单击【加工 N】→【多轴加工 M】→【五轴 G01 钻孔】命令，系统弹出对话框，如图 7-28 所示；②填写加工参数表，完成后单击“确定”；③如果选择的“刀轴控制参数”是“曲面的法矢”，按照状态栏提示，选择曲面和拾取存在的钻孔的点；如果选择的“刀轴控制参数”为“直线方向”，则根据状态的提示选择“直线”和“已经存在的点”，选择结束后，系统开始计算并自动生成刀具轨迹。

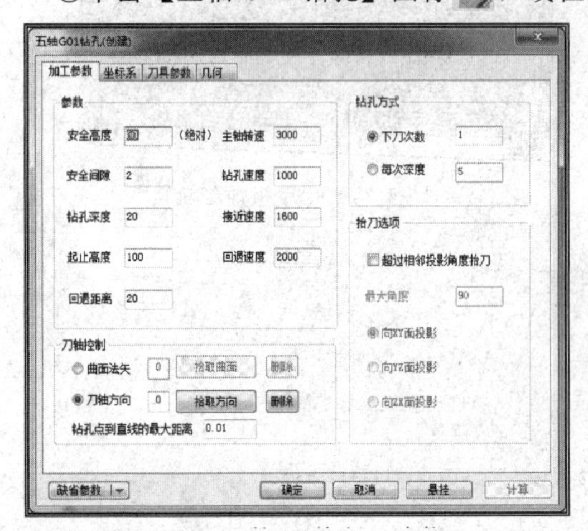

图 7-28 五轴 G01 钻孔加工参数

3. 参数

(1) 参数

【安全高度（绝对）】：系统认为刀具在此高度以上的任何位置，均不会碰伤工件和夹具，故把此高度要设置得高一些。

【安全间隙】：钻孔时，钻头快速下刀到达的位置，即距离工件表面的距离，由这一点开始按钻孔速度进行钻孔。

【钻孔深度】：孔加工深度。

【回退距离】：每次回退到钻孔方向上高出钻孔点的距离。

(2) 钻孔方式

【下刀次数】：当孔较深使用啄式钻孔时，以下刀的次数来完成所要求的孔深。

【每次深度】：当孔较深使用啄式钻孔时，以每次钻孔深度来完成所要求的孔深。

(3) 刀轴控制

【曲面法矢】：用钻孔所在曲面上的法线方向来确定钻孔方向。

【直线方向】：用孔的轴线方向确定钻孔方向。

【钻孔点到直线的最大距离】：当选用选项时，可以选用直线的长度来控制钻孔的深度值。

7.2.10　五轴侧铣加工

1. 功能

用两条线来确定所要加工的面，并且可以利用铣刀的侧刃来进行加工。

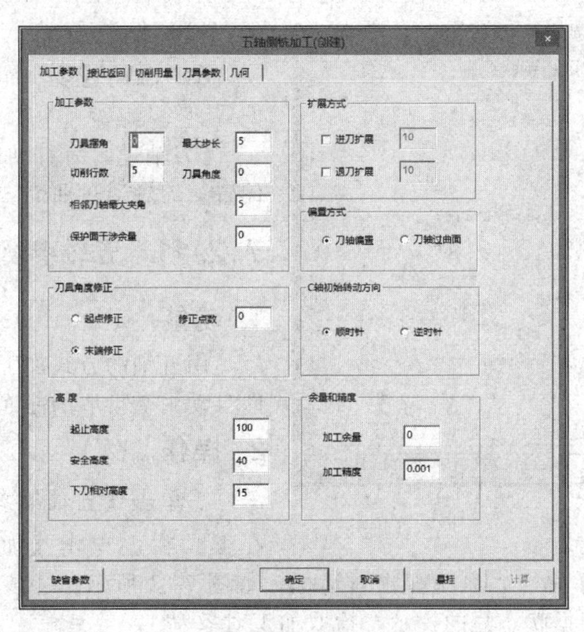

图 7-29　五轴侧铣加工参数

2. 操作

①单击【五轴侧铣】图标，或在工具栏上单击【加工 N】→【多轴加工 M】→【五轴侧铣】命令，系统弹出对话框，如图 7-29 所示；②填写加工参数表，完成后单击“确定”；③根据状态栏的提示，拾取第一条曲线，确定链搜索方向，右击后，拾取第二条曲线和链搜索方向，右击，拾取进刀点和箭头方向，状态栏提示拾取保护面，若没有保护面，则右击继续。系统开始计算并生成刀具轨迹。如图 7-30 所示。

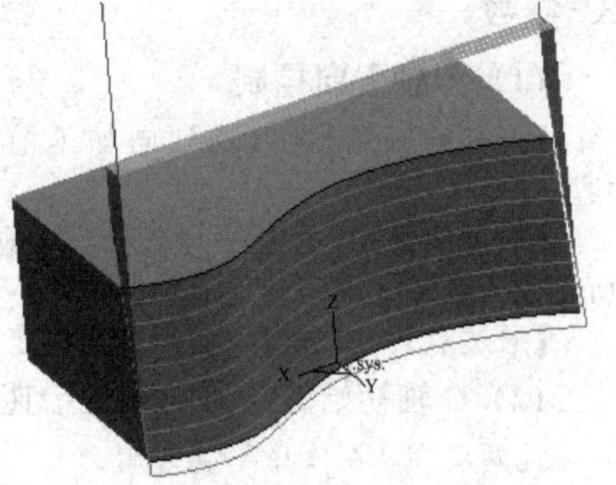

图 7-30　五轴侧铣加工轨迹

3. 参数

【刀具前倾角】：在这一刀位点上应该具有的刀轴矢量的基础上，在轨迹的加工方向上再增加的刀具摆角。

【切削行数】：加工轨迹行数。

【最大步长】：在满足加工误差的情况下，为了使曲率变化较小的部分不至于生成的刀位点过少，用这一项参数来增加刀位，使相邻两刀位点之间距离不大于此值。

【刀具角度】：当刀具为锥形铣刀时，在这里输入锥刀的角度，支持用锥刀进行五轴侧铣加工。

【相邻刀轴最大夹角】：生成五轴侧铣轨迹时，相邻两刀位点之间的刀轴矢量夹角不大于此值，否则将在两刀位之间插值新的刀位，用以避免两相邻刀位点之间的角度变化过大。

【保护面干涉余量】：对于保护面所留的余量。

（1）扩展方式

【进刀扩展】：给定在进刀位置向外扩展距离，以实现零件外进刀。

【退刀扩展】：给定在退刀位置向外延伸距离，以实现完全走出零件外再抬刀。

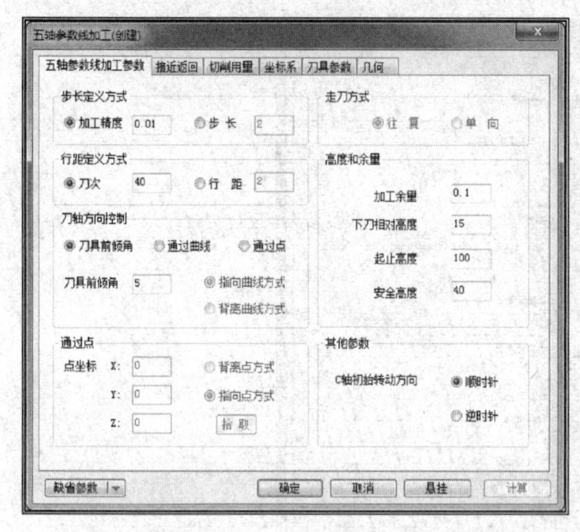

图 7-31 五轴参数线加工

（2）偏置方式

【刀轴偏置】：加工时刀轴向曲面外偏置。

【刀轴过曲面】：加工时刀轴不向曲面外偏置，刀轴通过曲面。

7.2.11 五轴参数线加工

1. 功能

用五轴的方式加工空间曲线，刀轴的方向自动由被拾取的曲面的法向进行控制。

2. 操作

①单击【五轴等参数线】图标，或在工具栏上单击【加工 N】→【多轴加工 M】→【五轴等参数线】命令，系统弹出对话框，如图 7-31 所示；②填写加工参数表，完成后单击“确定”；③根据状态栏的提示，拾取加工对象（左键拾取，右键确认），状态栏提示“拾取进刀点”，拾取结束后，状态栏提示“切换加工方向（左键切换，右键确认）”，根据状态栏提示改变曲面方向右击，系统开始计算并自动生成刀具轨迹，如图 7-32 所示。

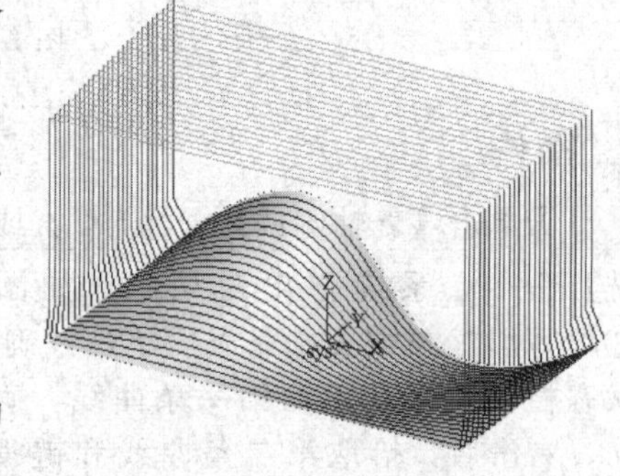

图 7-32 五轴参数线加工轨迹

3. 参数

（1）刀轴方向控制

【刀具前倾角】：刀具轴向加工前进方式倾斜的角度。

【通过曲线】：通过刀尖一点与对应的曲线上一点所连成的直线方向来确定刀轴的方向。

【通过点】：通过刀尖上一点与给定的一点所连成的直线方向来确定刀轴方向。

（2）C 轴初始转动方向和进给速度

此两项在本版本中不起作用。

（3）通过点

【点坐标】：以手工输入空间中任意点的坐标或拾取空间任意存在点。

7.2.12 五轴曲线加工

1. 功能

用五轴的方式加工空间曲线，刀轴的方向自动由被拾取的曲面的法向进行控制。

2. 操作

①单击【五轴曲线加工】图标，或在工具栏上单击【加工 N】→【多轴加工 M】→【五

轴曲线加工】命令，系统弹出对话框，如图 7-33 所示；②填写加工参数表，完成后单击“确定”；③根据状态栏的提示，拾取加工对象（左键拾取，右键确认），可根据状态栏提示“改变曲面方向（在曲面上拾取）”改变曲面的方向，拾取结束后右击，再次按照状态栏提示“拾取轮廓和加工方向”，按照状态栏提示拾取曲线和搜索方向，拾取完毕右击，系统开始计算并自动生成刀具轨迹，如图 7-34 所示。

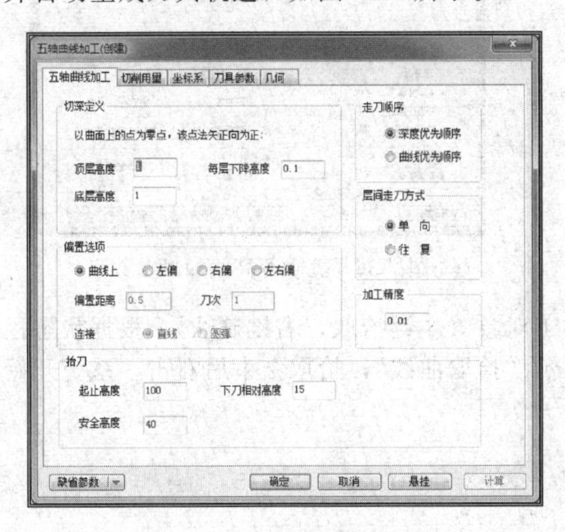

图 7-33 五轴曲线加工参数表

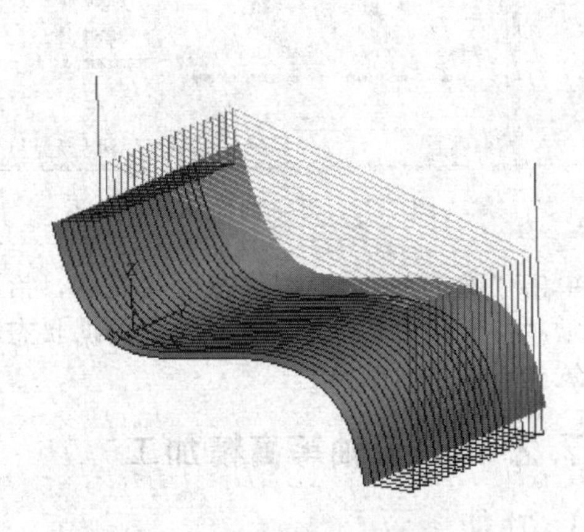

图 7-34 五轴曲线加工轨迹

3. 参数

（1）走刀顺序

【深度优先顺序】：先按照深度方向加工，再加工平面方向。

【曲线优先顺序】：先按曲线的顺序加工，加工完一层后再加工下一层。

（2）偏置选项

用五轴方式加工槽时，有时也需要像在平面上加工槽一样，对槽宽做一些调整，并通过偏置来达到尺寸要求。

【曲线上】：铣刀的中心沿曲线加工，不进行偏置。

【左偏】：在被加工曲线的左边进行偏置，左方向的判断方法与 G41 相同。

【右偏】：在被加工曲线的右边进行偏置，右方向的判断方法与 G42 相同。

【左右偏】：向被加工曲线的左边和右边同时进行偏置。

【连接】：当刀具轨迹进行左右偏置时，并且用往复方式加工时，两加工轨迹间的连接提供了两种方式：直线和圆弧。

7.2.13 五轴曲面区域加工

1. 功能

生成五轴曲面区域加工轨迹，刀轴的方向由导向曲面控制，导向曲面只支持一张曲面的情况，目前刀具也只支持球刀。

2. 操作

①单击【五轴曲面区域加工】图标，或在工具栏上单击【加工 N】→【多轴加工 M】→【五轴曲面区域加工】命令，系统弹出对话框，如图 7-35 所示；②填写加工参数表，完成后

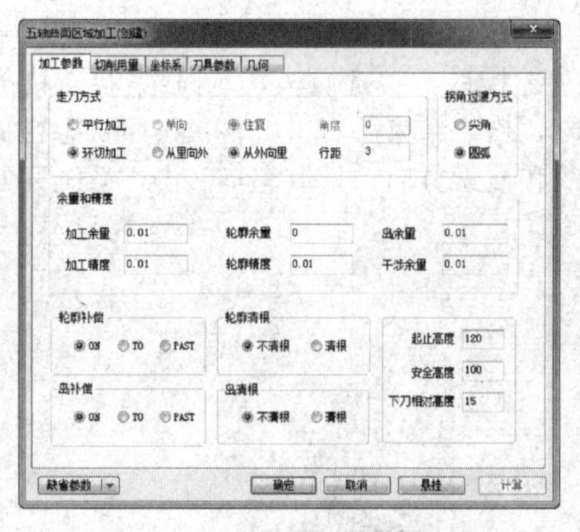

图 7-35　五轴曲面加工参数表

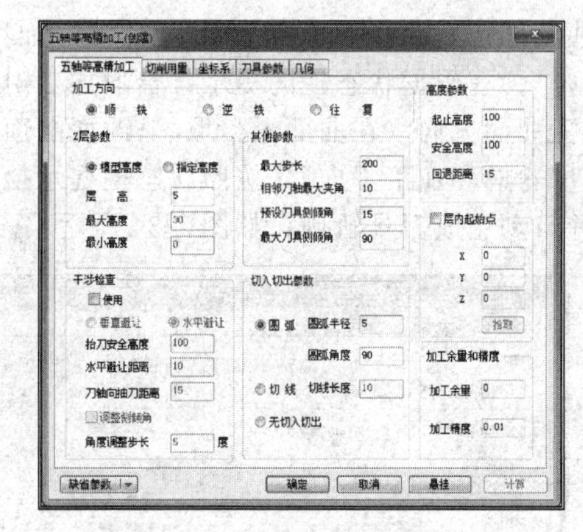

图 7-36　五轴等高线加工参数表

单击“确定”；③根据状态栏的提示，拾取加工对象（左键拾取，右键确认），根据状态栏提示“拾取轮廓”，拾取结束后，根据状态栏提示“拾取曲线”，拾取结束后右击，系统开始计算并生成刀具轨迹。

7.2.14 五轴等高精加工

1. 功能

生成五轴等高精加工轨迹。刀轴的方向为给定的摆角，刀具目前只支持球刀。

2. 操作

①单击【五轴等高精加工】图标，或在工具栏上单击【加工 N】→【多轴加工 M】→【五轴等高精加工】命令，系统弹出对话框，如图 7-36 所示；②填写加工参数表，完成后单击“确定”；③根据状态栏的提示，拾取加工对象（左键拾取，右键确认），拾取结束后，状态栏提示“选择需要侧的曲面”，（左键切换，右键确认），根据状态栏提示改变曲面方向右击，系统开始计算并自动生成刀具轨迹。

3. 参数

(1) Z 层参数

【模型高度】：用加工模型的高度进行加工，给定层高来生成加工轨迹。

【指定高度】：给定高度范围，在这个范围内按给定的层高来生成加工轨迹。

(2) 其它参数

【相邻刀轴最大夹角】：生成五轴加工轨迹时，相邻两刀位点之间的刀轴矢量夹角不大于此值，否则将在两刀位之间插值新的刀位，用以避免两相邻刀位点之间的角度变化过大。

【预设刀具侧倾角】：预先设定的刀具倾角，刀具将按照这个倾角加工。

(3) 干涉检查

【垂直避让】：当遇到干涉时机床将垂直抬刀避让。

【水平避让】：当遇到干涉时机床将水平抬刀避让。

【无切入切出】：不进行切入切出。

7.2.15 五轴转四轴轨迹

1. 功能

把五轴加工轨迹转为四轴加工轨迹，使一部分可用五轴加工也可以用四轴方式进行加工的零件，先用五轴生成轨迹，再转换为四轴轨迹进行四轴加工。

2. 操作

①单击【五轴转四轴轨迹】图标，或在工具栏上单击【加工 N】→【多轴加工 M】→【五轴转四轴轨迹】命令，系统弹出对话框，选择旋转轴是 X 轴或 Y 轴并填写其它加工参数；完成后单击“确定”；②根据状态栏提示，在绘图区拾取要转换的加工轨迹后右击，系统开始计算并自动生成四轴刀具轨迹。如图 7-37 所示。

图 7-37　五轴转四轴轨迹参数表

3. 参数

旋转轴：

【X 轴】：机床的第四轴绕 X 轴旋转，生成加工代码时角度地址为 A。

【Y 轴】：机床的第四轴绕 Y 轴旋转，生成加工代码时角度地址为 B。

7.2.16　三轴转五轴轨迹

1. 功能

把三轴加工轨迹转换为五轴加工轨迹，对于只可用五轴加工方式进行加工的零件，先用三轴生成加工轨迹，再转为五轴轨迹进行五轴加工。

2. 操作

①单击【三轴转五轴轨迹】图标，或在工具栏上单击【加工 N】→【多轴加工 M】→【三轴转五轴轨迹】命令，系统弹出对话框，如图 7-38 所示；②填写加工参数表，完成后单击“确定”；③根据状态栏提示，在绘图区拾取要转换的加工轨迹后右击，系统开始计算并自动生成五轴刀具轨迹。

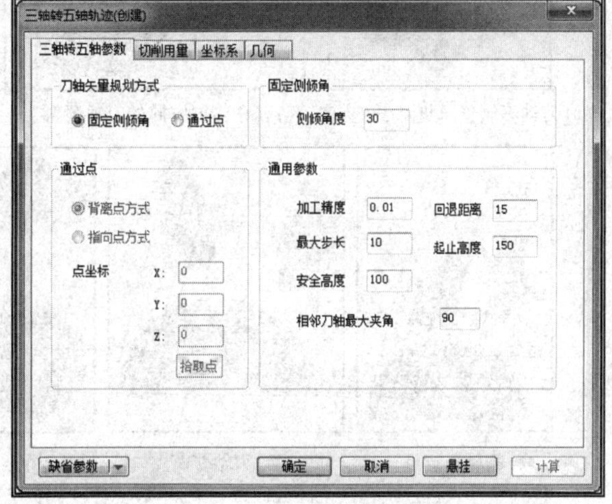

图 7-38　三轴转五轴参数表

3. 参数

刀轴矢量规划方式：

【固定侧倾角】：以固定的侧倾角度来确定刀轴矢量的方向。

【通过点】：通过空间中一点与刀尖点的连线方向来确定刀轴矢量的方向。

7.2.17　五轴曲线投影加工 2

1. 功能

用五轴的投影方式加工曲面。

2. 操作

①单击【五轴曲线投影加工 2】图标，或在工具栏上单击【加工 N】→【多轴加工 M】→【五轴曲线投影加工 2】命令，系统弹出对话框，如图 7-39 所示；②填写加工参数表，完成后单击“确定”；③根据状态栏提示，拾取曲面和投影线后右击，系统开始计算并自动生成刀具轨迹。

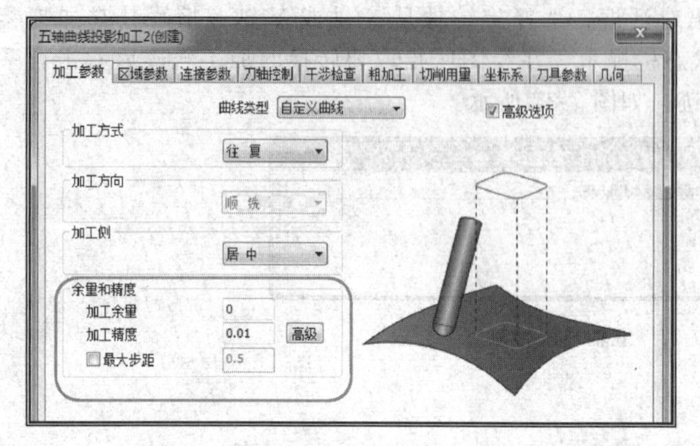

图 7-39　五轴曲线投影加工参数表

3. 参数

(1) 余量和精度

【最大步距】：生成加工轨迹的刀位点沿曲线按弧长均匀分布的最大距离。当曲线的曲率变化较大时，不能保证每一点的加工误差都相同。

(2) 刀轴控制策略

【刀轴同曲面点的法线方向】：刀轴始终与曲面法矢方向保持一致，如图 7-40（a）所示。

(a) 刀轴不倾斜同曲面法矢方向

(b) 基于走刀方向的刀轴倾斜

(c) 相对于轴有倾斜角

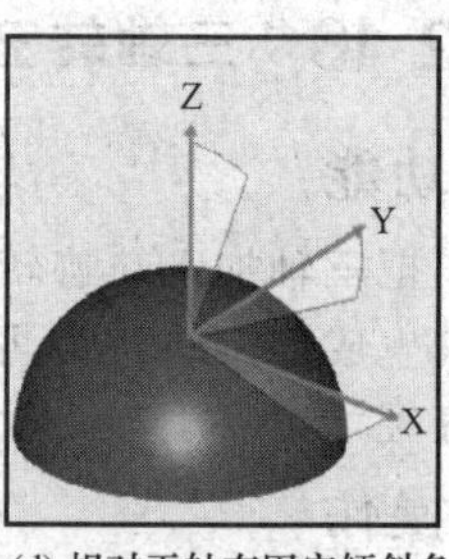

(d) 相对于轴有固定倾斜角

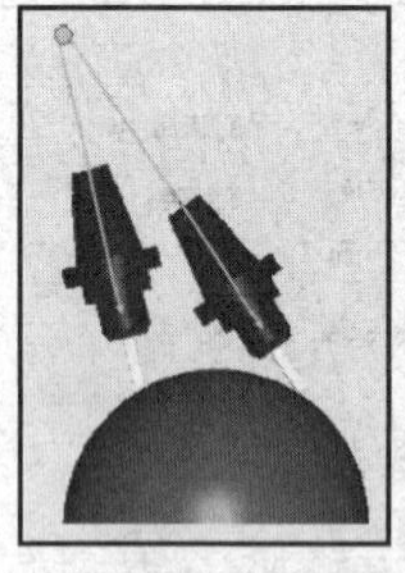

(e) 刀轴通过点

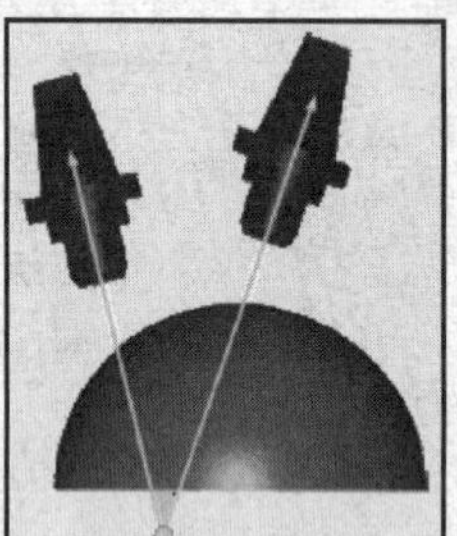

(f) 刀轴背离点

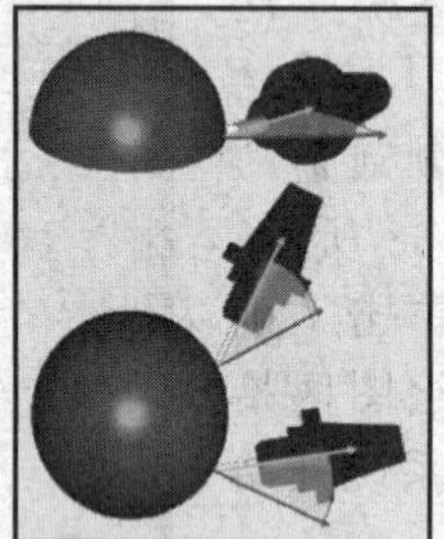

(g) 绕轴旋转

(h) 刀轴通过曲线

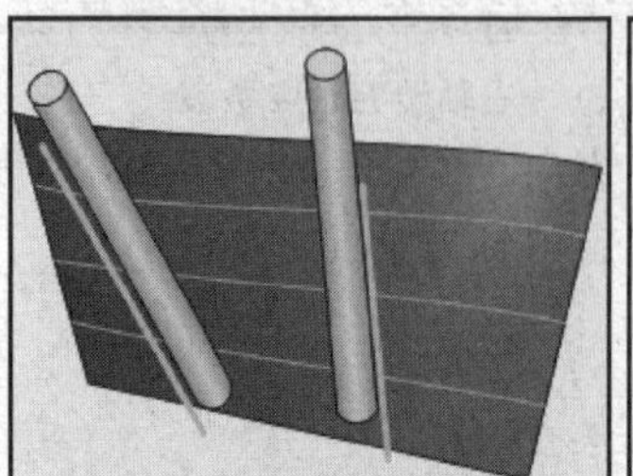

(i) 刀轴通过直线

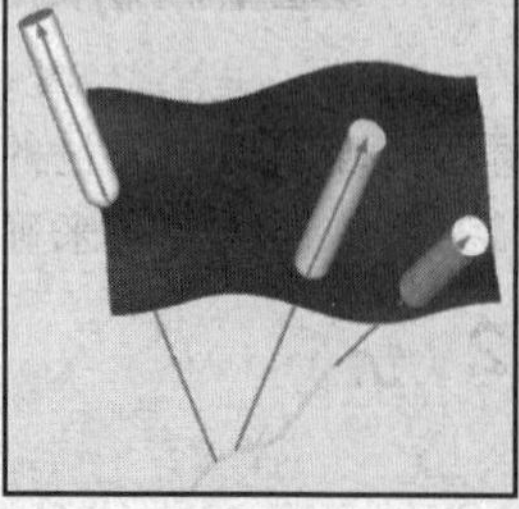

(j) 刀轴背离曲线

(k) 基于叶轮的刀具倾斜

图 7-40　刀轴控制策略

【基于走刀方向的刀轴倾斜】：刀轴沿走刀方向倾斜一个固定角度，如图 7-40（b）所示。

【前倾角】：曲面法矢方向与走刀方向的夹角。

【侧倾角】：曲面法矢方向与所选定的侧倾定义的夹角。

【相对于轴有倾斜角】：刀轴与机床主轴的倾斜角，如图 7-40（c）所示。

【相对于轴有固定倾斜角】：刀轴与机床主轴有固定的倾斜角，如图 7-40（d）所示。

【刀轴通过点】：沿着刀尖与给定点所连成的直线方向确定刀轴方向，如图 7-40（e）所示。

【刀轴背离点】：背离刀尖与给定点所连成的直线方向确定刀轴方向，如图 7-40（f）所示。

【绕轴旋转】：刀轴沿机床主轴旋转一个角度来确定刀轴方向，如图 7-40（g）所示。

【刀轴通过曲线】：通过刀尖与对应曲线上点所连成的直线方向确定刀轴方向，如图 7-40（h）所示。

【刀轴通过直线】：用一条直线来确定刀轴方向，如图 7-40（i）所示。

【刀轴背离曲线】：背离刀尖与对应曲线上点所连成的直线方向确定刀轴方向，如图 7-40（j）所示。

【基于叶轮的刀具倾斜】：根据叶轮的走向来确定刀具的倾斜角度，如图 7-40（k）所示。

7.2.18　五轴平行线加工

1. 功能

用五轴的方式加工曲面，生成的每条轨迹都是平行的。

2. 操作

①单击【五轴平行线加工】图标，或在工具栏上单击【加工 N】→【多轴加工 M】→【五轴平行线加工】命令，系统弹出对话框，如图 7-41 所示；②填写加工参数表，完成后单击“确定”；③根据状态栏提示，拾取第一限制线，拾取曲线，并确定曲线的搜索方向，接着拾取要加工的曲面，并确定曲面的加工方向后右击，系统开始计算并自动生成刀具轨迹。

图 7-41　五轴平行线加工参数表

3. 参数

加工参数和相关命令相同，不再详述。

7.2.19　五轴限制线加工

1. 功能

用五轴添加限制线的方式加工曲面。

2. 操作

①单击【五轴限制线加工】图标，或在工具栏上单击【加工 N】→【多轴加工 M】→

【五轴限制线加工】命令，系统弹出对话框，如图7-42所示；②填写加工参数表，完成后单击“确定”；③根据状态栏提示，拾取第一限制线，拾取曲线确定曲线的搜索方向，拾取第二限制线，拾取曲线和加工方向，接着拾取要加工的曲面，并确定曲面的加工方向后右击，系统开始计算并自动生成刀具轨迹。

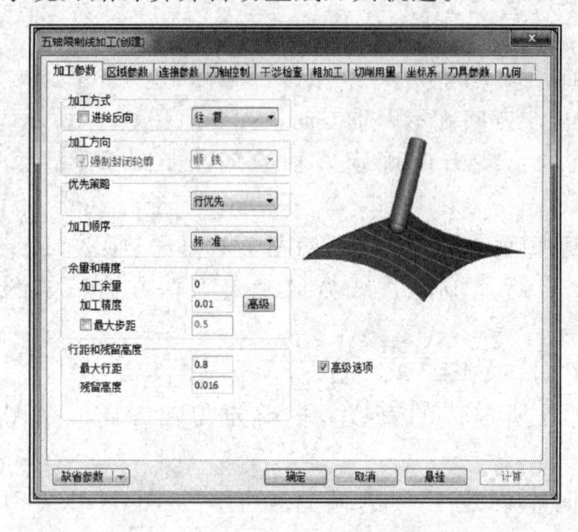

图7-42　五轴限制线加工参数表

图7-43　五轴沿曲线加工参数表

3. 参数

加工参数和相关命令相同，不再详述。

7.2.20　五轴沿曲线加工

1. 功能

用五轴的方式加工曲面，生成的每条轨迹都是沿给定曲线的法线方向。

2. 操作

①单击【五轴沿曲线加工】图标，或在工具栏上单击【加工N】→【多轴加工M】→【五轴沿曲线加工】命令，系统弹出对话框，如图7-43所示；②填写加工参数表，完成后单击“确定”；③根据状态栏提示，拾取导向线，拾取曲线确定曲线的搜索方向，拾取要加工的曲面，并确定曲面的加工方向后右击，系统开始计算并自动生成刀具轨迹。

3. 参数

加工参数和相关命令相同，不再详述。

7.2.21　五轴平行面加工

1. 功能

用五轴添加限制面方式加工曲面，生成的每条轨迹都是平行的。

2. 操作

①单击【五轴平行面加工】图标，或在工具栏上单击【加工N】→【多轴加工M】→【五轴平行面加工】命令，系统弹出对话框，如图7-44所示；②填写加工参数表，完成后单击“确定”；③根据状态栏提示，拾取单侧限制面，确定曲面的加工方向，拾取加工曲面，确定曲面的加工方向，系统开始计算并生成刀具轨迹。

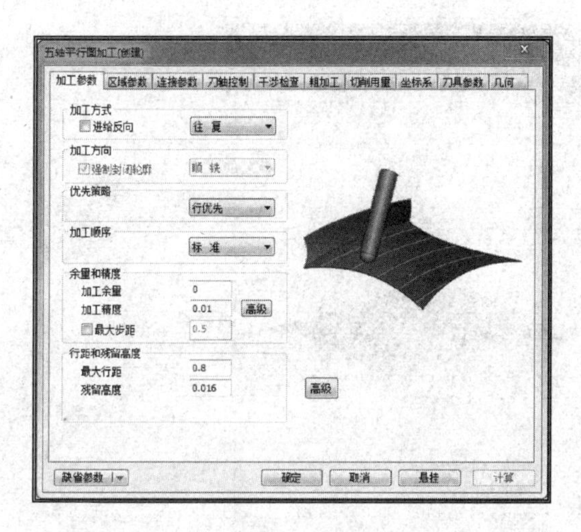

图 7-44 五轴平行面加工参数表

图 7-45 五轴限制面加工参数表

3. 参数

加工参数和相关命令相同，不再详述。

7.2.22 五轴限制面加工

1. 功能

用五轴添加限制面的方式加工曲面。

2. 操作

①单击【五轴限制面加工】图标，或在工具栏上单击【加工 N】→【多轴加工 M】→【五轴限制面加工】命令，系统弹出对话框，如图 7-45 所示；②填写加工参数表，完成后单击“确定”；③根据状态栏提示，拾取第一限制面，确定曲面的加工方向，拾取第二限制面，确定曲面的加工方向，拾取加工曲面，确定曲面的加工方向，系统开始计算并自动生成刀具轨迹。

3. 参数

加工参数和相关命令相同，不再详述。

7.2.23 五轴平行加工

1. 功能

生成五轴平切面加工轨迹。

2. 操作

①单击【五轴平行加工】图标，或在工具栏上单击【加工 N】→【多轴加工 M】→【五轴平行加工】命令，系统弹出对话框，如图 7-46 所示；②填写加工参数表，完成后单击“确定”；③根据状态栏提示，拾取加工曲面，确定曲面的加工方向，系统开始计算并自动生成刀具轨迹。

3. 参数

加工参数和相关命令相同，不再详述。

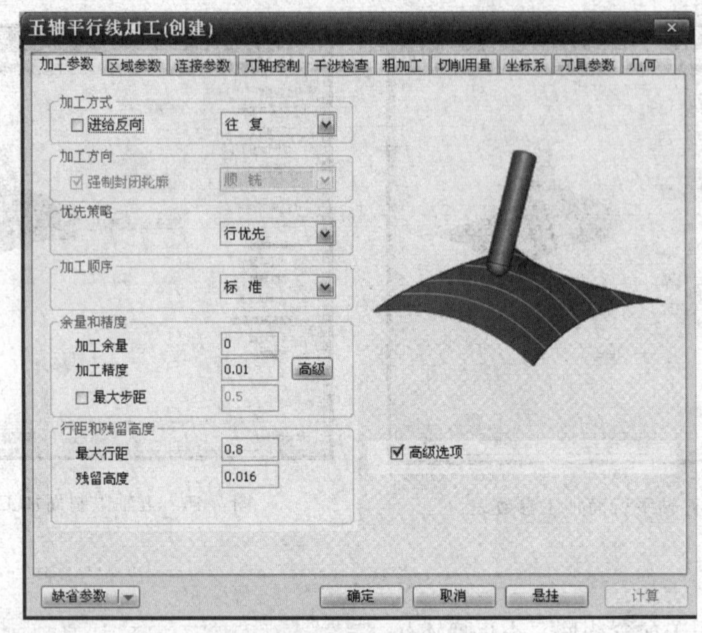

图 7-46　五轴平行加工参数表

7.3　典型多轴类零件自动编程

7.3.1　空间螺旋槽四轴数控加工

项目实例 7-2　操作视频

【项目实例 7-2】　选择合适的四轴加工方式，编制图 7-47 所示空间螺旋槽的数控精加工程序。旋转槽槽深 $h=4$，半径 $r=3$。要求沿螺旋槽的方向采用四轴加工该零件，安装在旋转工作台上。（扫二维码可观看操作视频）

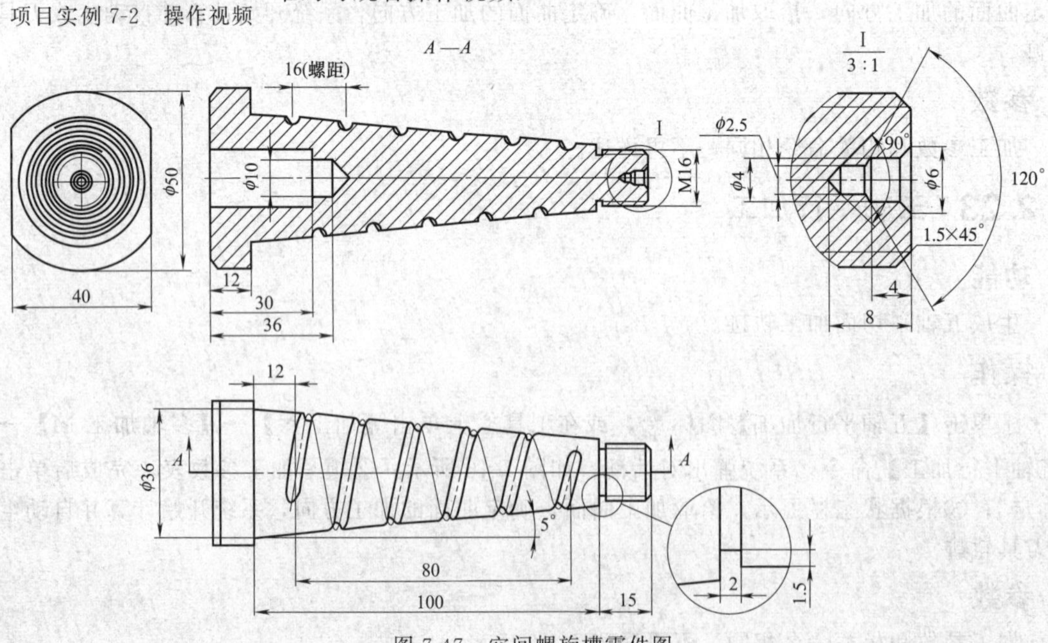

图 7-47　空间螺旋槽零件图

1. 工艺准备

(1) 加工准备

选用机床：四轴数控机床。

选用夹具：精密虎钳，安装在旋转工作台上。

(2) 工艺分析

该螺旋槽模型主要由“空间螺旋槽”、“圆台旋转面”构成。根据零件的精加工要求，需要加工零件的外表面和螺旋槽两个特征。空间圆台的外表面采用“四轴平切面加工”，即利用刀刃的侧刃来加工；螺旋槽的加工采用“四轴曲线加工”。每次进给 2mm，然后刀具再退 0.5mm，螺旋式走刀。

(3) 加工工艺卡

加工工艺卡如表 7-1 所示。

表 7-1 加工工艺卡

×××厂	数控加工工序卡片		产品代号	零件名称		零件图号
			×××	空间螺旋槽		×××
工艺序号	程序编号	夹具名称	夹具编号	使用设备		车间
×××	×××	精密虎钳	×××			×××
工步号	工步内容	刀具号	刀具规格	主轴转速 /(r/min)	进给速度 /(mm/min)	背吃刀量 /mm
1	钻中心孔(钻床)	T01	$\phi6$	600	120	
2	车 $\phi10$ 孔(数车)	T02	$\phi10$	600	80	
3	回转表面(数车)	T03	数控车刀	800	120	
4	外螺纹(数车)	T04	螺纹车刀	500	80	
5	圆台外表面	T05	D5r2.5	2000	100	1
6	螺旋槽	T06	D6r3	600	100	5
编制		审核	批准	共 页 第 页		

2. 编制加工程序

(1) 确定加工命令

根据本任务零件的特点，选用“四轴平切面加工”和“四轴曲线加工”来完成空间螺旋槽的精加工。

(2) 建立模型

『步骤 1』建立圆台外表面模型

利用“旋转面”命令绘制螺旋槽外表面模型。①单击 F6，选择 YZ 平面作为绘图平面，按照图 7-47 绘制空间曲线，如图 7-48 所示。②单击“旋转面”图标，选择旋转轴线和母线，绘制螺旋槽的外表面模型，如图 7-49 所示。（说明：对于本次加工没有涉及的加工曲面，本绘制过程也做了省略，没有绘出）

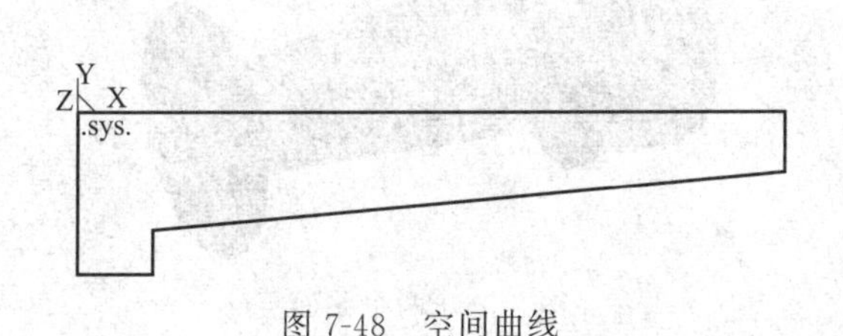

图 7-48 空间曲线

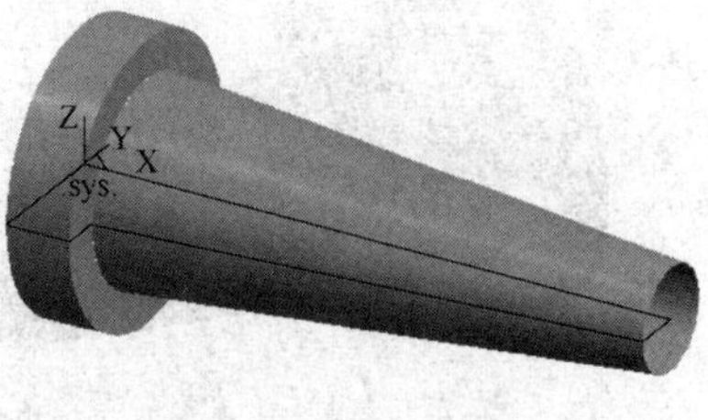

图 7-49 旋转模型

『步骤 2』绘制螺旋槽曲线

利用“螺旋线”、“导动面”、“相关线”等命令绘制螺旋槽曲线。①绘制螺旋线线。单击【公式曲线】图标 f(x)，选择“三维空间螺旋线”，弹出对话框，如图 7-50 所示，修改螺旋线参数值，输入结束后，单击“确定”图标，输入曲线的定位点“12，0，0”，绘制结果如图 7-51 所示。②按照相同方法再绘制一半径为 8 的螺旋线。③利用“两点线”连接两个螺旋线的端点绘制直线。④单击“导动面”，选择“双导动线”方式，拾取两条螺旋线，作为导动线，拾取③中绘制的直线作为截面线，绘制出导动面，如图 7-52 所示。⑤单击“相关线”图标，依次拾取“导动面”和“旋转面”，得到两个曲面的曲面交线，即所需要绘制的圆锥曲面上的螺旋线。隐藏“导动面”和作为导动线的两条螺旋线，绘制结果如图 7-53 所示。⑥对生成的螺旋线按要求进行修剪，首先绘制两个截面曲面，如图 7-54 所示。利用“相关线→曲面交线”方式，得到修剪圆弧线，选择“修剪→投影修剪”方式进行修剪，绘制结果如图 7-55 所示。⑦隐藏或删除和加工无关的曲线，得到图 7-56 所示的图形。

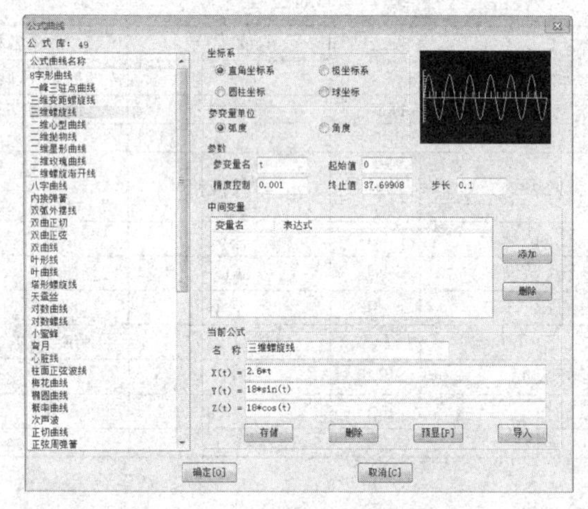

图 7-50　三维螺旋线对话框

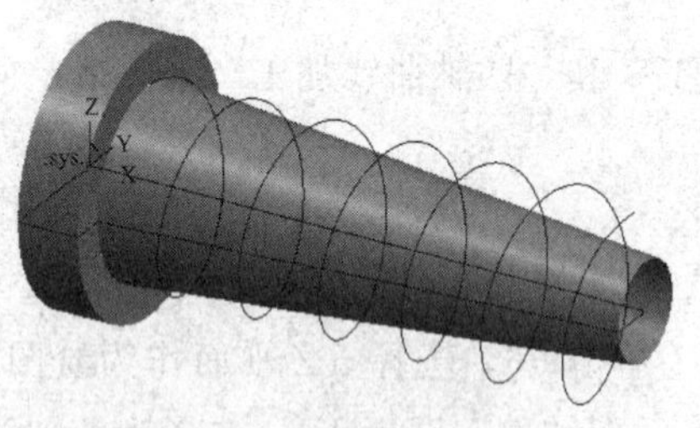

图 7-51　螺旋线图

图 7-52　导动面

图 7-53　圆锥面上的螺旋线

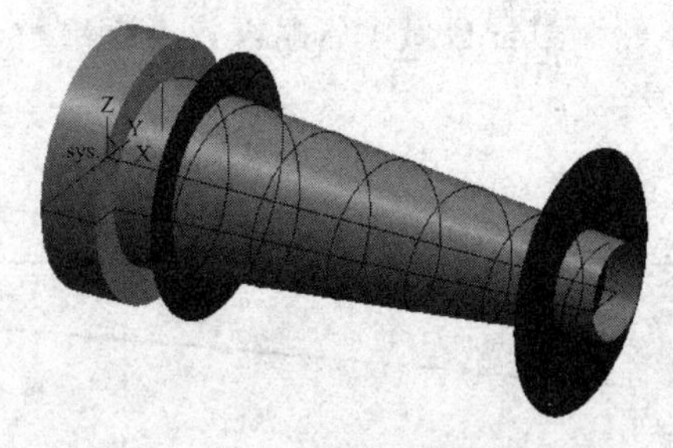

图 7-54　两个截面

（3）编制数控加工程序

『步骤 1』圆台外表面加工

①圆台外表面加工采用“四轴平切面加工”方式。单击【四轴平切面加工】图标，或在工具栏上单击【加工 N】→【多轴加工】→【四轴平切面加工】命令，系统弹出对话框。②填写加工参数表。“旋转轴→X 轴”、“行距定义方式→环切加工”、“走刀方式→往复”、“边界保护→保护”、“优化”、“相邻刀轴最小夹角→0.5”、“最小步长→1”、“加工余量→0”、“加工精度→0.1”、“起止高度→150”、“回退距离→15”、“安全高度→60”、“干涉余量→0”，选择刀具 D5r2.5，输入切削用量值，完成后单击“确定”。③按照状态栏提示，拾取加工对象（如果是曲面，可以采用框选方式，选择所有的曲面），直接拾取外圆柱表面，拾取的圆柱体的边界立即变为红色，拾取完毕后右击。④状态栏提示选取进退刀点，拾取圆柱体上的右端面小圆上的点。⑤系统提示选择进退刀侧，选择指向圆柱体表外面的箭头方向；单击鼠标右键选择顺时针方向为走刀方向。⑥在系统的提示下，选择需要改变加工侧的曲面。选择加工侧的箭头指向圆柱的外表面的外侧，选择结束后，右击确认，自动生成刀具轨迹如图 7-57 所示。⑦隐藏加工轨迹和曲面。

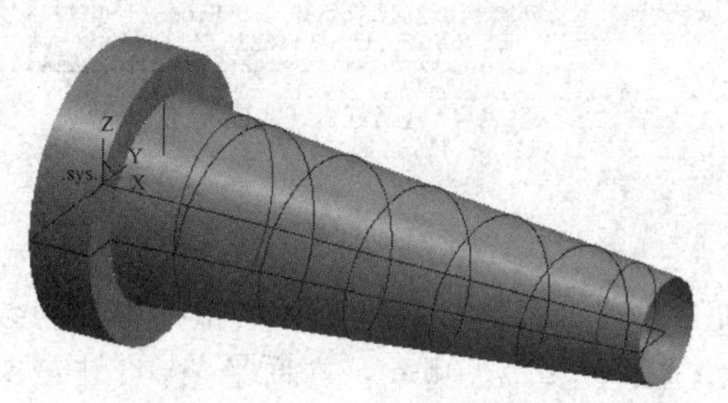

图 7-55　修剪后的螺旋线

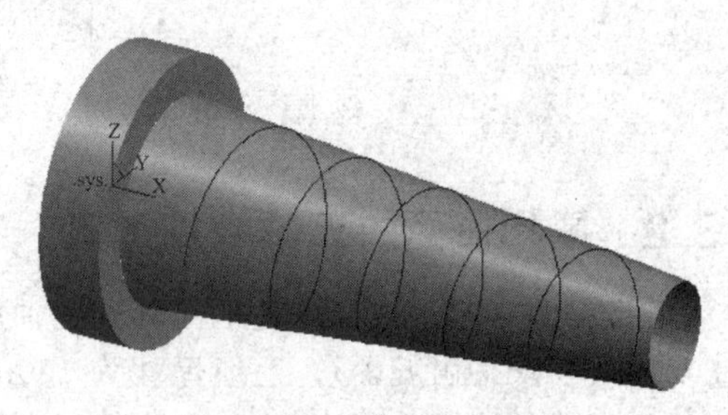

图 7-56　加工模型

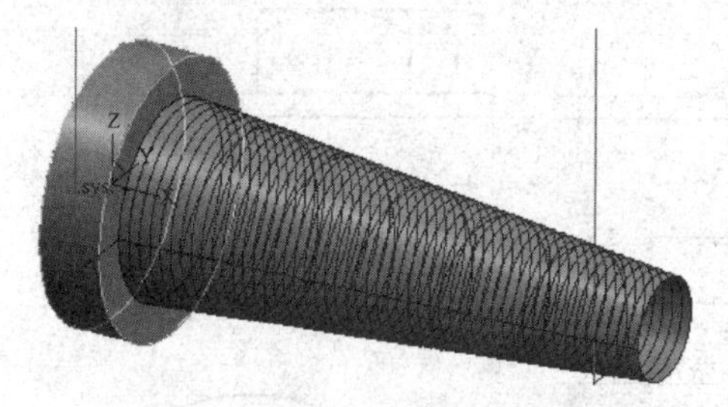
图 7-57　四轴平切面加工轨迹

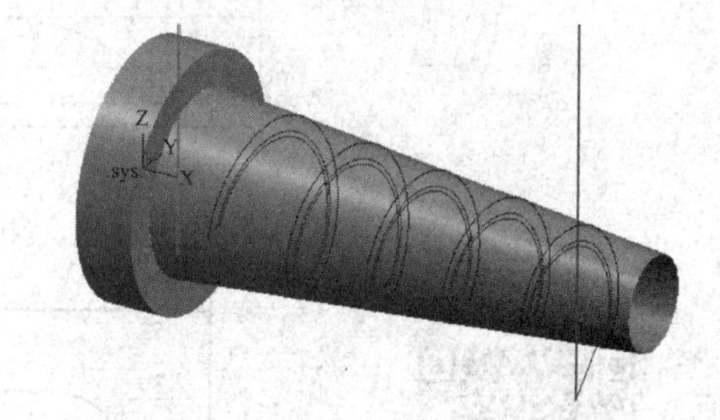
图 7-58　四轴柱面曲线加工轨迹

『步骤 2』螺旋槽加工

①螺旋槽加工采用“四轴平切面加工”方式。单击【四轴柱面曲线加工】图标，或在工具栏上单击【加工 N】→【多轴加工】→【四轴柱面曲线加工】命令，系统弹出对话框。②填写加工参数表。“旋转轴→X 轴”、“偏置选项→曲线上”、“加工方向→顺时针”、“加工精度→0.1”、“走刀方式→单向”、“刀次→1”、“加工深度→4”、“进刀量→2”、“起止高度→150”、“回退距离→15”、“安全高度→100”、“干涉余量→0”，选择刀具 D6r3，输入切削用量值，完成后单击“确定”。③按照状态栏提示，拾取曲线和链搜索方向；拾取完毕后，状态栏提示选取加工侧边，单击指向圆柱表面的箭头，自动生成刀具轨迹如图 7-58 所示。

『步骤 3』线框仿真

显示“四轴平切面加工”轨迹。单击【加工 N】→【线框仿真】命令，连续拾取已经生成的二加工轨迹，单击“线框仿真”，弹出线框仿真的对话框，进行线框仿真，检查判断刀具轨迹是否正确合理。如图 7-59 所示。

『步骤 4』后置处理

在工具栏上单击【加工 N】→【后置处理 2】→【生成 G 代码】命令，系统弹出对话框；填写存储参数后，可选择“fanuc _ 4axis _ A”、“fanuc _ 4axis _ B”两个后置文件。选择结束后，单击“确定”；生成加工代码。如图 7-60 所示。

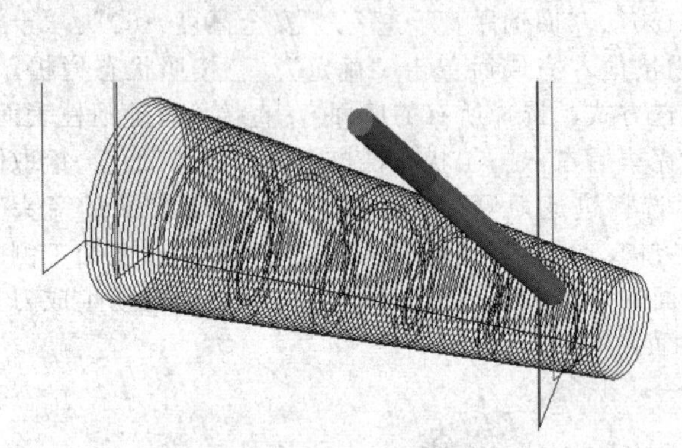

图 7-59　线框仿真加工

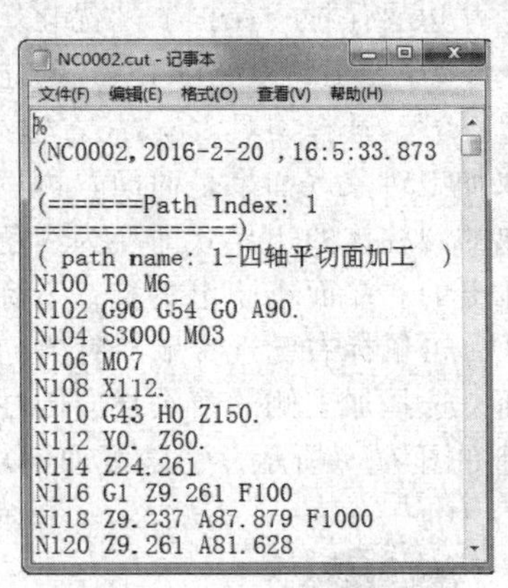

```
NC0002.cut - 记事本
文件(F) 编辑(E) 格式(O) 查看(V) 帮助(H)
%
(NC0002,2016-2-20 ,16:5:33.873
)
(=======Path Index: 1
================)
( path name: 1-四轴平切面加工 )
N100 T0 M6
N102 G90 G54 G0 A90.
N104 S3000 M03
N106 M07
N108 X112.
N110 G43 H0 Z150.
N112 Y0. Z60.
N114 Z24.261
N116 G1 Z9.261 F100
N118 Z9.237 A87.879 F1000
N120 Z9.261 A81.628
```

图 7-60　生成 G 代码

7.3.2　鼠标曲面的五轴数控加工

【项目实例 7-3】 选择合适的三轴到五轴加工方式，编制图 7-61 所示的鼠标零件的数控加工程序（要求采用五轴）。毛坯尺寸为 160mm×120mm×50mm，六面平整。（注：要求鼠标模型侧面的拔模角度为 5°）（扫二维码可观看操作视频）

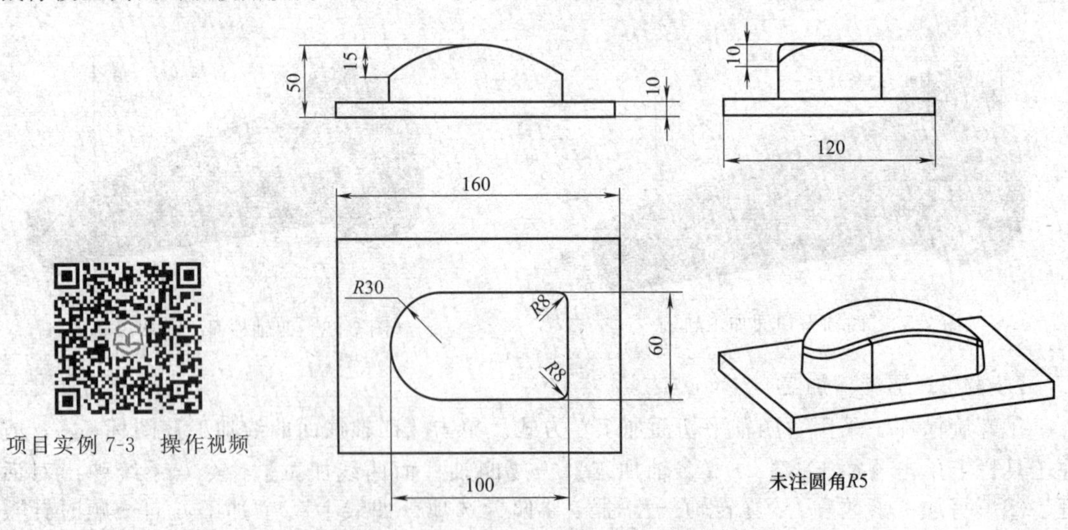

图 7-61　鼠标零件图

1. 工艺准备

(1) 加工准备

选用机床：五轴数控机床。

选用夹具：精密虎钳。

毛坯：160mm×120mm×50mm。

(2) 工艺分析

鼠标曲面的结构比较简单，加工表面包括鼠标的上表面和侧表面。根据零件的特点和加工工艺安排的原则，安排加工工序为粗加工→侧面精加工→顶面精加工。粗加工尽量采用较大直径的刀具除去大量的加工余量，采用“等高线粗加工”的加工方式来完成。精加工采用“五轴侧铣加工”和“五轴参数线加工”来完成。

(3) 加工工艺卡

加工工艺卡如表7-2所示。

表7-2　加工工艺卡

×××厂	数控加工工序卡片		产品代号	零件名称		零件图号
			×××	鼠标		×××
工艺序号	程序编号	夹具名称	夹具编号	使用设备		车间
×××	×××	精密虎钳	×××			×××
工步号	工步内容	刀具号	刀具规格	主轴转速/(r/min)	进给速度/(mm/min)	背吃刀量/mm
1	粗铣轮廓	T01	D10r2	1500	100	2
2	精铣侧表面	T02	D6r3	1500	150	0.025
3	精铣上表面	T03	D6r3	1500	150	0.025
编制	审核		批准	共　页　第　页		

2. 编制加工程序

(1) 确定加工命令

根据零件的特点，选用“等高线粗加工”、“五轴侧铣加工”、“五轴参数线”来完成鼠标曲面的加工。

(2) 建立模型

绘制鼠标曲面：

按照【项目实例3-6】曲面的绘制方式，绘制图7-62鼠标的曲面。绘制结果如图7-63所示。

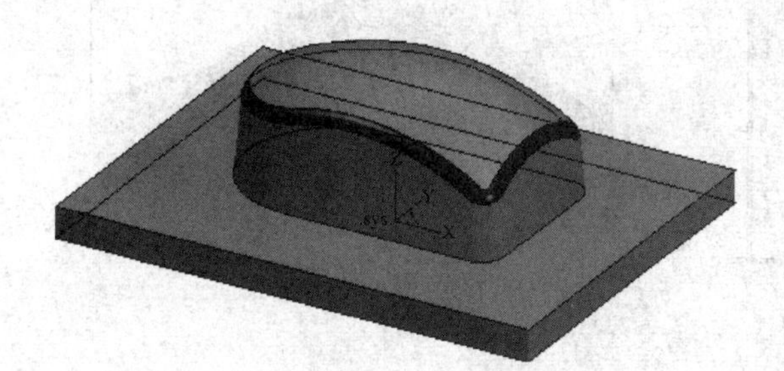

图7-62　鼠标曲面

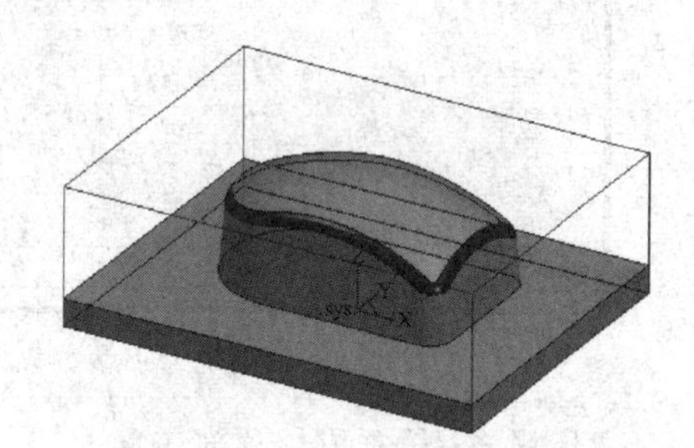

图7-63　定义毛坯

(3) 建立毛坯

在特征树对话框内，双击“毛坯”图标，弹出“定义毛坯”对话框。使用“参照模型”方式建立毛坯。选择“毛坯定义”方式为“参照模型”；单击“参照模型”图标，将在“基准点”和“大小”文本框中显示毛坯的位置和尺寸数值；按照毛坯的尺寸要求，修改“基准点”和“大小”的数值，修改结束后，再单击“确定”图标，完成毛坯的建立，如图7-64所示的矩形线框。

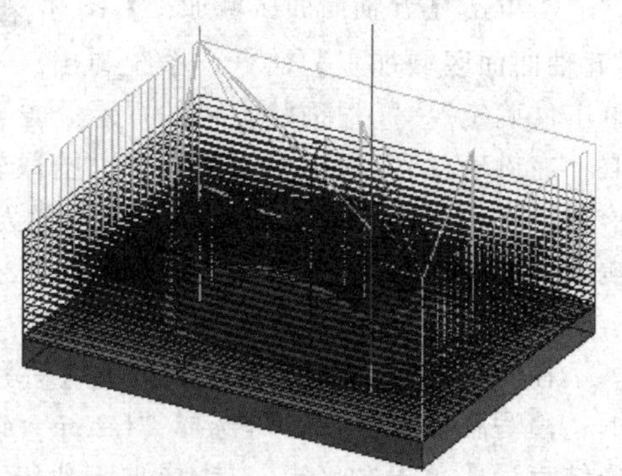

图7-64　精铣侧表面

(4) 编制数控加工程序

『步骤 1』粗铣轮廓

粗铣外轮廓采用“等高线粗加工”方法，加工步骤如下：①单击【等高线粗加工】图标 。②弹出“等高线粗加工”对话框，填写加工参数。“加工精度→0.1”，“加工余量→0.3”，“行距→3”，“层高→0.5”，“刀具参数→D10r2”，“加工边界，最大→50，最小→10”。填写结束后，拾取所有鼠标曲面作为加工曲面，默认毛坯为加工边界，单击鼠标右键确认，系统自动生成加工轨迹，如图 7-65 所示。对生成的粗加工轨迹进行轨迹仿真。更改工艺说明为“等高线粗加工—粗铣轮廓”。

『步骤 2』精铣鼠标侧表面

精铣鼠标侧表面“五轴侧铣加工”方法，加工步骤如下：①单击【五轴侧铣】图标 ，或在工具栏上单击【加工 N】→【多轴加工】→【五轴侧铣】命令，系统弹出对话框。②填写加工参数表，完成后单击“确定”。③根据状态栏的提示，拾取第一条曲线，确定链搜索方向，右击后，拾取第二条曲线和链搜索方向，右击确认，拾取进刀点和箭头方向，状态栏提示拾取保护面，若没有保护面，则右击继续。系统开始计算并自动生成刀具轨迹。如图 7-66 所示。对生成的加工轨迹进行轨迹仿真。更改工艺说明为“五轴侧铣—精铣侧表面”。

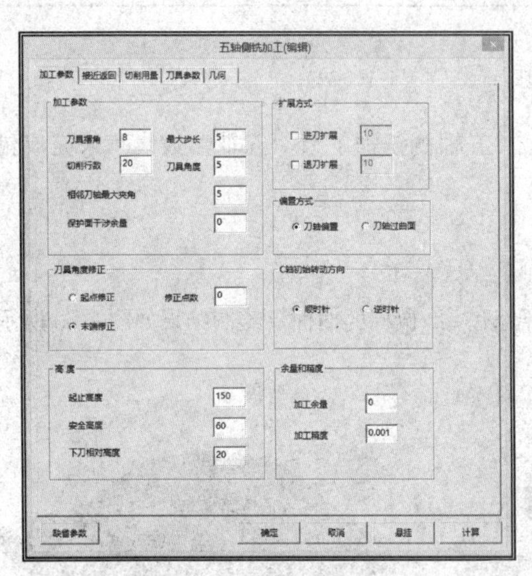

图 7-65 五轴侧铣加工参数表

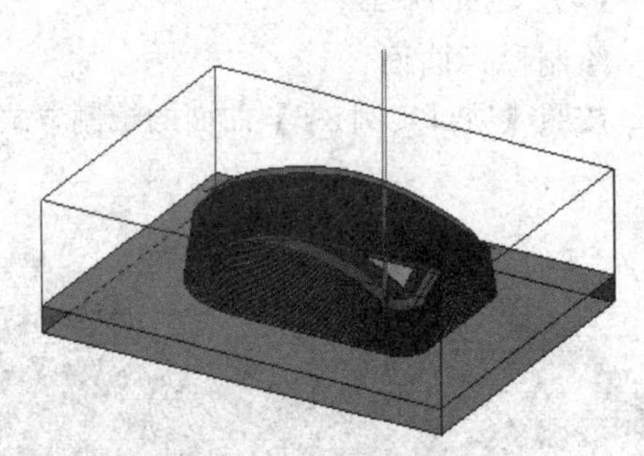

图 7-66 精铣侧表面

『步骤 3』精铣鼠标顶部表面

①单击【五轴曲面区域加工】图标 ，或在工具栏上单击【加工 N】→【多轴加工】→【五轴曲面区域加工】命令，系统弹出对话框，如图 7-67 所示。②填写加工参数表，完成后单击“确定”。③根据状态栏的提示，拾取鼠标顶部的曲面和倒角曲面为加工对象（左键拾取，右键确认），根据状态栏提示“拾取轮廓”，拾取结束后，根据状态栏提示“拾取曲线”，拾取结束后右击，系统开始计算并生成刀具轨迹，如图 7-68 所示。对生成的加工轨迹进行轨迹仿真。更改工艺说明为“五轴曲面区域加工—精铣顶部表面”。

『步骤 4』生成加工代码

在工具栏上单击【加工 N】→【后置处理 2】→【生成 G 代码】命令，系统弹出对话框；填写存储参数后，可选择“fanuc _ 4axis _ A”、“fanuc _ 4axis _ B”两个后置文件。选择结束后，单击“确定”；生成加工代码。

『步骤 5』保存加工文件为“项目 7-3. mxe”。

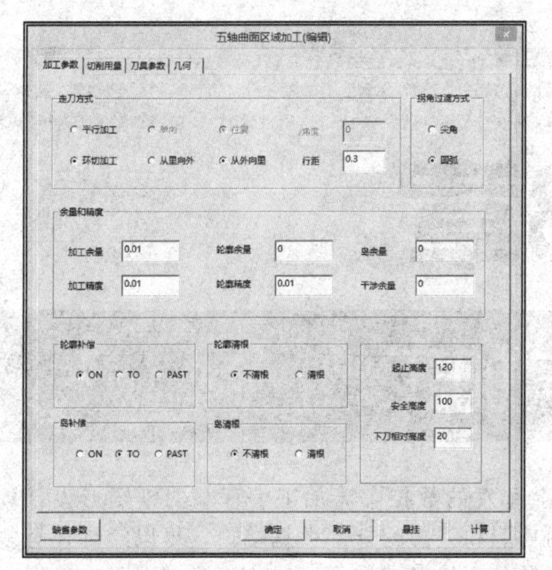

图 7-67　五轴曲面区域加工参数表

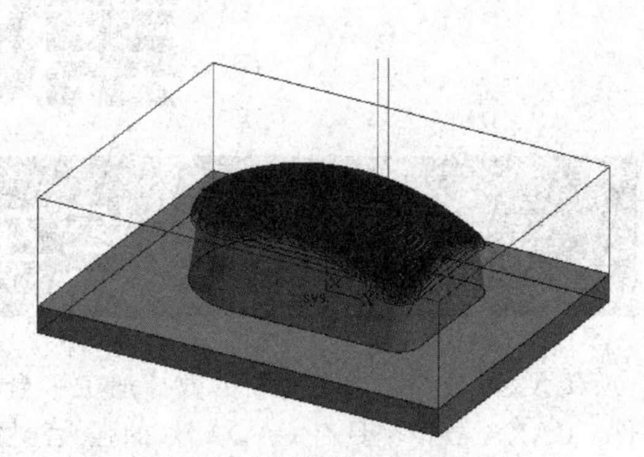
图 7-68　精铣顶部表面

7.4　小　　结

CAXA 制造工程师 2015 软件在多轴加工方面和前期的版本相比做了很大的调整，不仅增加了多轴加工的加工方法，还调整了前期版本中部分加工参数。CAXA 制造工程师 2015 中，数控四轴加工主要用于精加工，通常采用三轴进行粗加工、四轴进行精整加工。本章我们对 2015 版本中的五轴加工命令进行了详细说明，并辅以实践操作项目来强化多轴加工方法的应用。

7.5　思考与练习

一、思考题

(1) CAXA 制造工程师 2015 提供了哪些多轴加工方法?

(2) 简要叙述叶轮粗加工和精加工的加工步骤。

(3) 简述四轴平切面加工的步骤。

二、练习题

利用合适的多轴加工方法，对曲面项目实例零件和拓展实例零件进行精加工。

第8章

数控车加工

CAXA数控车是在全新的数控加工平台上开发的数控车床加工编程和二维图形设计软件。CAXA数控车具有CAD软件的强大绘图功能和完善的外部数据接口，可以绘制任意复杂的图形，可通过DXF、IGES等数据接口与其他系统交换数据。CAXA数控车具有轨迹生成及通用后置处理功能。该软件提供了功能强大、使用简洁的轨迹生成手段，可按加工要求生成各种复杂图形的加工轨迹。通用的后置处理模块使CAXA数控车可以满足各种机床的代码格式，可输出G代码，并对生成的代码进行校验及加工仿真。

8.1 CAXA数控车绘图概述

8.1.1 CAXA数控车2015界面

1. 功能介绍

(1) 图形编辑功能

CAXA数控车中优秀的图形编辑功能，其操作速度是手工编程无可比拟的。曲线分成点、直线、圆弧、样条、组合曲线等类型。提供拉伸、删除、裁剪、曲线过渡、曲线打断、曲线组合等操作。提供多种变换方式：平移、旋转、镜像、阵列、缩放等功能。工作坐标系可任意定义，并在多坐标系间随意切换。图层、颜色、拾取过滤工具应有尽有。

(2) 通用后置

开放的后置设置功能，用户可根据企业的机床自定义后置，允许根据特种机床自定义代码，自动生成符合特种机床的代码文件，用于加工。支持小内存机床系统加工大程序，自动将大程序分段输出功能。根据数控系统要求是否输出行号，行号是否自动填满。编程方式可以选择增量或绝对方式编程。坐标输出格式可以定义到小数及整数位数。

(3) 基本加工功能

轮廓粗车：用于实现对工件外轮廓表面、内轮廓表面和端面的粗车加工，用来快速清除毛坯的多余部分。

轮廓精车：实现对工件外轮廓表面、内轮廓表面和端面的精车加工。

切槽：该功能用于工件外轮廓表面、内轮廓表面和端面切槽。

钻中心孔：该功能用于工件的旋转中心钻中心孔。

(4) 高级加工功能

内外轮廓及端面的粗、精车削；样条曲线的车削；自定义公式曲线车削；加工轨迹自动干涉排除功能，避免人为因素的判断失误。支持不具有循环指令的老机床编程，解决这类机床手工编程的繁琐工作。

(5) 车螺纹

该功能为非固定循环方式时对螺纹的加工，可对螺纹加工中的各种工艺条件，加工方式进行灵活控制；螺纹的起始点坐标和终止点坐标通过用户的拾取自动计入加工参数中，不需要重新输入，减少出错环节。螺纹节距可以选择恒定节距或者变节距。螺纹加工方式可以选择粗加工、粗+精一起加工两种方式。

2. CAXA 数控车 2015 软件的界面

启动 CAXA 数控车软件后，将出现软件界面，如图 8-1 所示。

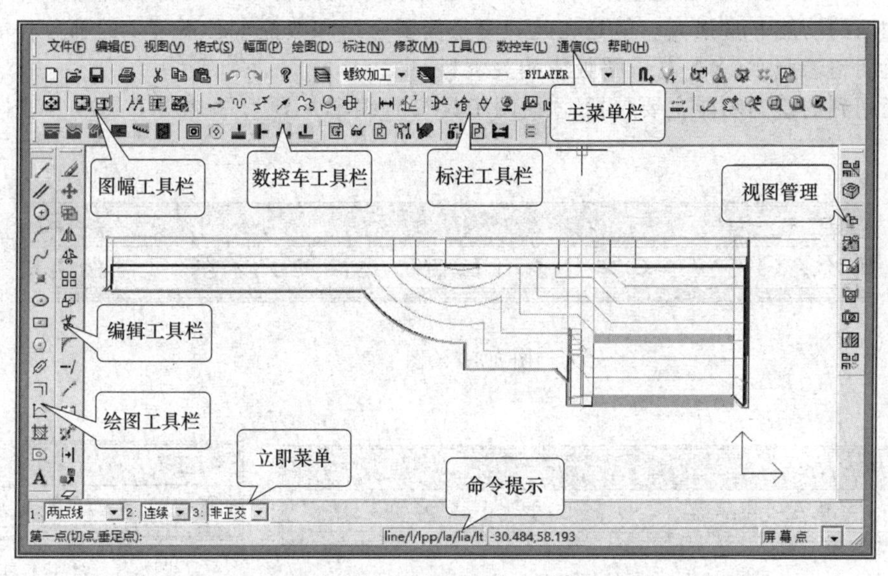

图 8-1　CAXA 数控车 2015 软件界面

(1) 绘图区

绘图区是用户进行绘图设计的工作区域，如图 8-1 所示的空白区域。它位于屏幕的中心，并占据了屏幕的大部分面积。

(2) 菜单系统

CAXA 数控车的菜单系统包括主菜单、立即菜单和工具菜单三个部分。

① 主菜单　如图 8-2 所示，主菜单位于屏幕的顶部。它由一行菜单条及其子菜单组成，菜单条包括文件、编辑、视图、格式、幅面、绘图、标注、修改、工具、数控车和帮助等。每个部分都含有若干个下拉菜单。

文件(F) 编辑(E) 视图(V) 格式(S) 幅面(P) 绘图(D) 标注(N) 修改(M) 工具(T) 数控车(L) 通信(C) 帮助(H)

图 8-2　主菜单工具条

② 立即菜单　立即菜单描述了该项命令执行的各种情况和使用条件。用户根据当前的作图要求，正确地选择某一选项，即可得到准确的响应。

③ 工具菜单　工具菜单包括工具点菜单、拾取元素菜单。

(3) 状态栏

CAXA 数控车提供了多种显示当前状态的功能，它包括屏幕状态显示，操作信息提示，当前工具点设置及拾取状态显示等。

(4) 工具栏

在工具栏中，可以通过鼠标左键单击相应的功能图标进行操作，系统默认工具栏包括“标准”工具栏、“属性”工具栏、“常用”工具条、“绘图工具”工具栏、“绘图工具Ⅱ”工具栏、“标注工具”工具栏、“图幅操作”工具栏、“设置工具”工具栏、“编辑工具”工具栏。工具栏也可以根据用户自己的习惯和需求进行定义。

8.1.2 CAXA 数控车绘图功能

在 CAXA 数控车 2015 中集成了 CAXA 电子图版的全部绘图功能，因此，在二维图纸的绘制方面的功能非常强大。但是在此处只是简要介绍和数控车必不可少的部分功能。其它的功能说明请参照 CAXA 电子图版或相关资料。

此处用到的绘图功能主要包括：“绘图工具”、“编辑工具”、“常用工具”，如图 8-3～图 8-5 所示。

图 8-3　绘图工具

图 8-4　编辑工具

图 8-5　常用工具

1. 绘图工具

(1) 绘制直线

为了适应各种情况下直线的绘制，CAXA 数控车提供了两点线、角度线、角等分线和切线/法线、等分线这五种方式。

① 两点线　在屏幕上按给定两点画一条直线段或按给定的连续条件画连续的直线段。在非正交情况下，第一点和第二点均可为三种类型的点：切点、垂足点、其他点（工具点菜单上列出的点）。根据拾取点的类型可生成切线、垂直线、公垂线、垂直切线以及任意的两点线。在正交情况下、生成的直线平行于当前坐标系的坐标轴，即由第一点定出首点，第二点定出与坐标轴平行或垂直的直线线段。如图 8-6 所示。

② 角度线　按给定角度、给定长度画一条直线段。如图 8-7 所示。

③ 角等分线　按给定等分份数、给定长度画条直线段将一个角等分。如图 8-8 所示。

④ 切线/法线　过给定点作已知曲线的切线或法线。如图 8-9 所示。

⑤ 等分线　拾取两条直线段，即可在两条线间生成一系列的线，这些线将两条线之间的部分等分成 n 份，如图 8-10 所示。

（2）平行线

可以利用“偏移”和“点”方式，绘制同已知线段平行的线段。

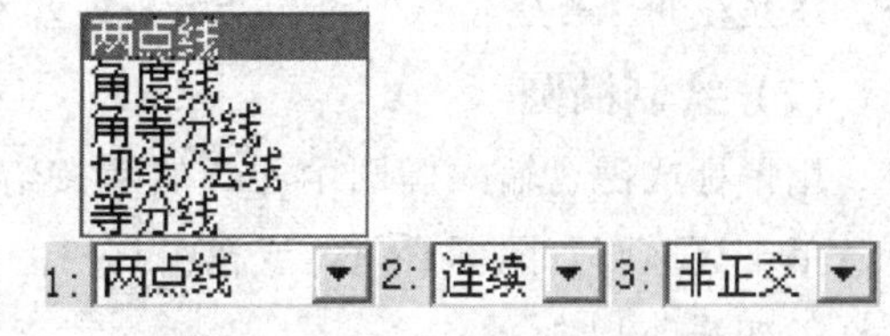

图 8-6　两点线

（3）绘制圆

绘制整圆的方式四种：“圆心 _ 半径”、“两点”、“三点”、“两点 _ 半径”。单击【圆】图标，或在工具栏上单击【绘图 D】→【圆 C】命令，系统弹出对话框，如图 8-11 所示。

图 8-7　角度线

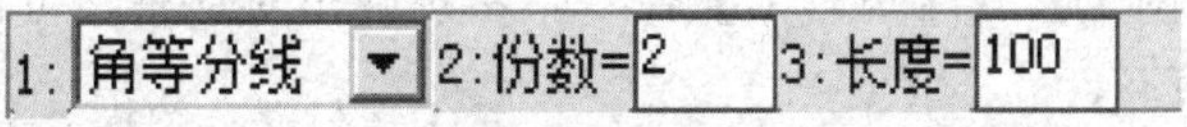

1: 角等分线　2: 份数=2　3: 长度=100

图 8-8　角等分线

1: 切线/法线　2: 切线　3: 非对称　4: 到点

图 8-9　切线/法线

（4）绘制圆弧

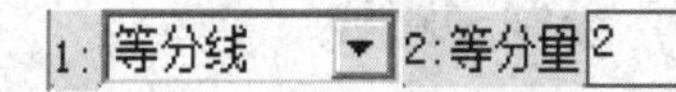

图 8-10　等分线

绘制圆弧的方式六种：“三点圆弧”、“圆心 _ 起点 _ 圆心角”、“圆心 _ 半径 _ 起终角”、“两点 _ 半径”、“起点 _ 终点 _ 圆心角”、“起点 _ 半径 _ 起终角”。单击【圆弧】图标，或在工具栏上单击【绘图 D】→【圆弧 A】命令，系统弹出对话框，如图 8-12 所示。

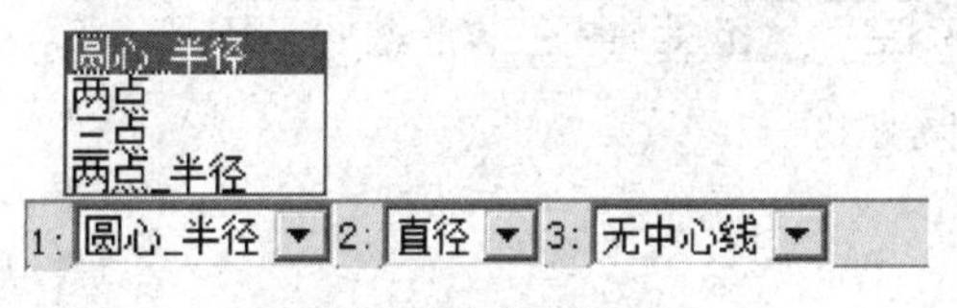

图 8-11　绘制圆

图 8-12　绘制圆弧

（5）绘制样条曲线

生成过给定顶点（样条插值点）的样条曲线。点的输入可由鼠标输入或由键盘输入。也可以从外部样条数据文件中直接读取样条。单击【样条】图标，或在工具栏上单击【绘图 D】→【样条 S】命令，绘制样条的工具菜单。如图 8-13 所示。

1: 直接作图　2: 缺省切矢　3: 开曲线

图 8-13　绘制样条

（6）绘制点

在屏幕指定位置处画一个孤立点，或在曲线上画等分点，包括“孤立点”、“等分点”、“等弧长点”。单击【点】图标，或在工具栏上单击【绘图 D】→【点 O】命令，系统弹出对话框，选择绘制点的方式，绘制点。

●注意

这里只是作出等分点，而不会将曲线打断，若对某段曲线进行几等分，则除了本操作外，还应使用“曲线编辑”中的“打断”操作。

(7) 绘制椭圆

用鼠标或键盘输入椭圆中心，然后按给定长、短轴半径画一个任意方向的椭圆或椭圆弧。单击【椭圆】图标，或在工具栏上单击【绘图 D】→【椭圆 E】命令，系统弹出对话框，如图 8-14 所示。

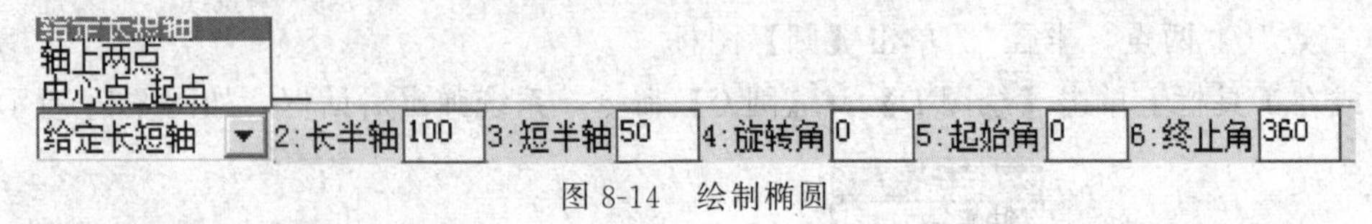

图 8-14　绘制椭圆

(8) 绘制矩形

按给定条件绘制矩形。其定位方式由菜单及操作提示给出。单击【矩形】图标，或在工具栏上单击【绘图 D】→【矩形 R】命令，系统弹出对话框，可以选择“两角点”和“长度 _ 宽度”两种方式。

(9) 绘制正多边形

在给定点处绘制一个给定半径、给定边数的正多边形。其定位方式由菜单及操作提示给出。单击【正多边形】图标，或在工具栏上单击【绘图 D】→【正多边形 Y】命令，系统弹出对话框，可以选择“中心定位”和“底边定位”两种方式。

(10) 绘制等距线

绘制给定曲线的等距线。CAXA 数控车具有链拾取功能，它能把首尾相连的图形元素作为一个整体进行等距，这将大大加快作图过程中某些薄壁零件剖面的绘制。

单击【等距线】图标，或在工具栏上单击【绘图 D】→【等距线 F】命令，系统弹出对话框，如图 8-15 所示。

1:单个拾取　2:指定距离　3:单向　4:空心　5:距离 5　6:份数 3

图 8-15　绘制等距线

(11) 绘制公式曲线

公式曲线即数学表达式的曲线图形，也就是根据数学公式（或参数表达式）绘制出相应的数学曲线，公式的给出既可以是直角坐标形式的，也可以是极坐标形式的。公式曲线为用户提供一种更方便、更精确的作图手段，以适应某些精确型腔、轨迹线形的作图设计。用户只要交互输入数学公式，给定参数，计算机便会自动绘制出该公式描述的曲线。单击【公式曲线】图标，或在工具栏上单击【绘图 D】→【公式曲线 M】命令，系统弹出对话框，如图 8-16 所示。

2. 图形编辑

数控车的编辑修改功能包括曲线编辑和图形编辑两个方面，并分别安排在主菜单及绘制工具栏中。曲线编辑主要讲述有关曲线的常用编辑命令及操作方法，图形编辑则介绍对图形编辑实施的各种操作。

(1) 裁剪

CAXA 数控车可以对当前的一系列图形元素进行裁剪操作。裁剪操作有“快速裁剪”、“拾取边界裁剪”和“批量裁剪”三种方式。单击【裁剪】图标，或在工具栏上单击

【修改 M】→【裁剪 T】命令，系统弹出对话框，选择裁剪的方式，进行裁剪操作。

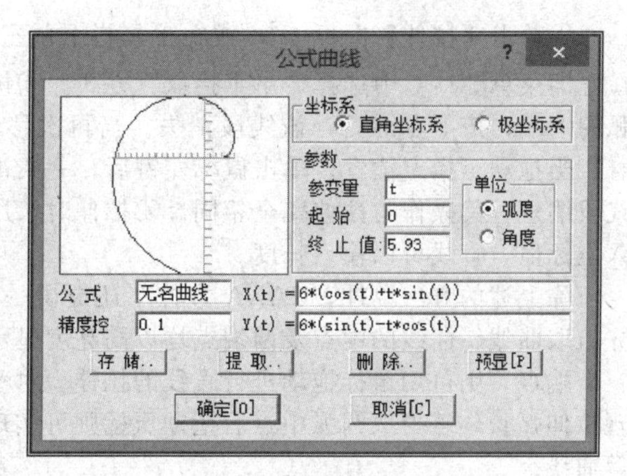

图 8-16 绘制公式曲线

(2) 过渡

CAXA 数控车的过渡包括“圆角”、“倒角”和“尖角”的过渡操作。单击【过渡】图标，或在工具栏上单击【修改 M】→【过渡 C】命令，系统弹出对话框，选择过渡的方式，进行倒角操作，如图 8-17所示。

(3) 齐边

以一条曲线为边界对一系列曲线进行裁剪或延伸。

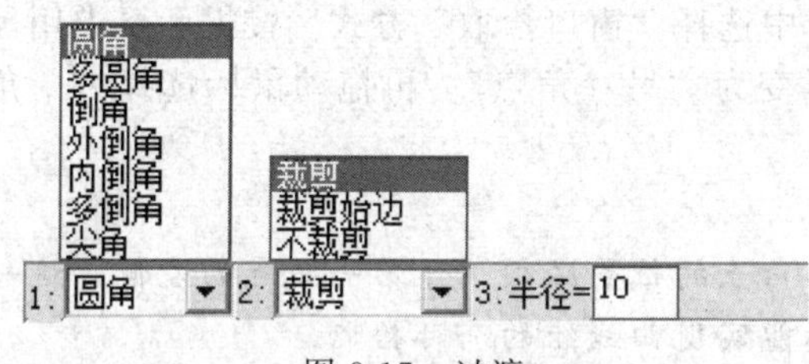

图 8-17 过渡

①单击【齐边】图标，或在工具栏上单击【修改 M】→【齐边 G】命令。②按操作提示拾取剪刀线作为边界，则提示改为“拾取要编辑的曲线”，这时，根据作图需要可以拾取一系列曲线进行编辑修改，右击结束操作。③如果拾取的曲线与边界曲线有交点，则系统按“裁剪”命令进行操作，系统将裁剪所拾取的曲线至边界为止。如果被齐边的曲线与边界曲线没有交点，那么，系统将把曲线按其本身的趋势（如直线的方向、圆弧的圆心和半径均不发生改变）延伸至边界。

●**注意**

圆或圆弧可能会有例外，这是因为它们无法向无穷远处延伸，它们的延伸范围是以半径为限的，而且圆弧只能以拾取的一端开始延伸，不能两端同时延伸。

(4) 打断

将一条指定曲线在指定点处打断成两条曲线，以便于其它操作。

①单击【打断】图标，或在工具栏上单击【修改 M】→【打断 B】命令。②按提示要求用鼠标拾取一条待打断的曲线。拾取后，该曲线变成红色。这时，提示改变为“选取打断点”。根据当前作图需要，移动鼠标仔细地选取打断点，选中后，单击鼠标左键，打断点也可用键盘输入。曲线被打断后，在屏幕上的所显示的与打断前并没有什么两样。但实际上，原来的曲线已经变成了两条互不相干的曲线，即各自成为了一个独立的实体。

●**注意**

① 打断点最好选在需打断的曲线上，为作图准确，可充分利用智能点、栅格点、导航点，以及工具点菜单。

② 为了方便更灵活地使用这项功能，数控车也允许把点设在曲线外，使用规则是：若欲打断线为直线，则系统从用户选定点向直线作垂线，设定垂足为打断点；若欲打断线为圆弧或圆，则从圆心向用户设定点作直线，该直线与圆弧交点被设定为打断点。

(5) 拉伸

CAXA 数控车提供了单条曲线和曲线组的拉伸功能。

1) 单条曲线拉伸

①单击【拉伸】图标，或在工具栏上单击【修改 M】→【拉伸 S】命令。②用鼠标在立即菜单“1:”中选择“单个拾取”方式。③按提示要求用鼠标拾取所要拉伸的直线或圆弧的一端，按下左键后，该线段消失。当再次移动鼠标时，一条被拉伸的线段由光标拖动着。当拖动至指定位置，单击鼠标左键后，一条被拉伸长了的线段显示出来。当然也可以将线段缩短，其操作与拉伸完全相同。④拉伸时，用户除了可以直接用鼠标拖动外，还可以输入坐标值，直线可以输入长度。

除上述的方法以外，CAXA 数控车还提供一种快捷的方法实现对曲线的拉伸操作。首先拾取曲线，曲线的中点及两端点均以高亮度显示，对于直线，用十字光标上的核选框拾取一个端点，则可用鼠标拖动进行直线的拉伸。对于圆弧，用核选框拾取端点后拖动鼠标可实现拉伸弧长，若拾取圆弧中点后拖动鼠标则可实现拉伸半径。这种方法同样适用于圆、样条等曲线。

2）曲线组拉伸

移动窗口内图形的指定部分，即将窗口内的图形一起拉伸。

选择加工命令后，用鼠标在立即菜单“1:”中选择“窗口拾取”方式。按提示要求用鼠标指定待拉伸曲线组窗口中的第一角点，则提示变为“另一角点”。再拖动鼠标选择另一角点，则一个窗口形成。

注意

这里窗口的拾取必须从右向左拾取，即第二角点的位置必须位于第一角点的左侧，这一点至关重要，如果窗口不是从右向左选取，则不能实现曲线组的全部拾取。

(6) 平移

对拾取到的实体进行平移。单击【平移】图标，或在工具栏上单击【修改】→【平移】命令。弹出立即菜单，如图 8-18 所示。

给定偏移 ▾ 2: 保持原态 ▾ 3: 非正交 ▾ 4:旋转角 0 5:比例 1

图 8-18 平移

【给定两点】：是指通过两点的定位方式完成图形元素移动。

【给定偏移】：将实体移动到一个指定位置上，可根据需要在立即菜单“2:”中选择保持原态和平移为块。

【非正交】：限定“平移/复制”时的移动形式，用鼠标单击该项，则该项内容变为“正交”。

【旋转角度】：图形在进行复制或平移时，允许指定实体的旋转角度，可由键盘输入新值。

【比例】：进行平移操作之前，允许用户指定被平移图形的缩放系数。

(7) 旋转

对拾取到的实体进行旋转或旋转复制。

①单击【旋转】图标，或在工具栏上单击【修改 M】→【旋转 R】命令。弹出立即菜单，选择旋转方式，进行旋转操作。②按系统提示拾取要旋转的实体，可单个拾取，也可用窗口拾取，拾取到的实体变为红色，拾取完成后右击确认。③跟着状态的提示，指定“旋转基点”或者输入“旋转角”，旋转结束后，单击左键，完成旋转操作。

(8) 阵列

在机械工程图样中，阵列是一项很重要的操作且被经常使用。阵列的方式有“圆形阵列”、“矩形阵列”和“曲线阵列”三种。阵列操作的目的是通过一次操作可同时生成若干个相同的图形，以提高作图速度。

单击【阵列】图标，或在工具栏上单击【修改 M】→【阵列 A】命令。弹出立即菜单，选择阵列方式。如图 8-19 所示。

① 圆形阵列　对拾取到的实体，以某基点为圆心进行阵列复制。

打开阵列命令后，用鼠标拾取实体，拾取的实体变为亮红色显示，拾取完成后用鼠标右键加以确认。按照操作提示，用鼠标左键拾取阵列图形的中心点和基点后，一个阵列复制的结果显示出来。

图 8-19　阵列

② 曲线阵列　曲线阵列就是在一条或多条首尾相连的曲线上生成均布的图形选择集。各图形选择集的结构相同，位置不同，另外，其姿态是否相同取决于“旋转/不旋转”选项。

③ 矩形阵列　对拾取到的实体按矩形阵列的方式进行阵列复制。

在如图 8-20 所示的立即菜单中，输入矩形阵列的行数、行间距、列数、列间距以及旋转角的默认值，这些值均可通过键盘输入进行修改。

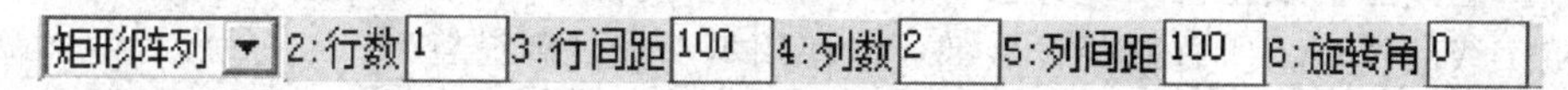

图 8-20　矩形阵列

(9) 镜像

对拾取到的实体以某一条直线为对称轴，进行对称镜像或对称复制。单击【镜像】图标，或在工具栏上单击【修改 M】→【镜像 I】命令。弹出立即菜单，按照状态栏的提示，可以完成镜像的操作。

3. 层控制

在 CAXA 数控车中最多可以设置 100 层，但每一个图层必须有唯一的层名。不同的层上可以设置不同的线型和不同的颜色，也可以设置其它信息。层与层之间由一个坐标系（即世界坐标系）统一定位。

层控制的功能主要有修改（或查询）图层名、图层描述、图层状态、图层颜色、图层线型以及创建新层。为了便于使用，系统预先定义了 7 个图层。这 7 个图层的层名分别为“0 层”、“中心线层”、“虚线层”、“细实线层”、“尺寸线层”、“剖面线层”和“隐藏层”，每个图层都按其名称设置了相应的线型和颜色。

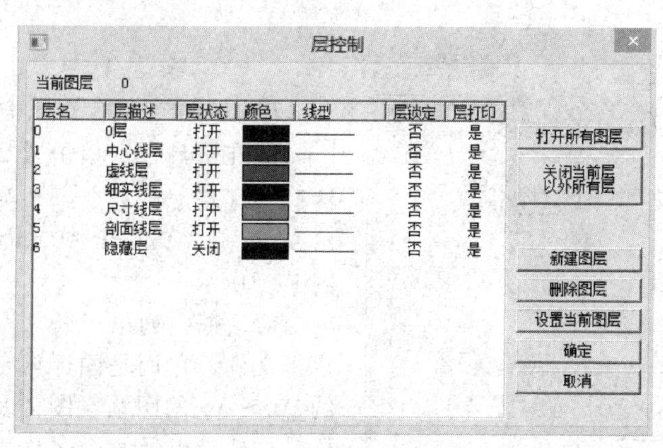

图 8-21　图层管理

单击【层设置】图标，或在工具栏上单击【格式 S】→【层控制 A】命令。弹出图层管理对话框，如图 8-21 所示。

(1) 设置当前层

将某个图层设置为当前层，随后绘制的图形元素均放在此当前层上。

(2) 图层改名

改变一个已有图层的名称。

(3) 创建图层

创建一个新的图层。

(4) 删除图层

删除一个用户自己建立的图层。

(5) 打开和关闭图层

打开或关闭某一个图层。当弹出层控制对话框后，将鼠标移至欲改变图层的层状态（打开/关闭）位置上，用鼠标左键单击就可以进行图层打开和关闭的切换。

(6) 图层颜色

设置图层的颜色。每个图层都可以设置一种颜色，颜色是可以改变的。

(7) 图层线型

设置所选图层的线型。系统为已有的 7 个图层设置了不同的线型，也为新创建的图层设置了粗实线的线型，所有这些线型都可以使用本功能重新设置。

(8) 层锁定

锁定所选图层。用鼠标左键单击层锁定下欲改变层对应的“是”、“否”选项，如图 8-21所示，如选择“是”则层被锁定。层锁定后，此层上的图素只能增加，可以选中，进行复制、粘贴、阵列、属性查询等功能，但是不能进行删除、平移、拉伸、比例缩放、属性修改、块生成等修改性操作。

4. 文件操作

CAXA 数控车为用户提供了功能齐全的文件管理系统。其中包括文件的建立与存储、文件的打开与并入、绘图输出、数据接口和应用程序管理等。用户使用这些功能可以灵活、方便地对原有文件或屏幕上的绘图信息进行文件管理，有序的文件管理环境既方便了用户的使用，又提高了绘图工作的效率。

(1) 新文件

创建基于模板的图形文件。

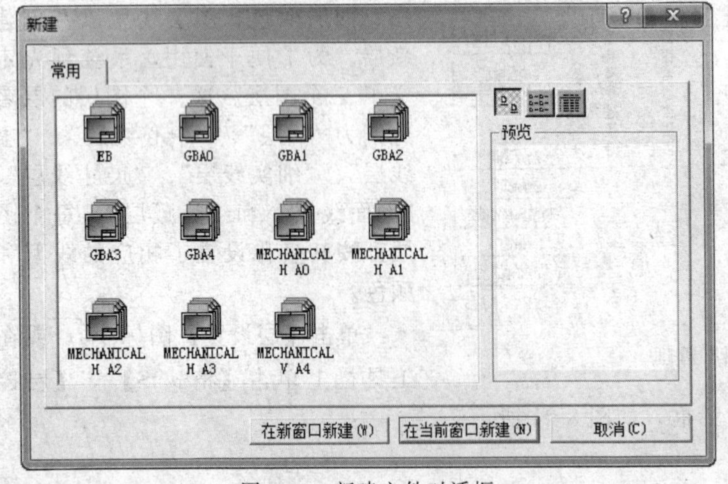

图 8-22 新建文件对话框

单击【新文件】图标，或在工具栏上单击【文件】→【新文件】命令。弹出“新建”对话框，如图 8-22所示。

对话框中列出了若干个模板文件，它们是国标规定的 A0～A4 的图幅、图框及标题栏模板以及一个名称为 EB. tpl 的空白模板文件。选取所需模板，单击【在当前窗口新建】图标，一个用户选取的模板文件被调出，并显示在屏幕绘图区，这样一个新文件就建立了。建立好新文件以后，用户就可以应用前面介绍的图形绘制、编辑、标注等各项功能随心所欲地进行各种操作了。

(2) 打开文件

打开一个 CAXA 数控车的图形文件或其它绘图文件的数据。

(3) 存储文件

将当前绘制的图形以文件形式存储到磁盘上。

(4) 并入文件

将用户输入的文件名所代表的文件并入到当前的文件中。如果有相同的层，则并入到相同的层中。否则，全部并入当前层。

●**注意**

将几个文件并入一个文件时最好使用同一个模板，模板中定好这张图纸的参数设置，系统配置以及层、线型、颜色的定义和设置，以保证最后并入时，每张图纸的参数设置及层、线型、颜色的定义都是一致的。

(5) 部分存储

将图形的一部分存储为一个文件。

●**注意**

部分存储只存储了图形的实体数据而没有存储图形的属性数据（系统设置，系统配置及层、线型、颜色的定义和设置），而存储文件菜单则将图形的实体数据和属性数据都存储到文件中。

项目实例 8-1
操作视频

5. 项目训练

【项目实例 8-1】 利用所学的数控车 2015 软件中的绘制功能，绘制图 8-23 所示的轴类零件图。（注：绘制过程中，不标注尺寸，不绘制点画线，只绘制零件的外轮廓图）（扫二维码可观看操作视频）

绘制过程：

『步骤 1』图形分析

图 8-23 的零件图外形比较简单，只含有直线、圆弧两类基本特征，绘制过程中，可以采用直线中“两点线”的方式，逐个绘制每一条直线，再用绘制圆弧的方式绘制一半图形，采用镜像的方式，完成整个图形轮廓的绘制。

除此之外，还可以采用“直线”、“等距线”、“圆弧”、“镜像”等几种命令来完成零件外轮廓图的绘制。本图的绘制我们采用了第二种方式来绘制图形。

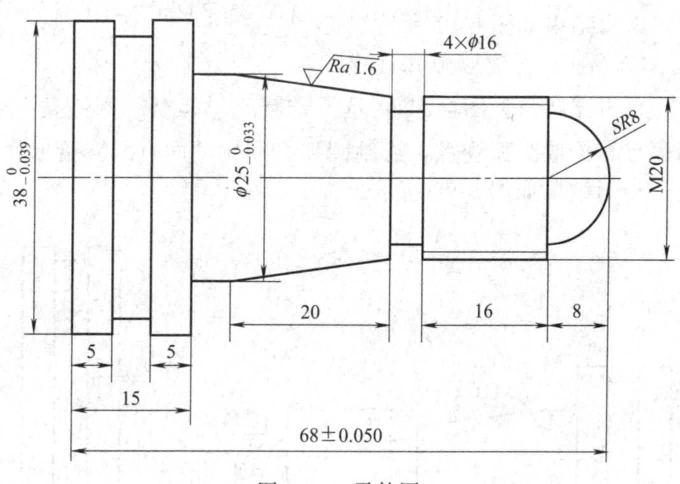

图 8-23　零件图

『步骤 2』绘制“水平＋铅垂”的辅助线

绘制过程中，采用零件右端中心点，作为绘制的起始点，即圆心坐标位置。

单击【直线】图标，选择“两点线”、“单个”、“正交”、“点方式”绘制“长度＝19”的铅垂直线和“长度＝68”的水平直线作为辅助线。如图 8-24 所示。

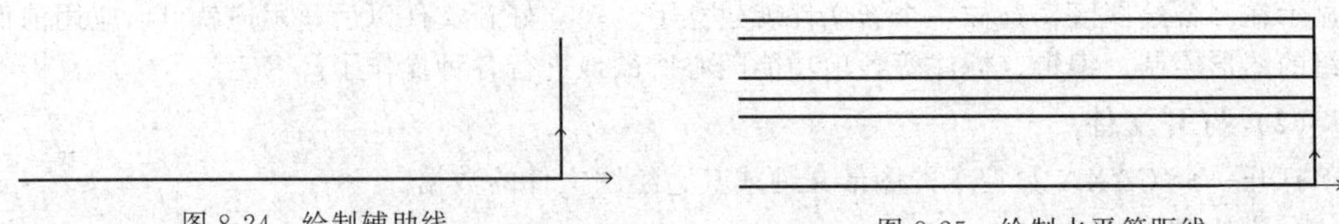

图 8-24　绘制辅助线　　　图 8-25　绘制水平等距线

『步骤 3』等距水平线的等距线

单击【等距线】图标，选择“单个拾取”、“指定距离”、“单向”、“空心”、“距离＝19”、“份数＝1”拾取要等距的水平线，选择等距方向，即可得到一条等距线。按照同样的方法，分别得到“距离＝17”、“距离＝12.5”、“距离＝8”、“距离＝10”四条等距水平线，如图 8-25 所示。

『步骤 4』等距铅垂线的等距线

按照“步骤 2”的绘制方式，分别等距“距离＝68”、“距离＝5”、“距离＝5”、“距离＝15”、“距离＝20”、“距离＝20”、“距离＝4”、“距离＝8”的铅垂线的等距线，绘制结果如图 8-26 所示。

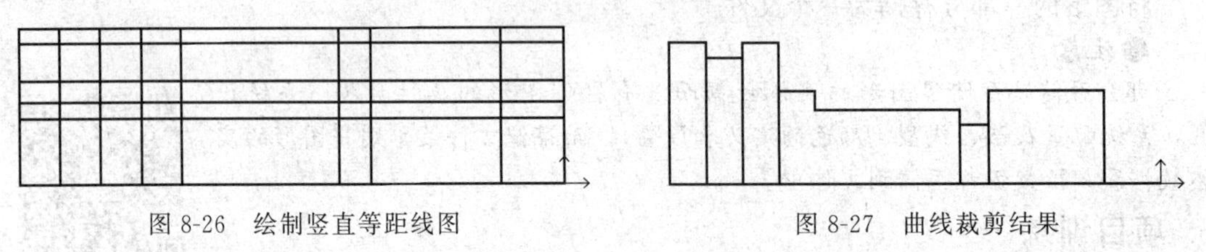

图 8-26　绘制竖直等距线图　　　图 8-27　曲线裁剪结果

『步骤 5』曲线裁剪

单击【曲线裁剪】图标和删除图标令，按照图 8-23 所示的尺寸对图 8-26 进行编辑，编辑结果如图 8-27 所示。

『步骤 6』绘制圆弧和直线

单击【圆弧】图标，选择“圆心_起点_圆心角”方式，拾取圆弧的中心，拾取坐标原点，拾取圆弧终点，绘制圆弧，利用“两点线”拾取两个点，绘制一条直线，并编辑曲线，绘制结果如图 8-28 所示。

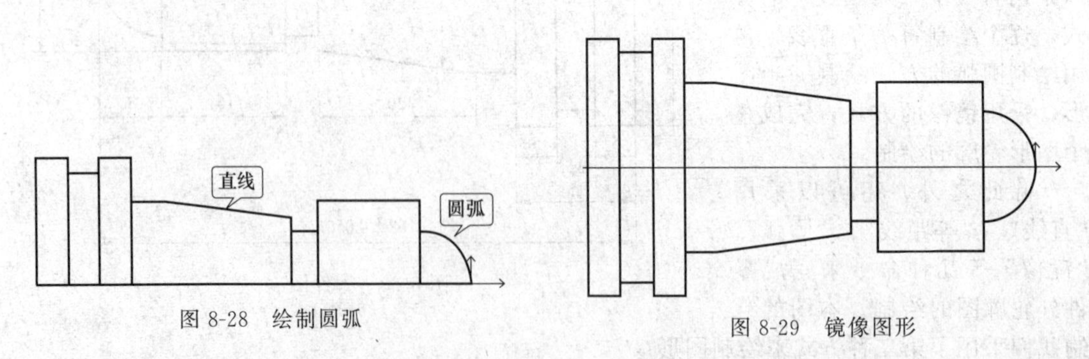

图 8-28　绘制圆弧　　　图 8-29　镜像图形

『步骤 7』镜像

单击【镜像】图标，选择所有要镜像的元素，拾取镜像轴线，得到镜像的结果如图 8-29 所示。绘制结束。

【拓展项目 8-1】 利用学过的相关命令绘制图 8-30 所示的零件图。(扫二维码可观看操作视频)

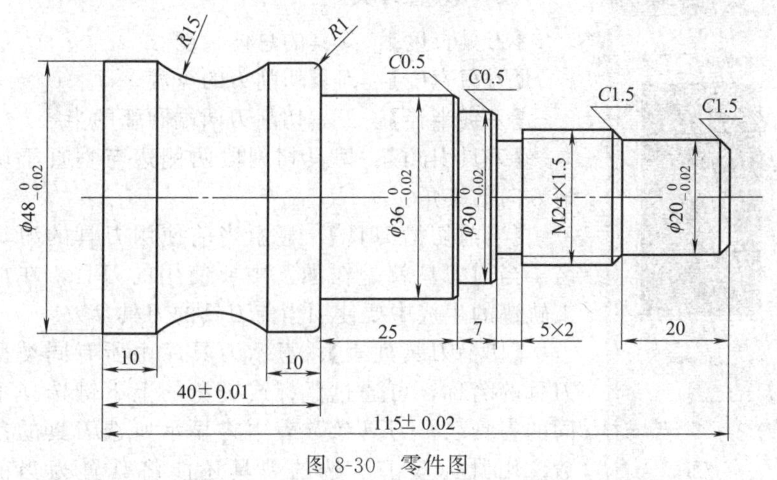

图 8-30　零件图

拓展项目 8-1
操作视频

8.2　数控车加工

8.2.1　刀具库管理

1. 功能

该功能定义、确定刀具的有关数据，以便于用户从刀具库中获取刀具信息和对刀具库进行维护。刀具库管理功能包括轮廓车刀、切槽刀具、螺纹车刀、钻孔刀具四种刀具类型的管理。

2. 操作

单击【刀具库管理】图标，或在工具栏上单击【数控车 L】→【刀具库管理 T】命令，系统弹出刀具库管理对话框，如图 8-31 所示；可以进行刀具的增加、删除和保存等任务。

3. 参数

(1) 轮廓车刀

【刀具名】：刀具的名称，用于刀具标识和列表。刀具名是唯一的。

【刀具号】：刀具的系列号，用于后置处理的自动换刀指令。刀具号唯一，并对应机床的刀库。

【刀具补偿号】：刀具补偿值的序列号，其值对应于机床的数据库。

【刀柄长度】：刀具可夹持段长度。

【刀柄宽度】：刀具可夹持段宽度。

【刀角长度】：刀具可切削段长度。

【刀尖半径】：刀尖部分用于切削的圆弧的半径。

【刀具前角】：刀具前刃与工件旋转轴的夹角。

【当前轮廓车刀】：显示当前使用的刀具的刀具名。当前刀具就是在加工中要使用的刀具，在加工轨迹的生成中要使用当前刀具的刀具参数。

【轮廓车刀列表】：显示刀具库中所有同类型刀具的名称，可通过鼠标或键盘的上下键选择不同的刀具名，刀具参数表中将显示所选刀具的参数。用鼠标双击所选的刀具还能将其置为当前刀具。

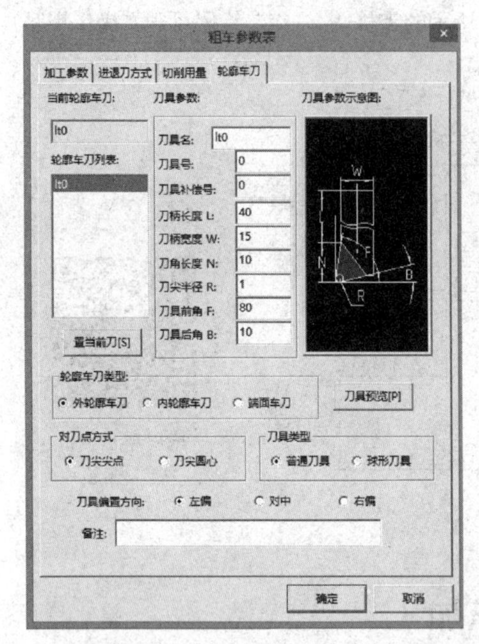

图 8-31 刀具库管理对话框

(2) 切槽刀具

【刀具长度】：刀具的总体长度。

【刀刃宽度】：刀具切削刃的宽度。

【刀尖半径】：刀具切削刃两端圆弧的半径。

【刀具引角】：刀具切削段两侧边与垂直于切削方向的夹角。

【当前切槽刀具】：显示当前使用刀具的刀具名。当前刀具就是在加工中要使用的刀具，在加工轨迹的生成中要使用当前刀具的刀具参数。

【切槽刀具列表】：显示刀具库中所有同类型刀具的名称，可通过鼠标或键盘的上下键选择不同的刀具名，刀具参数表中将显示所选刀具的参数。用鼠标双击所选的刀具还能将其置为当前刀具。

(3) 钻孔刀具

【刀尖角度】：钻头前段尖部的角度。

【刀刃长度】：刀具的刀杆可用于切削部分的长度。

【刀杆长度】：刀尖到刀柄之间的距离。刀杆长度应大于刀刃有效长度。

【当前钻孔刀具】：显示当前使用的刀具的刀具名。当前刀具就是在加工中要使用的刀具，在加工轨迹的生成中要使用当前刀具的刀具参数。

【钻孔刀具列表】：显示刀具库中所有同类型刀具的名称，可通过鼠标或键盘的上下键选择不同的刀具名，刀具参数表中将显示所选刀具的参数。用鼠标双击所选的刀具还能将其置为当前刀具。

(4) 螺纹车刀

【刀刃长度】：刀具切削刃顶部的宽度。对于三角螺纹车刀，刀刃宽度等于0。

【刀具角度】：刀具切削段两侧边与垂直于切削方向的夹角，该角度决定了车削出的螺纹的螺纹角。

【刀尖宽度】：螺纹齿底宽度。

【当前螺纹车刀】：显示当前使用的刀具的刀具名。当前刀具就是在加工中要使用的刀具，在加工轨迹的生成中要使用当前刀具的刀具参数。

【螺纹车刀列表】：显示刀具库中所有同类型刀具的名称，可通过鼠标或键盘的上下键选择不同的刀具名，刀具参数表中将显示所选刀具的参数。用鼠标双击所选的刀具还能将其置为当前刀具。

8.2.2 轮廓粗车

1. 功能

用于实现对工件外轮廓表面、内轮廓表面和端面的粗车加工，用来快速清除毛坯的多余部分。

做轮廓粗车时要确定被加工轮廓和毛坯轮廓，被加工轮廓就是加工结束后的工件表面轮廓，毛坯轮廓就是加工前毛坯的表面轮廓。被加工轮廓和毛坯轮廓两端点相连，两轮廓共同构成一个封闭的加工区域，在此区域的材料将被加工去除。被加工轮廓和毛坯轮廓不能单独闭合或自相交。

2. 操作

①单击【轮廓粗车】图标 ，或在工具栏上单击【数控车 L】→【轮廓粗车 R】命令，系统弹出对话框，如图 8-32 所示；②填写加工参数表，完成后单击“确定”；③根据状态栏的提示，拾取被加工的轮廓和毛坯轮廓，确定进、退刀点，系统开始计算并自动生成刀具轨迹。

3. 参数

(1) 加工参数

① 加工表面类型

【外轮廓】：采用外轮廓车刀加工外轮廓，缺省加工方向角度为 180°。

【内轮廓】：采用内轮廓车刀加工内轮廓，缺省加工方向角度为 180°。

【车端面】：缺省加工方向应垂直于系统 X 轴，即加工角度为－90°或 270°。

② 加工参数

【干涉后角】：做底切干涉检查时，确定干涉检查的角度。

【干涉前角】：做前角干涉检查时，确定干涉检查的角度。

【加工角度】：刀具切削方向与机床 Z 轴（软件系统 X 正方向）正方向的夹角。

【切削行距】：行间切入深度，两相邻切削行之间的距离。

【加工余量】：加工结束后，被加工表面没有加工的部分的剩余量（与最终加工结果比较）。

【加工精度】：用户可按需要来控制加工的精度。对轮廓中的直线和圆弧，机床可以精确地加工；对由样条曲线组成的轮廓，系统将按给定精度把样条转化成直线段来满足用户所需加工精度。

③ 拐角过渡方式

【圆弧】：切削中遇到拐角刀具从轮廓的一边到另一边时，以圆弧方式过渡。

【尖角】：切削中遇到拐角刀具从轮廓的一边到另一边时，以尖角方式过渡。

④ 反向走刀

【否】：刀具按缺省方向走刀，即刀具从机床 Z 轴正向向 Z 轴负向移动。

【是】：刀具按缺省方向反方向走刀。

⑤ 详细干涉检查

【否】：假定刀具前后干涉角均 0°，对凹槽部分不做加工，以保证切削轨迹无前角及底切干涉。

【是】：加工凹槽时，用定义的干涉角度检查加工中是否有刀具前角及底切干涉，并按定义的干涉角度生成无干涉的切削轨迹。

⑥ 退刀时沿轮廓走刀

【否】：刀位行首末直接进退刀，不加工行与行之间的轮廓。

【是】：两刀位行之间如果有一段轮廓，在后一刀位行之前、之后增加对行间轮廓的加工。

⑦ 刀尖半径补偿

【编程时考虑半径补偿】：在生成加工轨迹时，系统根据当前所用刀具的刀尖半径进行补偿计算（按假想刀尖点编程）。所生成代码即为已考虑半径补偿的代码，无需机床再进行刀尖半径补偿。

【由机床进行半径补偿】：在生成加工轨迹时，假设刀尖半径为 0，按轮廓编程，不进行刀尖半径补偿计算。所生成代码在用于实际加工时应根据实际刀尖半径由机床指定补偿值。

(2) 进退刀方式

点击对话框中的“进/退刀方式”标签即进入进/退刀方式参数表。该参数表用于对加工中的进/退刀方式进行设定。如图 8-33 所示。

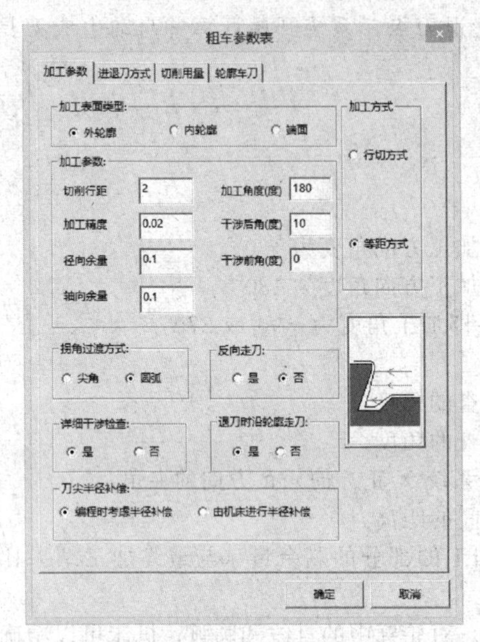

图 8-32 轮廓粗车加工参数表

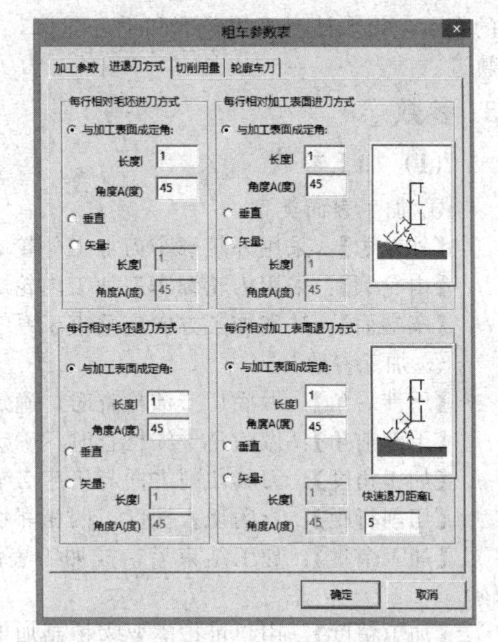

图 8-33 轮廓粗车进/退刀方式参数表

① 进刀方式　相对毛坯进刀方式用于指定对毛坯部分进行切削时的进刀方式，相对加工表面进刀方式用于指定对加工表面部分进行切削时的进刀方式。

【与加工表面成定角】：指在每一切削行前加入一段与轨迹切削方向夹角成一定角度的进刀段，刀具垂直进刀到该进刀段的起点，再沿该进刀段进刀至切削行。角度定义该进刀段与轨迹切削方向的夹角，长度定义该进刀段的长度。

【垂直进刀】：指刀具直接进刀到每一切削行的起始点。

【矢量进刀】：指在每一切削行前加入一段与系统 X 轴（机床 Z 轴）正方向成一定夹角的进刀段，刀具进刀到该进刀段的起点，再沿该进刀段进刀至切削行。角度定义矢量（进刀段）与系统 X 轴正方向的夹角，长度定义矢量（进刀段）的长度。

② 退刀方式　相对毛坯退刀方式用于指定对毛坯部分进行切削时的退刀方式，相对加工表面退刀方式用于指定对加工表面部分进行切削时的退刀方式。

【与加工表面成定角】：指在每一切削行后加入一段与轨迹切削方向夹角成一定角度的退刀段，刀具先沿该退刀段退刀，再从该退刀段的末点开始垂直退刀。角度定义该退刀段与轨迹切削方向的夹角，长度定义该退刀段的长度。

【轮廓垂直退刀】：指刀具直接进刀到每一切削行的起始点。

【轮廓矢量退刀】：指在每一切削行后加入一段与系统 X 轴（机床 Z 轴）正方向成一定夹角的退刀段，刀具先沿该退刀段退刀，再从该退刀段的末点开始垂直退刀。角度定义矢量（退刀段）与系统 X 轴正方向的夹角，长度定义矢量（退刀段）的长度快速退刀距离：以给定的退刀速度回退的距离（相对值），在此距离上以机床允许的最大进给速度 G0 退刀。

(3) 切削用量

在每种刀具轨迹生成时，需要设置的与切削用量及机床加工相关的参数。如图 8-34 所示。

① 速度设定

【接近速度】：刀具接近工件时的进给速度。

【主轴转速】：机床主轴旋转的速度。计量单位是机床缺省的单位。

【退刀速度】：刀具离开工件的速度。

② 主轴转速选项

【恒转速】：切削过程中按指定的主轴转速保持主轴转速恒定，直到下一指令改变转速。

【恒线速度】：切削过程中按指定的线速度值保持恒定。

③ 样条拟合方式

【直线】：对加工轮廓中的样条线根据给定的加工精度用直线段进行拟合。

【圆弧】：对加工轮廓中的样条线根据给定的加工精度用圆弧段进行拟合。

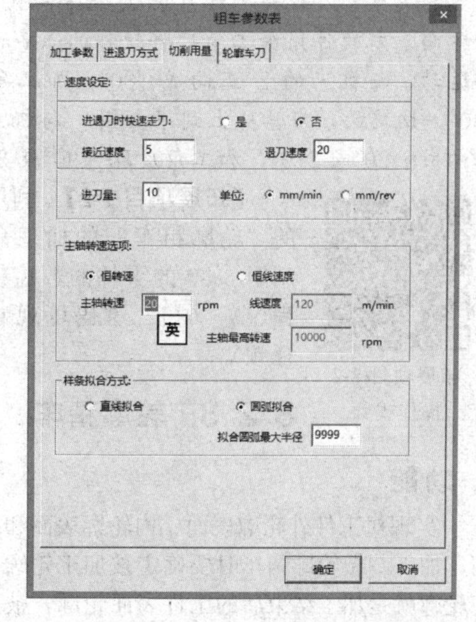

图 8-34　轮廓粗车切削用量参数表

4. 项目训练

【项目实例 8-2】 利用“轮廓粗车”命令，对图 8-23 的图形进行数控车程序的编制。(扫二维码可观看操作视频)

项目实例 8-2
操作视频

编制步骤：

『步骤 1』绘制加工图形

在利用 CAXA 数控车进行编程时，不需要绘制零件的完整的图形，只要绘制出要加工部分的轮廓即可。在轮廓粗车的加工中，还需要绘制出零件的毛坯图形。绘制的加工图形如图 8-35 所示。

『步骤 2』生成加工轨迹

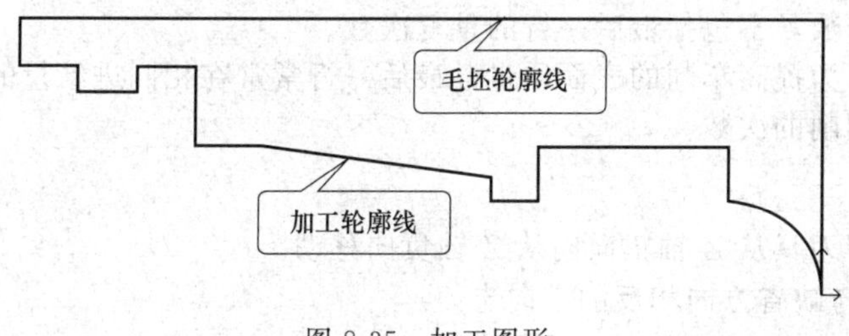

图 8-35　加工图形

①单击【轮廓粗车】图标，或在工具栏上单击【数控车 L】→【轮廓粗车 R】命令，系统弹出对话框；②填写加工参数表，如图 8-32～图 8-34 所示，完成后单击“确定”；③根据状态栏的提示，拾取被加工的轮廓和毛坯轮廓，输入进退刀点（30，45)，系统开始计算并自动生成刀具轨迹。如图 8-36 所示。

●注意

① 加工轮廓与毛坯轮廓必须构成一个封闭区域，被加工轮廓和毛坯轮廓不能单独闭合或自相交。

② 为便于采用链拾取方式，可以将加工轮廓与毛坯轮廓绘成相交，系统能自动求出其封闭区域。

③ 软件绘图坐标系与机床坐

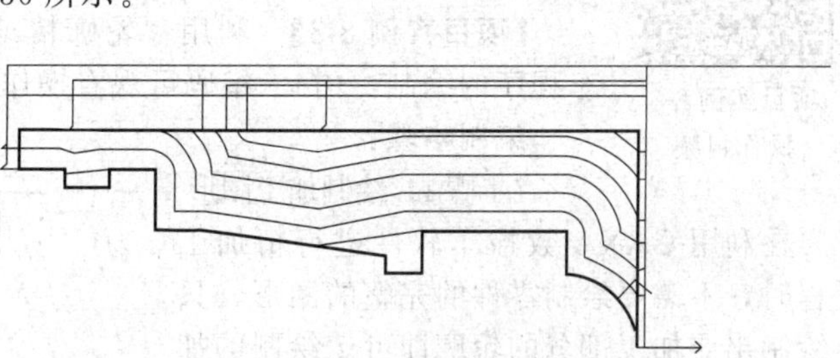

图 8-36　加工轨迹

标系的关系。在软件坐标系中X正方向代表机床的Z轴正方向，Y正方向代表机床的X轴正方向。本软件用加工角度将软件的XY向转换成机床的ZX向，如切外轮廓，刀具由右到左运动，与机床的Z正向成180°，加工角度取180°。切端面，刀具从上到下运动，与机床的Z正向成−90°或270°，加工角度取−90°或270°。

拓展项目8-2
操作视频

【拓展项目8-2】 利用学过的“轮廓粗车”的加工命令编制图8-30的零件的数控粗加工程序。（扫二维码可观看操作视频）

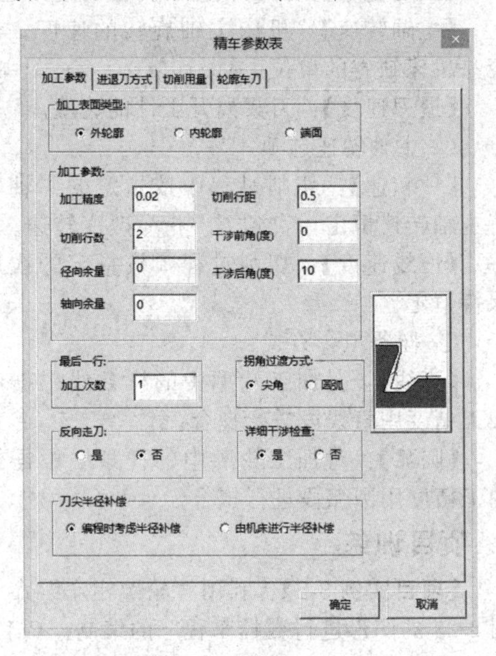

图8-37　轮廓精车加工参数表

8.2.3 轮廓精车

1. 功能

实现对工件外轮廓表面、内轮廓表面和端面的精车加工。做轮廓精车时要确定被加工轮廓，被加工轮廓就是加工结束后的工件表面轮廓，被加工轮廓不能闭合或自相交。

2. 操作

①单击【轮廓精车】图标，或在工具栏上单击【数控车L】→【轮廓精车F】命令，系统弹出对话框，如图8-37所示；②填写加工参数表，完成后单击“确定”；③根据状态栏的提示，拾取被加工的轮廓，确定进退刀点，系统开始计算并自动生成刀具轨迹。

3. 参数

(1) 加工参数

【切削行数】：刀位轨迹的加工行数，不包括最后一行的重复次数。

【最后一行加工次数】：精车时，为提高车削的表面质量，最后一行常常在相同进给量的情况进行多次车削，该处定义多次切削的次数。

(2) 反向走刀

【否】：刀具按缺省方向走刀，即刀具从Z轴正向向从Z轴负向移动。

【是】：刀具按与缺省方向相反的方向走刀。

注：其它加工参数参见“轮廓粗车”参数说明。

项目实例8-3
操作视频

4. 项目训练

【项目实例8-3】 利用“轮廓精车”命令，对图8-23的图形进行数控车程序的编制。（扫二维码可观看操作视频）

编制步骤：

『步骤1』绘制加工图形

在利用CAXA数控车软件进行精加工编程时，不需要绘制零件的完整的图形，只要绘制出要加工部分的轮廓即可。绘制的加工图形如图8-38所示。

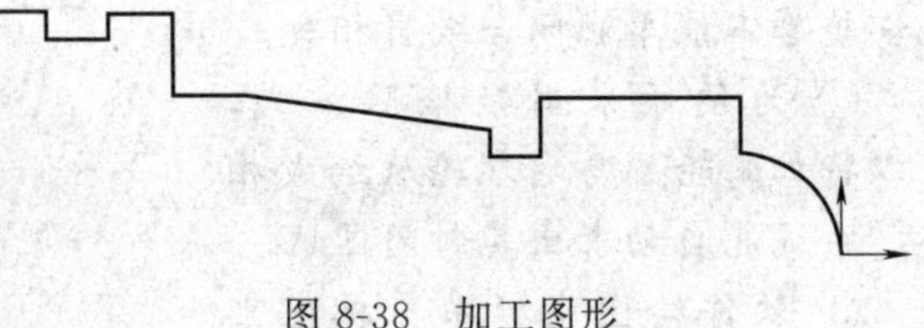

图8-38　加工图形

『步骤2』生成加工轨迹

① 单击【轮廓精车】图标，或在工具栏上单击【数控车 L】→【轮廓精车 F】命令，系统弹出对话框，如图 8-37 所示；②填写加工参数表，完成后单击“确定”；③根据状态栏的提示，采用链拾取的方式，拾取被加工的轮廓，确定进退刀点（30，30），系统开始计算并自动生成刀具轨迹。如图 8-39 所示。

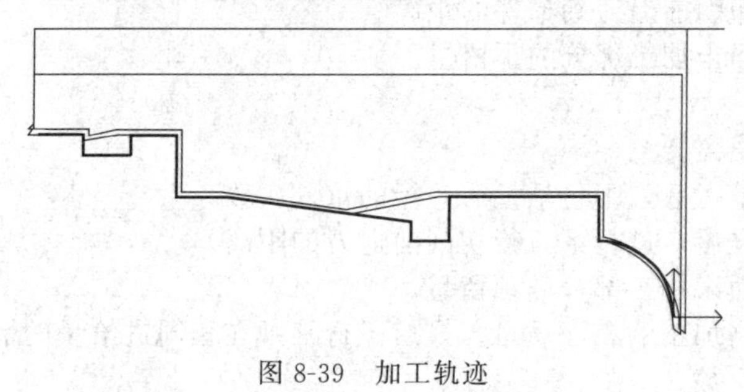

图 8-39　加工轨迹

【拓展项目 8-3】

利用学过的“轮廓精车”的加工命令编制图 8-30 的零件的数控精加工程序。（扫二维码可观看操作视频）

拓展项目 8-3
操作视频

8.2.4　切槽

1. 功能

该功能用于在工件外轮廓表面、内轮廓表面和端面切槽。

切槽时要确定被加工轮廓，被加工轮廓就是加工结束后的工件表面轮廓，被加工轮廓不能闭合或自相交。

2. 操作

①单击【切槽】图标，或在工具栏上单击【数控车 L】→【切槽 G】命令，系统弹出对话框，如图 8-40 所示；②填写加工参数表，完成后单击“确定”；③根据状态栏的提示，拾取被加工的轮廓，确定进退刀点，系统开始计算自动生成刀具轨迹。

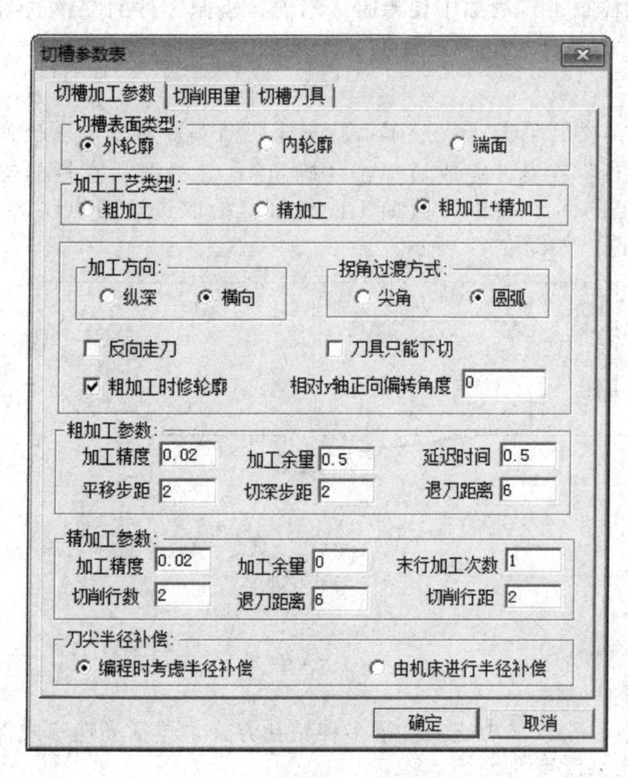

图 8-40　切槽加工参数表

3. 参数

① 加工轮廓类型

【外轮廓】：外轮廓切槽，或用切槽刀加工外轮廓。

【内轮廓】：内轮廓切槽，或用切槽刀加工内轮廓。

【端面】：端面切槽，或用切槽刀加工端面。

② 加工工艺类型

【粗加工】：只进行粗加工。

【精加工】：只进行精加工。

【粗加工＋精加工】：对槽进行粗加工之后接着做精加工。

③ 拐角过渡方式

【圆角】：在切削过程遇到拐角时刀具从轮廓的一边到另一边的过程中，以圆弧的方式过渡。

【尖角】：在切削过程遇到拐角时刀具从轮廓的一边到另一边的过程中，以尖角的方式过渡。

④ 粗加工参数

【延迟时间】：粗车槽时，刀具在槽的底部停留的时间。

【切深平移量】：粗车槽时，刀具每一次纵向切槽的切入量（机床 X 向）。

【水平平移量】：粗车槽时，刀具切到指定的切深平移量后进行下一次切削前的水平平移量（机床 Z 向）。

【退刀距离】：粗车槽中进行下一行切削前退刀到槽外的距离。

【加工留量】：粗加工时，被加工表面未加工部分的预留量。

⑤ 精加工参数

【切削行距】：精加工行与行之间的距离。

【切削行数】：精加工刀位轨迹的加工行数，不包括最后一行的重复次数。

【退刀距离】：精加工中切削完一行之后，进行下一行切削前退刀的距离。

【加工余量】：精加工时，被加工表面未加工部分的预留量。

【末行加工次数】：精车槽时，为提高加工的表面质量，最后一行常常在相同进给量的情况下进行多次车削该处定义多次切削的次数。

4. 项目训练

【项目实例 8-4】 利用“切槽”命令，对图 8-23 的图形进行数控车程序的编制。（扫二维码可观看操作视频）

项目实例 8-4
操作视频

槽2
槽1

图 8-41　加工图形

『步骤 1』绘制加工图形

在利用 CAXA 数控车进行槽加工编程时，不需要绘制零件的完整的图形，只要绘制出包含槽加工轮廓即可。绘制的加工图形如图 8-41 所示。

『步骤 2』生成加工轨迹

①单击【切槽】图标，或在工具栏上单击【数控车 L】→【切槽 G】命令，系统弹出对话框，如图 8-40 所示；②填写加工参数表，完成后单击“确定”；③根据状态栏的提示，采用单条拾取的方式，拾取要加工的两个槽作为被加工的轮廓，拾取进退刀点（30，30），系统开始计算并自动生成刀具轨迹，如图 8-42 所示。

【拓展项目 8-4】 利用学过的“切槽加工”的加工命令编制图 8-30 的零件的数控加工程序。（扫二维码可观看操作视频）

拓展项目 8-4
操作视频

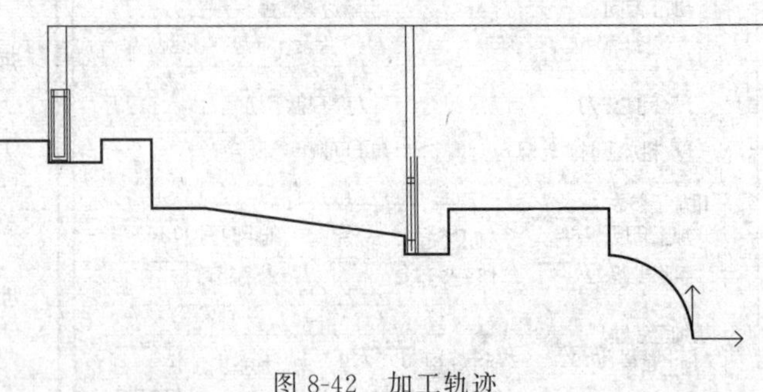

图 8-42　加工轨迹

8.2.5　钻中心孔

1. 功能

该功能用于在工件的旋转中心钻中心孔。该功能提供了多种钻孔方式，包括高速啄式深孔钻、左攻螺纹、精镗孔、钻孔、镗孔、反镗孔等等。

因为车加工中的钻孔位置只能是工件的旋转中心，所以，最终所有的加工轨迹都在工件的旋转轴上，也就是系统的 X 轴（机床的 Z 轴）上。

2. 操作

①单击【钻中心孔】图标 ，或在工具栏上单击【数控车】→【钻中心孔】命令，系统弹出对话框，如图 8-43 所示；②填写加工参数表，完成后单击“确定”；拾取钻孔的起始点，因为轨迹只能在系统的 X 轴上（机床的 Z 轴），所以把输入的点向系统的 X 轴投影，得到的投影点作为钻孔的起始点，然后生成钻孔加工轨迹。

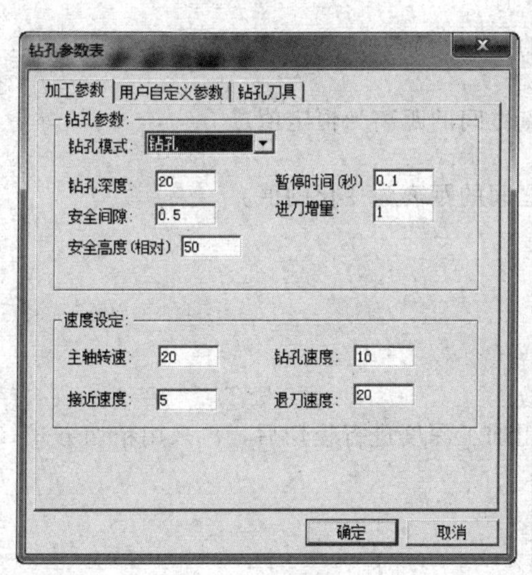

图 8-43　钻中心孔加工参数表

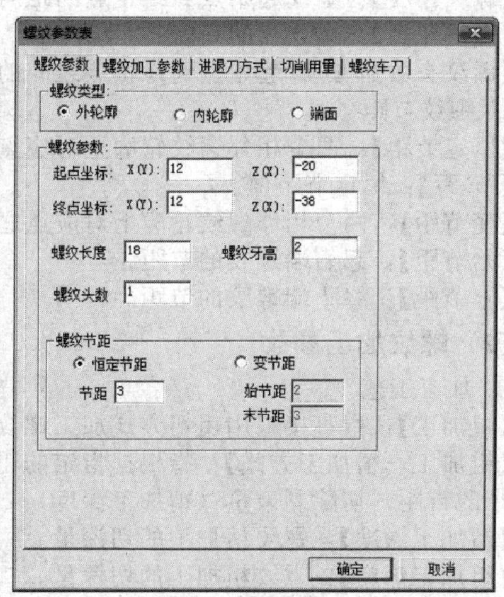

图 8-44　螺纹参数表

3. 参数

加工参数

【钻孔深度】：要钻孔的深度。

【暂停时间】：攻螺纹时刀在工件底部的停留时间。

【钻孔模式】：钻孔的方式、模式不同，后置处理中用到机床固定循环指令不同。

【进刀增量】：深孔钻时每次进刀量或镗孔时每次侧进量。

【下刀余量】：当钻下一个孔时，刀具从前一个孔顶端的抬起量。

【接近速度】：刀具接近工件时的进给速度。

【钻孔速度】：钻孔时的进给速度。

【主轴转速】：机床主轴旋转的速度。计量单位是机床缺省的单位。

【退刀速度】：刀具离开工件的速度。

8.2.6　车螺纹

1. 功能

该功能为非固定循环方式加工螺纹，可对螺纹加工中的各种工艺条件、加工方式进行更为灵活控制。

2. 操作

①单击【车螺纹】图标 ，或在工具栏上单击【数控车】→【车螺纹】命令，根据状态栏提示，拾取螺纹的首点和末点，系统弹出对话框，如图 8-44 所示；②填写加工参数表，完成后单击“确定”；拾取进退刀点，即可生成加工轨迹。

3. 参数

(1) 螺纹参数

① 螺纹参数

【起点坐标】：车螺纹的起始点坐标，单位为毫米。

【终点坐标】：车螺纹的终止点坐标，单位为毫米。

【螺纹长度】：螺纹起始点到终止点的距离。

【螺纹牙高】：螺纹牙的高度。

【螺纹头数】：螺纹起始点到终止点之间的牙数。

② 螺纹节距

【恒定节距】：两个相邻螺纹轮廓上对应点之间的距离为恒定值。

【节 距】：恒定节距值。

【变节距】：两个相邻螺纹轮廓上对应点之间的距离为变化的值。

【始节距】：起始端螺纹的节距。

【末节距】：终止端螺纹的节距。

(2) 螺纹加工参数

① 加工工艺

【粗加工】：指直接采用粗切方式加工螺纹。

【粗加工+精加工方式】：指根据指定的粗加工深度进行粗切后，再采用精切方式（如采用更小的行距）切除剩余量（精加工深度）。

【精加工深度】：螺纹精加工的切深量。

【粗加工深度】：螺纹粗加工的切深量。

② 每行切削用量

【固定行距】：每一切削行的间距保持恒定切削面积：为保证每次切削的切削面积恒定，各次切削深度将逐步减小，直至等于最小行距。用户需指定第一刀行距及最小行距。

【末行走刀次数】：为提高加工质量，最后一个切削行有时需要重复走刀多次，此时需要指定重复走刀次数。

【每行切入方式】：指刀具在螺纹始端切入时的切入方式。刀具在螺纹末端的退出方式与切入方式相同。

项目实例 8-5
操作视频

4. 项目训练

【项目实例 8-5】 利用“车螺纹”命令，对图 8-23 的图形进行数控车程序的编制。（扫二维码可观看操作视频）

编制步骤：

『步骤 1』绘制加工图形

在利用 CAXA 数控车进行螺纹加工编程时，也不需要绘制零件的完整的图形，只要绘制出包含螺纹加工轮廓即可。绘制的加工图形如图 8-45 所示。

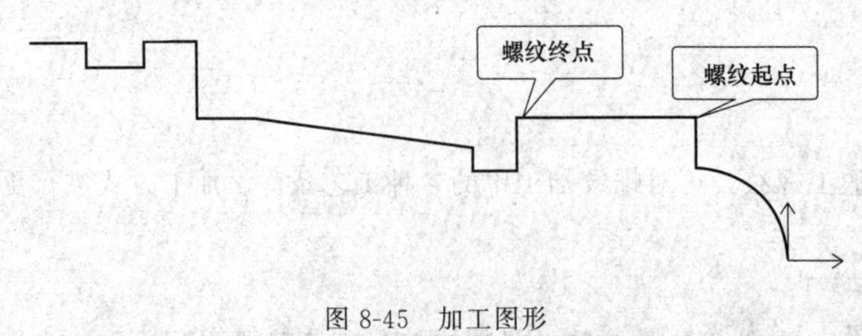

图 8-45 加工图形

『步骤 2』生成加工轨迹

① 单击【车螺纹】图标，或在工具栏上单击【数控车 L】→【车螺纹 S】命令，根据状态栏提示，拾取螺纹的首点和末点，系统弹出对话框，如图 8-43 所示，此时可以修改对话框中的数值；②填写加工参数表，完成后单击“确定”；拾取进退刀点（30，30），系统开始计算并自动生成刀具轨迹。如图 8-46 所示。

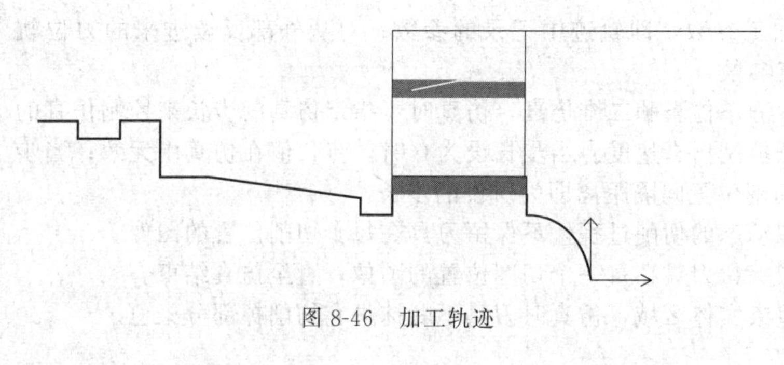

图 8-46 加工轨迹

【拓展项目 8-5】利用学过的“车螺纹”的加工命令编制图 8-30 的零件的螺纹加工程序。(扫二维码可观看操作视频)

拓展项目 8-5 操作视频

8.2.7 生成代码

生成代码就是按照当前机床类型的配置要求，把已经生成的加工轨迹转化生成 G 代码数据文件，即 CNC 数控程序，该程序可以直接输入机床进行数控加工。

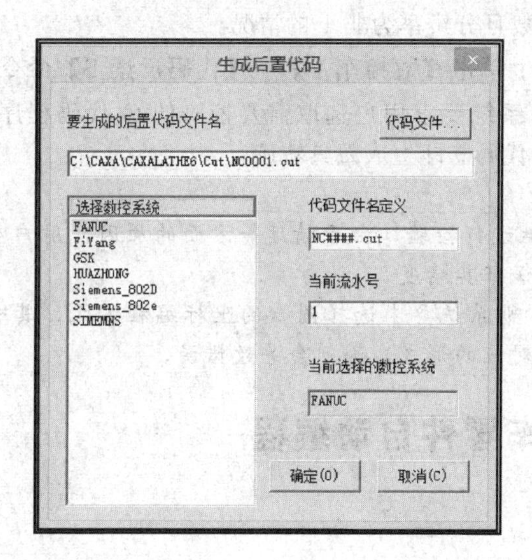

图 8-47 生成代码

单击【生成代码】图标，或在工具栏上单击【数控车】→【生成代码】命令，弹出一个需要用户输入文件名的对话框，要求用户填写后置程序文件名，如图 8-47 所示。此外系统还在信息提示区给出当前生成的数控程序所适用的数控系统和机床系统信息，它表明目前所调用的机床配置和后置设置情况。

输入文件名后选择保存图标，系统提示拾取加工轨迹。当拾取到加工轨迹后，该加工轨迹变为被拾取颜色。鼠标右键结束拾取，系统即生成数控程序。拾取时可使用系统提供的拾取工具，可以同时拾取多个加工轨迹，被拾取轨迹的代码将生成在一个文件当中，生成的先后顺序与拾取的先后顺序相同。

8.2.8 查看代码

查看、编辑生成的代码的内容。

单击【查看代码】图标，或在工具栏上单击【数控车 L】→【查看代码 V】命令，则弹出一个需要用户选取数控程序的对话框。选择一个程序后，系统即用 Windows 提供的“记事本”显示代码的内容，当代码文件较大时，则要用“写字板”打开，用户可在其中对代码进行修改。

8.2.9 参数修改

对生成的轨迹不满意时可以用参数修改功能对轨迹的各种参数进行修改，以生成新的加工轨迹。

单击【参数修改】图标，或在工具栏上单击【数控车 L】→【参数修改 M】命令，则提示用户拾取要进行参数修改的加工轨迹。拾取轨迹后将弹出该轨迹的参数表供用户修改。参数修改完毕选取“确定”图标，即依据新的参数重新生成该轨迹。

8.2.10 轨迹仿真

对已有的加工轨迹进行加工过程模拟，以检查加工轨迹的正确性。对系统生成的加工轨迹，仿真时用生成轨迹时的加工参数，即轨迹中记录的参数；对从外部反读进来的刀位轨迹，仿真时用系统当前的加工参数。

轨迹仿真分为动态仿真、静态仿真和二维仿真，仿真时可指定仿真的步长来控制仿真的速度，也可以通过调节速度条控制仿真速度。当步长设为0时，步长值在仿真中无效；当步长大于0时，仿真中每一个切削位置间隔距离即为所设的步长。

【动态仿真】：仿真时模拟动态的切削过程，不保留刀具在每个切削位置的图像。

【静态仿真】：仿真过程中保留刀具在每一个切削位置的图像，直至仿真结束。

【二维仿真】：仿真前先渲染实体区域，仿真时刀具不断抹去它切削掉部分染色。

8.2.11 代码反读

代码反读就是把生成的G代码文件反读进来，生成刀具轨迹，以检查生成的G代码的正确性。如果反读的刀位文件中包含圆弧插补，需用户指定相应的圆弧插补格式。否则可能得到错误的结果。若后置文件中的坐标输出格式为整数，且机床分辨率不为1时，反读的结果是不对的。亦即系统不能读取坐标格式为整数且分辨率为非1的情况。

单击【代码反读】图标 R ，或在工具栏上单击【数控车L】→【代码反读B】命令，则弹出一个需要用户选取数控程序的对话框。系统要求用户选取需要校对的G代码程序。拾取到要校对的数控程序后，系统根据程序G代码立即生成刀具轨迹。

●注意

① 刀位校核只用来进行对G代码的正确性进行检验，由于精度等方面的原因，用户应避免将反读出的刀位重新输出，因为系统无法保证其精度。

② 校对刀具轨迹时，如果存在圆弧插补，则系统要求选择圆心的坐标编程方式，其含义可参考后置设置中的说明。用户应正确选择对应的形式，否则会导致错误。

8.3 典型数控车零件自动编程

项目实例8-6
操作视频

8.3.1 轴类零件加工

【项目实例8-6】 利用CAXA数控车编程的相关命令，编制图8-48零件的数控程序，单件小批量生产，毛坯为ϕ50mm×150mm的棒料，毛坯材料为硬铝。（扫二维码可观看操作视频）

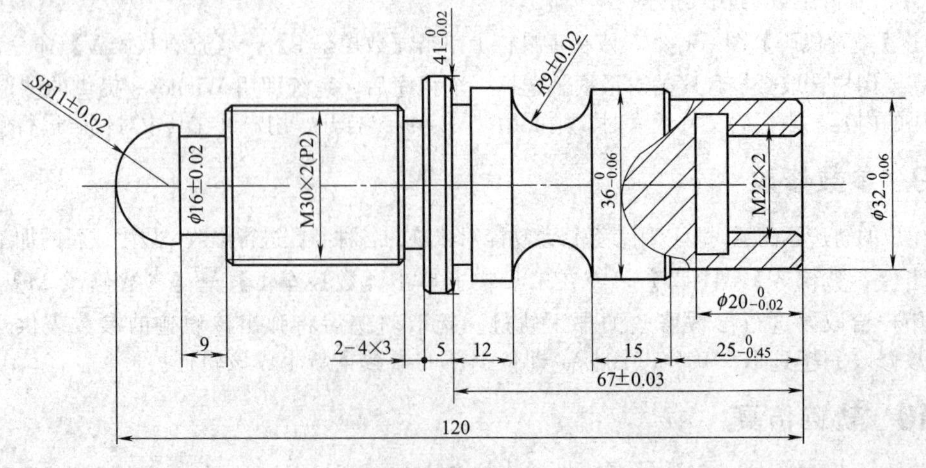

图8-48 零件图

1. 工艺准备

(1) 加工准备

选用机床：数控车床CK6125。

选用夹具：三爪定心卡盘。

使用毛坯：ϕ50mm×150mm的棒料，毛坯材料为硬铝。

(2) 工艺分析

该零件加工内容包括矩形凸台外轮廓铣削、矩形凹槽铣削加工和孔加工，其中矩形凸台轮廓、矩形凹槽的尺寸公差均有较高的精度要求，并且工件表面粗糙度要求 Ra 为 1.6μm，所以应该分为粗加工和精加工来完成。

(3) 加工工艺卡

轴零件的加工工艺卡如表8-1所示。

2. 编制加工程序

(1) 确定加工命令

根据零件的特点，选用“轮廓粗车”、“轮廓精车”、“钻孔”、“切槽”、“车螺纹”的方法进行加工。

(2) 建立加工模型

设置图形右边中点位置作为编程原点，即坐标原点。利用“直线”、“等距线”、“圆弧”、“倒角”等命令绘制图8-48所示零件的加工轮廓和毛坯轮廓，如图8-49所示。

表8-1 轴零件的加工工艺卡

×××厂	数控加工工序卡片		产品代号	零件名称		零件图号
			×××	轴类零件		×××
工艺序号	程序编号	夹具名称	夹具编号	使用设备		车间
×××	×××	三爪定心卡盘	×××	CK6125		数控中心
工序号	工步内容	刀具号	刀具规格/mm	主轴转速/(r/min)	进给速度/(mm/r)	背吃刀量/mm
1	车削右端面(略)	T01	90°外圆车刀	800	0.2	0.5
2	钻中心孔(略)					
3	粗车外轮廓，留0.4mm余量	T01	90°外圆车刀	800	0.2	0.5
4	精车外轮廓	T01	90°外圆车刀	1200	0.05	0.2
5	切槽	T02	切槽刀	600	0.1	刀宽
6	加工外圆槽(手动)(略)	T03	成型切槽刀	600	0.1	
7	车削内孔、倒角	T04	内孔车刀	200	0.1	0.5
8	粗、精车内螺纹	T05	内螺纹车刀	500	1.5	分层
9	调头粗车外轮廓	T01	90°外圆车刀	800	0.2	0.2
10	调头精车外轮廓	T01	90°外圆车刀	800	0.2	0.2
11	调头切槽	T02	切槽刀	600	0.1	刀宽
12	调头粗精车外螺纹	T06	外螺纹车刀	600	1.5	分层
13	工件精度检测					
编制	审核		批准		共 页 第 页	

(3) 建立加工图层

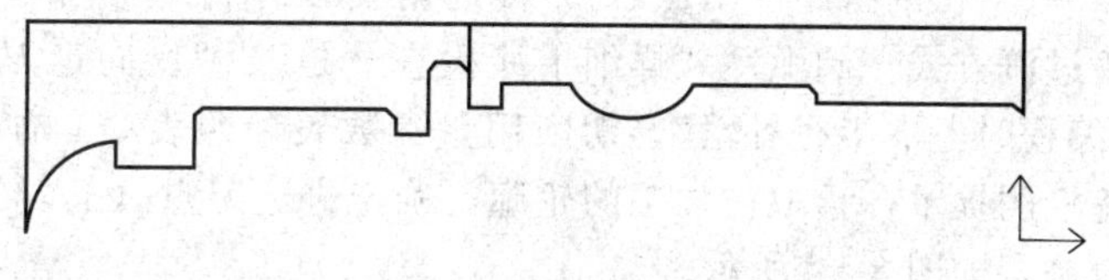

图8-49 加工轮廓

为了便于对零件进行不同的部位进行数控编程，可以在数控中对于不同的加工过程设置不同的图层，并通过打开和关闭不同的图层

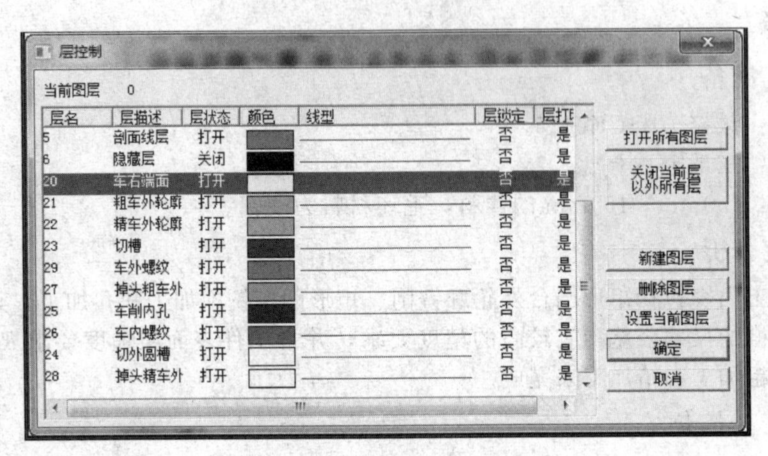

图 8-50　建立加工图层

来打开和关闭不同的加工程序。单击【层设置】图标，或在工具栏上单击【格式】→【层控制】命令。弹出“图层控制”对话框，建立的加工图层，如图 8-50 所示。

（4）编制数控加工程序

『步骤 1』粗车外轮廓，留 0.4mm 余量

①设置“粗车外轮廓”图层为当前图层。单击【轮廓粗车】图标，或在工具栏上单击【数控车】→【轮廓粗车】命令，系统弹出对话框。②填写加工参数表，“加工表面类型→外轮廓”、“加工精度→0.1”、“加工余量→0.4”、“加工角度→180”、“切削行距→1”、“干涉前角→0”、“干涉后角→10”、“拐角过渡方式→圆弧”、“详细干涉检查→是”、“反向走刀→否”、“退刀时沿轮廓走刀→是”，“编程时考虑半径补偿”，输入切削用量。完成后单击“确定”。③根据状态栏的提示，拾取被加工的轮廓和毛坯轮廓，确定进退刀点（30，30），系统开始计算并自动生成刀具轨迹，如图 8-51 所示。

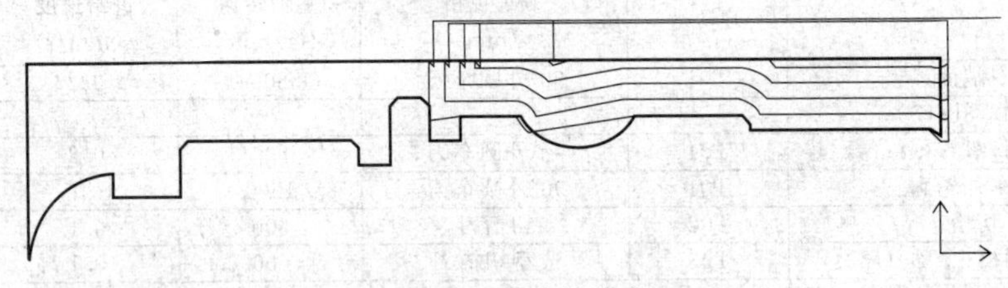

图 8-51　粗车外轮廓

『步骤 2』精车外轮廓

①设置“精车外轮廓”图层为当前图层，关闭“粗车外轮廓”图层。单击【轮廓精车】图标，或在工具栏上单击【数控车】→【轮廓精车】命令，系统弹出对话框。②填写加工参数表，“加工表面类型→外轮廓”、“加工精度→0.01”、“加工余量→0”、“加工角度→180”、“切削行距→0.2”、“干涉前角→0”、“干涉后角→10”、“最后一行加工次数→1”、“拐角过渡方式→圆弧”、“详细干涉检查→是”、“反向走刀→否”、“退刀时沿轮廓走刀→是”，“编程时考虑半径补偿”，切削用量参数表参照表 8-1 输入。完成后单击“确定”。③根据状态栏的提示，拾取被加工的轮廓，确定进退刀点（30，30），系统开始计算并自动生成刀具轨迹，如图 8-52 所示。

『步骤 3』切槽

①设置“切槽”图层为当前图层，关闭“精车外轮廓”图层。单击【切槽】图标，或在工具栏上单击【数控车】→【切槽】命令，系统弹出对话框。②填写加工参数表，“切槽表面类型→外轮廓”、“加工工艺类型→粗加工＋精加工”、“加工方向→横向”、“拐角过渡方式→圆弧”、“粗加工精度→0.1”、“加工余量→0.4”、“延迟时间→0.5”、“平移步距→1”、“切深步距→1”、“退刀距离→5”、“精加工精度→0.01”、“加工余量→0”、“末行加工次数→1”、“切削行数→2”、“退刀距离→5”、“切削行距→0.2”、“编程时考虑半径补偿”，切削用量参数表参照表 8-1 输入，完成后单击“确定”。③根据状态栏的提示，拾取被加工的轮廓，确定进退刀点，系统开始计算自动生成刀具轨迹。如图 8-53 所示。

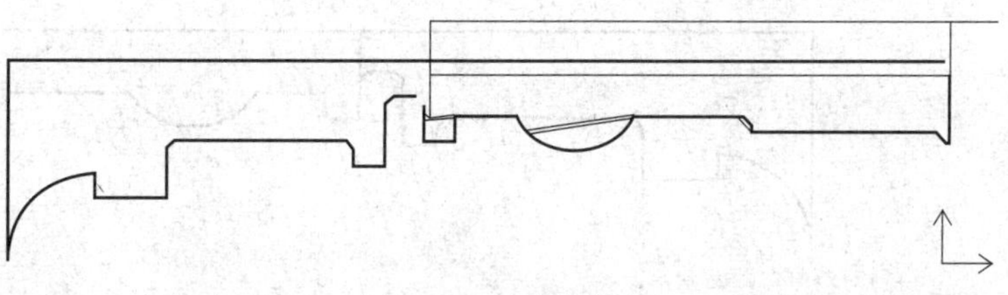

图 8-52 精车外轮廓

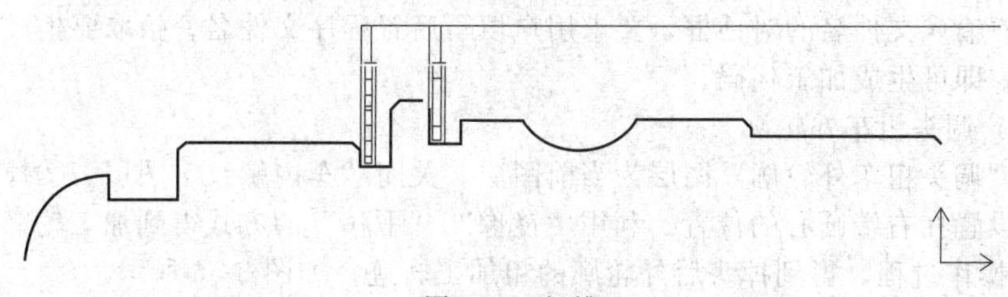

图 8-53 切槽

『步骤 4』车削内孔、倒角

①设置“车削内孔”图层为当前图层，关闭“切槽”图层。单击【钻中心孔】图标，或在工具栏上单击【数控车】→【钻中心孔】命令，系统弹出对话框。②填写加工参数表，完成后单击“确定”；拾取钻孔的起始点，因为轨迹只能在系统的 X 轴上（机床的 Z 轴），所以把输入的点向系统的 X 轴投影，得到的投影点作为钻孔的起始点，然后生成钻孔加工轨迹。如图 8-54 所示。

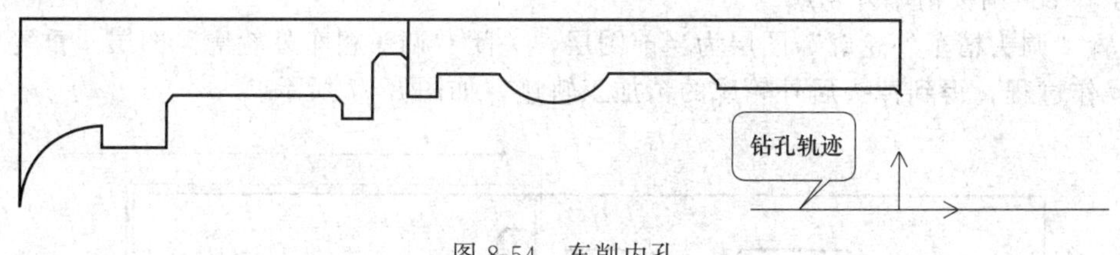

图 8-54 车削内孔

『步骤 5』粗、精车内螺纹

①设置“车内螺纹”图层为当前图层，关闭“车削内孔”图层。单击【车螺纹】图标，或在工具栏上单击【数控车】→【车螺纹】命令，根据状态栏提示，拾取螺纹的首点和末点，系统弹出对话框。②填写加工参数表，完成后单击“确定”；拾取进退刀点（30，0），即可生成加工轨迹。如图 8-55 所示。

●注意

在编制螺纹加工程序或车削螺纹时，其牙型高度是控制螺纹中经，以及确定螺纹实际径向终点尺寸的重要参数。由于加工过程中，受到螺纹车刀刀尖形状及其尺寸刃磨精度的影响，为了保证螺纹中径达到要求，在加工过程中，应据实调整其通过牙型高度，并通过计算

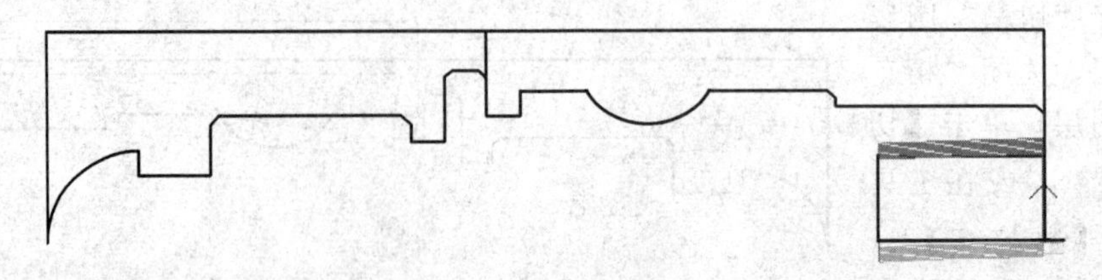

图 8-55　粗、精车内螺纹

得到小径尺寸，这种调整通常采用试切方式进行。

加工内孔螺纹时，绘制的内孔尺寸的计算方式如下所示：(D 为螺纹公称直径，P 为螺距)。

(1) 塑性材料：$D_{孔}=D-P$

(2) 脆性材料：$D_{孔}=D-1.05P$

『步骤 6』生成加工代码

单击【生成代码】图标，或在工具栏上单击【数控车】→【生成代码】命令，弹出一个需要用户输入文件名的对话框，要求用户填写后置程序文件名，拾取要生成代码的加工轨迹，右击，即可生成加工代码。

『步骤 7』调头粗车外轮廓

①设置“调头粗车外轮廓”图层为当前图层，关闭“车内螺纹”图层。②掉头之后，编程原点仍然设置在右端圆心的位置。利用“镜像”、“平移”的方式得到加工轮廓图形。重复『步骤 1』的操作过程，得到掉头后外轮廓的粗加工轨迹，如图 8-56 所示。

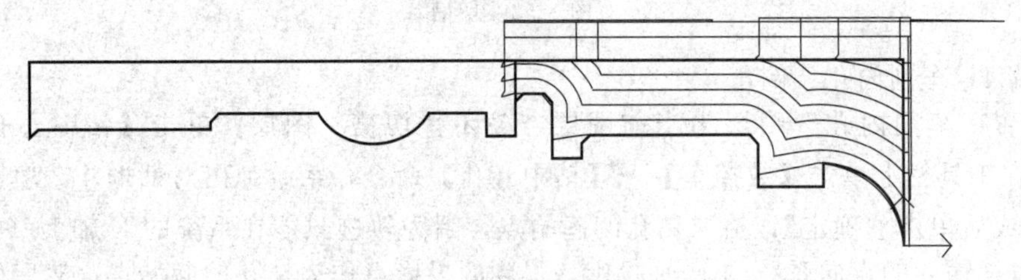

图 8-56　调头粗车外轮廓

『步骤 8』调头精车外轮廓

设置“调头精车外轮廓”图层为当前图层，关闭“调头粗车外轮廓”图层。重复『步骤 2』的操作过程，得到掉头后外轮廓的精加工轨迹，如图 8-57 所示。

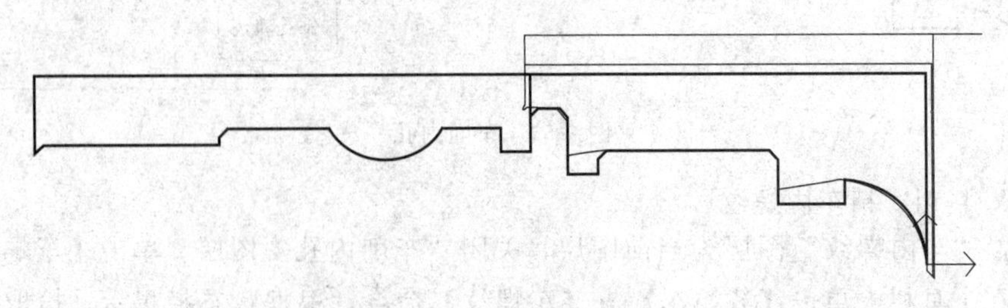

图 8-57　调头精车外轮廓

『步骤 9』调头切槽

设置“调头切槽”图层为当前图层，关闭“调头精车外轮廓”图层。重复『步骤 3』的操作过程，得到掉头后切槽的粗、精加工轨迹，如图 8-58 所示。

『步骤 10』调头粗精车外螺纹

设置“车外螺纹”图层为当前图层，关闭“调头切槽”图层。单击【车螺纹】图标

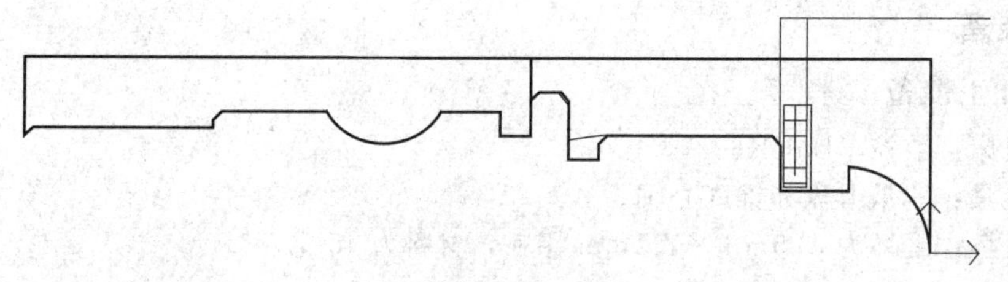

图 8-58　调头切槽

，或在工具栏上单击【数控车】→【车螺纹】命令，根据状态栏提示，拾取螺纹的首点和末点，系统弹出对话框；填写加工参数表，完成后单击“确定”；拾取进退刀点，即可生成加工轨迹。如图 8-59 所示。

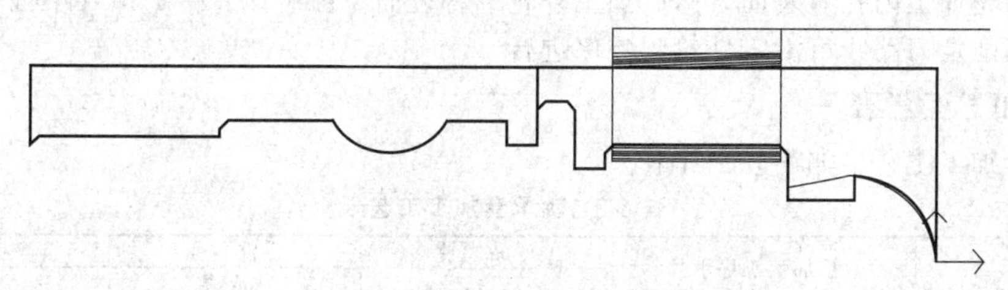

图 8-59　调头粗精车外螺纹

『步骤 11』生成加工代码

单击【生成代码】图标，或在工具栏上单击【数控车】→【生成代码】命令，弹出一个需要用户输入文件名的对话框，要求用户填写后置程序文件名，拾取要生成代码的加工轨迹，右击，即可生成加工代码。

8.3.2　套类零件加工

【项目实例 8-7】　利用 CAXA 数控车编程的相关命令，对图 8-60 的轴承套零件编制数控加工程序，毛坯为 ϕ85mm×12mm 棒料，材料为 45 钢。（扫二维码可观看操作视频）

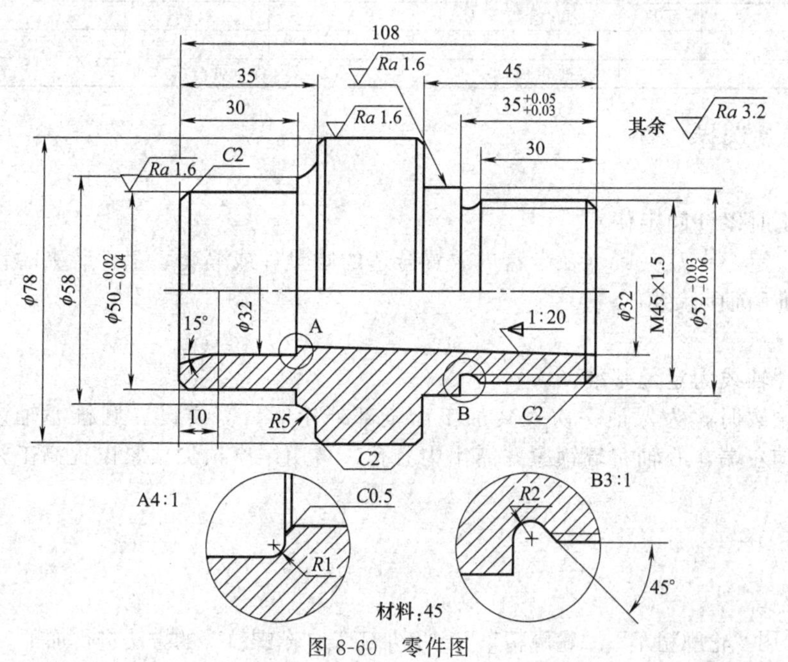

图 8-60　零件图

项目实例 8-7
操作视频

1. 工艺准备

(1) 加工准备

选用机床：数控车床 CK6125。

选用夹具：三爪卡盘和锥度心轴。

使用毛坯：毛坯为 ϕ85mm×112mm 棒料，材料为 45 钢。

(2) 工艺分析

该轴承套零件主要由内外圆柱面、内圆锥面、顺圆弧、逆圆弧及外螺纹等组成，其中多个直径尺寸与轴向尺寸有较高的尺寸精度和表面粗糙度要求。加工顺序按由内到外、由粗到精、由近及远的原则确定，在一次装夹中，尽可能加工较多的工件表面。结合本例零件的结构特征，可先加工内孔各表面，然后加工外轮廓各表面。由于该零件为单件小批量生产，外轮廓表面车削走刀路线可沿零件轮廓顺序进行。

(3) 加工工艺卡

轴承套加工工艺卡如表 8-2 所示。

表 8-2　轴承套加工工艺卡

<table>
<tr><td colspan="2" rowspan="2">×××厂</td><td rowspan="2">数控加工工序卡片</td><td>产品代号</td><td>零件名称</td><td colspan="2">零件图号</td></tr>
<tr><td>×××</td><td>固定套</td><td colspan="2">×××</td></tr>
<tr><td>工序号</td><td>程序编号</td><td>夹具名称</td><td>夹具编号</td><td>使用设备</td><td colspan="2">车间</td></tr>
<tr><td>×××</td><td>×××</td><td>三爪卡盘、锥度心轴</td><td>×××</td><td>CK6125</td><td colspan="2">数控中心</td></tr>
<tr><td>工序号</td><td>工步内容</td><td>刀具号</td><td>刀具规格/mm</td><td>主轴转速/(r/min)</td><td>进给速度/(mm/min)</td><td>背吃刀量/mm</td></tr>
<tr><td>1</td><td>车两端面保证总长 108mm(普通车床略)</td><td>T01</td><td></td><td>320</td><td></td><td></td></tr>
<tr><td>2</td><td>钻 ϕ3 中心孔(普通车床略)</td><td>T02</td><td>ϕ3</td><td>600</td><td></td><td></td></tr>
<tr><td>3</td><td>钻 ϕ32 底孔至 ϕ26(立式钻床略)</td><td>T03</td><td>ϕ26 钻头</td><td>800</td><td></td><td></td></tr>
<tr><td>4</td><td>粗车内孔</td><td>T04</td><td>95°内孔车刀</td><td>850</td><td>0.3</td><td>0.5</td></tr>
<tr><td>5</td><td>精车内孔</td><td>T04</td><td>95°内孔车刀</td><td>800</td><td>0.15</td><td>0.2</td></tr>
<tr><td>6</td><td>从右至左粗车外轮廓</td><td>T05</td><td>93°右手车刀</td><td>400</td><td>0.3</td><td>1</td></tr>
<tr><td>7</td><td>从左至右粗车外轮廓</td><td>T06</td><td>93°左手车刀</td><td>400</td><td>0.3</td><td>1</td></tr>
<tr><td>8</td><td>从右至左精车外轮廓</td><td>T05</td><td>93°右手车刀</td><td>500</td><td>0.1</td><td>0.2</td></tr>
<tr><td>9</td><td>从左至右精车外轮廓</td><td>T06</td><td>93°左手车刀</td><td>500</td><td>0.1</td><td>0.2</td></tr>
<tr><td>10</td><td>粗精车外螺纹</td><td>T07</td><td>60°螺纹车刀</td><td>320</td><td>1.5</td><td></td></tr>
<tr><td>11</td><td>工件精度检测</td><td></td><td></td><td></td><td></td><td></td></tr>
<tr><td>编制</td><td>审核</td><td></td><td>批准</td><td colspan="3">共　页　第　页</td></tr>
</table>

(4) 装夹方案及夹具选择

① 内孔加工

定位基准：内孔加工时以外圆定位。

装夹方案：用三爪自定心卡盘夹紧（在卡盘内放置合适的圆盘件或隔套，工件装夹时只需靠紧圆盘件或隔套可准确轴向定位）。

② 外轮廓加工

定位基准：确定零件轴线为定位基准。

装夹方案：加工外轮廓时，为保证一次安装加工出全部外轮廓，需要设一圆锥心轴装置，用三爪卡盘夹持心轴左端，心轴右端锁紧并露出中心孔，再用尾座顶尖顶紧以提高工艺系统的刚性。

2. 编制加工程序

(1) 确定加工命令

根据零件的特点，选用“轮廓粗车”、“轮廓精车”、“孔加工”、“车螺纹”的方法进行加工。

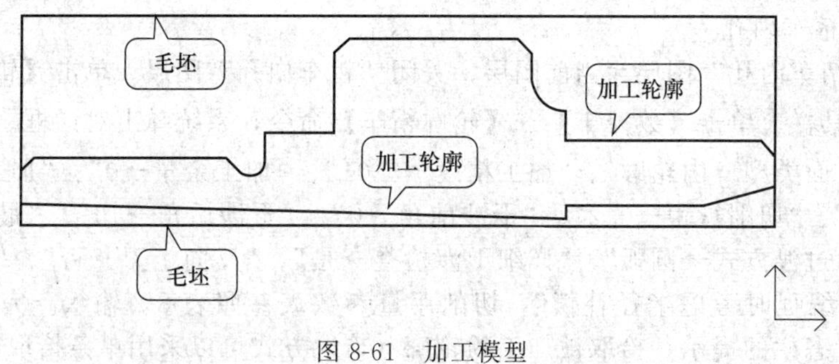

图 8-61　加工模型

(2) 建立加工模型

设置图形右边中点位置作为编程原点，即坐标原点。利用“直线”、“圆弧”、“倒角”等命令绘制图 8-59 所示零件的加工轮廓和毛坯轮廓，如图 8-61 所示。

(3) 建立加工图层

为了便于对零件进行不同的工步进行数控编程，可以在数控中对于不同的加工过程设置不同的图层，并通过打开和关闭图层来打开和关闭不同的加工程序。单击【层控制】图标，或在工具栏上单击【格式】→【层控制】命令。弹出“层控制”对话框，建立的加工图层，如图 8-62 所示。

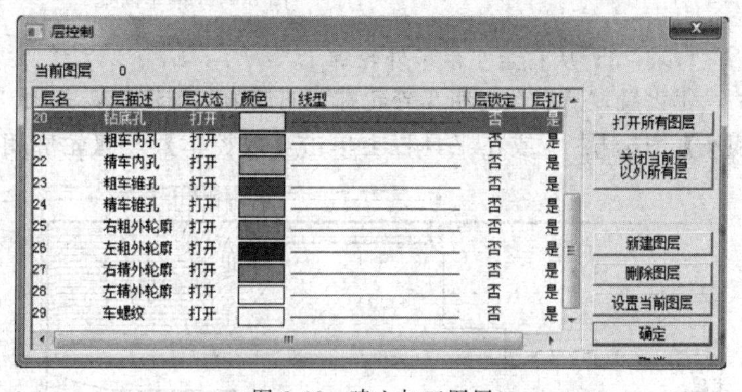

图 8-62　建立加工图层

(4) 编制数控加工程序

『步骤 1』粗车内孔

①设置“粗车内孔”图层为当前图层。单击【轮廓粗车】图标，或在工具栏上单击【数控车】→【轮廓粗车】命令，系统弹出对话框。②填写加工参数表，“加工表面类型→内轮廓”、“加工精度→0.1”、“加工余量→0.1”、“加工角度→180”、“切削行距→0.3”、“干涉前角→0”、“干涉后角→8”、“拐角过渡方式→圆弧”、“详细干涉检查→是”、“反向走刀→否”、“退刀时沿轮廓走刀→否”，“编程时考虑半径补偿”，输入切削用量。完成后单击“确定”。③根据状态栏的提示，拾取被加工的轮廓和毛坯轮廓（拾取方式可以采用单条拾取的方式），确定进退刀点（20，0），系统开始计算并自动生成刀具轨迹，如图 8-63 所示。

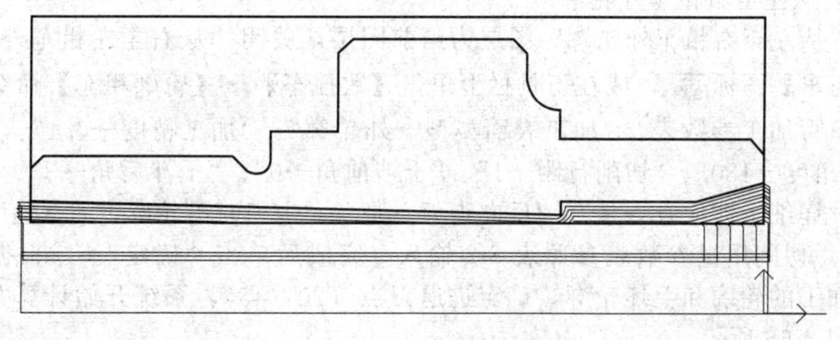

图 8-63　粗车内孔

『步骤 2』精车内孔

①设置“精车内孔”图层为当前图层，关闭“粗车内孔”图层。单击【轮廓精车】图标，或在工具栏上单击【数控车】→【轮廓精车】命令，系统弹出对话框。②填写加工参数表，“加工表面类型→内轮廓”、“加工精度→0.01”、“加工余量→0”、“加工角度→180”、“切削行数→2”、“切削行距→0.2”、“干涉前角→0”、“干涉后角→10”、“最后一行加工次数→1”、“拐角过渡方式→圆弧”、“详细干涉检查→是”、“反向走刀→否”、“退刀时沿轮廓走刀→是”，“编程时考虑半径补偿”，切削用量参数表参照表 8-2 输入。完成后单击“确定”。③根据状态栏的提示，拾取被加工的轮廓（拾取方式可以采用单条拾取的方式），确定进退刀点（20，0），系统开始计算并自动生成刀具轨迹，如图 8-64 所示。

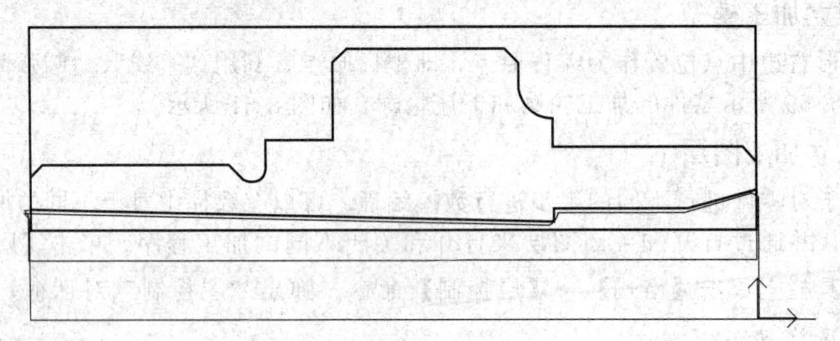

图 8-64　精车内孔

『步骤 3』从右至左粗车外轮廓

①设置“从右至左粗车外轮廓”图层为当前图层，关闭“精车内孔”图层。单击【轮廓粗车】图标，或在工具栏上单击【数控车】→【轮廓粗车】命令，系统弹出对话框。

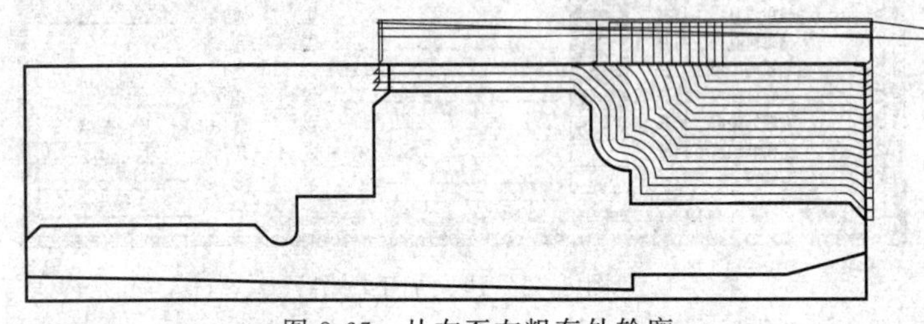

图 8-65　从右至左粗车外轮廓

②填写加工参数表，“加工表面类型→外轮廓”、“加工精度→0.1”、“加工余量→0.4”、“加工角度→180”、“切削行距→1”、“干涉前角→0”、“干涉后角→8”、“拐角过渡方式→圆弧”、“详细干涉检查→是”、“反向走刀→否”、“退刀时沿轮廓走刀→是”，“编程时考虑半径补偿”，切削用量参数表参照表 8-2 输入。完成后单击“确定”。③根据状态栏的提示，拾取被加工的轮廓和毛坯轮廓（可采用单条拾取方式，若不能正确拾取，可在该处打断曲线后，再拾取），确定进退刀点（20，45），系统开始计算并自动生成刀具轨迹，如图 8-65 所示。

『步骤 4』从左至右粗车外轮廓

①设置“从左至右粗车外轮廓”图层为当前图层，关闭“从右至左粗车外轮廓”图层。单击【轮廓粗车】图标，或在工具栏上单击【数控车】→【轮廓粗车】命令，系统弹出对话框。②填写加工参数表，“加工表面类型→外轮廓”、“加工精度→0.1”、“加工余量→0.4”、“加工角度→180”、“切削行距→1”、“干涉前角→0”、“干涉后角→8”、“拐角过渡方式→圆弧”、“详细干涉检查→是”、“反向走刀→是”、“退刀时沿轮廓走刀→是”，“编程时考虑半径补偿”，切削用量参数表参照表 8-2 输入。完成后单击“确定”。③根据状态栏的提示，拾取被加工的轮廓和毛坯轮廓，确定进退刀点（20，45），系统开始计算并自动生成刀具轨迹，如图 8-66 所示。

『步骤 5』从右至左精车外轮廓

①设置“从右至左精车外轮廓”图层为当前图层，关闭“从左至右粗车外轮廓”图层。单击【轮廓精车】图标，或在工具栏上单击【数控车】→【轮廓精车】命令，系统弹出对话框。②填写加工参数表，“加工表面类型→外轮廓”、“加工精度→0.01”、“加工余量→0”、“加工角度→180”、“切削行数→2”、“切削行距→0.2”、“干涉前角→0”、“干涉后角→8”、“最后一行加工次数→1”、“拐角过渡方式→圆弧”、“详细干涉检查→是”、“反向走刀→否”、“退刀时沿轮廓走刀→是”，“编程时考虑半径补偿”，切削用量参数表参照表 8-2 输入。完成后单击“确定”。③根据状态栏的提示，拾取被加工的轮廓和毛坯轮廓，确定进退刀点（20，45），系统开始计算并自动生成刀具轨迹，如图 8-67 所示。

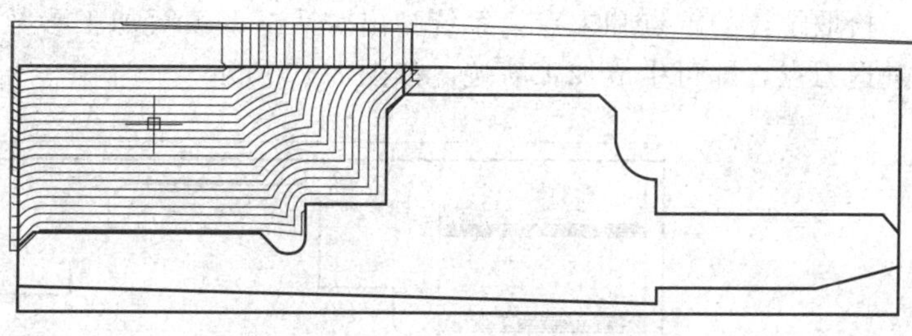

图 8-66　从左至右粗车外轮廓

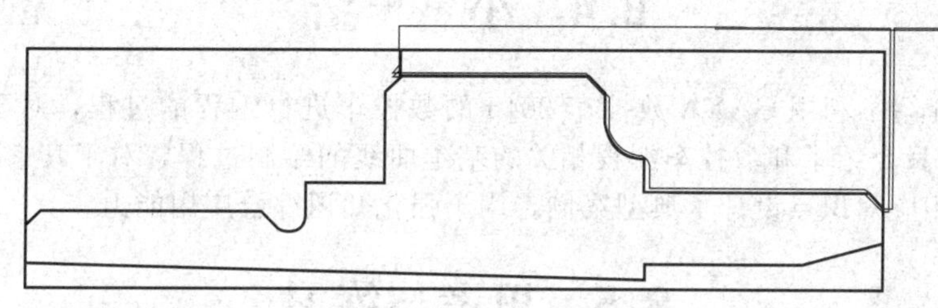

图 8-67　从右至左精车外轮廓

『步骤 6』从左至右精车外轮廓

①设置“调头精车外轮廓”图层为当前图层，关闭“调头粗车外轮廓”图层。单击【轮廓精车】图标，或在工具栏上单击【数控车】→【轮廓精车】命令，系统弹出对话框。②填写加工参数表，“加工表面类型→外轮廓”、“加工精度→0.01”、“加工余量→0”、“加工角度→180”、“切削行数→2”、“切削行距→0.2”、“干涉前角→0”、“干涉后角→8”、“最后一行加工次数→1”、“拐角过渡方式→圆弧”、“详细干涉检查→是”、“反向走刀→是”、“退刀时沿轮廓走刀→是”，“编程时考虑半径补偿”，切削用量参数表参照表 8-2 输入。完成后单击“确定”。③根据状态栏的提示，拾取被加工的轮廓和毛坯轮廓，确定进退刀点（20，45），系统开始计算并自动生成刀具轨迹，如图 8-68 所示。

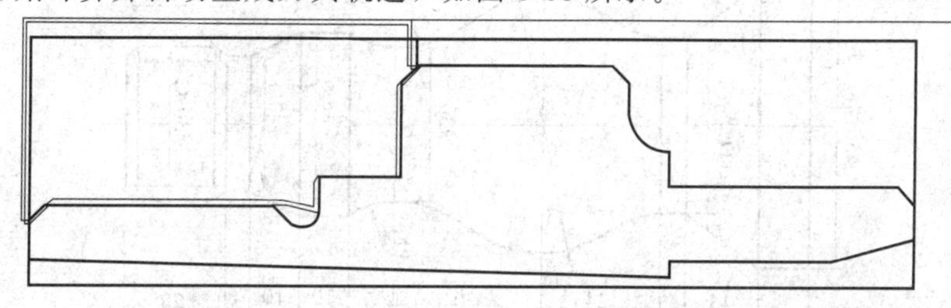

图 8-68　从左至右精车外轮廓

『步骤 7』粗、精车外螺纹

①设置“粗、精车外螺纹”图层为当前图层，关闭“从左至右精车外轮廓”图层。②单击【车螺纹】图标，或在工具栏上单击【数控车】→【车螺纹】命令，根据状态栏提

示，拾取螺纹的首点和末点，系统弹出对话框；填写加工参数表，完成后单击“确定”；拾取进退刀点，即可生成加工轨迹。如图 8-69 所示。

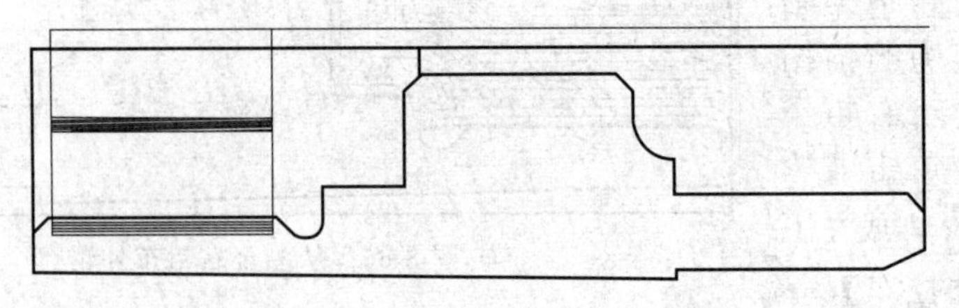

图 8-69　粗、精车外螺纹

『步骤 8』生成加工代码

单击【生成代码】图标，或在工具栏上单击【数控车】→【生成代码】命令，弹出一个需要用户输入文件名的对话框，要求用户填写后置程序文件名，拾取要生成代码的加工轨迹，右击，即可生成加工代码。

8.4　小　　结

本章主要介绍了利用 CAXA 数控车 2015 的数控车进行编程的过程，对于 CAXA 数控车的 CAD 功能只介绍了和数控车编程相关的基本曲线的绘制过程，对于其它知识点没有详细介绍。并对相应知识点设计了典型案例，用于强化知识综合应用能力。

8.5　思考与练习

一、思考题

(1) CAXA 数控车 2015 提供了哪些数控车加工方法?

(2) 切槽加工可以加工哪些位置的槽?

(3) 简述生成螺纹车削加工的程序的方法?

二、编制数控车加工程序

1. 完成题图 8-1 所示零件数控车加工程序图，毛坯为 $\phi60\times150$ 的棒料。

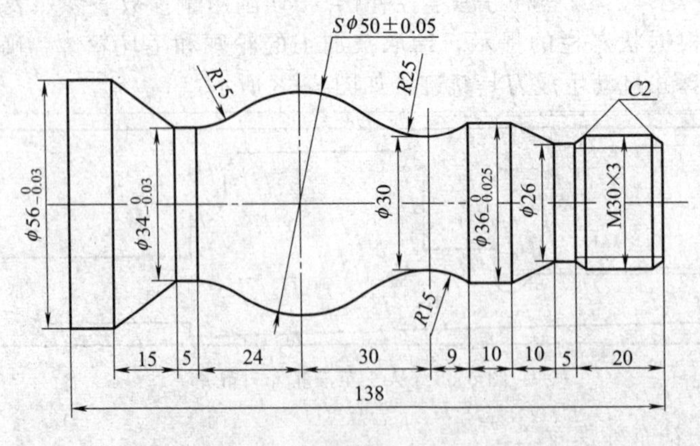

题图 8-1

2. 完成题图 8-2 所示零件数控车加工程序图，毛坯为 $\phi70\times110$ 的棒料。

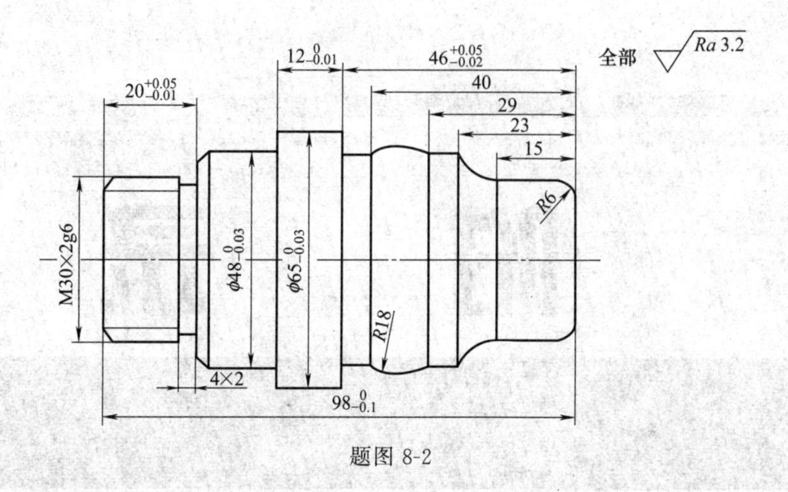

题图 8-2

3. 完成题图 8-3 所示零件数控车加工程序图，毛坯为 $\phi55\times160$ 的棒料。

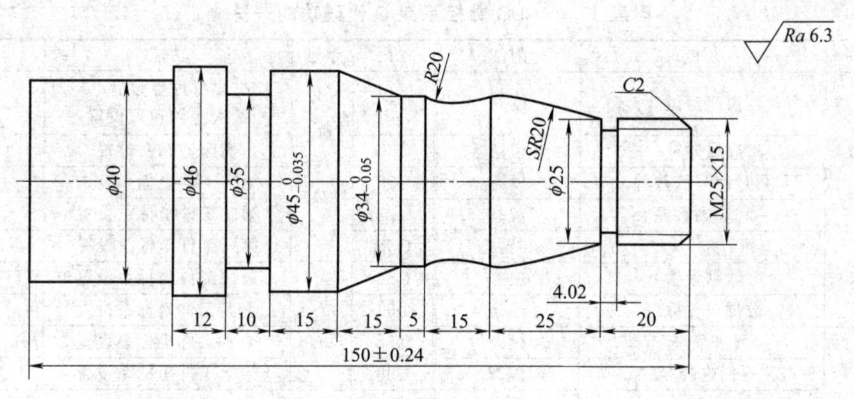

题图 8-3

4. 完成题图 8-4 所示零件数控车加工程序图，毛坯为 $\phi55\times160$ 的棒料。

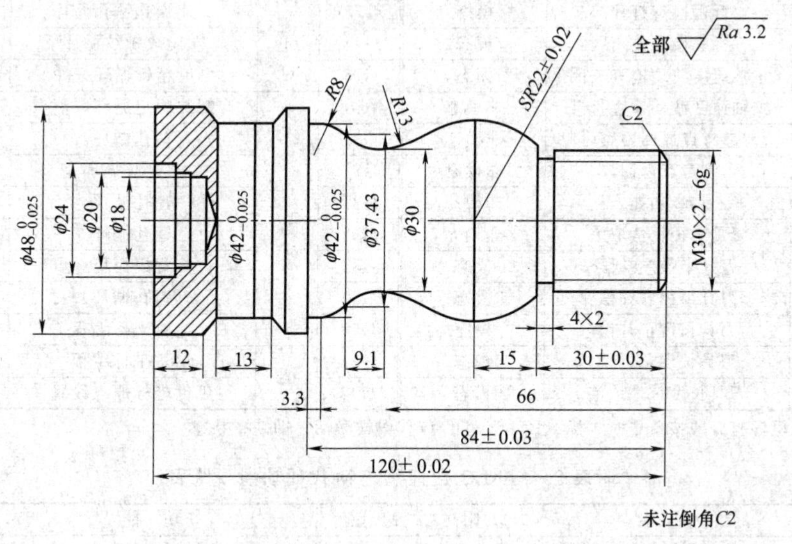

题图 8-4

附　录

附表 1　FANUC 数控系统 G 代码功能一览表

代码	组别	功能	附注	代码	组别	功能	附注
G00		快速定位	模态	G50	00	坐标原点设置 最大主轴速度设置	非模态
G01	01	直线差补	模态	G52		机床坐标系设置	非模态
G02		顺时针圆弧差补	模态	G53		第一工件坐标系设置	非模态
G03		逆时针圆弧差补	模态	*G54		第二工件坐标系设置	模态
G04		暂停	非模态	G55		第三工件坐标系设置	模态
*G10	00	数据设置	模态	G56	14	第四工件坐标系设置	模态
G11		数据设置取消	模态	G57		第五工件坐标系设置	模态
G17		XY 平面选择	模态	G58		第六工件坐标系设置	模态
G18	16	ZX 平面选择(缺省)	模态	G59		第七工件坐标系设置	模态
G19		YZ 平面选择	模态	G65	00	宏程序调用	非模态
G20	06	英制(in)	模态	G66	12	宏程序模态调用	模态
G21		米制(mm)	模态	*G67		宏程序模态调用取消	模态
*G22	09	行程检查打开	模态	G73		高速深孔钻孔循环	非模态
G23		行程检查关闭	模态	G74	00	左旋攻螺纹循环	非模态
*G25	08	主轴速度波动检查关闭	模态	G75		精镗循环	非模态
G26		主轴速度波动检查打开	非模态	*G80		螺纹固定循环取消	模态
G27		参考点返回检查	非模态	G81		钻孔循环	模态
G28	00	参考点返回	非模态	G84		攻螺纹循环	模态
G31		跳步功能	非模态	G85	10	镗孔循环	模态
*G40		刀具半径补偿取消	非模态	G86		镗孔循环	模态
G41	07	刀具半径左补偿	模态	G87		背镗循环	模态
G42		刀具半径右补偿	模态	G89		镗孔循环	模态
G43		刀具长度正补偿	模态	G90		绝对坐标编程	模态
G44	00	刀具长度负补偿	模态	G91	01	增量坐标编程	模态
G49		刀具长度补偿取消	模态	G92		工件坐标原点设置	模态

注：当机床电源打开或按重置时，标有“*”号的 G 代码被激活，即缺省状态。

附表 2　FANUC 数控系统 M 代码功能一览表

M 代码	功　能	附注	M 代码	功　能	附注
M00	程序停止	非模态	M04	主轴逆时针旋转	模态
M01	程序选择停止	非模态	M05	主轴停止	模态
M02	程序结束	非模态	M06	换刀	非模态
M03	主轴顺时针旋转	模态	M07	冷却液打开	模态

续表

M代码	功　能	附注	M代码	功　能	附注
M08	冷却液关闭	模态	M52	自动门打开	模态
M10	夹紧	模态	M53	自动门关闭	模态
M30	程序结束返回	非模态	M74	错误检测功能打开	模态
M31	旁路互锁	非模态	M75	错误检测功能关闭	模态
M32	润滑开	模态	M98	子程序调用	模态
M33	润滑闭	模态	M99	子程序调用返回	模态

附表3　编码字符的含义

字符	含　义	字符	含　义
A	关于X轴的角度尺寸	O	程序编号
B	关于Y轴的角度尺寸	P	平行于X轴的第三尺寸或固定循环参数
C	关于Z轴的角度尺寸	Q	平行于Y轴的第三尺寸或固定循环参数
D	刀具半径偏置号	R	平行于Z轴的第三尺寸或固定循环参数
E	第二进给功能(即刀具速度,单位mm/min)	S	主轴速度功能(表示转速,单位r/min)
F	第一进给功能(即刀具速度,单位mm/min)	T	第一刀具功能
G	准备功能	U	平行于X轴的第二尺寸
H	刀具长度偏置号	V	平行于Y轴的第二尺寸
I	平行于X轴的差补参数或螺纹导程	W	平行于Z轴的第二尺寸
J	平行于Y轴的差补参数或螺纹导程	X	基本尺寸
L	固定循环返回次数或子程序返回次数	Y	基本尺寸
M	辅助功能	Z	基本尺寸
N	顺序号(行号)	—	—

参考文献

[1] 姬彦巧. CAXA制造工程师2011与数控车. 北京：化学工业出版社，2011.

[2] 沈建峰，朱勤惠. 数控铣床技能鉴定考点分析和试题集萃. 北京：化学工业出版社，2008.

[3] 高长银. UGNX6.0数控五轴加工实例教程. 北京：化学工业出版社，2009.

[4] 陈海周. 数控铣削加工宏程序及应用实例. 北京：机械工业出版社，2008.

[5]《数控加工技师手册》编委会. 数控加工技师手册. 北京：机械工业出版社，2005.

[6]《实用车工手册》编写组. 实用车工手册. 北京：机械工业出版社，2002.

[7] 徐伟，苏丹. 数控机床仿真实训. 北京：电子工业出版社，2009.

[8] 刘颖. CAXA制造工程师2006实例教程. 北京：清华大学出版社，2006.

[9] 周虹. 数控编程实训. 北京：人民邮电出版社，2008.

[10] 温正，魏建中. UGNX6.0数控加工. 北京：科学出版社，2008.

[11] 彭志强等. CAXA制造工程师2006实用教程. 北京：化学工业出版社，2008.

[12] 姬彦巧. CAD/CAM应用技术. 北京：化学工业出版社，2010.

[13] 史立峰. CAD/CAM应用技术. 北京：中央电大出版社，2011.

[14] 何煜琛等. 三维CAD习题集. 北京：清华大学出版社，2011.

[15] 袁锋. 计算机辅助设计与制造实训图库. 北京：机械工业出版社，2009.

[16] 张美荣等. 数控机床操作与编程. 北京：北京交通大学业出版社，2010.

[17] 刘江. CAXA多轴数控加工典型实例详解. 北京：机械工业出版社，2011.

[18] 刘江等. UGNX6.0多轴数控加工实例详解. 北京：电子工业出版社，2010.

[19] 张明建等. 数控加工工艺规划. 北京：清华大学出版社，2009.

[20] 杨文林. 数控加工中心加工技巧与实例. 北京：化学工业出版社，2009.

[21] 范文利等. CAXA制造工程师2008行业应用实践. 北京：机械工业出版社，2010.

[22] 吴明友. 数控加工自动编程——UGNX详解. 北京：清华大学出版社，2008.